"十二五"普通高等教育本科国家级规划教材

教育部–英特尔精品课程配套教材

辽宁省精品课程配套教材

高等学校计算机基础教育教材

程序设计基础（C语言）

（第3版）

高克宁　李金双　赵长宽　柳秀梅　徐　彬　编著

清華大学出版社
北京

内容简介

本书重点介绍程序设计的基本方法和技术，全书共15章，以程序设计思想、程序设计语言、程序设计技术和软件工程管理四条主线组织内容。在程序设计思想方面，以结构化程序设计思想为主，同时介绍面向对象程序设计思想，并引入并行程序设计的思想。在程序设计语言方面，以C语言为主，按照最新C11标准，充分考虑初学者的学习规律，深入浅出地介绍基本语法和特性，内容通俗易懂。在程序设计技术方面，重点介绍结构化程序设计，同时从代码封装与重用入手，介绍函数库和组件；另外，还加强了并行计算技术的内容，除介绍面向多机的MPI外，还介绍面向多核的多线程和OpenMP技术。在软件工程管理方面，为培养个人软件工程的能力，从程序设计的规范性入手介绍个体软件过程管理。

本书适合作为高等学校程序设计基础课程的教材，也可供程序设计爱好者学习。

图书在版编目(CIP)数据

程序设计基础：C语言/高克宁，等编著. —3版. —北京：清华大学出版社，2018(2025.3重印)
(高等学校计算机基础教育规划教材)
ISBN 978-7-302-48843-9

Ⅰ. ①程… Ⅱ. ①高… Ⅲ. ①C语言－程序设计－高等学校－教材 Ⅳ. ①TP312.8

中国版本图书馆CIP数据核字(2017)第284894号

责任编辑：袁勤勇 战晓雷
封面设计：常雪影
责任校对：焦丽丽
责任印制：宋 林

出版发行：清华大学出版社
网 址：https://www.tup.com.cn，https://www.wqxuetang.com
地 址：北京清华大学学研大厦A座 **邮 编**：100084
社 总 机：010-83470000 **邮 购**：010-62786544
投稿与读者服务：010-62776969，c-service@tup.tsinghua.edu.cn
质量反馈：010-62772015，zhiliang@tup.tsinghua.edu.cn
课件下载：https://www.tup.com.cn，010-83470236
印 装 者：三河市龙大印装有限公司
经 销：全国新华书店
开 本：185mm×260mm **印 张**：31.75 **字 数**：733千字
版 次：2009年10月第1版 2018年1月第3版 **印 次**：2025年3月第14次印刷
定 价：78.00元

产品编号：076102-02

前言

近年来，以云计算、大数据、深度学习为代表的计算机技术快速发展，“互联网+”成为传统工业改革的重要方向，强大的社会需求对高等教育人才的计算机能力培养提出了新的要求。“程序设计基础”是计算机能力培养的核心课程，承担着计算思维与程序设计能力培养的重要责任。

计算思维的表达和程序设计均离不开程序设计语言。本教材选择了C语言。1972年，为编写UNIX操作系统，贝尔实验室Dennis Ritchie和Ken Thompson设计了C语言，并于1978年发布C语言的第一个版本，史称K&R版本。伴随着小型机和PC的快速发展，MacOS、Windows、Linux等操作系统及其应用软件的开发大量使用了C语言。随着C++、Java、PHP、Python等多种程序语言的兴起，C语言在应用软件开发中的比例有所下降。但是，根据IEEE Spectrum发布的报告，C语言在最近3年内依然是最受欢迎的两种程序设计语言之一。随着多核计算和GPU计算等并行计算的兴起，大多数并行计算框架依然选择了C语言。因此，在本科阶段的程序设计基础课程中，C语言是一个最佳的选择。

本次修订在前两版的基础上对内容进行了大幅度的调整。结合作者多年的教学和软件开发经验，本教材重点介绍程序设计的基本方法和技术，以程序设计思想、程序设计语言、程序设计技术和软件工程管理4条主线组织相关内容。在程序设计思想方面，以结构化程序设计思想为主，同时介绍面向对象程序设计思想，并引入并行程序设计的思想。在程序设计语言方面，以C语言为主，按照最新C11标准，充分考虑初学者的学习规律，深入浅出地介绍基本语法和特性，内容通俗易懂。在程序设计技术方面，重点介绍结构化程序设计，同时从代码封装与重用入手，介绍函数库和组件；同时加强并行计算技术的内容，除介绍面向多机的MPI外，还介绍了面向多核的多线程和OpenMP技术。为培养个人软件工程的能力，从程序设计的规范性入手介绍个体软件过程管理。

本教材共分15章。第1章按照计算设备的发展过程，介绍图灵机及现代计算机的工作原理、问题求解与算法以及主流的程序设计思想和程序设计语言。第2章从信息编码与存储着手，介绍基本标识符、数据类型、常量和变量。第3章从数值计算角度出发，介绍运算符、表达式、输入输出函数库、数值计算函数库以及基本程序设计语句。第4章重点介绍逻辑运算与选择结构及其实现。第5章介绍迭代逻辑与循环结构及其实现。第6章从集合数据处理角度介绍数组、字符串及其实现。第7章从分工和重用角度介绍函数以及基于多文件的程序结构。第 8 章从地址角度介绍如何通过指针处理数据和指令。第 9 章围绕复杂数据结构的表示形式，介绍结构体、共用体和线性链表。第 10 章介绍预编译处理及其程序移植和泛化编程。第 11 章从数据永久存储角度介绍文件和常用函数。第 12 章汇总了常见问题的求解算法。第 13 章从代码和数据封装的角度介绍面向对象的程序设计思想。第 14 章从高性能计算角度介绍并行程序设计的基本思想以及 MPI、OpenMP 和多线程技术。第 15 章从培养合格程序设计人员的角度介绍程序设计规范和代码重用技术，并引入软件工程的概念，初步介绍个体软件过程(PSP)。

本教材由高克宁教授主编，副主编有李金双、赵长宽、柳秀梅和徐彬。其中第 1 章由高克宁编写，第 2～5 章由李金双编写，第 7、12、14、15 章由赵长宽编写，第 6、9、11 章由柳秀梅编写，第 8、10、13 章由徐彬编写。高克宁、赵长宽负责全书的统稿。同时，感谢为本教材出版付出辛苦的各位同事和研究生。

本教材提供全部教学 PPT、习题答案、案例，请联系清华大学出版社(www.tup.com.cn)。教材中的部分程序要求采用支持 C11 标准的编译器，建议使用 GCC 4.9.2 或更新版本。

作 者

2017 年 7 月于东北大学

目录

第1章

计算机及程序设计概述

1.1 概　　述

人类从远古的混沌一路走来，逐渐学会了制器、种植、畜牧、造屋等多种技能，农业革命和工业革命极大地加快了人类进入文明社会的步伐。从最初的食物、牲畜和土地分配，到建造金字塔和长城这样的宏伟建筑，再到今日设计飞出太阳系的宇航设备，人类探索未知的渴望推动着科技的进步，并逐渐建立了数学、物理、化学、天文、地理、机械、电子、化工、农业等诸多学科，以解决相关问题。随着问题的复杂度增加，人类对计算的需求与日俱增。计算设备从最初的算筹、珠算、计算尺、手摇计算机发展到今日冯·诺依曼电子数字计算机。冯·诺依曼体系结构由运算器、控制器、存储器、输入设备和输出设备五大部分组成，并以二进制作为数据和指令的编码标准。计算机工作时通过输入设备将编制好的指令和数据集合写入存储器，计算机启动后自动执行存储器中的指令，根据不同指令，将运算指令和数据发送至运算器，并将运算结果写入存储器；再通过输出设备将运算结果输出到外部。当存储器中的全部指令执行结束时，计算机停止工作。

为实现特定任务，按照一定逻辑顺序连续执行的一组指令和数据的集合称为计算机程序。为了编写程序，计算机领域先后出现了机器语言、汇编语言、高级语言等多个层次的程序设计语言。相对于机器语言和汇编语言，虽然大多数高级程序设计语言产生的一个基本动机是为简化程序的读写，但是其设计思想依然服务于特定目标，例如，FORTRAN语言主要面向科学计算，C语言的提出则是为了编写操作系统，Lisp和Prolog等语言支持人工智能程序设计，C++语言支持面向对象程序设计，为解决C++存在的跨平台移植问题而诞生了Java语言，等等。尽管每种语言提出的原因各不相同，但都可以简单归纳为方便读写、支持复杂逻辑以及支持特定计算模型。

随着程序设计语言的不断发展，其功能愈发强大，编写愈加简单。程序设计从少数专业人员的特殊技能演变成普通人经过简单学习即可掌握的基本技能。这种变化极大地推动了计算机在各个领域的应用，涵盖了从航空航天、材料制备、基因测序等专业领域到在线购物、移动社交、健康助手等服务领域。以计算机程序设计为基础的软件行业成为国民经济的一个重要产业。

计算机程序设计语言众多，各自的性能和语法差异较大。计算机程序编写以语言的基本语法为基础，在此之上是问题的逻辑表达(算法)。本教材以C语言为基础介绍程序设计基础，包括C语言的基本语法和算法设计基础。

1.2 计算与机器

1.2.1 计算器

计算器的发展伴随着人类不断增长的计算能力需求，其基本思想是帮助人类记忆和进行快速计算。受制于制造水平，人类各个时期的计算器呈现出了不同的形式。例如，中国汉朝出现并一直沿用至今的算盘一般采用木质材料，而当前广泛采用的电子计算器则采用电子元器件。

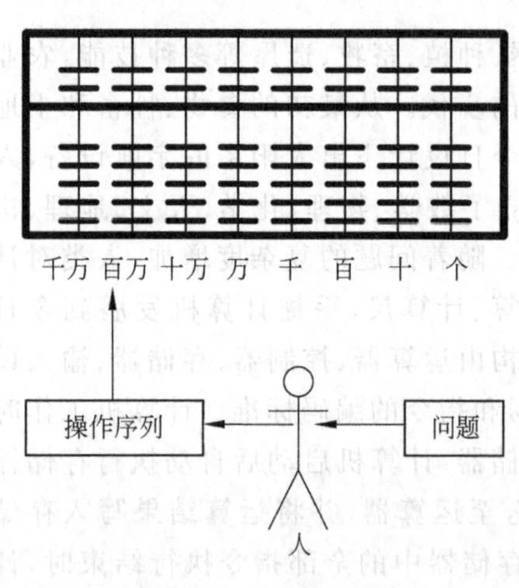

图1-1 算盘和珠算

算盘利用从左到右排列的立柱代表从高到低的权位，通过算珠位置变化表明特定权位数字的变化，并定义实现加、减、乘、除四则运算的规则(称为“口诀”)。计算模型是人们依据运算规则将计算任务转化为算珠位置变化的动作序列，实现信息的输入和计算，通过人眼识别出最终计算结果。其运算过程如图1-1所示。

随着工业革命的兴起，计算工具开始采用机械化技术。1642年法国哲学家和数学家帕斯卡设计出由齿轮组成的、通过手摇方式操作运算、支持十进制计算的机械式计算器(称为“帕斯卡加法器”)。独立发明微积分的德国数学家莱布尼茨于1672年采用齿轮机构设计出可实现加、减、乘、除四则运算的机械计算器Stepped Reckoner，并提出二进制数据表示的思想。电子计算器基本延续了此思想，通过数字键盘实现信息输入，通过逻辑电路实现权位标识和权位数字变化，从而代替人工推动并通过显示屏输出结果。计算器属于一种被动的、机械式的计算设备。

1.2.2 机械式计算机

为满足求解对数、三角函数、多项式等复杂计算的需求，英国数学家查尔斯·巴贝奇(Charles Babbage)于1822年提出差分机和分析机，并提出利用卡片输入程序的方法。巴贝奇建造的第一代分析机由黄铜配件组成，使用蒸汽驱动。1834年，巴贝奇又提出通用分析机的设想，采用十进制表达指令和数据，引入了存储器，使用穿孔卡片输入程序和数据。受制于当时的材料和制造技术，他设想的通用分析机并未在其有生之年建造成功，但是作为机械计算机的巅峰之作，被后人判定“具有现代电子计算机的全部特征”，可以说是现代计算机的雏形。

1.2.3 图灵机模型

在莱布尼茨提出在计算器中使用二进制这一设想的一百多年后，英国数学家乔治·布尔(George Boole)于1848年创立了二进制代数学，为二进制计算提供了数学基础。1937年，阿兰·图灵(Alan M. Turing)基于抽象可计算设备的限制与扩展的研究，提出“图灵机模型”。如果一项任务可以通过一组被某种机器执行的有序指令完成，则其是可计算的，这一组有序指令被称为有效过程或算法，即如果一项任务能够被图灵机计算，则称其为图灵机可计算任务。图灵机是一个数学模型。在图灵看来，无须关心机器如何计算，只要认为此机器可以执行这些指令，并且这些指令可以被唯一地描述。

图灵机的定义有多种，一种常用的定义为：**一个图灵机具有一个无限长的、被划分为单元格的一维带。一般认为，此带被水平放置，其从左边的端点向右无限延伸。所有单元格从左到右排列，每个单元格可以存放一个符号，或0或1。**

图灵机有一个读写头，从左向右依次扫描单元格，每次可以操作一个单元格。图灵机的操作取决于自身当前的状态、读写头从当前单元格获得的符号以及转换规则表。

转换规则表承担了“程序”的角色，每条转换规则可表示为一个四元组：

<当前状态，符号，下一步状态，操作>

可以将四元组理解为：机器在当前状态读取一个符号后，进入下一步状态执行一个操作。

假设计算2+3，根据转换规则，采用4位二进制数表示数据和指令，0010代表2，0011代表3，0001代表加法操作。读写头从左向右移动，依次读取0010、0011、0001，根据转换规则表，获得计算结果0101。利用如图1-2所示的图灵机计算，并通过读写头将结果写入单元格。由于带后面不再有其他指令，程序停止。

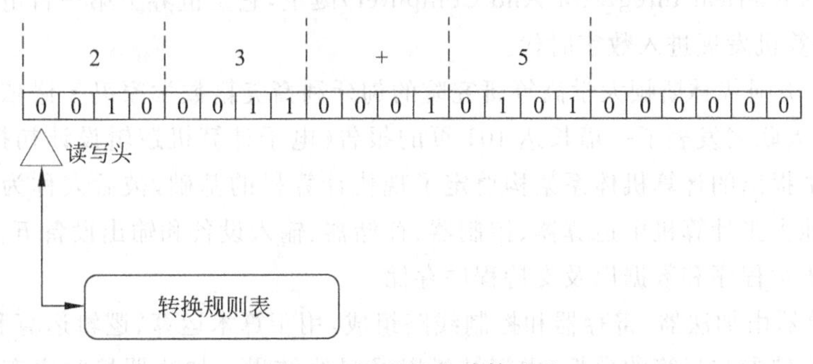

图1-2 图灵机的计算过程

下面的两个操作序列示例都可以模拟图灵机的计算过程。

序列1：计算a+b

```
(1) a=10
(2) b=10
(3) c=a+b
(4) print c
(5)
```

序列2：计算序列和1+2+…+10

```
(1) i=1
(2) s=0
(3) s=s+i
(4) i=i+1
(5) if i<=10 goto 3
(6) print s
(7)
```

序列1为顺序操作，顺序执行(1)、(2)、(3)、(4)后，程序结束。序列2包含顺序操作和转移操作，首先顺序执行(1)、(2)、(3)、(4)、(5)，并在(5)上判定i小于或等于10是否成立。如果成立，则读写头移动到(3)再顺序执行(3)、(4)、(5)；当i大于10时执行(6)，之后结束。

对图灵机的理解需要特别注意两个假设前提：①带无限长，意味着存储容量无限；②可计算性，存在一组指令集合，无论时间多长都可以完成计算，即可以花费无限长的时间。此假设扩大了图灵机可计算性的范围，不会因为存储空间和计算时间的限制而导致不能计算。但是具体实现时会受到软硬件技术的限制，原因是目前还无法生产出具有无限存储空间的存储器，也不会等待漫长的时间获得计算结果。

1.2.4 电子数字计算机

随着机电技术的发展，更多电气、电子设备被用于计算设备的研制。1935年，IBM公司设计并研制出基于二进制的穿孔卡片计算机——IBM 601机。1937年，贝尔实验室采用继电器设计二进制装置，并于1940年采用继电器研制出支持复杂运算的计算机。1941年，Berry使用电容作存储器，用穿孔卡片作辅助存储器，研制出求解线性代数方程的计算设备。1943年，使用继电器和开关作为机械只读存储器，使用纸带作为程序存储和数据输入的自动顺序控制计算机Mark Ⅰ在美国研制成功。1946年，经过美国宾夕法尼亚大学的莫奇莱和艾克特3年的研制，包括18 000个电子管的电子数字计算机ENIAC(Electronic Numerical Integrator And Computer)诞生，它是世界上第一台电子数字计算机，标志着计算机发展进入数字时代。

1946年，美国普林斯顿大学高等研究院的匈牙利裔美籍数学家冯·诺依曼与戈德斯坦、勃克斯等人联名发表了一篇长达101页的报告《电子计算机逻辑设计初探》。冯·诺依曼在报告中提出的计算机体系架构奠定了现代计算机的基础，被后人称为冯·诺依曼体系结构。他主张计算机由运算器、控制器、存储器、输入设备和输出设备五大设备构成，使用二进制表达程序和数据以及支持程序存储。

(1) 运算器由加法器、寄存器和控制线路组成，用于算术运算、逻辑运算和逻辑判断。寄存器用于存储参与运算的数据、中间结果以及最终结果。加法器接收寄存器传来的数据，进行运算并将运算结果传送给寄存器。

(2) 控制器由指令寄存器、译码器、时序节拍发生器、操作控制部件和指令计数器组成，用于控制计算机各部件协同工作。指令寄存器存放从存储器取得的指令，由译码器将指令中的操作码翻译成相应的控制信号，再由操作控制部件将时序节拍发生器产生的时序脉冲和节拍电位与译码器的控制信号组合起来，按一定顺序控制各个部件完成相应的操作。指令计数器则指出下一条指令的地址。控制器和运算器通常集成在一整块芯片上，构成中央处理器（简称 CPU）。

(3) 存储器分为内存储器（内存）和外存储器（外存），用于存储数据。内存用于存放正在处理的数据和程序。计算机所有准备执行的程序指令必须先调入内存中才能被执行，其特点是存储容量较小，存取速度较快。外存用于存放暂时不用的程序和数据，其特点是存储容量大，存取速度较慢。

(4) 输入设备由输入接口电路和输入装置组成，用于接收用户输入的程序和数据。输入装置通过输入接口电路与计算机主机相连，接收各种各样的数据信息。最常见的输入装置包括键盘和鼠标。

(5) 输出设备由输出接口电路和输出装置组成，用于输出计算机处理的中间结果或最终结果，将结果以人们能够识别的形式表现出来。常见的输出设备有显示器、打印机等。

当输入设备输入用户的操作命令或数据后，计算机接收指令，由控制器指挥，将数据从输入设备传送到存储器，再由控制器将需要参与运算的数据传送到运算器，由运算器进行计算，计算结果通过输出设备输出，或者保存到外存储器上。计算机的工作流程如图 1-3 所示。

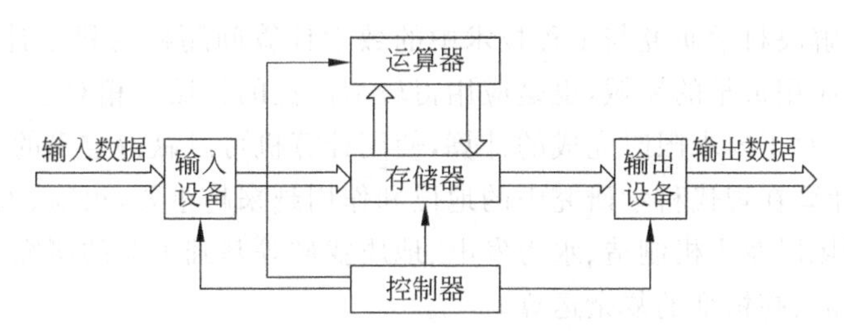

图 1-3　计算机的基本工作流程

1.3　指令与程序

指令是计算机执行某种操作的命令。每条指令完成一个独立的操作，CPU 通过执行指令直接发出控制信号控制计算机的操作。指令在存储器中按执行顺序存放，由指令计数器指明要执行的指令所在的地址。指令由操作码和操作数构成。操作码表明计算机执行的具体操作，如加、减、移位、比较等；操作数指出数据来源和操作结果的去向。按指令中操作数的个数划分，指令可分为单操作数指令、双操作数指令和无操作数指令。

计算机的基本工作过程可以概括为：取指令，分析指令，读取数据，执行，然后再取下一条指令，如此周而复始，直到遇到停机指令或外来事件的干预为止。

程序(program)是用于实现特定目标或解决特定问题、可以连续执行的指令集合。程序采用特定语言编写,其求解问题的逻辑过程称为算法。算法独立于语言,是程序设计的灵魂。

软件由程序以及程序的相关技术文档资料组成。例如字处理软件 Word 由其可执行程序(word.exe 和相关动态链接库)、联机帮助和使用教程构成。

软件系统包括系统软件和应用软件。为使用户更方便地使用计算机及其输入输出设备、充分发挥计算机系统的效率、围绕计算机系统本身开发的软件称作系统软件,如操作系统(Windows、UNIX 等)、语言编译程序、数据库管理软件等。操作系统是系统软件中最基础的部分,是用户和裸机之间的接口。应用软件是针对用户的某种使用目的而专门编写的软件。如文字处理软件(如 WPS、Word)、计算机辅助设计软件(如 AutoCAD、UG NX)、图形处理软件(如 Photoshop、Firework)等。

1.4 计算机的典型应用

计算机对人类发展和社会进步产生了极为深刻的影响,并越来越广泛地应用到人类生活的各个领域。

1. 科学计算

利用计算机解决科学研究与工程技术中的数学计算问题称为科学计算(又称为数值计算),是计算机应用最早的领域,也是应用得较为广泛的领域。相对于人工计算,计算机速度快,精度高。对于要求限时完成的计算,使用计算机可以赢得宝贵的时间。随着计算机的发展,科学计算在现代科学研究中的地位和作用越来越重要,火箭、人造卫星、宇宙飞船等尖端技术领域以及飞机制造、水力发电、地质找矿等基础工业的研究与应用都要利用计算机进行大量的、高精度的复杂运算。

欧洲大型强子对撞机(Large Hadron Collider,LHC)是世界上最大的粒子加速器设备。在设备工作期间,每天都会生成大量的实验数据。欧洲核子研究中心(European Organization for Nuclear Research,CERN)通过分布在多个国家的全球高性能计算网格完成 LHC 数据分析,仅仅是 2011 年的数据,每天所需的计算能力都超过 200 000 个 CPU。

2. 实时控制

在冶金、机械、电力、石油化工等产业中,计算机主要应用于自动控制系统,实现实时控制。自动控制系统一般由检测、放大、信息处理、显示、执行等几个环节组成。计算机是信息处理的基本设备,也是执行的中心环节。整个自动控制系统中,首先用传感器采集现场受控对象的数据,计算机将实时检测到的信息按控制模型进行计算处理,产生相应的控制信号,最后由系统中的执行机构自动地控制或调整受控对象。利用计算机进行实时控制,对于自动化控制系统具有重大意义。近年来,新型的无人机产品和自动驾驶机车产品逐渐进入应用阶段,其自动控制的核心是计算机控制系统。

3. 企业信息化

企业信息化系统包括办公自动化、计算机辅助设计、计算机辅助制造、企业资源计划以及在此基础之上提出的包括客户管理系统、售后服务管理系统等全生命周期管理系统。计算机在企业经营管理中的应用,不但可以大幅度提高企业运行效率,提高企业竞争力,同时也在创造新的商业模式。

计算机辅助设计是利用计算机的图形处理能力帮助设计人员进行专业设计工作。如果人工设计完成建筑平面图、立面图及效果图等,需要花费几十个设计人员几周或几个月的时间,采用计算机辅助设计最多几天时间就可完成,缩短了设计周期。此外,苹果公司提出的在线音乐销售模式,不仅推动了其 iPod 产品的销售,还彻底改变了以 CD 为基础的音乐销售模式。

截至 2016 年 12 月,全国 60%以上的企业部署了信息化系统,另外有 45.3%的企业采用在线销售,中国境内外互联网上市企业的总市值为 5.4 万亿元人民币。

4. 社交网络

截至 2016 年 12 月,超过 6.6 亿用户使用微信、QQ 等即时通信工具,占总网民数的 91.1%。其中 79.6%用户使用微信,60.0%的用户使用 QQ。利用网络开展社交活动已经成为人们生活的一个重要组成部分。

5. 人工智能

利用计算机模拟人脑的智能行为,包括感知、学习、推理、决策、预测、直觉和联想等。通过计算机技术模拟人脑智能,可替代人类解决生产、生活中的具体问题。人工智能主要用于专家系统、模式识别、智能检索、自然语言处理、机器翻译等。

近年来,随着深度学习技术的兴起,人工智能进入新的发展高潮,各类产品层出不穷。如智能语音助手、健康助手、无人驾驶产品的相继推出,为人们在社交、健康、出行等方面带来新的体验。随着 AlphaGo 等系统在棋牌竞赛领域相继战胜人类顶级高手,人工智能技术进一步引起大众的关注。

1.5 程序设计语言

无论是早期计算器还是现代计算机,在完成计算任务时,必然有包含独特指令的编码体系。按照冯·诺依曼体系结构的定义,现代计算机指令和数据以二进制为编码基础。不同型号的计算机,根据其系统定位不同,所支持的指令集也不尽相同,因此编写程序时需要以计算机的指令集为基础。

程序设计语言是描述计算机程序的一套编码体系,由一组符号和规则构成。计算机程序设计语言是人与计算机进行交流的工具。随着计算机技术的发展,形成了功能、特点各不相同的计算机程序设计语言，一般分为机器语言、汇编语言和高级语言。

1.5.1 机器语言

机器语言是采用二进制代码指令表达的计算机程序设计语言，又称机器码。早期的计算机没有配置任何软件，被称为裸机，只能识别 0 和 1 组成的代码，程序设计人员采用一串 0 和 1 构成的机器码编写程序，称为机器语言程序。例如计算 3＋2 的机器语言程序片段如下：

```
1011 0000 0000 0011 0000 0100 0000 0010
```

机器语言程序由计算机最基本的操作指令组成，直接作用于计算机硬件，程序执行的效率高。但是机器语言程序只能为特定类型的计算机所识别，一般只有少数计算机专家或专业人员才能够掌握和使用。

1.5.2 汇编语言

机器语言程序的编写和阅读非常困难，因此人们提出利用符号(称为助记符)代替机器语言中的指令代码的方法，由此产生了汇编语言。汇编语言与机器语言的指令具有一一对应的关系，指令的操作码和操作数全部采用指定的符号表示。例如计算 3＋2 的汇编语言程序片段如下：

```
MOV AX, 3
ADD AX, 2
```

其中，“MOV AX，3”表示将数字 3 存入寄存器 AX 中，“ADD AX，2”实现 AX 当前值与 2 相加并将结果存储于 AX 中的操作。

一个有意义的单词显然比一个二进制数串要简洁、直观且容易记忆。为方便汇编语言程序的书写，汇编语言采用英语式的助记描述，并以文本文件格式存储，称为汇编语言程序。汇编语言编写的程序必须翻译成机器语言程序才能被计算机执行，编写及翻译过程如图 1-4 所示。

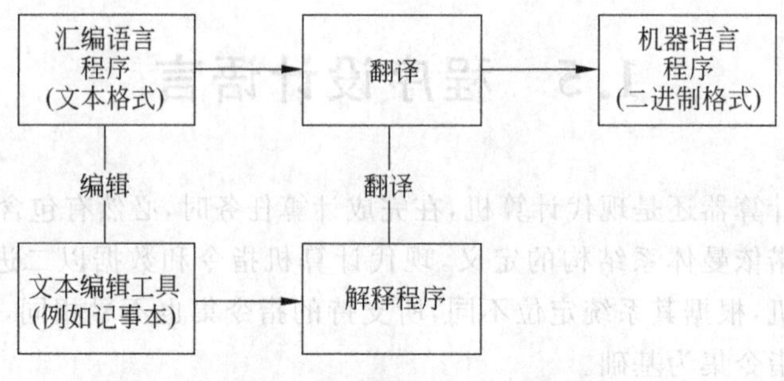

图 1-4 汇编语言翻译过程

汇编语言依然是面向机器的语言，只能为特定的机器所识别。编写程序的难度仍然很大，移植和维护较为困难。但汇编语言程序运行效率高，占用内存小。常用汇编语言编写系统软件、实时控制软件以及外部设备的驱动程序等。

1.5.3 高级语言

机器语言和汇编语言都依赖于具体的计算机系统结构，编制程序的工作量大，无通用性。为使程序设计语言独立于机器，研究人员研制出与具体的计算机指令系统无关的计算机语言，称为高级语言。高级语言在借助英语和数学进行描述的基础上，力图建立一种易于理解、方便书写的程序。例如计算 1＋2＋…＋ 1000 的 C 语言程序代码片段如下：

```
int sum=0;
int i=1, n=1000;
while(i<=n)
{
    sum=sum+i;
    i=i+1;
}
```

易于理解与方便书写是所有高级语言的基本特征，也是其获得广泛使用的基础。高级语言具有以下特点：

(1) 简洁性。高级语言的一条语句相当于汇编语言或机器语言的多条语句，程序员只需花费少量时间就可以完成许多工作。

(2) 可移植性。高级语言与机器无关，在一台计算机上运行的程序不作修改或稍加修改就可以在另外一台计算机上运行。程序员无须花费大量时间了解所使用计算机的体系结构，只需要将精力放在程序算法的设计和实现上。

(3) 易读性。高级语言借鉴英语以及数学的相关语法和规则，采用类似自然语言的描述形式，具有很好的易读性。程序易读性对于程序的维护和改进十分重要。

与汇编语言类似，高级语言程序同样采用英语风格的描述，并以文本文件格式存储。高级语言编写的程序同样也不能直接在计算机上识别和运行，必须由翻译程序将它翻译成机器指令表示的目标程序才能执行。翻译程序采用编译和解释两种工作方式。

编译方式使用编译程序(compiler)一次性将高级语言所编写的源程序全部翻译为用机器指令表示的目标程序，使目标程序和源程序在功能上完全等价，然后通过执行目标程序，获得运算结果。

解释方式使用解释程序(interpreter)将用高级语言编写的程序逐句进行分析翻译，翻译一句，执行一句，当源程序解释完成时，目标程序的执行结束。这种方式不保存解释后的机器代码，下次运行程序时还需重新解释执行。

编译方式和解释方式各有优缺点。解释方式的优点是灵活，占用内存少，但比编译方式占用更多的机器时间，并且执行过程一步也不能离开翻译程序；编译方式的优点是执行速度快，但占用内存多且不灵活，若源程序有错误，必须修改后重新编译并从头执行。

现在高级程序设计语言的种类非常多。例如，诞生于1954年面向科学计算的FORTRAN语言，诞生于1960年面向过程的商业数据分析语言COBOL，诞生于1972年面向过程的操作系统及应用软件开发的C语言，诞生于1983年面向对象的程序设计语言C++，诞生于1995年面向对象的程序设计语言Java，诞生于2000年的.NET系列程序设计语言。此外还有BASIC、Pascal、Lisp、Prolog、Perl、Python、PHP、JavaScript、VBScript、Ruby、Scala等多种程序设计语言。

1. C语言

C语言最初是为DEC公司的小型机PDP-11编写UNIX操作系统而设计，由丹尼斯·瑞奇(Dennis Ritchie)于1972年在贝尔实验室开发的。作为一种通用的高级语言，C语言具有丰富的特性和良好的组织架构，在各类大、中、小和微型计算机上得到广泛的使用，成为世界上最优秀的软件开发程序设计语言之一。

C语言以其高效、实用和灵活而受到人们的青睐，用于开发各种各样的程序，包括微控制器的固化软件、操作系统、应用程序等。不少软件生产厂家都有自己的C语言编译系统，这些编译系统及其版本虽然在具体的细节处理上不尽相同，但设计思想、基本功能以及核心部分完全一致。比较典型的有GNU的GCC和Microsoft公司的Visual C++编译系统。为了对C语言进行规范，1983年美国国家标准化协会(ANSI)开始组建专门的委员会编制C语言标准(C83)，1989年发布C89，之后又发布C90及C99，2011年发布最新标准C11。当前大多数编译器支持C89标准，对于最新的C11标准，仅有GCC支持其大部分特性。

2. C++语言

C++语言由贝尔实验室的本贾尼·斯特劳斯特卢普(Bjarne Stroustrup)于1983年设计并实现，它的设计目标是实现面向对象程序设计思想的编程语言。面向对象程序设计是一种运用对象、类、继承、封装、聚合、消息传递、多态性等概念来构造计算机程序的方法。

C++兼容了C语言的全部语法，既支持传统的面向过程的程序设计，又支持面向对象的程序设计。C++语言仍保持了C语言的简洁性，并与C语言兼容。用C语言编写的程序代码、类库函数、应用程序不用修改就可以在C++语言程序中使用。C++已被广泛应用于各种软件开发，成为面向对象程序设计语言的代表。

3. Java语言

为解决C++程序在嵌入式设备开发中资源消耗大以及跨平台移植问题，从1991年开始，SUN MicroSystem公司尝试改进C++，并在此基础上推出支持面向对象程序设计的语言Oak。后来由于未获得广泛的硬件厂商支持，Oak被搁置。1995年互联网浪潮兴起，人们希望网页“灵动”起来，SUN MicroSystem公司抓住此商机，充分利用Oak语言程序小巧灵活的特性，发布基于Oak语言的Applet技术，并将Oak更名为Java。1996年JDK1.0发布。

与C/C++等语言直接翻译为机器指令不同，Java语言程序需要编译成一种跨平台的中间语言，在Java虚拟机(运行环境)中执行，从而彻底实现跨平台运行。但是，由于Java语言通过虚拟机运行，其性能受制于虚拟机，代码效率低于C++程序，更低于C程序。这是Java语言早期广受批评的一个原因。随着Java虚拟机的不断完善，Java程序的性能逐渐接近C++程序。由于通用性、高效性、平台移植性和安全性的优势，Java语言程序获得广泛应用。

4. .NET语言体系

针对软件设计中的封装和部署，Microsoft公司开发了一套类似Java虚拟机的程序运行环境，称为.NET框架(.NET Framework)。所有针对.NET框架开发的程序均需编译成一种中间语言，并在框架中运行。针对.NET框架下的应用程序开发，Microsoft公司设计了C#.NET、VB.NET、C++.NET、J#.NET等一系列程序设计语言。

1.6 问题求解与算法

利用计算机求解问题，首先需要对问题进行分析，明确已知信息和未知信息；其次进行算法设计，即利用物理、化学、生物、机械、电子等学科的专业知识以及数学和相关专业领域的公理和定理体系建立可计算的问题模型，结合图灵机模型和冯·诺依曼体系结构，建立问题的有效求解过程；最后采用特定的程序设计语言编写源程序以实现算法，通过测试验证以保证程序的正确性。

例1-1 设计算法，统计某班30名学生的平均成绩。

首先，确定学生成绩为已知信息，设用$X_1, X_2, \cdots, X_{30}$分别表示30名学生的成绩。平均成绩为未知信息，用M表示。

其次，按照数学知识，此问题的第一种可计算模型为

$$M=(X_1+X_2+\cdots+X_{30})\div 30$$

基于图灵机模型和冯·诺依曼体系结构实现的关键步骤如下：

(1) 将所有学生成绩由输入设备输入到存储器，赋值给$X_1, X_2, \cdots, X_{30}$。

(2) 计算$X_1, X_2, \cdots, X_{30}$的平均值，并赋予M。

(3) 通过输出设备(一般为显示器)输出结果M。

算法描述如下：

第1步：输入第一个学生的成绩X_1。

第2步：输入第二个学生的成绩X_2。

……

第30步：输入第30个学生的成绩X_{30}。

第31步：计算$M=(X_1+X_2+\cdots+X_{30})\div 30$。

第32步：输出M。

该问题还可以采用另外一个可计算模型。

假设 $M_0=0$,则有

$$M_n=X_n+M_{n-1}\ (其中:n=1,2,\cdots,30)$$

算法描述如下:

第 1 步:输入学生的成绩 X。

第 2 步:令 M=M+X,令学生计数器 n=n+1。

第 3 步:如果 n≤30,则跳转至第 1 步,输入下一个学生成绩;如果 n>30,则跳转至第 4 步。

第 4 步:令 M=M÷30。

第 5 步:输出 M。

当学生较少时可以采用第一种算法,而当学生较多时,第一种方式明显要编写大量重复代码。而第二种算法在不改变程序逻辑的情况下可以实现任意多个学生的平均成绩求解问题。

1.6.1 算法定义

算法是为解决一个特定问题而采取的确定的、有限的、按照一定次序进行的、缺一不可的执行步骤。算法分为数值运算算法(例如求方程根、定积分等)和非数值运算算法(例如人事管理、学生成绩管理等)。为保证能够在有限时间内解决问题,设计算法时需要考虑以下算法特征:

(1) 有穷性。指解决问题应在"合理的限度之内",即一个算法应包含有限次的操作步骤,不能无限进行(死循环)。

(2) 确定性。必须确定算法中的每一个步骤,对于同样的输入必须获得相同的结果。

(3) 有效性。算法的每一个步骤都能够在计算机上被有效地执行,并得到正确的结果。

(4) 有输入。一个算法可以有零个、一个或多个特定的输入。当计算机为解决某类问题需要从外界获取必要的原始数据时,要求通过输入设备输入数据。如果计算机解决问题的数据是在算法内设定的,则不需要从外界获取数据。

(5) 有输出。一个算法可以有一个或多个输出。利用计算机的目的就是为了求得对某个事件处理的结果,这个结果必须被反映出来,这就是输出结果。没有输出的算法没有任何实际意义。

1.6.2 算法复杂性

在计算机上执行算法时,需要一定的存储空间存放描述算法的程序和数据,计算机完成算法同样需要一定的执行时间。不同算法编写的程序运行时所需要的时间不同,所需要的存储空间也不同。算法复杂性是对算法运算所需时间和空间的一种度量,是评价算法优劣的重要依据。算法复杂性包括时间复杂性(time complexity)和空间复杂性(space complexity)。所需的空间越大或所用时间越长,算法复杂性就越高;反之就越低。例 1-1

中，第一种算法需要存储全部 30 个输入数据，第二种算法仅需要存储 1 个输入数据，第一种算法的空间复杂度高；由于都需要计算 29 次加法和 1 次除法，两者的时间复杂性相同。因此第二种算法优于第一种算法。

对于任意给定的问题，设计算法的一个重要目标是设计出复杂性尽可能低的算法。

1.7 算法描述

算法描述的目的是为程序编码提供无歧义、清晰易懂的描述，方便交流和编写源程序。面向过程设计时常用的算法描述工具包括伪代码、流程图、N-S 图等。

1.7.1 伪代码

伪代码(pseudocode)采用介于自然语言和计算机语言之间的文字和符号描述算法，是在算法开发过程中用来表达求解步骤的符号系统。使用伪代码描述算法时要了解目标程序设计语言所提供的相关语句与关键字，采用自然语言描述控制过程及限定条件。伪代码不能在计算机上实际执行，但是严谨的伪代码描述可以更容易转换为相应的语言程序。

例 1-2 设计算法。有一堆不知数目的桃子。猴子第一天吃掉一半，又多吃了一个；第二天照此方法，吃掉剩下桃子的一半又多一个；天天如此，直到第 11 天早上，猴子发现只剩一只桃子。计算原来有多少个桃子。

假设第一天有 peach1 只桃子，第二天有 peach2 只桃子……第 11 天是 peach11 只桃子。现在只知道第 11 天的桃子数 peach11，借助第 11 天的桃子数 peach11 可以计算出第 10 天的桃子数，计算公式：peach10＝2＊(peach11＋1)；采用同样的方法，由第 10 天推出第 9 天的桃子数：peach9＝2＊(peach10＋1)……由第 2 天推出第 1 天的桃子数，peach1＝2＊(peach2＋1)。上述 10 个步骤的计算形式完全一致，peach1，peach2，…，peach11 之间存在可计算数学模型：

$$peach_i = 2 * (peach_{i+1} + 1) \quad (i = 10, 9, \cdots, 1)$$

可以采用循环处理方法解决该问题。令 peach0 表示前一天的桃子数，令 peach1 表示当前这一天的桃子数，伪代码描述算法如下：

```
Step1: peach1=1;                /* 第 11 天的桃子数,peach1 的初始值 */
Step2: i=10;                    /* 计数器的初值为 10,表示开始计算第 10 天的桃子数 */
Step3: peach0=2*(peach1+1);     /* 计算前一天的桃子数 */
Step4: peach1=peach0;           /* 将前一天的桃子数作为下一次计算的初值 */
Step5: i=i-1;
Step6: 若 i>=1,跳转至 Step3 继续执行,否则跳转至 Step7
Step7: 输出 peach0 的值          /* 此时 i<1,问题得解 */
```

使用伪代码描述算法只需要考虑程序的逻辑，不必关注程序设计语言的具体实现。

伪代码书写格式灵活自由，更符合人们的思考习惯，容易表达程序设计者的设计意图。伪代码与计算机程序的执行过程是一致的，可以方便地转化成相应的程序语句。

1.7.2 流程图

流程图是一种传统的、广泛应用的算法描述工具。流程图使用几何图形描述各种不同的操作，利用带有箭头的“流线”为算法执行中的一系列步骤指定一个时间上的顺序。流程图可以清晰、直观、形象地反映程序的执行过程。流程图中常用的各种图形符号如图 1-5 所示。

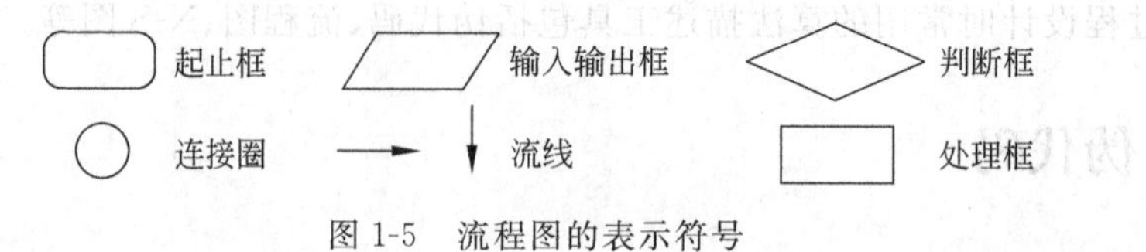

图 1-5 流程图的表示符号

流程图描述方法在算法表达上简明直观，易于理解。但由于流程图的“流线”代表控制流，可以不受结构化的制约而任意跳转控制，同时每个图形符号对应于一行源程序代码，使得大型程序的流程过于复杂，可读性较差。

例 1-3 设计算法，输出 30 名学生中及格学生的成绩。

假设 a 表示由键盘输入的学生成绩，判断“a 是否大于或等于 60?”。如果是，输出该成绩；否则，继续输入并判断下一个学生的成绩，直到 30 名学生的成绩全部处理完。采用流程图描述的算法如图 1-6 所示。

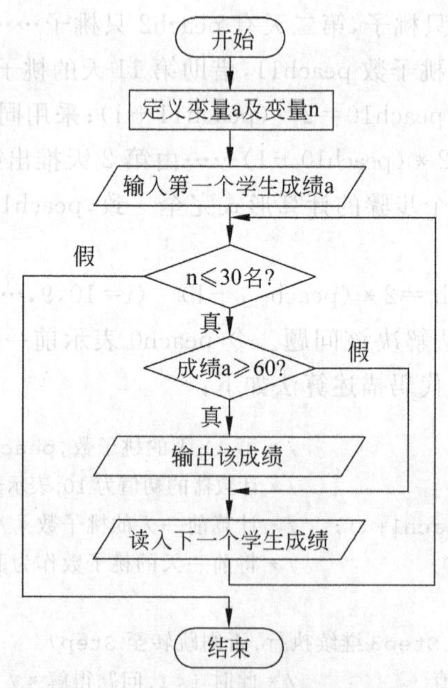

图 1-6 输出及格成绩算法流程图

1.7.3 N-S 图

针对流程图的不足，美国学者 I. Nassi 和 B. Shneiderman 于 1973 年提出利用方框图代替流程图，即 N-S 图。N-S 图将描述的算法写在一个矩形框中，框内包含若干个基本处理框，没有指向箭头。N-S 图具有层次嵌套的特性，表达的算法随着层次的增加逐步从外向内深入，体现了逐步细化的结构化程序设计思想。利用 N-S 图描述的一定是结构化的算法。

例 1-4 设计算法，输入两个数，输出其中较小的数。

假设 a、b 表示输入的两个数，判断 a 与 b 的大小，如果 a<b 成立，输出 a 值，否则输出 b 值。采用 N-S 图描述的算法如图 1-7 所示。

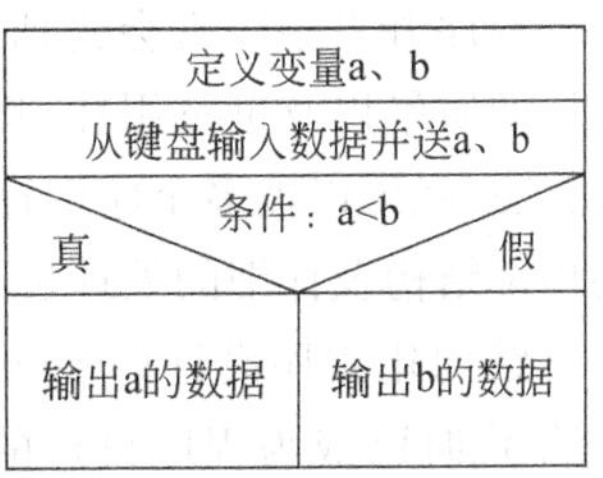

图 1-7 N-S 图描述数据比较问题的算法

N-S 图描述算法限制了随意的控制转移，强化了结构化设计方法，形象直观，可读性强。其不足之处是，当程序较复杂时，嵌套层次过多，算法修改比较困难。

1.8 程序设计

实现算法的指令集合称为程序。由程序开发人员根据程序设计语言的语法规则设计并实现算法，控制计算机完成运算的过程称为程序设计。

1.8.1 基本步骤

程序设计的基本步骤如下：

(1) 确定数学模型(或数据结构)。程序将以数据处理的方式解决客观世界中的问题。在程序设计之初，应将实际问题采用数学语言描述，形成一个抽象的、具有一般性的数学问题，从而给出问题的抽象数学模型。数学模型精确地阐述已知条件、所求结果以及已知条件与所求结果之间的联系等信息。数学模型是进一步解决其代表的数学问题的算法基础。

(2) 算法描述。数学模型确定后，需要对所采用的算法进行描述。算法的描述可以采用自然语言、伪代码、流程图、N-S 图等多种方式。这些描述方式要求简单明确，能够直观地展示程序设计思想。一个复杂问题的求解可能有多种解决方法(算法)，需要进行算法复杂性分析，从中确定合适的算法。

(3) 编写程序。根据算法描述，使用某种程序设计语言实现算法。在编写程序的过程中，需要反复调试进而得到可以运行且结果“正确”的程序。

(4) 程序测试。程序编写完成后，需要采用实际数据对程序进行测试，确保算法的正确性。所有程序必须经过科学、严格的测试，才能最大限度地保证程序的正确性。

1.8.2 结构化程序设计

计算机程序主要不是用来解决简单的小问题,而是解决复杂的大问题。通常采用的方法是:先将一个大问题分解为若干个子问题,对于比较复杂的子问题再继续分解为更加简单的二级子问题,直到每个子问题都有显而易见的解决方法,再逐一编写解决各个子问题的程序。这种先设计总体再设计局部的方法称为自上而下的程序设计方法。

程序开发中经常会遇到相同功能的处理过程,例如幂运算、字符串复制操作等。为提高程序的质量以及可重用性,将这些相同功能的处理过程分离出来,编写成独立的程序模块(函数),就可以被多个应用程序共享了。程序模块体现了对过程的封装,人们不必了解模块的内部结构及详细的处理过程,只需要了解模块的输入输出要求,就可以实现相应功能。

结构化程序设计(structured programming)诞生于 20 世纪 60 年代,发展到 20 世纪 80 年代时已成为程序设计的主流方法,它的产生和发展形成了现代软件工程的基础。结构化程序设计的基本思想是采用自上而下、逐步求精的模块化设计方法以及单入口/单出口的控制结构实现。结构化程序设计遵循的基本原则如下:

(1) 自上而下,逐步求精。

从全局出发进行整体设计,对整体布局中的复杂问题逐层向下细化为更小的问题,逐层分解,逐步求精,逐个解决。

(2) 模块化设计。

按照功能或层次将一个复杂问题划分为若干个模块,对每一个模块进一步细化。首先将问题划分为由若干个模块组成的层次结构;然后将每个模块的功能细化到可以采用顺序、选择、循环 3 种基本结构描述为止,即一个模块解决一个特定的小问题,实现一个特定的功能。划分后的每个模块可以独立地编程与调试。除最上层的模块外,每个层次的功能模块都可以被上层功能模块调用。

(3) 使用 3 种基本控制结构表示程序逻辑。

每一个功能模块都由顺序结构、选择结构和循环结构表示程序逻辑结构。从理论角度可以证明:顺序结构、选择结构和循环结构这 3 种结构的顺序处理和嵌套处理可以描述任何可求解问题的计算逻辑,解决任何复杂的问题。这 3 种结构是计算机程序的基本逻辑基础。

- 顺序结构。从第一条程序代码开始依次向后执行。
- 选择结构。有条件地执行后续程序代码序列。例如,在某条件下,从当前的第 n 条程序代码跳转到第 n+m 条程序代码开始顺序执行(n 和 m 为自然数);或在相反条件下顺序执行第 n+1 到 n+m−1 之间程序代码。
- 循环结构。有条件地跳转到当前程序代码之前的某条代码,再顺序执行。例如,在某条件下,从当前的第 n 条程序代码跳转到第 n−m 条程序代码开始顺序执行;或在相反条件下继续顺序执行第 n+1 条之后的程序代码。

实现结构化程序设计思想的语言包括 C、FORTRAN、Pascal 和 BASIC 等。结构化程序设计语言的特点是模块化,即程序的各个模块除了必要的信息交流外彼此独立,结构层次清晰，便于使用、维护以及调试。

结构化程序设计在程序重用、维护以及大型软件开发中发挥着重要作用。目前，仍有许多采用结构化程序设计方法开发的软件。即使目前流行的面向对象程序设计也不能完全脱离结构化程序设计。

1.8.3 面向对象程序设计

面向对象程序设计(Object Oriented Programming，OOP)认为，现实世界是由一系列彼此相关并且能够相互通信的实体组成的，这些实体称为对象。每个对象都有自己的自然属性和行为特征，多个同类对象的共同特征的抽象描述称为类。面向对象程序设计的基本原则是：尽可能地模拟现实世界中人类的思维方式，使开发软件的方法和过程尽可能地接近人类解决问题的方法和过程。面向对象程序设计具有以下特征：

(1) 对象。对象是组成客观世界的基本元素，任何事物都是对象，对象是对现实世界的抽象。一个面向对象的软件系统是由对象组成的，软件中的任何元素都是对象，复杂的对象可以由简单的对象组合而成。对象是基本实体，它既包括数据(属性)，也包括作用于数据的操作(方法)，是由描述实体内部状态、表示静态属性的数据以及对这些数据的操作构成的统一体。

(2) 类。一个类描述了一组具有相同属性和方法的对象，对象是类的一个具体实例。

(3) 抽象。抽象是对具体对象加以概括，提炼出一类对象的共性并进行描述。抽象包括数据抽象和行为抽象。数据抽象描述某类对象的属性或状态，即此类对象区别于其他类对象的特征属性；行为抽象描述该类对象的共同行为特征或具有的共同功能。抽象分析的结果是完成类的定义。

(4) 继承。继承是类之间共享数据和方法的机制。继承类拥有被继承类的全部特征。类的继承反映出人类认知自然的发展过程。继承是面向对象技术能够提高软件开发效率最主要的原因之一，它有利于程序开发人员在原有程序的基础上对软件功能加以扩展，或将某个领域的应用软件加以改造，应用于另外一个领域中的功能相近的软件中。

(5) 封装。封装是将抽象分析所得到的数据和操作进行有机结合，形成一个不可分割的整体(对象)。对象需要提供与外部世界交流的接口，而尽可能隐蔽内部处理细节，实现对数据访问的合理控制。用户只需要通过外部接口，依据特定的访问规则就可以使用已有的对象方法，而不必了解其内部具体的实现细节。利用封装的特点，数据和操作可以很好地被封装在对象中，数据的访问权限也能够得到有效的控制，数据结构和格式的修改只局限于拥有该数据的对象和类。同时，通过现有类可以派生出更多具有特殊功能的新类，从而实现代码重用。这种继承和派生机制是对已有程序的改进，是面向对象程序设计语言不同于其他语言的最主要特点。面向对象程序设计语言包括 C++ 、Java、C# 等。

1.8.4 并行程序设计

并行计算机由多个处理器组成，是能够高速度、高效率、并行地进行复杂问题求解的计算机系统。并行处理是相对于串行处理而言的。串行处理是指只利用单个处理器顺序执行计算程序的过程。并行处理实现多个处理器并行执行,运算速度明显提高,能在更短的时间内完成相同的计算量,或解决串行处理不能求解的复杂问题。

在并行计算机上实现并行算法的过程就是并行程序设计(parallel programming)。并行程序设计需要具备操作系统和编译等方面的知识。并行程序中最基本的要素包括任务、进程、线程、同步机制和通信操作等。

并行程序设计的一般过程分为任务划分、通信分析、任务组合和处理器映射 4 个阶段。任务划分阶段主要将整个问题域或概念分解为一些小的计算任务,其目标是揭示和开拓并行执行的机会;通信分析阶段检测任务划分的合理性;任务组合阶段按照性能的要求和实现的代价考察前两个阶段的结果,必要时可将一些小的任务组合成更大的任务,以提高执行的效率和减少通信开销;处理器映射阶段进行将每一个任务分配到哪一个处理器上去执行的决策,目的是实现全局执行时间和通信成本的最小化以及处理器利用的最大化。

1.8.5 程序设计思想前沿

目前,程序设计思想的最新发展主要是组件技术和面向切面的编程技术。

面向对象技术催生了组件技术。组件技术引入了用于生成业务结果的改进机制,为软件开发提供了改良的方法。组件技术主要包括组件的下层构造、软件模式、软件架构、基于组件的开发等。组件被认为是面向对象技术和其他软件技术的融合。区分组件技术和其他技术的 4 个原则是封装(encapsulation)、多态(polymorphism)、后期连接(late binding)和安全(safety)。组件技术中,继承(inheritance)对于大多数形式的包装和重用都不适合,因此通过调用其他对象和组件代替继承,此调用称为委托(delegations)。

面向切面编程(Aspect Oriented Programming,AOP)是一种新的编程技术。作为提高代码重用的一种方法,AOP 弥补了面向对象程序设计在跨模块调用能力上的不足。AOP 引进了切面的概念,将影响多个类的共用行为封装到一个可重用模块中,以消除面向对象程序设计的代码混乱和代码分散问题,增强系统的可维护性和代码的可重用性。

1.9 C 语言简介

1.9.1 C 语言的特点

C 语言有以下特点:

(1) 适合开发系统软件。C 语言的出现是为了编写 UNIX 操作系统。C 语言既具有高级语言的易学、易用、可移植性强的特点,又具有低级语言执行效率高、可对硬件进行操作等优点;既可以开发应用软件,也可以开发系统软件。

(2) 结构化的程序设计语言。C 语言以具有独立功能的函数作为模块化程序设计的基本单位，并提供编写结构化程序的基本控制语句，有利于以模块化方式进行程序设计、编码、调试和维护。

(3) 丰富的数据类型和表达式。C 语言不仅提供基本数据类型(如整型、浮点型、字符型)，还可以根据程序设计的需要构造复杂数据类型(如数组、结构体、公用体)。C 语言的指针类型使程序执行效率更高。C 语言的运算类型和表达式丰富多样，将括号、赋值、强制类型转换等都作为运算符处理，使得 C 语言具有极强的表现能力和处理能力。

(4) 具有预编译功能和丰富的库函数。预编译为程序的修改、阅读、移植和调试提供了方便。而库函数的使用可节省重复编写通用函数的时间和精力，提高了程序设计的效率，保证了程序设计的质量。

(5) 具有良好的可移植性。C 语言适合多种操作系统，UNIX、Windows、Linux 等主流的操作系统都支持 C 语言编译器，C 程序可以被广泛地移植到各种类型的计算机上。

(6) 面向对象程序设计的基础。面向对象程序设计语言(C++、Java 等)吸收了 C 语言中几乎所有的功能和特点，在此基础上增加了对面向对象特性的支持，目前 C++、Java 等面向对象程序设计语言已被广泛用于各类软件的开发，成为主流面向对象程序设计语言。

1.9.2 简单的 C 程序设计

例 1-5 分析一个经典的 C 程序。

```
#include <stdio.h>
int main()
{
    printf("Hello! C Programming\n");
    return 0;
}
```

上述程序经过编辑、编译、链接、运行后，在屏幕上输出

```
Hello! C Programming
```

第 1 行：#include ＜stdio.h＞是 C 语言预编译指令。C 语言未提供输入输出指令，而是通过调用输入输出函数实现。#include 的作用是在编译程序之前，预先由预编译系统将标准输入输出库文件(stdio.h)中的内容包含到程序中。stdio.h 文件中包含了编译 printf 函数时要用到的声明信息，从而保证编译器在编译 printf 时能够找到此函数的定义而不报错。C 语言程序中对所有库函数的调用都使用#include 指令包含其函数所在的库文件。

第 2 行：main 是主函数名。main 的后面一定要有一对圆括号“()”，圆括号内可以包含参数，也可以没有参数。int 代表函数返回值类型，与 main 函数中第 5 行的 return 语句对应，表示主函数运算结束后，返回给操作系统 int 型的数值，该数值一般表明 main 函

数的运行状态。

第 3～6 行：大括号“{}”中的内容称为函数体，代表主函数要执行的全部操作序列，C 语言的操作通过语句实现。“{”为函数体的开始，“}”为函数体的结束。执行主函数时，从“{”之后的第一条语句开始，从上到下顺序执行。例中的函数体由一个函数调用语句和返回值语句组成，其作用是调用名为 printf 的库函数，将字符串“Hello! C Programming”显示在屏幕上。返回值语句“return 0;”的作用是将 0 返回给操作系统。C 语言使用分号“;”结束一条语句。

例 1-6 编写程序，实现两个数的加法运算。

```
#include <stdio.h>
int main()
{
    int a, b, sum=0;
    scanf("%d%d", &a, &b);                /* 输入 a 和 b 的值 */
    sum=a+b;                              /* 计算 a+b,其结果赋给 sum */
    printf("%d, %d, sum=%d\n", a, b, sum);
    return 0;
}
```

函数体内的第 1 条语句是声明语句，作用是使编译系统分配 3 个由 a、b、sum 标识的用于存储整型(int)数据的存储单元。标识符 a、b、sum 称为变量。程序中所有的变量都必须先声明后使用。

第 2 条语句是函数调用语句，调用库函数 scanf 获得从键盘输入的两个 int 型数据并存储于 a 和 b 标识的对应存储单元中(例如输入 1 和 3，则 1 存于 a，3 存于 b)。

第 3 条语句是赋值语句，功能是先计算表达式 a＋b，然后将计算结果存储于 sum 标识符对应的存储单元。

第 4 条语句是函数调用语句，调用输出库函数 printf，在显示器上输出程序执行的结果(例如输出“1，3，sum＝4”)。

程序中的/＊…＊/为注释部分。注释中可以说明变量的含义、程序段的功能，以帮助人们理解程序，一个好的程序应该有适当的注释。注释部分不影响程序的运行。此外，C 程序也允许一条语句分写在几行上，或者将几条语句写在同一行内。

修改例 1-6，利用函数实现加法运算。

```
#include <stdio.h>
int add(int x, int y)      /* 定义 add 函数,add 函数的形式参数 x、y 为 int 型,返回值
                              为 int 型 */
{
    int z;
    z=x+y;                 /* 计算 x+y 的值,并赋给 z */
    return(z);             /* 从 add 函数返回调用处,z 为返回的函数值 */
}
```

```
int main()
{
    int a, b, sum=0;
    scanf("%d%d", &a, &b);  /* 输入 a 和 b 的值 */
    sum=add(a, b);          /* 调用函数 add,将得到的返回值赋给 sum */
    printf("%d, %d, sum=%d\n", a, b, sum);
    return 0;
}
```

程序包含两个函数：主函数 main 和用户自定义函数 add。两个变量的加法运算不是通过表达式直接完成的，而是调用函数 add 实现的，并将计算结果返回给函数 main。

1.9.3 C 语言程序结构

一个 C 程序可以由多个"*.c"源程序文件组成，每个"*.c"源程序文件又可以由多个函数组成，每个函数则由若干条 C 语言语句组成。

1. 函数结构

任何函数(包括主函数 main)都是由函数首部和函数体两部分组成。C 语言函数的一般结构如下：

```
[函数类型] 函数名([参数表])
{
    声明语句部分
    可执行语句部分
}
```

函数首部由函数类型、函数名、参数表组成，例如：

```
  int       add          (int x , int y)
函数类型    函数名    参数表(包括参数类型、参数名)
```

函数体由一对大括号"{ }"之间的语句组成，包括声明语句和可执行语句。利用声明语句定义本函数内用到的变量。声明语句必须放置在左大括号"{"之后和任何可执行语句之前。可执行语句由若干个 C 语言的基本语句或控制语句组成，每个语句都有规定的语法格式及功能，通过语句的执行实现该函数要完成的功能。

2. 主函数

一个 C 语言源程序文件可以由一个或多个函数组成，但无论程序简单还是复杂，都必须有且仅有一个 main 函数。C 程序的执行从 main 函数开始，结束于 main 函数。如果 C 程序由若干个函数组成，除 main 以外的函数只有被 main 函数直接或间接调用时才能被执行。被调用的函数可以是系统提供的库函数(例如 printf 函数)，也可以是用户自定义的函数(例如 add 函数)。常用的 main 函数定义形式如下所示。

形式 1：

```
int main()
{
    声明语句
    可执行语句
    return 整数值;
}
```

或

```
int main(void)
{
    声明语句
    可执行语句
    return 整数值;
}
```

/＊该形式执行到返回值语句 return 结束＊/

形式 2：

```
void main()
{
    声明语句
    可执行语句
}
```

或更为严格的形式：

```
void main(void)
{
    声明语句
    可执行语句
    return;
}
```

/＊该形式执行到函数体尾部"}"自然结束，或遇到返回值语句 return 结束＊/

3. C 程序结构

从组织结构上，一个 C 程序包括若干个"＊.c"源程序文件，每个"＊.c"源程序文件可以单独编译。而一个"＊.c"源程序文件可以由若干个函数、预编译指令等组成，函数又称为模块，每个函数可以实现单一的功能。C 程序的组织结构如图 1-8 所示。

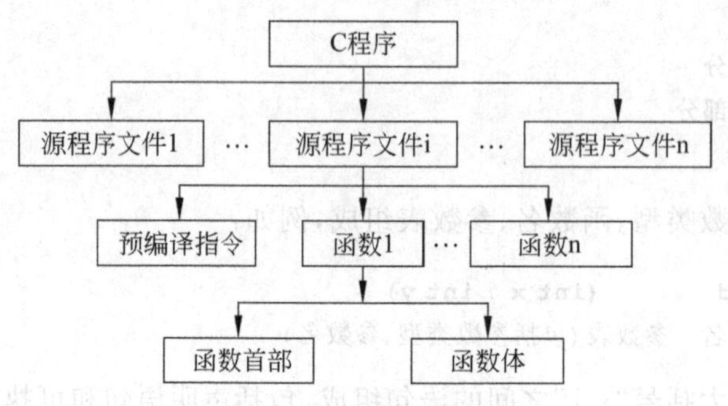

图 1-8　C 程序的组织结构

一个完整的 C 语言源程序文件的结构如下：

```
预编译指令
int main()
{
    声明语句部分                    /＊主函数体＊/
    可执行语句部分
    return 0;
}
返回值类型  子函数名 1(参数声明)      /＊用户自定义函数 1 声明及定义＊/
{
```

```
    声明语句部分                              /* 子函数体 */
    可执行语句部分
}
…
返回值类型  子函数名 n(参数说明)               /* 用户自定义函数 n 声明及定义 */
{
    声明语句部分                              /* 子函数体 */
    可执行语句部分
}
```

1.9.4 C程序设计过程

开发一个C程序，首先要进行算法设计，即针对具体问题进行分析，建立解决问题的数学模型，采用某种方式描述算法。其次，采用C语言编写程序，经过编辑、编译、链接、运行4个步骤完成程序设计。简单的C程序设计过程如图1-9所示。

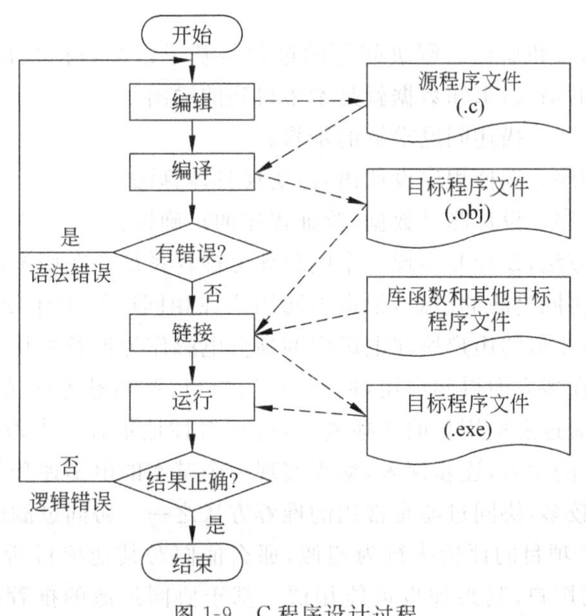

图1-9 C程序设计过程

(1) 编辑。编辑是建立、修改C语言源程序的过程。可以使用任何文字处理软件完成C语言源程序的编辑，一般多采用集成的C语言编辑器进行编辑。C语言源程序的文件扩展名为".c"，以文本文件的形式存储于磁盘上。

(2) 编译。编译是将编辑好的C语言源程序翻译成二进制目标代码的过程。编译时首先对C语言源程序进行词法分析和语法分析，当发现有错误时，编译器将指出错误的位置和错误类型，此时要回到编辑器中进行查错并修改源程序。然后再次进行编译，直到排除所有的语法和语义错误。正确的源程序经过编译后，在磁盘上会生成扩展名为"*.obj"的同名目标文件。

(3) 链接。编译形成的目标文件必须和库函数及其他目标程序进行链接处理，链接后生成一个扩展名为“*.exe”的可执行文件。如果函数名称写错或漏写包含库函数的头文件，则链接可能会出错，同样需要返回到编辑器中修改源程序，再次编译、链接，直至正确为止。

(4) 运行。一个C语言源程序经过编译、链接后生成了可执行文件。运行这个可执行文件，根据运行结果判断程序是否存在逻辑错误。当出现逻辑错误时需要修改原有算法，回到编辑环境重新编辑，然后再编译、链接和运行程序。

1.10 案　　例

利用计算机求解一个工程问题，通常将求解过程分解为以下5个关键步骤：

第1步，问题陈述。对问题进行清晰明确的描述。当面对一个复杂的问题时，需要对原始的复杂问题进行分解，使之转化为若干个相对简单的问题，抽取问题中的关键要素，重点表述。

第2步，分析输入和输出。解决问题的过程是基于已知数据找出未知数据的过程。已知数据就是问题的输入，未知数据就是希望得到的输出。

第3步，编写算法。描述问题求解的步骤。

第4步，编写程序。选择程序设计语言，实现具体算法。

第5步，测试程序。设计测试数据，验证程序的正确性。

本节利用上述方法，设计并实现一个电影评分推荐系统。在该系统中，允许用户对电影进行评分。基于协同过滤的思想，根据不同用户在相同电影中评分的接近程度计算用户的相似度，选择最相似的用户所评电影中的高分电影作为推荐影片。

推荐系统已经在多方面得到应用，例如淘宝、当当、亚马逊等网站的商品推荐。而个性化推荐系统则是通过发掘用户的兴趣爱好，有针对性地推荐。本教材选择影片推荐为应用案例，通过各章的学习，逐步深入，编程实现一个基本的电影评分与个性化推荐系统。个性化推荐的方法较多，协同过滤是常用的推荐方法之一。协同过滤的基本假设是：如果用户X和Y对N个项目的评价或行为相似，那么他们对其他项目所持有的观点也是相似的，即行为相似的用户，其兴趣也可能相似。基于协同过滤的推荐系统的基本原理如图1-10所示。

假设用户A喜欢物品1和物品2，用户B喜欢物品2，用户C喜欢物品1、物品2和物品4。从这些用户的评价数据中可以发现，相对于用户B，用户A和C具有更高的相似度。由于用户C还喜欢物品4，那么可以推断用户A可能也喜欢物品4，因此可以将物品4推荐给用户A。这一推荐过程中，相似度计算是关键。选择一个合适的标准，根据用户的历史偏好数据计算得到任意两个用户之间的相似度之后，就可以根据相似度的大小构建物品推荐列表。

在影片评分与推荐系统案例中，允许用户对电影进行评分，基于协同过滤的思想，根据不同用户对相同电影评分的接近程度计算用户的相似度，选择最相似的用户所评电影中的高分电影作为推荐影片。在这一推荐系统中，首先要获得用户喜好的历史数据，数据的获得方法可以通过评分过程记录用户对影片的评分(第 2～5 章)，也可以通过现有的评分网站获得开放的历史数据(第 11 章)。在获得历史数据的基础上，根据一定的规则计算相似度。相似度的计算方法很多，可以是最简单的衡量用户对某个相同影片的评分接近程度(第 4 章)，也可以选择更加通用的空间向量距离的计算方法(第 6～11 章)。对于少量的数据，可以采用数组形式记录并保存(第 6～8 章)，也可以构建意义更加明确的结构体数组进行处理(第 9 章)。而对于大量的数据，选择可用内存空间更大的动态分配方法更加合理(第 10 章)。本书将一个影片评分推荐系统由浅入深地进行完善，每章的内容各有侧重。在此基础上，学习者也可以扩展出更加复杂和完善的推荐系统。

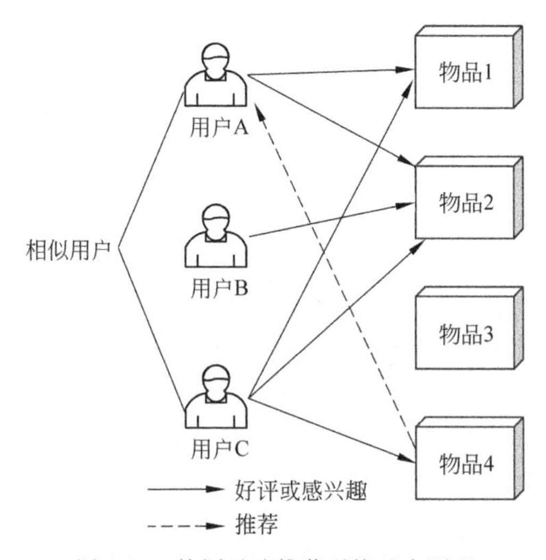

图 1-10　协同过滤推荐系统基本原理

练　习　题

1. 机器语言、汇编语言、高级语言各有什么特点？

2. 如何进行 C 语言程序设计？C 语言程序的特点是什么？其中注释语句的写法和作用是什么？

3. 算法具有哪些特征？描述算法的工具有哪些？各有什么特点？

4. 算法设计。实现华氏温度和摄氏温度间的转换(转换公式：F＝1.8C＋32，C 为摄氏温度，F 为华氏温度)。

5. 算法设计。输入一个数，判断其是否为偶数。

6. 算法设计。对于任意给出的 3 个线段，判断其能否构成一个三角形。

7. 算法设计。(1)输入两个数，找出其中的大数输出；(2)输入 3 个数，找出其中最大的数输出；(3)输入 10 个数，找出其中最大的数输出。

8. 算法设计。计算 1～10 之间的自然数之和。

9. 算法设计。对于任意一个3位整数，分解出该整数的各位数字。（例如，整数123的各位数字为1、2、3。）

10. 算法设计。判定2010—2030年中哪一年为闰年。（提示：闰年的条件是：(1)能被4整除，但不能被100整除的年份，例如1996年、2004年；(2)能被400整除的年份，例如1600年、2000年。）

第2章

信息编码与数据类型

2.1 概　　述

按照冯·诺依曼计算机的定义,所有由计算机处理的指令和数据必须转换为二进制编码,并加载到存储器后才能执行。如果利用计算机程序描述学生的姓名、成绩、性别等信息,首先,需要确定名称信息的构成,名称通常由一组字符构成,但是不同语言构成的字符形式可能不同;其次,需要明确成绩等信息的表达形式是字符表达(例如A、B、C)还是整数或实数表达,由于整数和实数的运算规则不同,例如整数1÷2的运算结果为0,实数1÷2的运算结果为0.5,因此两者在表达形式上亦有所区别;最后,需要确定性别信息是采用一个字符还是一组字符描述,例如,男/女性别信息采用'm'/'f'还是采用"male"/"female"的描述形式。此外,描述更多的学生信息可能还要考虑时间、照片、录像等信息的表达形式。如何将文本、数值、图形/图像、声音、视频等信息进行编码是任何一种程序设计语言必须考虑的重要问题。如果直接采用二进制编码,将影响程序的阅读与书写。因此,大多数高级语言均将简化各类信息的编码作为其基本任务,例如x=100中用一组连续的十进制数字字符表达整数类型常量100,并在编译时将十进制数100转换为二进制编码。对于程序中出现的变量,则直接以二进制形式存储于存储器中。

C语言通过引入数据类型,明确各类信息在程序中的描述方式,以及各类数据的存储形式和占用空间的大小,同时配合运算符确定数据的运算规则。程序设计中出现的常量自动被编译器识别,确定数据类型并翻译成对应的二进制编码。变量则根据指令在内存中动态地修改其值。

2.2 二进制与信息编码

数值和文本是程序中最为常见的两类数据。计算机系统中的数值以补码形式表示和存储,又可分为整数与实数。计算机中的文本以字符编码形式表示与存储。

2.2.1 整数编码

计算机系统中,整数分为有符号整数(带正负号的整数,能表示正数和负数)和无符号整数(不带正负号的整数,只能表示 0 和正数)。有符号整数的最高位(最左边的一位)为符号位,表示整数的正负,符号位为 0 表示正数,为 1 表示负数。其他位则表示数的大小。

将一个十进制有符号整数转换成二进制整数,在它前面加上符号位就是整数的原码表示形式。一个正整数的补码和原码的表示形式相同。一个负整数的补码表示方法是:将其对应正整数的原码按位取反(即 0 变成 1,1 变成 0),然后加 1。例如,用两个字节的二进制数表示正整数 10,其补码和原码的形式相同,存放形式为

0 0 0 0 0 0 0 0 0 0 0 0 1 0 1 0

如果用两个字节存放－10,则首先求出－10 的原码形式:

1 0 0 0 0 0 0 0 0 0 0 0 1 0 1 0

其次,除符号位外按位取反:

1 1 1 1 1 1 1 1 1 1 1 1 0 1 0 1

最后再加 1,得到－10 的补码:

1 1 1 1 1 1 1 1 1 1 1 1 0 1 1 0

假设内存中有一个二进制数 1111 1111 1111 0110。如果将其看成有符号整数,其值为－10;如果将其看做无符号整数,其值为十进制数 65 526(或十六进制数 0xfff6)。

2.2.2 实数编码

计算机系统的实数有定点小数和浮点小数两种编码形式。一个采用浮点小数编码的实数分为数符、阶码和尾数 3 部分,其格式如图 2-1 所示。

S	E_{m-1} … E_0	D_0 … D_{n-1}
数符	阶码	尾数

图 2-1 浮点数存储格式

其中,S 是数符,即数的符号位;E_{m-1},…,E_0 为阶码,表示幂次,基数取 2;D_0,…,D_{n-1} 为尾数部分。例如在 IEEE 754 标准中,32 位浮点数中,数符 S 占 1 位,0 表示正,1 表示负;阶码占 8 位,以 2 为底,阶码等于阶码的真值加上 127;尾数 23 位,采用隐含尾数最高位 1 的表示方法,即尾数真值等于 1 加上尾数。这种格式存储的数 X 为

$$X=(-1)^{S}\times 2^{\text{阶码}+127}\times(1+\text{尾数})$$

例如,计算实数＋100.25 的浮点数存储格式:

$$(+100.25)_{10}=(+1100100.01)_2=(+1.10010001)_2\times 2^6$$

其阶码为$(127+6)_{10}$=10000101,尾数部分为 10010001000000000000000。

浮点数格式如下:

数符:0

阶码:10000101

尾数:10010001000000000000000

其浮点数存储格式如下:

0100 0010	1100 1000	1000 0000	0000 0000

2.2.3 字符编码

1. ASCII 字符编码

ASCII(American Standard Code for Information Interchange,美国国家信息交换标准代码)是计算机系统针对英文字符,包括大小写字母、标点符号以及其他特殊符号在内的最常用的字符编码标准,已经被国际标准化组织认定为国际标准(ISO 646 标准)。

按照 ASCII 标准,包括大小写的 52 个英文字母、0～9 的 10 个数字、33 个通用运算符和标点符号以及 33 个控制码在内的 128 个字符,使用 0～127 之间的唯一整数与其一一对应(详见附录 A)。字符型数据利用 1 个字节存储字符所对应整数的二进制编码。例如,字符'a'的十进制 ASCII 码为 97,表示字符'a'以二进制数的形式(01100001)存放于内存单元中;字符'9'的 ASCII 码值为 57(二进制形式为 00111001),需要特别指出的是,字符'9'不是整数 9。

由于字符的编码是一定范围内的整数,而整数是可以比较大小的,因此比较字符的大小实际上比较的是其字符编码值的大小。如上面字符'9'的 ASCII 值比字符'a'的 ASCII 值小,因此说字符'9'小于字符'a'。程序在处理 ASCII 字符时,通过查表的方式找到字符对应的二进制编码,也可以通过二进制编码找到对应的字符。

2. 宽字节字符编码

采用 8 位二进制数实现字符编码,最多可以表达 256 个字符,可以对应基本英文字符。但是中文、韩文、日文等语言系统的字符非常多。例如,中文 GB 2312 编码包括汉字 6763 个,GBK 编码在 GB 2312 的基础上进行扩展,共收录汉字和图形符号 21 886 个。在处理此类文字的系统中,一般采用宽字节编码方案,又称为多字节编码方案。

3. Unicode 字符编码

为解决多语言字符编码问题,国际标准化组织(ISO)于 1984 年 4 月成立 WG2(第 2 工作组),主要工作是对各国文字、符号进行统一编码。1991 年,美国多家 IT 跨国公司成立 Unicode 联盟,并与 WG2 达成协议,采用统一编码字符集,其目标是对全球所有文字进行统一编码。1996 年公布的 Unicode 2.0 标准包括符号 6811 个,汉字 20 902 个,韩文拼音 11 172 个,造字区 6400 个,保留 20 249 个,共计 65 534 个字符编码。

Unicode 有多种编码方式,最常用的是 16 位编码方式,是宽字节字符编码的一种。其特点是统一采用两个字节表示一个字符,优点是简化了字符处理过程。但是使用 Unicode 也存在一些问题,例如,如果采用 Unicode 编码的文件某处内容被破坏,则会引起其后字符的混乱。

随着因特网的迅速发展,进行数据交换的需求越来越大,不同编码体系的互不兼容越来越成为信息交换的障碍。随着多种语言共存的文档不断增多，采用 Unicode 编码的呼声也越来越高。

2.3 标识符和关键字

2.3.1 标识符构成

标识符是指在程序设计时为常量、变量及用户自定义对象所设定的名称，即用以标识的符号。C 语言规定标识符只能是由字母（大写字母 26 个、小写字母 26 个）、数字（10 个）和下画线 3 种字符组成的字符序列，且第一个字符必须是字母或下画线，不能是数字。例如，_id、howareyou、how_are_you 是合法的标识符，而 show # me、1password、-password 是不合法的标识符。

C 语言的标识符分为关键字和用户自定义标识符两种。

2.3.2 关键字

关键字是由 C 语言明确保留的、具有特定含义的标识符（通常是英文单词），又称为保留字。C99 和 C11 标准规定的关键字如表 2-1 所示。它们具有严格的含义，主要用于定义数据类型和构成语句。

表 2-1 C 语言关键字

标 准	关 键 字		
C99	auto break case char const continue default do double else enum extern float	for goto if inline int long register restrict return short signed sizeof static	struct switch typedef union unsigned void volatile while _Bool _Complex _Imaginary
C11（新增）	_Alignas _Alignof _Atomic	_Generic _Noreturn	_Static_assert _Thread_local

另外，还有一些 C 语言的编译器会增加额外的关键字，它们因系统和编译器而异。

2.3.3 自定义标识符

用户自定义标识符是根据用户程序设计需要而自行命名的变量、符号常量及函数。使用自定义标识符时应注意以下两点：

(1) ANSI C 没有对标识符的长度(字符个数)进行统一规定，但不同的编译器都根据自己的设计需要而有不同的规定，根据 ANSI C 标准，C 编译器至少能识别前 31 个字符，许多 C 编译器还可以区分更多的字符。所以，在设计程序时应了解所用编译器系统对标识符长度的规定，以保证程序具有良好的可移植性，避免发生未知的错误。

(2) 命名时应尽量采用有意义的名称，做到"见名知义"，以便于阅读理解，增强程序的可读性。例如，描述年龄的变量用 age 来表示，描述性别的变量用 sex 来表示。也可以适当使用下画线"_"和大写字母来增加标识符的可读性，例如 read_data 或 readData。

2.4 基本数据类型

数据类型是一类数据的抽象表示，这类数据具有相同的特征，遵从相同的运算规则，将规则和形式上的共同特征抽取出来就形成了数据类型的概念。数据类型是数据的一个非常重要的特征。数据类型不仅确定了数据的性质与取值范围，还确定了数据所能参加的运算方式以及数据在内存中的存储方式，而且也是编译器系统确定如何为其分配存储单元的依据。

计算机系统在管理内存时，将内存划分为连续的存储单元，每个单元的大小为 1B (byte，字节)，1B 包含 8 个二进制位(bit)。操作系统为每个存储单元指定一个唯一的地址，地址通常由一组连续的无符号整数组成。C 语言规定程序中出现的所有数据都必须明确指定数据类型。

对数据类型的理解应从存储空间和运算规则两个方面着手。数学概念中的整数或实数的取值范围是无限的。但是实际的计算机系统受制于内存空间大小的限制，仅仅能处理其中一部分数据。例如整型(int)数据，通常使用 4B 的存储空间存储整数(在不同的编译器中可能有所不同，现在多数编译器使用 4B)，因此一共能存储 2^{32} 个整数，其取值范围为－2 147 483 648～2 147 483 647。

由于不同操作系统和编译参数配置的原因，同一种数据类型在不同的系统中所占用的空间大小不同，例如长整数类型 long int 数据在 32 位计算机中占 4B，在 64 位系统则为 8B。为了得到特定类型数据所占用的存储空间大小，可以利用 C 语言的 sizeof 关键字。sizeof 用于计算以字节为单位的指定数据类型所需要的物理存储空间的大小。例如：

```
int n1,n2,n3;
n1=sizeof(int);
n2=sizeof(n2);
```

```
n3=sizeof(100+200);            /*等价于 sizeof(300)*/
```

在 32 位操作系统下，n1、n2、n3 的值均为 4。

另外，数据类型还决定了运算规则，例如整型数据 1 除以 2，结果为 0，而实型数据 1.0 除以 2.0 的结果则为 0.5。C 语言根据参与运算数据的类型决定其运算结果。

数据类型按其表述数据的种类、形式、存储空间以及构造特点进行划分。C 语言提供的数据类型可分为基本数据类型、构造数据类型、指针类型和空类型 4 类，如表 2-2 所示。

表 2-2　C 语言基本数据类型

数据类型			标识符	简写	说明
基本数据类型	整型	有符号整型	signed int	int	
		无符号整型	unsigned int	unsigned	
		有符号短整型	signed short int	short signed short short int	
		无符号短整型	unsigned short int	unsigned short	
		有符号长整型	signed long int	long signed long long int	
		无符号长整型	unsigned long int	unsigned long	
		有符号超长整型	signed long long int	long long signed long long long long int	C99/C11 扩展关键字
		无符号超长整型	unsigned long long int	unsigned long long	C99/C11 扩展关键字
	实型	单精度实型	float		
		双精度实型	double		
		长双精度实型	long double		
	字符型	基本字符型	signed char	char	
		无符号字符型	unsigned char	unsigned char	
		宽字节字符型	wint_t	wchar_t	扩展关键字
		统一编码字符型	char16_t		C11 扩展关键字
		统一编码字符型	char32_t		C11 扩展关键字
	布尔型	布尔型	_Bool	bool	C99/C11 扩展关键字
	复数型	单精度复数型	float _Complex	float complex	C99/C11 扩展关键字
		双精度复数型	double _Complex	double complex	C99/C11 扩展关键字
		长双精度复数型	long double _Complex	long double complex	C99/C11 扩展关键字

续表

数据类型		标识符	简写	说明
构造数据类型	数组	type array[]		type是所有已定义数据类型
	结构体类型	struct		
	共用体	union		
	枚举类型	enum		
指针类型	指针型	type*		type是所有已定义数据类型
空类型	空类型	void		

2.4.1 整数类型

由于计算机存储空间有限，整数类型（简称整型）只能表示数学中整数域的一个子集。其取值范围由整型数据在内存中的存储空间大小决定。C语言提供的整型数据类型细分为整型(int)、短整型(short int或short)、长整型(long int或long)、无符号整型(unsigned int、unsigned long和unsigned short)。C语言标准没有规定整型占用空间的大小，不同编译系统在编译时给出的存储空间大小有所不同。但是一般遵循的原则是：long int型不小于int型，short int型数据的字节数应不大于int型。从C99标准开始引入long long int和unsigned long long数据类型，有一些早期的编译器(例如Microsoft Visual C++ 6.0编译器)不支持C99的新特性。32位Linux系统下采用GNU GCC编译器时，整型数据范围及所占内存的字节数如表2-3所示。

表2-3 GNU GCC编译器系统规定的整型数据范围及所占内存的字节数

类型说明符	数值范围	字节数
int	−2 147 483 648～2 147 483 647，即-2^{31}～$(2^{31}-1)$	4
unsigned int	0～4 294 967 295，即0～$(2^{32}-1)$	4
short int	−32 768～32 767，即-2^{15}～$(2^{15}-1)$	2
unsigned short int	0～65 535，即0～$(2^{16}-1)$	2
long int	−2 147 483 648～2 147 483 647，即-2^{31}～$(2^{31}-1)$	4
unsigned long	0～4 294 967 295，即0～$(2^{32}-1)$	4
long long int	−9 223 372 036 854 775 808～9 223 372 036 854 775 807，即-2^{63}～$(2^{63}-1)$	8
unsigned long long	0～18 446 744 073 709 551 615，即0～$(2^{64}-1)$	8

C99、C11 标准在 stdint.h 中定义的整型数据的字节数如表 2-4 所示。

表 2-4　C99、C11 定义的整型数据在内存中的字节数

类型说明符	字节数	类型说明符	字节数
int8_t	1	uint8_t	1
int16_t	2	uint16_t	2
int32_t	4	uint32_t	4
int64_t	8	uint32_t	8
int_least8_t	≥1	uint_least8_t	≥1
int_least16_t	≥2	uint_least16_t	≥2
int_least32_t	≥4	uint_least32_t	≥4
int_least64_t	≥8	uint_least64_t	≥8

2.4.2　实数类型

C 语言提供了单精度(float 型)、双精度(double 型)和长双精度(long double 型)3 种实数类型，简称实型。Visual C++ 编译器系统规定的实型数据范围及占用内存字节数如表 2-5 所示。

表 2-5　Visual C++ 编译器系统规定的实型数据范围及占用内存字节数

类型说明符	数 值 范 围	有效数字	所占字节数
float	$-3.4\times10^{-38}\sim3.4\times10^{38}$	7	4
double	$-1.7\times10^{-308}\sim1.7\times10^{308}$	16	8
long double	$-3.4\times10^{-4931}\sim3.4\times10^{4932}$	19	16

由于实型数据占用的内存单元有限，只能够存储有限的有效位数，因此进行实数运算时，只有有效位数之内的数据是正确的，即实数计算存在误差。例如，由于 float 型只能存储 7 位有效数字，如果存储数据 12 345.123 456 789，只能保留两位小数，之后的数据作为无效数据被截掉，保存的结果为 12 345.12。

2.4.3　字符类型

字符类型主要用于字符处理。根据字符编码不同，可分为 ASCII 字符类型、宽字节字符类型和统一编码字符类型。

1. ASCII 字符类型

C 语言提供 signed char 类型和 unsigned char 类型，其数值范围及占用内存字节数如表 2-6 所示。

表 2-6　字符型数据数值范围及占用内存字节数

类型说明符	数值范围	字节数
char	－128～127	1
unsigned char	0～255	1

ASCII 字符数据在内存中只占 1B 的存储空间，该空间内存放的不是字符本身，而是对应该字符的 ASCII 码值。一个字符型相当于 1B 的整型，因此字符可以像整数一样参与各种运算。例如，将'A'＋32 赋值给一个字符型变量 ch，'A'为字符常量，'A'的 ASCII 码值为 65(整数)，ch 的值为 65＋32＝97，正是字符'a'的 ASCII 码值。

2. 宽字节字符类型

C99 标准后，C 语言提供了扩展的关键字 wchar_t 和 wint_t 用于处理宽字节字符。该类型数据占用 2B 的存储空间。使用 wchar_t 类型需要通过预编译指令包含 stddef.h 文件：

```
#include <stddef.h>
```

例 2-1　宽字节类型字符应用。

```
#include <stdio.h>
#include <stddef.h>
#include <wctype.h>
int main()
{
    wchar_t a='A';                /* 'A'赋予 a */
    wint_t b='B';
    putwchar(a);                  /* 输出 */
    putwchar(b);                  /* 输出 */
    printf("\nsize a=%d",sizeof(a));
    printf("\nsize b=%d",sizeof(b));
    return 0;
}
```

程序中的变量 a、b 均为宽字节字符型，占两个字节的存储空间。

3. 统一编码字符类型

C11 标准引入 uchar.h 函数库，定义扩展的关键字 char16_t 和 char32_t 用于处理统一编码(Unicode)字符，其中 char16_t 占用 2B 的空间，char32_t 占用 4B 的空间。需要强调的是，目前只有 musl-gcc 编译器支持统一编码(Unicode)字符类型。使用 Unicode 类型需要通过预编译指令包含 uchar.h 文件：

```
#include <uchar.h>
```

2.4.4 逻辑类型

为描述逻辑的真假问题，传统 C 语言采用数值 0 表达逻辑假，采用 1 表达逻辑真，并且所有非 0 数值均作为逻辑真。C99 和 C11 标准中引入关键字_Bool 描述逻辑类型。在 stdbool.h 中定义 bool 代表_Bool，定义关键字 true 和 false 分别代表 1（真）和 0（假）。

例 2-2 bool 类型数据应用。

```
#include <stdio.h>
#include <stdbool.h>
int main()
{
    bool a=false;
    _Bool b=true;                           /*等价于 bool b=true;*/
    if(a)
        printf("\nsize a=%d",sizeof(a));
    if(b)
        printf("\nsize a=%d and b =%d",sizeof(b),b);  /*输出结果 size a=1 and b =1*/
    return 0;
}
```

程序中的变量 a 和 b 均为逻辑类型。第一个 if 语句检测 a 的值，如果为真，执行其后 printf 函数调用的语句，否则忽略此语句继续执行下一条 if 语句，检测 b 的值。

2.4.5 复数类型

C99 和 C11 标准引入关键字_Complex、_Imaginary 用于处理复数，并在 complex.h 中定义 complex 代表_Complex 及相关处理函数。为合理利用存储空间，复数类型又分为 float、double、long double。

例 2-3 复数类型数据应用。

```
#include <stdio.h>
#include <complex.h>
int main()
{
    double _Complex x=5.2;            /*等价于 double complex x=5.2;*/
    double complex y=5.0*I;
    double complex z=x+y;
    printf("x=%f+%fI",crealf(z),cimagf(z));
    return 0;
}
```

本例声明 3 个复数类型变量 x、y、z，其中 x 仅有实部，y 仅有虚部。complex. h 声明了一组函数用于对复数计算，其中 crealf 用于获得复数实部，cimagf 用于获得虚部。

2.5 常　　量

C 语言源程序中的所有指令均为文本形式，实现对常量编码是一个关键问题。对于整数，一般由一组连续的数字字符串构成，前面可以添加"＋"或"－"区分正负整数，后面可以添加特定字符细分类型。例如＋100、－100，其中＋100 与 100 相同，即省略符号代表正整数。对于实数，在数字字符串增加了小数点以及用于科学计数法的符号，例如小数表示 1.024 以及指数表示 0.1024e1。对于复数，分别表达实部和虚部，例如 10＋5i。

在程序中使用常量时，一般不需要具体指出常量的数据类型，编译系统会自动根据常量的编码形式确定它的数据类型。例如，1、2、－1 为整数，可以判断它们属于整型常量；3.1、－4.0、3.1415926、0.24e10 为双精度实数，属于实型常量。'A'、'b'为字符型常量，而"string"为字符串型常量。特殊情况下需要明确常量类型，可以在后面加入符号说明，例如 123U 标识 unsigned int 类型常量。

2.5.1 整型常量

整型常量包括正整数、负整数和 0，C 语言中整型常量有 3 种形式：

(1) 十进制整数(一般表示方法)。由 0～9 中的一个或多个十进制数位组成，首位不能为 0，例如 100、－200 等。

(2) 八进制整数。以 0 作为前缀，由 0～7 中的一个或多个八进制数位组成，例如 0200(十进制为 128)、0177777(十进制为 65 535)等。八进制数通常为无符号数。

(3) 十六进制整数。以 0X 或 0x 为前缀，由 0～9、a～f(A～F)中的一个或多个十六进制数位组成。例如 0X100(十进制为 256)、0xacd(十进制为 2765)等。

由于 C 程序根据前缀区分 3 种进制的数据，所以在书写整型常量时应注意前缀的写法，以免发生错误。整数在不加特别说明时被认为是正值，如果是负值，则负号必须写在常数前面。

编译器通过常量值确定它的类型。如果一个十进制有符号数在－2 147 483 648～2 147 483 647 范围内，则认为它是整型常量；如果一个整数值大于该范围的最大值，但又小于该范围所描述的整数位数的最大数，则认为是无符号整型(范围为 0～4 294 967 295)。

为明确具体的整型常量类型，可以后置加入符号加以说明：

(1) unsigned 整型常量可在数值后面加后缀 U 或 u 表示，例如 100u、012U 等。

(2) long 整型常量可在数值后面加后缀 L 或 l。例如，123L 为十进制的长整型常量、0123L 为八进制的长整型常量。

(3) long long 整型可在数值后面加后缀 LL 或 ll。

2.5.2 实型常量

实型常量是日常生活中使用的带小数的常数。C语言的实型常量分为小数形式和指数形式两种：

(1) 小数形式。由正号(可省略)或负号、数字0～9和小数点组成。分为整数和小数两部分，如果是纯小数，个位上的0可以省略，但小数点不能省略，例如100.5，-1.0，.123，5.，0.0。

(2) 指数形式。由尾数(十进制小数)、符号E或e及指数(十进制整数)3部分组成，可以包括"+"和"-"。尾数在前，指数在后，例如123.0E-1，1.23E3，4.89e-4。

实型常量不能省略小数形式中的小数点、指数形式中的E或e。用指数形式表示实数时，符号e或E之前必须有数字，之后的指数部分必须是整数，例如e-4、.e3，7.5e5.3均为非法的指数形式。

实型常量还可以表示为十六进制形式，基本形式为[-]0xh.hhhh p±d。例如：

```
0x9.0p+0                    /* 对应的十进制实数为 9.0 */
```

实型常量默认都按双精度型(double)处理。如果表示float类型的常量，需要在常量后面加后缀f或F(如12.456f、2.34E4F等)。如果表示long double类型的常量，则在常量的末尾处加后缀l或L(如50.0L)。

2.5.3 字符常量

C语言中，字符常量是采用一对单引号括起来的一个可见字符，不能采用双引号或其他符号，包括ASCII码字符常量、宽字节字符常量以及统一编码字符常量。

1. 字符常量的一般形式

字符可以是ASCII码表上的全部字符，是ASCII字符常量的一般形式。例如，'0'表示数字字符0，其ASCII码值为48；'A'表示大写的英文字母A，其ASCII码值为65等。

此外，如果在用一对单引号括起来的一个可见字符的前面加上前缀L，则表示宽字节字符常量。目前多数编译器仅支持此可见字符为ASCII字符情况，例如L'A'。如果在用一对单引号括起来的一个可见字符的前面加上前缀u或U，则表示统一编码字符常量，目前仅少量编译器支持这种字符常量，例如musl-gcc，其中u对应char16_t，U对应char32_t。

2. 字符内码值

字符内码值以字符编码所对应的整数值形式表示，最常见的形式为采用ASCII码值形式。例如，用十进制数65(或八进制数0101、十六进制数0x41)表示大写字母A。对于一些不能用符号表示的特殊字符(如控制符等)，也可以用ASCII码值来表示，例如用十进制数10(或八进制数012、十六进制数0x0a)表示换行控制符。

3. 转义字符

通常采用转义字符表示不能用符号表示的特殊字符。如单引号(')、双引号(")以及反斜线(\)等都必须用转义字符表示。转义字符以反斜线“\”开始，“\”后面的字符已失去原有含义。例如'\n'代表回车换行符。常用的转义字符及其含义如表 2-7 所示。

表 2-7 转义字符及其含义

转义字符	转义字符的含义	ASCII 码值
\n	回车换行符	10
\r	回车符(到本行起始)	13
\\	反斜线	92
\b	退格符	8
\f	换页符	12
\t	横向制表符	9
\'	单引号	39
\"	双引号	34
\a	鸣铃	7
\0	空字符(NULL)	0
\ddd	1～3 位八进制数所代表的字符	
\xhh	1～2 位十六进制数所代表的字符	

实际上，C 语言字符集中的任何一个字符都可采用转义字符表示。表 2-7 中的'\ddd'和'\xhh'分别表示八进制和十六进制的字符编码。例如'\101'表示字符'A'，'\60'表示字符'0'、'\x61'表示字符'a'，'\x0A'表示换行符等。

使用转义字符时需要注意几点：

(1) 转义字符只能使用小写字母，每个转义字符只能看作一个字符常量。

(2) 转义字符'\0'表示空字符 NULL，ASCII 码值为 0，而字符'0'的 ASCII 码值是 48，二者不等价。同时，'\0'也不等价于' '(空格字符)，空格字符的 ASCII 码值为 32。

(3) 用单引号括起来的一个汉字(如'好')不是一个字符常量；同样，用双引号括起来的单个字符(如"a")也不是字符常量。

2.5.4 字符串常量

字符串常量是由一对双引号括起来的由 0 个或多个字符组成的字符序列，任何字母、数字、符号和转义字符都可以组成字符串。例如：

```
""                      /* 空串 */
"a"                     /* 由一个字符 a 构成的字符串 */
"Happy new Year"        /* 由多个字符序列构成的字符串 */
"abc\n\t"               /* 由包括转义字符的多个字符所构成的字符串 */
"  "                    /* 是空格串，不是空串 */
```

双引号是字符串的边界,不是字符串的一部分,当在字符串中出现双引号时要采用转义字符(\")的形式。

字符串常量与字符常量的区别如下:

(1) 书写格式不同。字符常量用单引号括起来,字符串常量用双引号括起来。

(2) 表现形式不同。字符常量只能是单个字符,字符串常量可以是0个或多个字符序列。

(3) 存储方式不同。字符常量占用1B的内存空间,存储字符串常量时,除了存储双引号内的所有字符外,还要在串的最后增加1B用于存放ASCII码值为0的转义字符'\0',表示该字符串常量到此结束。因此,字符'\0'也称为字符串结束符。例如,字符串常量"hello"在内存中的存储形式为

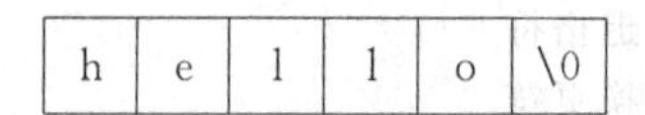

h	e	l	l	o	\0

不要将单个字符组成的字符串常量与字符常量混淆。例如,'a'为字符常量,"a"则为字符串常量。存储字符串常量时,'\0'字符会额外占用一个字节空间,这个字节由系统自动加入,系统也将依据'\0'标志判断字符串是否结束。

由双引号括起来的字符序列中的字符个数称为字符串的长度,字符串结束符('\0')不计算在字符串长度中,转义字符只能作为一个字符。例如,字符串"\\\"ABC\"\\\n"的长度是8,代表字符串"\"ABC"\[换行符]"。

对于宽字节字符串常量,需要在字符串常量前加上前缀L,例如L"Happy new Year"。

对于统一编码字符串常量,需要在字符串常量前加上前缀u8、u、U,例如U"Happy new Year"。

2.5.5 逻辑常量

C语言定义0、1为两个逻辑常量,0为逻辑假,1为逻辑真,由于C语言中所有非0值均为逻辑真,因此,所有非0常量均可以认为是逻辑常量,与逻辑真(1)等价。C99标准还定义符号常量true代表逻辑真,其值为1;符号常量false代表逻辑假,其值为0。

2.5.6 复数常量

复数常量的标准形式:

```
a+b*I
```

a、b可以为任意的整型和实型常量。例如:

```
double complex c=5+3*I;          /*表示复数5.0+3.0i*/
```

复数常量可以是单实部形式:a(a为任意的整型和实型常量),例如:

```
double complex c=5;
```

也可以是单虚部形式：b * I（b 为任意的整型和实型常量），例如：

```
double complex c=3 * I;
```

2.5.7 符号常量

实际程序设计中经常会遇到这样的问题：常量本身是一个较长的字符序列，且在程序中重复出现。例如，程序中多处计算用到常量 3.14159，可以直接使用 3.14159 的表示形式，但会造成编程工作的烦琐，如果将 3.14159 修改为 3.1415926 时，则需要逐个查找并修改，导致程序的可修改性和灵活性降低。采用符号常量的方式可以解决此类问题。C 语言中用预编译指令定义符号常量。

指令格式：

#define 标识符　常量

#define 是一条预编译指令（以 # 开头），功能是将标识符定义为其后的常量。定义后，程序中所有出现该标识符的地方均代表同一个常量。

例 2-4　符号常量应用。

```
#define PI 3.14159
int main()
{
    float r,s;
    scanf("%f",&r);
    s=PI * r * r ;                    /* 编译时用 3.14159 替换 PI * /
    printf("s=%f",s);
    return 0;
}
```

定义 main 函数之前，利用预编译指令 #define 将 PI 定义为常量 3.14159，程序编译时以该值代替 PI，s=PI * r * r 等效于 s=3.14159 * r * r。当需要改变 PI 的值时，只需更改 PI 的定义。

符号常量不是变量，一旦定义，它所代表的值在整个作用域内不能改变，也不能对其赋值。习惯上，符号常量名用大写英文标识符，而变量名用小写英文标识符，以示区别。

2.6 变　　量

变量代表计算机内存中存储某一类型数据的存储单元，数据类型必须是系统允许的数据类型，是编译系统确定分配存储单元大小的依据，同时也规定了变量的取值范围及可以进行的运算与操作。变量在程序执行过程中其值可以被改变，对变量进行的运算或访问实质上就是对该存储单元中的数据所进行的运算或处理。变量分为整型变量、实型变量、字符型变量等。

2.6.1 变量声明

所有变量都必须在程序中指定其数据类型,变量必须先声明后使用。C语言通过声明语句进行变量声明。

声明格式:

数据类型说明符 <变量列表>;

数据类型说明符可以是基本数据类型 int(long、short、unsigned)、double(float)、char,也可以是构造类型、指针等其他数据类型。变量列表包含所声明的变量名称。变量声明语句必须以分号结束。例如:

```
int a;                    /* a为整型变量 */
unsigned b;               /* b为无符号整型变量 */
float x;                  /* x为单精度实型变量 */
double y;                 /* y为双精度实型变量 */
char c;                   /* c为字符型变量 */
```

变量声明包含两层含义:

(1) 按照标识符的命名规则设定变量名称。

(2) 根据实际问题需求指定变量的数据类型。

C语言允许同时声明多个相同类型的变量,各个变量名之间用逗号分隔。例如:

```
int a, b23, c_123;
```

该声明语句的含义是:声明的是什么类型的数据(int 整型),有几个变量(3个),变量的名称(a、b23、c_123),以及用来做什么(参与整型数据的处理)。任何一个变量都必须具有确定的数据类型,不管变量值如何变化,都必须符合该数据类型的规定(在形式和规则两个方面)。

C程序中的常量不需要声明就可以直接引用,但变量必须先声明后使用,并且函数体内的变量不允许重复声明。声明语句一般放在函数体的开始部分,将声明语句插在可执行语句中将会产生语法错误。例如:

```
int main()
{
    int x;
    float x, y;           /* x被声明两次 */
    x=10;
    y=20;
    sum=x+y;              /* sum未声明即被赋值 */
    return 0;
}
```

程序中包含两个错误，编译时系统检查出 x 被重复定义，而 sum 未被定义，并提示相关错误信息。编程时，通常将函数中的声明语句和可执行语句用空行分开，以清楚地看出声明语句的结束和可执行语句的开始。

每个变量都属于一种数据类型，声明一个变量的过程实际上是向内存申请一个符合该数据类型的存储空间的过程。因此，可以认为变量名实质上就是内存某一单元的标识符号，对变量名的引用就代表对相应内存单元的存取操作。例如：

```
int i=3;          /*系统为变量 i 分配 4B 的内存空间，i 的值(整数 3)存储于此空间*/
```

变量包含 4 个属性，如图 2-2 所示。

(1) 变量名称：符合标识符的命名规则，例如 i。

(2) 数据类型：必须属于某种数据类型，例如 int、float 型。

(3) 存储单元地址：系统分配给变量的内存单元编码。C 语言使用 &(地址运算符)加变量名的方式获取一个变量的地址。例如，&i 表示获取变量 i 的地址。

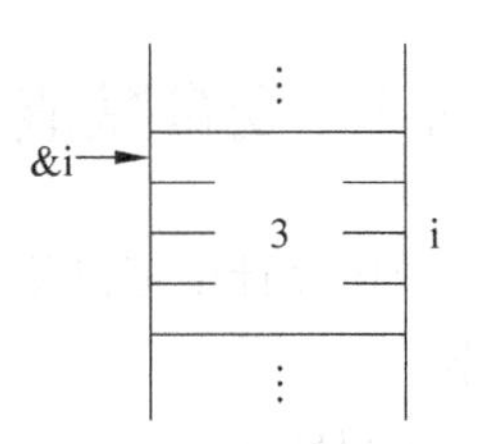

图 2-2 变量的存储形式

(4) 变量值：代表变量存储的有效数据。例如，变量 i 存储的有效数据为 int 型数据 3。

变量名称和数据类型由用户自定义说明，变量地址由系统确定，变量的值来自程序中的赋值。变量赋值方法包括初始化和赋值语句两种方式。

2.6.2 变量初始化

C 语言允许在声明变量的同时对变量进行赋值，称为变量的初始化，如果一个变量未经初始化，则具有不确定的初值。

声明格式：

```
类型说明符  变量名=初始数据;
```

“=”为赋值运算符，表示将初始数据存入变量名所代表的内存单元，而初始数据可以是常量或常量表达式，也可以是由已经声明并初始化的变量与常量构成的表达式。例如：

```
int i=10;         /*声明一个整型变量 i,同时将 10 存入 i 所代表的存储单元*/
```

一个变量被赋予初值，其值将被存储到分配给该变量的内存单元中，直到重新为该变量赋予新的数据为止。如果相同类型的几个变量同时初始化，可以在一个声明语句中进行。例如：

```
int a=1,b=2,c=3;              /*表示变量 a、b、c 分别被初始化为 1、2、3*/
int d=a+b+c+1;                /*利用 a、b、c 初始化 d*/
```

也可以只对被声明变量列表中的一部分变量赋初值。例如：

```
int a=50, sum;                /*声明 int 型变量 a、sum,a 被初始化为 50*/
```

```
double x, y=10.01;          /* 声明 double 型变量 x、y,并设置 y 的初值为 10.01 */
```

上述语句在功能上相当于

```
int a, sum;
double x, y;
a=50;
y=10.01;
```

但是两者之间存在差别,后者实际是在程序执行过程中由赋值语句对变量赋值。

2.6.3 变量赋值

程序设计中可以使用赋值语句随时为变量赋值,赋值语句的主要功能是为变量指定数据。

语句格式:

变量名=表达式;

表达式可以是常量、变量、函数以及其他各类表达式。赋值后,无论原来变量的值是多少,都将被表达式的值所取代。例如:

```
int a=10, b=10, c=10;
double y=20;
a=a+b;                              /* 计算 a+b 的值,将其结果 20 赋给 a */
y=(b+sqrt(b*b-4*a*c))/(2*a);  /* sqrt 为求平方根函数,计算结果赋给 y */
```

C 语言允许对变量连续赋值。在赋值符"="右边的表达式还可以是一个赋值表达式,例如:

```
a=b=c=10;                /* 将 a、b、c 这 3 个变量赋以最右侧的表达式的值 10 */
```

该语句等价于

```
a=(b=(c=10));       /* 先将 c 赋值为 10,再将 b 赋值为 10,最后将 a 赋值为 10 */
```

采用连续赋值,可以减少赋值语句的个数。例如:

```
a=10;
b=10;        等价于      a=b=c=10;
c=10;
```

使用赋值语句需要注意以下几点:

(1) 如果表达式中含有变量,则该变量使用前必须赋值。例如:

```
b=2*a+5+b;               /* a、b 必须先赋值才能参与运算,并使 b 得到新值 */
```

(2) 给变量赋值,将自动进行数据类型的转换。例如:

```
int c='X';       /* 将字符型数据转换为整型数据赋予变量 c */
```

(3) 不要将字符串常量赋给一个字符变量。例如：

```
char c;
c="a";                    /* 字符串赋值给字符变量,错误 */
```

2.6.4 变量读写

读写操作是对变量的主要操作。读操作是指使用变量的值,如表达式 sin(x)是求解变量 x 的 sin 函数值。写操作是指将值保存到变量中,如 y=sin(x)实现将 x 的 sin 函数值赋予 y。

根据程序设计的需要,在某些特定情况下,希望保证某个变量值只能读不能写,即变量的使用类似常量的使用方法。C 语言引入 const 修饰符。const 表示将变量声明为"只读",即程序只可以读取 const 型变量的值,但不能修改该变量。例如：

```
const int a=10;
int b;
b=a;
a=100;                    /* 错误,对 const 型变量 a 赋值 */
```

变量 a 在初始化声明时被关键字 const 限定,表示可以使用 a 的值参与运算(如 b=a),但不能对 a 赋值。任何试图通过赋值等操作改变 a 值的做法都将导致错误。

通过 const 声明的变量与 # define 实现的符号常量本质上不同：# define 属于预编译指令,在正式编译前,其定义的符号全部被其所代表的序列替代。const 声明的是一个变量,编译时限制对变量的写操作。

采用 const 修饰符强制实现最低访问权原则的设计,可大大减少程序的调试时间和不良作用,使程序易于调试和修改。一般情况下,程序按照顺序逐步执行,变量的读写是有序的,无须考虑其写入控制。但是在并行程序设计中,如果多个指令同时写入变量的值,将造成错误,因此必须考虑写入控制问题(参见第 14 章)。

2.7 案　　例

问题陈述：在电影评分推荐系统中,用户的评分可以作为为其他用户推荐影片的数据依据。假设有一个影片评分机,每次给出一部影片,用户输入各自的评分结果。为了更好地为用户推荐影片,同时记录给出评分的用户 ID。为了区分不同的用户,大多数系统会为每个用户指定一个唯一的 ID。同时,考虑到系统中用户数量的持续增长,用户 ID 通常以长整型表示。影片评分范围设置为 0～10 的整数,采用 int 型表示。本节通过给出提示信息,实现用户输入自己的 ID 及对给定影片的评分。

问题的输入：假设仅考虑一个用户的 ID 和相应的评分：user_id1 及 rating1。

问题的输出：该用户的 ID 及评分结果。

算法描述：

Step1：声明变量 user_id1,rating1。
Step2：输出标题 "The movie to be rated: "。
Step3：影片名称"Title:Harry Potter and the Half-Blood Prince"。
Step4：输出 ID 和评分提示信息"Please input User1 ID and rating(0~10):"。
Step5：读入用户 1 的 ID 和评分。
Step6：输出用户 1 的 ID 和评分结果。

源程序代码：

```
/* Author:“程序设计基础(C)”课程组
 * Description:根据提示为指定的电影评分,先输入用户 ID,再评分(0~10 分) */
#include <stdio.h>
int main()
{
    long user_id1;                              /*声明一个 long 型变量,保存用户 ID*/
    int rating1;                                /*声明一个 int 型变量,保存用户评分*/
    printf("The movie to be rated:\n");  /*输出提示信息*/
    printf("Title:Harry Potter and the Half-Blood Prince\n");
    printf("Please input User1 ID and rating(0~10):\n");
    scanf("%ld%d", &user_id1,&rating1); /*从键盘读取用户 1 的 ID 和相应评分*/
    printf("ID & ratings are %ld,%d\n", user_id1, rating1);  /*输出用户 ID 及其评分*/
    return 0;
}
```

测试程序：编译运行程序,观察屏幕输出结果是否满足设计要求。

练　习　题

1. 举例说明常量与变量的区别。

2. 十进制数 1234 对应的二进制数、八进制数和十六进制数各是多少？

3. 浮点型常量为什么存储为 double 型而不是 float 型？如果要表示为 float 型,应该如何做？

4. 字符型数据和整型数据为什么可以互相转换？如何进行转换？

5. 关键字 const 与 #define 在使用上有什么不同？

6. bool 类型的值 true、false 与数值类型中的 1 和 0 有什么不同之处？

7. 下列标识符中哪些为合法标识符？哪些是关键字？

Long,int_a,sum,x001,10_1010,computer,AGE,_print,nCount,switch,fun_array,1_abc,If,main,for_int,while,struct,union age,Float,"string"

8. 分析下列程序的执行结果及原因。

```
#include<stdio.h>
```

```
int main()
{
    int a, b;
    a=2147483647;
    b=a+100;
    printf("%d, %d", a, b);
    return 0;
}
```

9. 分析下列程序的执行结果及原因。

```
#include<stdio.h>
int main()
{
    unsigned u=2200000000;
    printf("%u, %d", u, u);
    return 0;
}
```

10. 下面的语句中，正确的声明语句有哪些？分别指出错误语句的错误发生原因。

(1) int sum, Sum;

(2) long int integer=19.0;

(3) float x, double y;

(4) int a=b=c=10;

(5) char ch="cprograming";

(6) long a=15L;

(7) float x=15.0f;

(8) int _pai=3.14;

(9) double x, y=50.5;

(10) char ch1='a', ch2='\50';

第3章

基本运算与顺序结构

3.1 概　　述

借鉴数学中的运算符和表达式概念,C 语言引入运算符,并为之定义运算规则。例如使用+、-、*、/运算符实现加、减、乘、除四则运算。数学中不同类别的运算有先后顺序,C 语言同样定义了运算符的优先级,用于确定表达式中运算符的运算顺序。例如"先乘除、后加减"。同时,C 语言还规定了运算符与运算对象的结合性,例如-1/3 代表-1 除以 3。解决问题的数学计算公式则通过 C 语言的表达式实现计算,表达式由若干常量、变量、函数和运算符构成。C 语言的基本运算包括算术运算、字符运算、位运算、赋值运算、逗号运算、复数运算、关系运算、逻辑运算、条件运算、数组运算、字符串运算、指针运算以及结构体运算等。由于计算机使用整数存储字符数据,因此字符数据也支持算术运算。本章重点介绍赋值运算、算术运算、字符运算、位运算、逗号运算、类型转换运算以及标准输入输出库函数和数学库函数的使用,其他运算参见后续相关章节。

计算机程序运行时,通过计算机输入设备(如键盘、鼠标等)获得输入信息,通过计算机输出设备(如显示器、打印机等)实现运算结果的输出。由于输入输出设备种类繁多,为保证 C 程序的可移植性,并没有定义专门的 C 语言指令实现输入和输出,而是通过调用输入输出函数(在不同设备上定义具体的函数)实现。对于文本型界面的输入输出,C 语言通过标准输入输出库函数实现键盘输入信息和屏幕输出信息。对于图形化的输入输出(例如 Windows 桌面程序和三维游戏),则通过调用 GDI、OpenGL 或 DirectX 等图形化函数库实现。

基于图灵机模型和冯·诺依曼计算原理,装载到内存的程序按照顺序自动执行。C 语言定义相应函数实现特定功能,其函数功能由构成函数的语句完成,语句执行计算、调用、控制等操作。

3.2 运算符与表达式

C 语言提供了丰富的运算符参与数据的运算处理。运算符与运算对象共同构成了表达式,运算对象又称为操作数。使用运算符时应注意以下几点。

1. 运算符的目

运算符能够连接运算对象的个数称为运算符的目，从这个角度可将运算符分为3类：

(1) 单目运算符，只能连接一个运算对象，如＋＋、－－、&、[]、!等。

(2) 双目运算符，可以连接两个运算对象，如 ＋、－、*、/、＞、＜、&& 等。

(3) 三目运算符，可以连接3个运算对象。C语言只有条件运算符(?:)一个三目运算符。

2. 运算符的优先级

优先级是指使用不同运算符进行计算时执行的先后次序。当一个运算对象两侧的运算符优先级不同时，应遵循优先处理优先级高的运算符的原则。例如，在算术运算中，乘除运算符的优先级高于加减运算符的优先级。C语言所有运算符的优先级顺序参见附录B。

3. 运算符的结合性

结合性是指运算符与运算对象的组合规定，又称为运算符的结合方向。当一个运算对象两侧连接同一优先级的两个运算符时，需要根据运算符的结合性进行处理。C语言中运算符的结合性分为左结合性和右结合性两种。如果先结合左边的运算符，称为自左至右结合方向(左结合性)，例如算术运算符、关系运算符、逻辑运算符等；如果先结合右边的运算符，称为自右至左结合方向(右结合性)，例如赋值运算符、条件运算符以及所有单目运算符。

表达式是一个可以计算的算式，其计算过程按照运算符的优先级高低和结合性的方向顺序进行，同时还要考虑运算对象是否具有相同的数据类型以及是否需要类型转换。每个表达式代表一个确定的值和确定的数据类型。根据运算符，C语言的基本表达式有以下几种：

(1) 单目运算表达式。由自增(＋＋)/自减(－－)、内存大小运算 sizeof、取地址运算(&)、取值运算(*)、正数运算(＋)、负数运算(－)、位反运算(～)等运算符构成的计算表达式。

(2) 算术运算表达式。由加(＋)、减(－)、乘(*)、除(/)和取余(%)等运算符构成的算术表达式。

(3) 关系运算表达式。由小于(＜)、大于(＞)、小于或等于(＜＝)、大于或等于(＞＝)、等于(＝＝)、不等于(!＝)等运算符构成的关系表达式。

(4) 逻辑运算表达式。由逻辑与(&&)、或(‖)、非(!，也是单目运算符)等运算符构成的逻辑关系表达式。

(5) 位移运算表达式。由左移(＜＜)、右移(＞＞)等运算符构成的表达式。

(6) 位逻辑运算表达式。由位与(&)、位或(|)、位异或(^)、位取反(～)(也是单目运算符)等运算符构成的表达式。

(7) 条件表达式。由运算符(? :)构成的表达式。

(8) 赋值表达式。由运算符(＝)构成的表达式。

(9) 逗号表达式。由运算符(,)构成的表达式。

此外，C语言的表达式还包括由数组下标运算符[]构成的表达式、指针运算表达式以及动态数组和动态结构运算表达式等。

当一个表达式中包含多个运算符时，计算时优先计算高级别的运算符。例如，计算表达式 x+y&&z，由于算术运算符优先级高于逻辑运算符优先级，因此先计算 x+y，再将 x+y 的计算结果与 z 进行 && 运算。如果希望 x 与 y&&z 的结果相加，则需要写成 x+(y&&z)，通过小括号提升 y&&z 运算的优先级。基本表达式一般完成简单的运算，复杂的运算可以调用函数库实现，常用的函数库包括数学库(math)、复数库(complex)、标准库(stdlib)、字符串库(string)、字符库(ctype)、宽字节字符库(wchar)等。

特殊地，一个常量、一个变量、一个函数都可以看作一个独立的表达式。例如，printf("hello!")是一个函数调用表达式。

3.3 赋值运算

C 语言中赋值运算符为"="，赋值表达式由赋值运算符(=)连接表达式(右侧)和变量(左侧)构成。

语法格式：

<变量名>=<表达式>

赋值运算用于将赋值运算符右侧表达式的结果值赋予左侧的变量，表达式可以是常量、变量、表达式或另外一个赋值表达式。赋值运算符的优先级较低，结合方向为自右向左。例如：

(1) 表达式 a=1 表示将常量 1 赋给变量 a。

(2) 表达式 i=i+1 表示将变量 i 中的值加 1 后重新赋给变量 i。

(3) 表达式 x=a*b 表示先计算 a*b 的值，再进行赋值运算，将 a*b 结果值赋给变量 x。

(4) 表达式 a=b=c=4 相当于由 c=4、b=c 和 a=b 这 3 个赋值表达式组合而成。变量 c 的值为 4(c=4)，b 的值为变量 c 的值(4)，a 的值为变量 b 的值(4)，整个表达式的值为变量 a 的值(4)。

(5) 表达式 a=(b=1)+(c=5)，由于赋值运算优先级低于算术运算优先级，利用加括号的方式改变了运算次序。首先计算 b=1，将 1 赋值给 b，结果值为 1；其次计算 c=5，将 5 赋值给 c，结果值为 5；最后进行加法运算并将运算结果值赋给 a，a 的值为 6。

进行赋值运算时，应尽量保证赋值运算符两侧的数据类型一致，若不一致，赋值时会自动将右侧表达式的值转换为与左侧变量相同的类型。

赋值表达式中的"="不是数学中的等号，它表示将其右侧的值赋予左侧的变量中(左侧只允许是变量，不能是表达式)。例如表达式 x+5=y 是一个错误赋值表达式。

例 3-1 编写程序，将键盘输入的两个整数进行交换。

```
#include <stdio.h>
int main()
{
```

```
    int a,b,temp;                   /* 声明变量,a、b存放从键盘输入的整数;temp为临时
                                       变量,存储中间结果 */
    scanf("%d%d",&a,&b);            /* 输入两个整数 */
    temp=a;                         /* 交换,将整数a存放在临时变量中 */
    a=b;
    b=temp;
    printf("%d,%d\n",a,b);          /* 输出交换后的两个整数 */
    return 0;
}
```

3.4 算术运算

所有的整型数据、实型数据、字符数据都支持算术运算,进行算术运算的常用运算符包括括号、加法(+)、减法(-)、乘法(*)、除法(/)、取余(%)、前置自增(++)/自减(--)、后置自增(++)/自减(--),以及正运算(+)和负运算(-)。此外,位运算中的左移(＜＜)与右移(＞＞)可以实现对2的乘法和除法操作,复合赋值运算同样支持算术运算。这些运算符优先级从高到低的顺序如下:

(1) 括号,结合方向是自左至右,用于提高表达式的优先级。

(2) 前置自增(++)/自减(--)、后置自增(++)/自减(--)、正运算(+)、负运算(-),结合方向为由右向左。

(3) 乘法(*)、除法(/)和取余(%),结合方向为自左至右。

(4) 加法(+)、减法(-),结合方向为自左至右。

(5) 左移(＜＜)、右移(＞＞),结合方向为自左至右。

(6) 复合赋值运算。

3.4.1 基本算术运算

基本算术运算主要是数学意义上的计算,由算术运算符+、-、*、/、%和运算对象组成,运算对象可以是常量、变量或表达式。

语法格式:

<运算对象>算术运算符<运算对象>

可以利用括号提高表达式的优先级,例如,int x=3,y=4,z=5;,算术表达式 x*y+(x+z)/y 的计算过程如图3-1所示,遵循C语言对算术表达式计算顺序的运算符优先级规则,首先计算括号内的值,结果为8;然后按自左向右的结合方向进行乘法和除法运算,结果分别是12和2;最后进行加法运算。最终表达式计算结果为14。

```
x*y+(x+z)/y
└2┘  └1┘  |
 |     └3─┘
 └───4───┘
```

图3-1 表达式计算顺序

例3-2 编写程序,计算蛋白质相对分子质量。

蛋白质相对分子质量的计算公式 mpr＝n＊a－18(n－m)，其中，mpr 代表蛋白质的相对分子质量，n 代表构成蛋白质的氨基酸数，a 为氨基酸的平均相对分子质量，m 为构成蛋白质的肽链条数。

```
#include <stdio.h>
int main()
{
    long a,m,n,mpr;
    scanf("%ld%ld%ld",&a,&n,&m);
    mpr=n*a-18*(n-m);
    printf("mpr=%ld \n ",mpr);
    return 0;
}
```

C 语言还提供了语法意义上的正运算(＋)和负运算(－)。

语法格式：

```
+表达式
-表达式
```

正运算(＋)不会改变表达式的值，运算符仅仅用于标明某整数或实数为正数，通常省略＋。例如＋100 和 100 等同。负运算(－)计算表达式的相反值。例如，int x＝200，y＝－300;，则表达式－(x＋y)的值为 100。

3.4.2 自增或自减运算

前缀自增(＋＋)/自减(－－)、后缀自增(＋＋)/自减(－－)运算可以实现整型、实型、字符型变量以及指针类型变量的自增 1 或自减 1。

语法格式：

```
++变量名    (前缀)
--变量名    (前缀)
变量名++    (后缀)
变量名--    (后缀)
```

自增/自减运算符放置于变量前(左侧)称为前缀运算。前缀运算执行先运算后使用规则，即将变量先加/减 1，然后将其结果值作为表达式值。自增/自减运算符放置于变量后(右侧)称为后缀运算。后缀运算执行先使用后运算规则，即将变量当前的值参与到表达式的处理中，然后再对变量值加/减 1。例如：

```
int a=10, b=10;
x=++a;      /*变量 a 的当前值 10 先加 1 变成 11 后，将新值 11 赋给 x(x 值为 11) */
x=b++;      /*变量 b 的当前值 10 赋给 x(x 值为 10)后，变量 b 再加 1 变为 11 */
```

当出现难以区分的若干个＋或－所组成的运算符串时，应按照运算规则从左至右取尽可能多的符号组成运算符。例如：

```
int x=5, y=5;
y=x+++y;     /*表达式 x+++y 应理解为(x++)+y,先进行 x+y 操作,将结果 10 赋予 y,x 自
               增变为 6*/
```

例 3-3 分析程序的输出结果。

```
#include <stdio.h>
int main()
{
    int a=1,b=1,c=1;
    a=a+++b+++c++;          /*等价于 a=a+b+c;a++;b++;c++*/
    printf("%d,%d,%d",a,++b,c++);
    return 0;
}
```

变量 a、b、c 以初始化的方式被赋值为 1。语句 a=a+++b+++c++;相当于 a=(a++)+(b++)+(c++);语句,先执行加法后再执行赋值操作,a=a+b+c 完成后所有变量的值加 1。执行此语句后 a=4、b=2、c=2。当执行调用 printf 输出函数语句时,变量 b 为前缀运算,其值自增 1 变为 3 后输出,变量 c 为后缀运算,输出其值 2 后自增 1 变为 3。

使用自增/自减运算符时应注意几个问题：

(1) 自增/自减运算只能作用于变量,不允许对常量和表达式进行自增/自减运算。例如,1++,--(x+y)都是非法表达式。

(2) 当自增/自减运算独立构成一条语句时,前缀运算和后缀运算的效果相同。例如,++x;等价于 x++;。

(3) 如果一个表达式中对同一个变量多次进行自增/自减运算,例如语句 a=++a+++a+++a;,不仅表达式的可读性差,而且不同编译系统对表达式的处理方式不尽相同,可能导致运算结果不一致。因此,建议自增/自减运算尽可能简单,仅仅用于单个变量的自增或自减表达式中。可将 a=a+++b+++c++;改写为 a=a+b+c; a++; b++; c++;。

3.4.3 整数运算

整数域内的所有运算的结果依然为整数。例如,3/2 的结果为 1。取余运算是两个整数相除的余数,例如,12%5 的结果为 2。取余运算仅适用于整数运算。

C 语言定义的整数类型仅仅涵盖整数域的某一子集,由于不同的数据类型规定了不同的机内表示长度,决定了对应数据量的变化范围,当某一整数超出此范围时,计算机将其截取为一个表示范围内允许的数,这种情况称为溢出处理。假设 int 型长度为 4B,表示 int 型数据使用范围应限制为-2 147 483 648~2 147 483 647,可以正确表示-15、0、2 147 483 647 等数据,当表示整数 2 147 483 650 时发生溢出错误。

例 3-4 整型数据的溢出分析。

```
int main()
{
    short int x, y;
    x=32767;
    y=x+1;
    printf("%d,%d\n",x,y);
    return 0;
}
```

程序中的 x、y 都是 short int 型变量，计算结果存储在变量 y 中，如图 3-2 所示，按照计算机对整数的编码，最高位为 1 时表示负数，说明此数为－32 768，造成溢出错误。

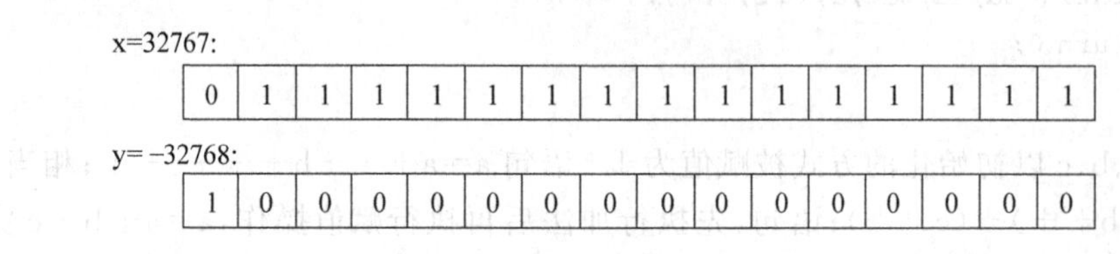

图 3-2 计算溢出

本例解决溢出的方法是将变量 y 声明为整型(int)。但 int 型同样存在溢出错误，当需要处理的数据达到 10 亿数量级时就应该十分小心。

C 语言在头文件 limits. h 中定义了整数的相关边界常量，还在 stdint. h 中补充定义了整型数据的边界常量，使用时通过预编译指令＃include 包含相应的头文件。

```
#include <stdint.h>    或  #include "stdint.h"
#include <limits.h >   或  #include "limits.h"
```

常用的整数边界常量如表 3-1 所示。

表 3-1 整数边界常量

类型	最大边界常量	最大值	最小边界常量	最小值
signed char	SCHAR_MAX	＋127	SCHAR_MIN	－127
unsigned char	UCHAR_MAX	255		0
char	CHAR_MAX	＋127	CHAR_MIN	－127
short int	SHRT_MAX	$2^{15}-1$	SHRT_MIN	$-(2^{15}-1)$
unsigned short int	USHRT_MAX	$2^{16}-1$		0
int	INT_MAX	$2^{15}-1$	INT_MIN	$-(2^{15}-1)$
unsigned int	UINT_MAX	$2^{16}-1$		0
long int	LONG_MAX	$2^{31}-1$	LONG_MIN	$-(2^{31}-1)$
unsigned long int	ULONG_MAX	$2^{32}-1$		0
long long int	LLONG_MAX	$2^{63}-1$	LLONG_MIN	$-(2^{63}-1)$
unsigned long long int	ULLONG_MAX	$2^{64}-1$		0
INT*n**	INT*n*_MAX	$2^{n-1}-1$	INT*n*_MIN	$-(2^{n}-1)$
UINT*n*	UINT*n*_MAX	2^{n-1}		0

续表

类型	最大边界常量	最大值	最小边界常量	最小值
INT_LEASTn	INT_LEASTn_MAX	$2^{n-1}-1$	INT_LEASTn_MIN	$-(2^{n}-1)$
UINT_LEASTn	UINT_LEASTn_MAX	2^{n-1}		0
	INTMAX_MAX	$2^{63}-1$	INTMAX_MIN	$-(2^{63}-1)$

* n 的取值为 8、16、32 或 64，余同。

3.4.4 实数运算

实数类型可以表示小数。由于实数只能存储有限数字位，因此实数运算时通常存在舍入误差。实数的精度取决于尾数部分的位数，尾数部分的位数越多，能够表示的有效数字位越多。例如，单精度数的尾数用 23 位存储，加上默认的小数点前 1 位，$2^{23+1}=16\ 777\ 216$，因为 $10^{7}<16\ 777\ 216<10^{8}$，所以单精度浮点数的有效位数是 7 位；双精度的尾数用 52 位存储，$2^{52+1}=9\ 007\ 199\ 254\ 740\ 992$，因为 $10^{16}<9\ 007\ 199\ 254\ 740\ 992<10^{17}$，所以双精度的有效位数为 16 位。

例 3-5 分析程序中实数的舍入误差。

```
#include<float.h>
int main()
{
    float a,b;
    double c,d;
    a=123456.789e5;
    b=a+20;
    c=123456.789e5;
    d=c+20;
    printf("%f\n%f\n",a,b);
    printf("%lf\n%lf\n",c,d);
    return 0;
}
```

运行结果如下：

```
12345678848.000000
12345678848.000000
12345678900.000000
12345678920.000000
```

程序中的 a 和 b 为单精度浮点型，有效位数只有 7 位，其余位相当于无效位，超出有效位数的加减运算没有实际意义；c 和 d 是双精度型，有效位为 16 位，双精度型相对单精度型更接近原数据。

C 语言在头文件 float.h 中定义了各种实数边界常量，常用的符号常量如表 3-2 所示。

表 3-2 实数边界常量

类型	最大边界常量	最大值	最小边界常量	最小值
float	FLT_MAX	3.40282347E+38F	FLT_MIN	1.17549435E−38F
double	DBL_MAX	1.7976931348623157E+308	DBL_MIN	2.2250738585072014E−308

使用时通过预编译指令#include包含头文件float.h。

```
#include<float.h>  或  #include "float.h"
```

3.4.5 复合赋值运算

C语言允许在赋值运算符之前加上其他运算符以构成复合的赋值运算符。双目运算符都可以和赋值运算符一起组合成复合的赋值运算符。复合赋值算术运算符包括+=、-=、*=、/=、%=等。利用复合赋值运算符将一个变量和一个表达式连接起来构成复合赋值表达式。

语法格式：

<变量名>复合赋值运算符<表达式>

复合赋值运算的作用等价于

<变量名>=<变量名>运算符 <表达式>

例如：

```
a+=5;            /*等价于 a=a+5;*/
a*=b+5;          /*等价于 a=a*(b+5);*/
a+=a-=a*a;       /*等价于 a=a+(a=a-(a*a));,假设 a 为 5,先计算表达式 a*a 的结果
                   (25),再计算表达式 a=a-(a*a)的结果(a=5-25=-20),最后计算表达
                   式 a=a+(-20)的结果(-40)*/
```

3.5 字符运算

无论表现形式是ASCII码字符、宽字节字符还是统一编码字符,字符的本质是使用一个整数标识一个字符。

3.5.1 算术运算

字符数据作为一个整数,可以参与所有整型数据的运算。例如：

```
char c='A'; int n=0;
n=c*100;                    /*c作为整数参与 c*100 运算*/
printf("\n%d",n);           /*输出 6500*/
c++;                        /*参与 c++运算*/
printf("\n%c",c);           /*输出 B*/
```

需要注意字符数据参与运算后可能超出其使用范围而产生溢出错误。例如：

```
c=c*100;                    /*结果值为 6500,超出 ASCII 码范围*/
```

例 3-6 编写程序，读入一个数字字符，将其转换为对应的整数(例如将字符'1'转换为整数 1)。

```
#include <stdio.h>
int main()                    /*利用字符'1'和字符'0'的 ASCII 码值相差 1 的特点，将
                                两个字符相减获得整数 1*/
{
    char c='A';
    int n=0;
    c=getchar();              /*读入数字字符*/
    n=c-'0';
    printf("%d\n",n);         /*输出对应整数*/
    return 0;
}
```

3.5.2 字符分类

C 语言的字符处理函数库中提供了实现判定当前字符为何种字符的库函数。有关 ASCII 码字符的分类函数如表 3-3 所示。使用时通过预编译指令 # include 包含头文件 ctype. h：

```
#include <ctype.h>  或  #include "ctype.h"
```

表 3-3 ASCII 字符分类函数

函 数 名	用 途	函 数 名	用 途
int isalnum(int c)	是否为英文字母及数字字符	int islower(int c)	是否为小写字母
int isalpha(int c)	是否为英文字母	int isprint(int c)	是否为可打印字符
int isblank(int c)	是否为空白字符	int ispunct(int c)	是否为除了英文字母、数字和空格外的可打印字符
int iscntrl(int c)	是否为控制字符	int isspace(int c)	是否为空格
int isdigit(int c)	是否为数字字符	int isupper(int c)	是否为大写字母
int isgraph(int c)	是否为除空格外的可打印字符	int isxdigit(int c)	是否为十六进制字符

例 3-7 编写程序，如果读入的字符是英文字母或数字字符，输出数字 1，否则输出数字 0。

```
#include <stdio.h>
#include <ctype.h>
int main()
{
    char c='A';
    int n=0;
```

```
    c=getchar();
    printf("%d\n",isalnum(c));  /*如果输入字符'A',则输出1;如果输入字符'&',则输出0*/
    return 0;
}
```

宽字节字符分类函数的功能及用法与表3-3所示的函数相对应,但是函数名不同,例如isalpha函数对应的宽字节字符分类函数为iswalpha。使用宽字节字符分类函数时,通过预编译指令#include包含头文件wctype.h。统一字符编码字符属于宽字节字符的一种,因此使用宽字节字符的分类函数。

3.5.3 字符转换

字符转换包括字符大小写之间的转换,转换过程既可以利用字符算术运算实现,也可以通过调用相关库函数实现。针对ASCII码字符转换的库函数为tolower和toupper,对应宽字节字符函数为towlower和towupper。算术运算则利用小写字母和对应大写字母之间ASCII码值相差32的特点,在原字符基础上加/减32,获得对应字母。

例3-8 编写程序,将读入的一个大写英文字母转换为一个小写英文字母。

```
/*方法一:算术计算实现*/
#include <stdio.h>
int main()
{
    char c='A';
    int n=0;
    c=getchar();          /*读入大写英文字母*/
    n=c+32;
    printf("%c\n",n);  /*输出小写英文字母*/
    return 0;
}
```

```
/*方法二:转换函数调用实现*/
#include <stdio.h>
int main()
{
    char c='A';
    int n=0;
    c=getchar();
    n=tolower(c);
    printf("%c\n",n);
    return 0;
}
```

宽字节字符与ASCII码字符的转换处理涉及字符串的处理(参见6.6节)。

3.6 位 运 算

位运算是C语言的一种特殊运算,包括逻辑运算和移位运算。位运算以单独的二进制位作为运算对象,只能对整型或字符型数据进行。

3.6.1 位逻辑运算

位逻辑运算符包括&(按位与运算符)、|(按位或运算符)、^(按位异或运算符)、~(按位取反运算符)。其中,&、|、^是双目运算符,优先级介于关系运算符与逻辑运算符之

间，结合方向为自左至右；～为单目运算符，优先级高于算术运算符，结合方向为自右至左。

语法格式：

<运算对象>位逻辑运算<运算对象>　　　　(对于 &、|、^)

~<运算对象>

1. 按位与运算

按位与运算是将参与运算的两个数据按对应的二进制数逐位进行逻辑与运算。当两个操作对象二进制数的相同位均为 1 时，结果数值的相应位为 1，否则为 0。

例如，int 型常量 4 和 7 进行按位与运算表示为 4&7，运算过程为(仅取数据的后两个字节分析，下同)：

```
       4     (0000 0000 0000 0100)
&      7     (0000 0000 0000 0111)
-----------------------------------
       4     (0000 0000 0000 0100)
```

int 型常量－4&7 的运算过程为：

```
      -4     (1111 1111 1111 1100)
&      7     (0000 0000 0000 0111)
-----------------------------------
       4     (0000 0000 0000 0100)
```

按位与运算通常用于对一个数据的某些位清零或保留某些位。例如，保留变量 x 的低 8 位(高 8 位清零)，可以执行运算 x&255(255 的二进制数为 0000 0000 1111 1111)。

2. 按位或运算

按位或运算是将参与运算的两个数据按对应的二进制数逐位进行逻辑或运算。当两个运算对象二进制数的相同位均为 0 时，结果数值的相应位为 0，否则为 1。

例如，int 型常量 4 和 7 进行按位或运算表示为 4|7，运算过程如下：

```
       4     (0000 0000 0000 0100)
|      7     (0000 0000 0000 0111)
-----------------------------------
       7     (0000 0000 0000 0111)
```

按位或运算一般用于将一个数据的某些位置 1，数据的其余位保持不变。例如，将变量 x 的最低位置 1，可以执行运算 x|1(1 的二进制数为 0000 0000 0000 0001)。

3. 按位异或运算

按位异或运算是将参与运算的两个数据按对应的二进制数逐位进行逻辑异或运算。当两个二进制数的相同位互不相同的时候，对应位的结果为 1，否则为 0。

例如，int 型常量 4 和 7 进行按位异或运算表示为 4^7，运算过程如下：

```
       4     (0000 0000 0000 0100)
^      7     (0000 0000 0000 0111)
-----------------------------------
       3     (0000 0000 0000 0011)
```

按位异或运算可以将一个数的某些位翻转(即原来为 1 的位变为 0,为 0 的位变为 1),其余位不变。例如,将变量 x 的后 4 位取反,可以执行运算 x&15(15 的二进制数为 0000 0000 0000 1111)。

4. 按位取反运算

按位取反运算是将参与运算的数据按对应的二进制数逐位进行求反运算,即原来为 1 的位变成 0,原来为 0 的位变成 1。

例如,int 型常量 7 进行按位取反运算表示为～7,其运算过程如下:

```
～    7      (0000 0000 0000 0111)
─────────────────────────────────
     －8     (1111 1111 1111 1000)
```

3.6.2 位移运算

位移运算包括左移运算和右移运算,可以实现二进制数值的移位(乘/除)处理。左移运算符<<和右移运算符>>是双目运算符,其优先级介于算术运算与关系运算之间,结合方向为自左至右。

语法格式:

<运算对象>位移运算符<移动位数>

运算对象可以是整型或字符型常量、具有确定值的变量或表达式。移动位数表示可以左移或右移的具体位数。

1. 左移运算

左移运算的功能是将<<左侧运算对象的二进制数值逐位左移若干位,左移的位数由<<右侧的数值指定。左侧被移出的位将被舍弃,右侧空出的位补 0。例如:

```
int a=5,b;
b=a<<2;
```

由于$(a)_{10}=(5)_{10}=(0000\ 0000\ 0000\ 0101)_2$,a 左移 2 位后的结果$(0000\ 0000\ 0001\ 0100)_2=(20)_{10}$,b 的结果为$(20)_{10}$,a 左移两位相当于扩大 4 倍:$b/a=20/5=4=2^2$。

左移会引起数据的变化,左移一位相当于原数据乘以 2,左移 n 位相当于原数据乘以 2^n。由于位移运算速度比乘法运算速度快很多,处理数据乘法运算时可以采用左移运算。

2. 右移运算

右移运算的功能是将>>左侧运算对象的二进制值逐位右移若干位,右移的位数由>>右侧的数值指定。右侧被移出的位将被舍弃。例如:

```
int a=5,b;
b=a>>2;   /*由于(a)10=(5)10=(0000 0000 0000 0101)2,所以b=(0000 0000 0000 0001)2=(1)10 */
```

右移同样会引起数据的变化，右移一位相当于原数据除以 2，右移 n 位则相当于原数据除以 2^n。右移运算时，如果当前的数据为无符号数，左边补 0。如果当前的数据为有符号数，符号位为 0(正数)时，左边补 0；符号位为 1(负数)时，则取决于所使用的系统：补 0 称为“逻辑右移”，补 1 称为“算术右移”。

3.6.3 复合位运算及补位原则

C 语言提供的复合位运算符包括 &=、!=、>>=、<<=和^=。按位取反不存在复合运算。

语法格式：

<变量>复合位运算符<表达式>

例如：

```
a&=0x11;                /*等价于 a=a&0x11;*/
a>>=2;                  /*等价于 a=a>>2;*/
```

按照右端对齐的原则进行不同长度的数据之间的位运算，即按长度最大的数据进行处理，将数据长度小的数据左端补 0 或 1。例如，char a 与 int b 进行按位运算时，需将字符 a 先转化为 int 型数据，左端补 0 后再进行位运算。补位原则如下：

(1) 对于有符号数据：如果为正数，则左端补 0；如果为负数，则左端补 1。

(2) 对于无符号数据，左端补 0。

3.7 逗号运算

逗号也是 C 语言的一种运算符，称为逗号运算符。逗号表达式由逗号运算符及两个以上的表达式连接而成。

语法格式：

<表达式 1>,<表达式 2>,…,<表达式 n>

逗号运算符的运算对象可以是任何类型的表达式。在所有运算符中，逗号运算符的优先级最低，结合方向为自左至右。逗号表达式的计算过程是：依次计算＜表达式 1＞，＜表达式 2＞，…，＜表达式 n＞的值，并将＜表达式 n＞的值作为整个表达式的结果值，因此逗号运算又称为顺序求值运算。例如：

```
int a=2,b,c;
float x=5.2;
b=a, 2*a, 2*x;          /*先计算 b=a,a 赋值给 b(b=2),再计算 2*a(其值为 4),最后计算
                          2*x(其值为 10.4),表达式结果为 10.4(最后一个表达式的值)*/
c=(a=10,b=5,a+b);       /*依次计算括号内的逗号表达式 a=10、b=5、10+5,并将 10+5 赋予
```

变量 c*/

多数情况下，使用逗号表达式的目的不是为了获得逗号表达式的最终结果值，而是为了按顺序分别计算每个表达式的结果值，这种计算在循环结构中经常使用。

3.8 强制类型转换

不同类型的数据在进行混合运算时需要进行类型转换，即将不同类型的数据转换成相同类型的数据后再进行运算。C语言提供隐式转换和显式转换两种转换方式。隐式转换不需要人工干预，由编译系统自动完成，显式转换则通过强制类型转换运算符明确转换类型。

3.8.1 算术运算中的隐式转换

当不同类型的数据混合进行算术运算时，系统自动转换为同一种数据类型后进行运算。自动转换依据“类型提升”的原则，如图 3-3 所示。

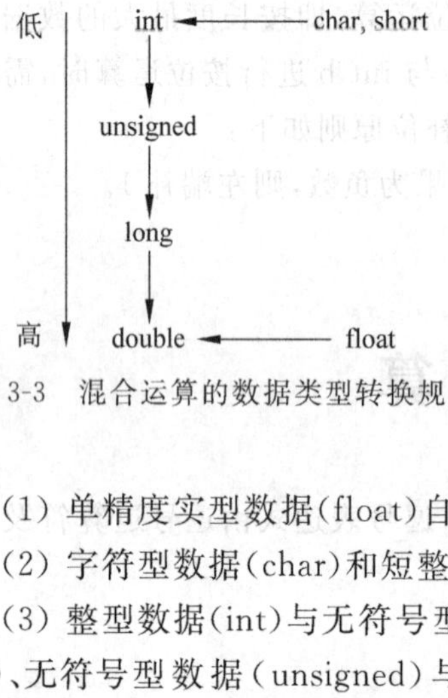

图 3-3 混合运算的数据类型转换规则

按照数据类型由低向高的方向转换，首先将较低类型的数据提升为较高的类型，使两者的数据类型一致(但数值不变)，然后进行计算，其结果是较高类型的数据，以保证不降低精度。数据类型的高低则是根据类型所占存储空间的大小和存储范围判定，占用存储空间越大表示数据的类型越高。算术运算的自动转换规则如下：

(1) 单精度实型数据(float)自动转换成双精度实型数据(double)。

(2) 字符型数据(char)和短整型数据(short)自动转换成整型数据(int)。

(3) 整型数据(int)与无符号型数据(unsigned)自动转换成无符号型数据，整型数据(int)、无符号型数据(unsigned)与长整型数据(long)运算时自动转换成长整型数据(long)。

(4) 整型数据(int)、无符号型数据(unsigned)、长整型数据(long)与实型数据(float/double)都转换成实型数据(double)。

假设 x 是 int 型，y 是 double 型，表达式 x+'a'+y 的计算过程为：首先将字符常量 a 转换为 int 型；按照算术运算规则从左向右计算 x+'a'，计算结果为整型，将 x+'a'的计算结果自动转换为 double 型，与 y 进行加法计算，表达式结果为 double 型。

3.8.2 赋值运算中的隐式转换

执行赋值运算时，如果赋值运算符两侧的数据类型不同，赋值运算符右侧表达式类型的数据将转换为左侧变量的类型。即计算出赋值运算符右侧表达式的值后，转换为左侧变量所属的类型，再赋值给左侧的变量。赋值运算的自动转换规则如下：

(1) 将实型数据赋给整型变量时，舍弃小数部分。例如：

```
int a;
a=15.5;                 /*结果为a=15(数据截取)*/
```

将整型数据赋给实型变量时，数值不变，将以实数的形式（在整数后添上小数点及若干个0）存储到变量中。例如：

```
float a;
a=10;                   /*结果为a=10.0(数据填充)*/
```

(2) 将double型数据赋给float变量时，截取其前面7位有效数字存入float变量的存储单元中。相反，将float型数据赋给double变量时，数值不变，有效位扩展到16位。

(3) 将char型数据赋给int型变量时，由于char型数据在运算时根据其ASCII码值自动转换为int型数据，因此只需将字符数据的ASCII码值存储到int型变量低8位中，高位补0。将int型数据赋给char型变量时，只将其低8位存入char型变量中。

(4) 将unsigned int型数据赋给long int型变量时，只需将高位补0。将unsigned int型数据赋给字节数相同的int型变量时，将unsigned型变量在内存中的内容原样放入int型变量的内存中。将int型数据赋给long int型变量时，只将int型数据放入long int型变量的低字节中，高字节全部补充为int型数据的符号位。

不同类的型数据进行赋值运算时，如果右侧数据的类型高于左侧，可能造成一部分数据丢失，降低数据的精度；也可能发生数据溢出，导致结果错误。

3.8.3 显式转换

一般情况下，编译系统自动处理数据的类型转换，称为隐式转换。而利用强制类型转换运算符将某一类型的数据强制转换为另外一种类型，则称为显式转换。

语法格式：

```
(类型名)<表达式>
```

显式转换用于强行将表达式的值转换成类型名所表示的数据类型。例如，(int)4.2的结果是4。显式转换的目的是使表达式值的数据类型发生改变，从而使不同类型数据之间的运算能够进行下去。

如果表达式仅是单个常量或变量，则常量或变量不必用圆括号括起来；但是如果是含有运算符的表达式，则必须用括号将其括起来，否则容易发生歧义。例如：

```
(int)a                  /*表示将变量a的值强制转换为整型*/
(int)(a+b)              /*表示将表达式a+b的计算结果强制转换为整型*/
(int)a+b                /*表示将变量a的值强制转换成整型后，再与b进行加运算*/
```

显式转换后仅产生一个临时的、类型不同的数据继续参与运算，其常量、变量或表达式的原有类型以及原来的数据值均不改变。例如：

```
int x=5; float y;
y=(float)x/2;      /*x值被强制转换为实型(5.0)参与运算,运算结果为2.5,但x的数据类
                     型仍为int*/
```

由于类型转换占用系统时间,过多的转换将降低程序的运行效率。因此设计程序时应尽量选择适当的数据类型,以减少不必要的类型转换。

3.9 sizeof运算

sizeof运算符用于获取指定数据类型所需要的存储空间大小,其优先级高于双目运算符。

语法格式：

sizeof(类型名) 或 **sizeof(变量名)**

sizeof运算的结果是无符号整数,表示存储属于类型名或变量名的值所需要的字节数。

当不了解系统中各种数据类型所占存储单元的字节数时,可利用sizeof运算符来获取。例如,16位机的sizeof(int)的值通常为2(int型数据占用2B存储空间),32位机的sizeof(int)值为4(int型数据占用4B的存储空间)。sizeof运算还适用于常量、变量或表达式。例如,float型变量x=5.0,其sizeof(x)的值为4(float类型数据占用4B存储空间)。此外,sizeof运算符也可以与其他运算符共同构成复杂表达式,例如i*sizeof(int)。

尽管sizeof()的写法与库函数调用写法类似,但是sizeof是一个运算符而不是函数。

3.10 标准设备输入输出库

计算机发展到今天,麦克风、摄像头、投影仪、体感传感器等输入输出设备层出不穷,然而键盘、鼠标和显示器仍然是最常用的设备。尽管图形化的输入输出方式已经成为主流,但是文本型的输入输出方式一直得以保留。C语言为文本型的输入输出提供了标准输入输出函数库,将键盘命名为标准输入设备,用常量stdin代表,将显示器命名为标准输出设备,用常量stdout代表,实现从键盘输入文本信息和向显示器屏幕输出文本信息。调用标准输入输出库函数时需要在源程序的开始处使用预编译指令#include包含头文件stdio.h。

```
#include <stdio.h>    或    #include "stdio.h"
```

3.10.1 字符输入输出函数

1. ASCII 码字符输入输出

getchar 函数用于单个字符输入，其功能是从标准输入设备(键盘)上读入一个且仅一个字符，并将该字符作为 getchar 函数的返回值。

调用格式：

```
getchar()
```

getchar 函数只能接收一个字符而非一串字符。如果输入"abcde"，getchar 函数也只接收第一个字符'a'。例如：

```
char ch;
ch =getchar();              /* 从键盘读入一个字符并将它赋给 ch */
```

getchar 函数得到的字符可以赋给字符变量或整型变量，也可以不赋给任何变量而作为表达式的一部分。getchar 函数不能显示输入的数据，如果希望显示该数据，必须调用相应的输出函数实现。

putchar 用于对单个字符输出，其功能是将指定表达式的值(输出项)所对应的字符输出到标准输出设备(显示器)上，每次只能输出一个字符。

调用格式：

```
putchar(输出项)
```

putchar 函数必须带输出项，输出项可以是字符型或整型常量、变量、表达式。例如：

```
char ch;
ch=getchar();
putchar(ch);
```

输出字符常量时必须用单引号括起来，如'\n'、'*'等；输出表达式值时，可以是'a'+32等代表一个确定字符的形式，不能是表达式计算值超出字符存储范围的形式，也不能是字符串形式，'abc'或"abc"都是错误形式。

2. 宽字节字符输入输出

与 getchar 函数对应的 getwchar 函数用于读入宽字节字符，与 putchar 函数对应的 putwchar 函数用于输出宽字节字符。使用时通过预编译指令 #include 包含头文件 wchar. h。例如：

```
wchar_t ch;
ch=getwchar();              /* 读入宽字节字符 */
putwchar(ch);               /* 输出宽字节字符 */
```

3.10.2 格式化输出函数

printf 函数为 ASCII 码字符格式化输出函数，其功能是按用户指定的格式将指定的数据输出到标准输出设备上。

调用格式：

```
printf("格式控制字符串",输出项列表)
```

由双引号括起来的格式控制字符串用于指定数据的输出格式，由格式控制字符(格式转换说明符、标志、域宽、精度)和普通字符组成。格式转换说明符和百分号(%)同时使用，用以说明输出数据的数据类型，标志、宽度和精度为可选项；普通字符则原样输出。

输出项列表指出输出数据，当有多个输出项时，各输出项之间用逗号分隔。输出项可以是常量、变量和表达式。例如：

```
printf ("%d,%f\n",a,x+1);     /*双引号中的%d和%f为格式说明符,逗号和\n为普通字
                                符,输出项为 a 和 x+1*/
```

输出项与格式控制字符在类型和数量上必须一一对应。例如，输出项 a 与%d 对应，表示按 int 型输出变量 a 的值；输出项 x+1 与%f 对应，表示按 float 型输出表达式 x+1 的值。

当 printf 函数没有输出项，而格式控制字符串中只有普通字符时，函数完成的功能是将双引号中的字符串输出。例如：

```
printf("Hello C programming!");     /*输出字符串"Hello C programming!"*/
```

printf 函数不会自动换行，如果希望"Hello C programming!"分行输出，则需要使用换行符\n。例如：

```
printf("Hello\nC programming! ");
```

或

```
printf("Hello\n");
printf("C programming! ");
```

输出结果为两行信息：

```
Hello
C programming!
```

换行符'\n'作为输出控制字符，其作用是执行 printf 函数时，其后的输出结果从新一行输出。如果字符串中忘记使用'\n'，即使多次调用 printf 函数，输出的结果也不能换行。例如：

```
printf("Hello");
printf("C programming!");
```

输出结果为一行字符：

```
Hello C programming!
```

由于双引号、单引号、反斜线等在C语言中有特殊用途，如果输出结果中需要包含这些字符，则必须使用转义字符形式输出。例如：

```
printf("\"Hello C programming! \"");
```

输出结果为：

```
"Hello C programming!"
```

当输出程序的计算结果时，需要使用由%开头，后跟若干格式转换说明符的格式控制字符串，用以说明数据输出的类型、长度、位数等。

语法格式：

```
% [修饰符] 格式转换说明符
```

修饰符为可选项，包括标志修饰符、宽度修饰符、精度修饰符、长度修饰符，用于确定输出数据的宽度、精度、对齐方式等，以产生更加规范、整齐、美观的数据输出形式。没有修饰符时，按系统默认设定输出。

1. 格式转换说明符

格式转换说明符规定了对应输出项的输出类型，即输出的数据转换为指定的格式输出。该项不能省略。常用的格式转换说明符及其含义如表3-4所示。

表3-4 格式转换说明符及其含义

格式转换说明符	含　义
c	按字符形式输出单个字符
d,i	按十进制整数形式输出带符号整数(正数不输出符号)
u	按十进制整数形式输出无符号整数
o	按八进制整数形式输出无符号整数(不输出前缀0)
x,X	按十六进制整数形式输出无符号整数(不输出前缀0x)
f,F	按十进制小数形式输出单、双精度实数
e,E	按科学记数法输出单、双精度实数，例如1.2E1
g,G	根据精度设置输出双精度实数
a,A	按照十六进制形式输出实数，格式为[－]0xh.hhhh p±d，例如9.0输出为0x9p+0
p	输出内存地址，详见第8章
s	按字符串形式输出
%	输出%

格式转换说明符必须与%结合使用，表3-4中的字符只有放在%后面才能作为输出的格式转换说明。如果%后的字符未在表3-4中列出，则输出行为不确定。例如：

```
int d=15;
```

```
printf("d=%d", d);
```

格式控制字符串 d=%d 中的第一个 d 是一个普通字符而不是格式转换说明符，需要按原字符形式输出，放在%后的第二个 d 是格式转换说明符，说明在此位置以十进制整数形式输出变量 d 的值 15。

例 3-9 编写程序，用格式转换说明符控制输出格式。

```
#include <stdio.h>
int main()
{
    int a1=+400,a2=-400;
    float b=3.1415926,e=31415.26535898;
    float g=3.140000;
    char c='a';
    double d=3.1415926535898;
    printf("a1=%d\n",a1);
    printf("a1=%o\n",a1);
    printf("a1=%x\n",a1);
    printf("a1=%u\n",a1);
    printf("a2=%d\n",a2);
    printf("a2=%u\n",a2);
    printf("b=%f\n",b);
    printf("e=%e\n",e);
    printf("g=%g\n",g);
    printf("d=%f\n",d);
    printf("c=%c\n",c);  /*与 putchar 函数功能相当*/
    printf("s=%s\n", "Cprogram");
    return 0;
}
```

程序输出结果：

```
a1=400
a1=620
a1=190
a1=400
a2=-400
a2=4294966896
b=3.141593
e=3.141527e+004
g=3.14
d=3.141593
c=a
s=Cprogram
```

从输出结果可以看出：

(1) 只有负号(−)会被输出，正号(+)不会被输出。

(2) 使用%u 格式控制字符串输出正整数时，该数不发生变化；输出负整数时，将该负整数转换为对应的无符号整数后输出。

(3) 使用%f、%e、%E 输出的值保留 6 个小数位，如果不够 6 位，则在尾部添 0 补位。

(4) 使用%e 和%E 输出实数时，在指数前输出字母 e 或 E，同时小数点左侧的数字仅保留一位。

(5) 双精度数可以用%f 格式输出，但仅输出 6 个小数位。

(6) %g 不输出小数部分尾部的 0。

2. 宽度修饰符和精度修饰符

宽度修饰符的作用是控制输出数据的宽度，用一个插在%与格式转换说明符之间的十进制整数表示输出数据的位数，也称为域宽。printf 函数中也可以指定输出数据的精度，以小数点开始，后跟一个十进制整数，插在%与格式转换说明符之间。宽度和精度可以同时使用，使用形式是“域宽.精度”。常见的宽度修饰符与精度修饰符格式及其含义如表 3-5 所示。

表 3-5 常见的宽度修饰符与精度的修饰符

修饰符及说明格式	含　义
%md	以宽度 m 输出整型数，不足 m 位数时左侧补以空格
%0md	以宽度 m 输出整型数，不足 m 位数时左侧补以 0
%m.nf	以宽度 m 输出实型数，小数位数为 n 位
%ms	以宽度 m 输出字符串，不足 m 位数时左侧补以空格
%m.ns	以宽度 m 输出字符串左侧的 n 个字符，不足 m 位数时左侧补以空格

例 3-10 编写程序，按宽度修饰符和精度修饰符要求输出数据。

```
#include <stdio.h>
int main()
{
    printf("%3d\n",1);
    printf("%3d\n",10);
    printf("%3d\n",100);
    printf("%3d\n",1000);
    printf("%0.3d\n",1);
    printf("%0.3d\n",10);
    printf("%0.3d\n",100);
    printf("%0.3d\n",1000);
    printf("%.3d\n",1);
    printf("%.3d\n",10);
    printf("%.3d\n",100);
    printf("%.3d\n",1000);
    printf("%7.2f\n",123.4567);
    printf("%5.2f\n",123.4567);
    printf("%2.7f\n",123.4567);
    printf("%5s\n","Cprogram");
    printf("%7.3s\n","Cprogram");
    printf("%2.6s\n","Cprogram");
    return 0;
}
```

程序输出结果：

```
  1
 10
100
1000
001
010
100
1000
001
010
100
1000
 123.46
123.46
123.4567000
Cprogram
    Cpr
Cprogr
```

从程序运行结果可以看出：

(1) 当指定的输出数据宽度大于输出数据的实际宽度时，则默认为宽度内右对齐，左补空格或补 0，直到总的数字个数满足指定宽度。

(2) 当指定的输出数据宽度小于输出数据的实际宽度时，如果没有指定输出精度，则按实际数据的位数输出(宽度自动增加);如果指定输出精度,则按照精度处理后的实际位数输出。整数本身不存在精度问题,对于浮点数,相应小数位按精度的位数四舍五入后根据实际长度输出;对于字符串,精度表示输出的字符个数。

3. 长度修饰符

长度修饰符中最常用的是 l 和 h,l(长)表示按长整型量输出,h(短)表示按短整型量输出。长度修饰符用在%与格式转换说明符之间,其常见用法和含义如表 3-6 所示。

表 3-6 常见的长度修饰符用法和含义

格式	含 义
hh	将数值转为 char 或 unsigned char 格式输出。可以和 d、i、o、u、x、X 组合
h	将数值转为 short 或 unsigned short 格式输出。可以和 d、i、o、u、x、X 组合
l	将数值转为 long 或 unsigned long 格式输出。可以和 d、i、o、u、x、X、a、A、e、E、f、F、g、G 组合 与 c、s 组合时,用于输出宽字节字符
ll	将数值转为 long long 或 unsigned long long 格式输出。可以和 d、i、o、u、x、X 组合。部分编译器不支持
j	按照 intmax_t 和 uintmax_t 设置输出,可以和 d、i、o、u、x、X 组合。部分编译器不支持
z	将数值转为 size_t 格式输出。可以和 d、i、o、u、x、X 组合
L	将数值转为 long double 格式输出。可以和 A、e、E、f、F、g、G 组合

例 3-11 编写程序,按长度修饰符要求输出数据。

```
int main()
{
    int a1=+1024,a2=-1024;
    long a3=1024;
    long long a4=1024L;
    double d1=+1.234567890;
    long double d2=+1.234567890;
    printf("\n012345678901234567890123456789");
    printf("\n%5hd",a1);
    printf("\n%5hhd",a2);
    printf("\n%ld",a3);
    printf("\n%5zd",a1);
    printf("\n%f %lf",d1,d1);
    printf("\n%lf",d2);
    printf("\n%Lf",d2);
    return 0;
}
```

程序输出结果:

```
012345678901234567890123456789
 1024
    0
1024
 1024
1.234568-0.000000
1.234568
1.234568
```

本段程序参考C99之后标准编写，在GCC编译器环境完成程序运行。

低版本编译器支持%f格式输出float型数据，%lf格式输出double型数据。在C99及以后标准中，特别是出现long double类型后，高版本编译器支持%f格式输出float型和double型，%lf格式输出long double型数据。所以，例3-11中按照%lf输出d1时，会出现类型不匹配错误；输出d1和d2时，小数点后第6位的数字按照四舍五入原则处理。

4. 对齐修饰符

可以在%与格式转换说明符之间加入对齐修饰符。常见的对齐修饰符用法及含义如表3-7所示。

表3-7 常见的对齐修饰符用法和含义

格式	含　义
−	按照左对齐输出信息。否则，按照右对齐方式输出
+	输出符号位。否则，仅仅输出负数的符号位
空格	输出正数时，在开始位置输出空格。输出负数时，此修饰符无效。与+混用时失效
#	按照指定的格式输出。可以和a、A、e、E、f、F、g、G组合
0	如果长度修饰符给定长度大于实际字符数，且右对齐时，前面补0。可以与d、i、o、u、x、X、a、A、e、E、f、F、g、G组合

例3-12 编写程序，按对齐修饰符要求输出数据。

```
#include <stdio.h>
int main()
{
    int a1=+10,a2=-20;
    float d1=+1.23,d2=-1.23;
    printf("\n01234567890123456789");
    printf("\n%5d%5d",a1,a2);
    printf("\n%+5d%+5d",a1,a2);
    printf("\n%-5d%-5d",a1,a2);
    printf("\n%5d%5d",a1,a2);
    printf("\n%-5d%-5d",a1,a2);
    printf("\n%05d%05d",a1,a2);
    printf("\n%-05d%-05d",a1,a2);
    printf("\n%#f %#f",d1,d2);
    return 0;
}
```

程序输出结果：

```
01234567890123456789
   10  -20
  +10  -20
10   -20
   10  -20
10   -20
0010-0020
10   -20
1.230000 -1.230000
```

宽字节字符对应的函数为wprintf，其格式控制字符串的定义与printf函数相同。例如：

```
#include <stdio.h>
#include <wchar.h>
int main()
{
    wchar_t c=L'C';
    wprintf(L"\n%lc",c);
    wprintf(L"\n%10ls",L"Cprogram");
    wprintf(L"\n%7.3s",L"Cprogram");
    wprintf(L"\n%2.6s",L"Cprogram");
    return 0;
}
```

程序输出结果：

```
C
  Cprogram
    Cpr
Cprogr
```

3.10.3 格式化输入函数

scanf 函数能够完成精确的格式化输入，按照给定的格式从标准输入设备上接收整型、实型、字符型以及字符串等类型的数据并将其保存到指定的变量中。

调用格式：

```
scanf("格式控制字符串", 输入项地址列表)
```

由双引号括起来的格式控制字符串规定了数据输入的格式，由百分号(%)、格式转换说明符和普通字符组成，用来说明输入数据的类型及输入的形式。

输入项地址列表为需要接收数据的变量地址，当有多个输入项时，各个变量地址之间以逗号分隔。例如：

```
int x;
scanf("%d", &x);
```

第一个参数%d 是格式控制字符串，说明输入数据是一个 int 型数据；第二个参数 &x 是 int 型变量 x 的地址。scanf 函数中要求输入项必须是变量地址，通过地址运算符 & 获得变量 x 的地址(& 与变量名连用表示变量的内存地址)，scanf 函数将输入的数据存储在该地址指向的存储单元中。忘记变量前加取地址运算符 & 是初学者容易犯的一个错误。

1. 格式转换字符

格式转换字符规定了输入项中的变量将以何种类型的数据格式(由转换说明符给出)被输入。

语法格式：

```
%[修饰符] 格式转换说明符
```

修饰符为任选项，格式转换说明符用于指定输入项内容的输入格式。常用格式转换说明符如表 3-8 所示。

表 3-8 scanf 函数格式转换说明符

格式	含　义	格式	含　义
d,i	输入十进制整数	c	输入字符
u	读入无符号整数	s	输入字符串
o	输入八进制整数	p	输入内存地址
x	输入十六进制整数	%	输入%
a,e,f,g	输入十进制单精度小数		

当有多个输入项时,如果格式控制字符串中没有普通字符或转义字符作为读入数据之间的分隔符,一般采用空格符、制表符或回车符作为读入数据的分隔符。编译系统遇到回车符以及非法字符时自动认为数据输入结束。如果数据的输入个数少于格式转换说明符的个数,则计算机将一直等待数据的输入,直到所有数据全部被输入为止。例如:

```
int x,y;
scanf("%d%d", &x,&y);
```

输入数据的方式可以是

```
1<空格>2<回车>
```

或

```
1<回车>
2<回车>
```

或

```
1<制表符>2<回车>
```

当输入多个数据中包含字符型数据时,若以空格符作为分隔符,空格将被作为有效字符处理,因此可能会产生非预期的结果。例如:

```
int a; char ch;
scanf("%d%c", &a,&ch);
```

假设数据输入的方式为

```
123<空格>a<回车>
```

期望变量 a 的值为数值 123,变量 ch 的值为字符 a。实际上,用于分隔数据的空格被作为有效字符数据读入并赋予字符变量 ch。为避免上述情况,允许在格式控制字符串中加入空格作为分隔符,以保证非空格字符数据的正确输入。例如:

```
scanf("%d  %c", &a, &ch);       /* %d后面的空格可以替代输入字符'a'前所有的空格 */
```

如果格式控制字符串中的格式转换说明符之间还包含其他字符,输入数据时必须在相应位置输入这些字符。例如:

```
int a, b;
```

```
scanf("%d, %d", &a,&b);
```

若数据输入方式为

```
1<空格>2
```

则只有变量 a 的数据是正确的，变量 b 则会发生错误。因为格式控制字符串中存在普通字符“,”，要求读入数据时，必须以“,”作为输入数据的分隔符。正确的数据输入方式应为

```
1, 2<回车>
```

如果 scanf 函数的调用方式为

```
scanf("a=%d, b=%f, c=%c", &a, &b, &c);
```

当输入数据的方式为

```
1, 2.1, a
```

仍然会产生错误。尽管输入数据时以“,”分隔数据，但格式控制字符串中还有其他普通字符（“a=”“b=”“c=”等），这些字符都应作为输入数据的分隔符，输入时应按照格式字符串描述的形式从键盘输入。正确的数据输入方式应为

```
a=1, b=2.1, c=a<回车>
```

建议尽量不要在 scanf 函数的格式控制字符串中出现普通字符，特别是转义字符，它会增加读入数据的难度并可能造成不可预料的错误。

2. 长度修饰符

当输入 long 型或 short 型数据时，可以使用长度修饰符。例如：

```
long a; short b; double x;
scanf("%ld%hd", &a, &b);   /* 变量 a 的数据按长整型读入，变量 b 的数据按短整型读入 */
scanf("%lf ", &x );        /* %lf 表示输入 double 型数据 */
```

常见的长度修饰符用法及含义如表 3-9 所示。

表 3-9　scanf 函数长度修饰符用法及含义

格式	含　义
hh	输入 signed char 或 unsigned char 类型数据。可以与 d、i、o、u、x、X 组合，支持长度修饰符，例如"%5hhd"
h	输入 signed short 或 unsigned short 类型数据。可以与 d、i、o、u、x、X 组合，支持长度修饰符，例如"%5hd"
l	可以与 d、i、o、u、x、X 组合，输入 long 和 unsigned long 数据 可以与 A、e、E、f、F、g、G 组合，输入 double 数据 可以与 c 组合，输入宽字节字符 可以与 s 组合，输入宽字节字符串

续表

格式	含　义
ll	可以与 d、i、o、u、x、X 组合，输入 long long 和 unsigned long long 数据
j	可以与 d、i、o、u、x、X 组合，输入 intmax_t or uintmax_t 指定的数据
z	可以与 d、i、o、u、x、X 组合，输入 size_t 数据
t	可以与 d、i、o、u、x、X 组合，输入地址数据
L	可以与 A、e、E、f、F、g、G 组合，输入 long double 数据

3. 宽度修饰符

宽度修饰符指定 scanf 从键盘读取几个字符组成一个特定数据。例如：

```
scanf("%3d",&n);        /* 从键盘读取 3 个字符组成一个整数并赋予 n */
```

常见的宽度修饰符格式及含义如表 3-10 所示。

表 3-10　常见宽度修饰符

修饰符及说明格式	含　义
%md	以宽度 m 输出整数，不足 m 位数时左侧补以空格
%*d	跳过一个整数，从下一个数读

例 3-13　编写程序，按输入格式要求输入数据并输出。

```
#include <stdio.h>
int main()
{
    int a1=+1024,a2=-1024;
    long a3=1024;
    long long a4=1024L;
    double d1=+1.234567890;
    long double d2=+1.234567890;   /* 程序运行过程及结果 */
    printf("\n 01234567890123456789012345678 9\n");
                                   /* 输出结果: 01234567890123456789012345678 9 */
    scanf("%3d%2d%*d %ld%lld",&a1,&a2,&a3,&a4);   /* 键盘输入: 12345 67 89 9123 */
    printf("\na1=%d ,a2=%d,a3=%ld,a4=%lld",a1,a2,a3,a4);
                                   /* 输出结果: a1=123,a2=45,a3=89,a4=9123 */
    scanf("%lf%llf",&d1,&d2);      /* 键盘输入: 12.3 45.6 */
    printf("\nd1=%f,d2=%lf",d1,d2); /* 输出结果: d1=12.300000 d2=1.234568 */
    return 0;
}
```

3.11 数　学　库

3.11.1　实数计算函数

C 语言在数学库中定义了分类函数、三角函数、指数/对数函数、幂函数、绝对值函数、误差函数、余数函数、极值函数、比较函数等实数计算函数。使用实数函数时，通过预编译指令＃include 包含头文件 math. h：

```
#include <math.h>   或   #include "math.h"
```

常用的函数如下：

(1) 分类函数：isfinite 判定当前数是否有穷，signbit 判定当前数是否为负，fpclassify()获得当前数的类型等。

(2) cos、sin、tan 等三角函数：计算结果为 double 型数据。

(3) 指数函数：exp 计算 e^x，exp2 计算 2^x 等。

(4) 对数函数：log2 计算 $\log_2 x$，log10 计算 $\log_{10} x$ 等。

(5) 幂函数 pow、平方根函数 sqrt、立方根函数 cbrt、绝对值函数 fabs 等。例如 pow(x,5)计算 x^5，sqrt(x)函数计算，fabs(x)函数计算 x 的绝对值。

更多的实数函数的使用参见 math. h 头文件。

例 3-14　编写程序，基于三角测量法，在 A 点观测物体的仰角为 30°，水平远离 A 点 500m 的 B 点观测物体的仰角为 29°，计算被观测物的高度。

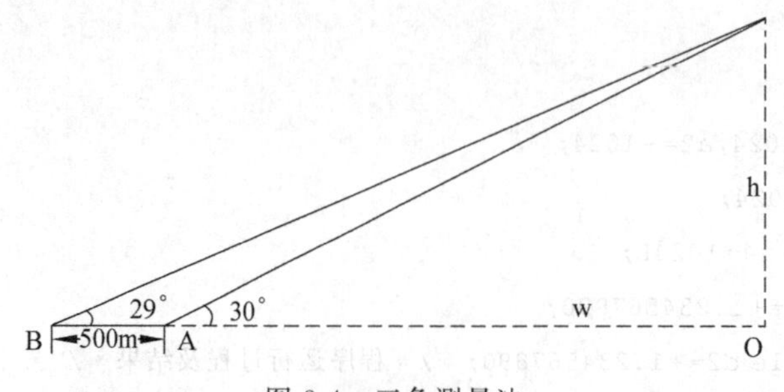

图 3-4　三角测量法

假设被观测物高度为 h，A 点到 O 点距离为 w，在直角三角形中有

$$\tan(30\pi/180) = h/w \quad (1)$$

$$\tan(29\pi/180) = h/(w + 500) \quad (2)$$

由方程(1)和(2)，得 h 的求解公式：

$$h=500/(1/\tan(29\pi/180)-1/\tan(30\pi/180))$$

```
#include <stdio.h>
#include <math.h>
int main()
```

```
{
    double h=0;
    double x=0;
    x=1/tan(29*M_PI/180)-1/tan(30*M_PI/180);
    h=500/x;
    printf("h=%f",h);
    return 0;
}
```

C99及以后标准针对float型和long double型数据提供了不同的对应函数。例如，cosf()是用于float型数据的余弦函数，expf()和expl()分别是用于float型数据和long double型数据的幂函数。

3.11.2 复数运算函数

C语言在数学库中同样定义了包括基本运算、操作函数、三角函数、指数函数、对数函数和幂函数等复数计算函数。使用复数计算函数时，通过预编译指令#include包含头文件complex.h：

```
#include <complex.h>   或   #include "complex.h"
```

复数的基本运算包括加、减、乘和除，通过运算对象和运算符+、-、*和/构成的表达式实现。运算规则如下：

(1) 加法：$(a+bi)+(c+di)=(a+c)+(b+d)i$。

(2) 减法：$(a+bi)-(c+di)=(a-c)+(b-d)i$。

(3) 乘法：$(a+bi)(c+di)=(ac-bd)+(bc+ad)i$。

(4) 除法：$(a+bi)/(c+di)=(ac+bd)/(c^2+d^2)+(bc-ad)/(c^2+d^2)i$。

复数操作函数包括实数部提取函数creal、虚数部提取函数cimag、投影计算函数cproj、共轭复数计算函数conj等。

例3-15 编写程序，实现给定的两个复数的加、减、乘和除运算以及对除法计算结果进行投影和共轭操作。

假设两个复数分别为1+2*I,3+4*I。调用函数creal和cimag分别实现实数部分和虚数部分的加、减、乘、除运算，对除法运算的结果进行投影和共轭操作，并利用函数creal和cimag计算其实数和虚数。

```
#include <stdio.h>
#include <complex.h>
int main()
{
    double complex a=1+2*I;
    double complex b=3+4*I;
    double complex x,xz,xc;
    x=a+b;
```

```
    printf("\n+:%f+%fi",creal(x),cimag(x));
    x=a-b;
    printf("\n-:%f+%fi",creal(x),cimag(x));
    x=a*b;
    printf("\n*:%f+%fi",creal(x),cimag(x));
    x=a/b;
    printf("\n/:%f+%fi",creal(x),cimag(x));
    xz =cproj(x);
    printf("\nxz=%f+%fi",creal(xz),cimag(xz));
    xc =conj(x);
    printf("\nxc=%f+%fi",creal(xc),cimag(xc));
    return 0;
}
```

其他复数计算函数的功能及调用方法参见 complex.h 头文件。

3.12 基本语句

函数作为C语言程序的基本功能单位,其功能由若干条语句实现。函数执行时,按照语句的书写顺序从上至下依次执行,直到全部语句执行结束或遇到关键字 return 结束。C语言的语句分为标签语句、空语句、声明语句、表达式语句、复合语句、选择语句、循环语句和跳转语句。本章介绍标签语句、空语句、声明语句、表达式语句、复合语句。

3.12.1 标签语句

标签语句的作用是对语句进行标识。

语法格式:

标签:语句;

标签为合法的标识符,冒号后面的语句不能为空语句。例如:

```
    int i=0,sum=0;
BEGIN:
    i++;
    sum=sum+i;
END:
    printf("s=%d",sum);
```

C语言提供的另外两种特殊标签语句是 case 和 default(参见第4章)。

3.12.2 空语句

空语句是表达式语句的一种特例。

语句格式：

```
;
```

空语句仅由分号组成，不产生任何操作运算。空语句出于语法上的需要，在某些场合占据一条语句的位置。空语句常用于无条件转移和循环语句结构中。例如：

```
for ( i=1; i<=100; s=s+i,i++)
    ;       /*变量 i 从 1 到 100 计数*/
```

3.12.3 声明语句

声明语句主要用于变量声明(参见第 2 章内容)和函数声明。多数情况下声明语句一般位于函数内部，处于可执行语句(包括空语句、表达式语句、复合选择语句、循环语句或跳转语句)之前。特殊情况下，声明语句也可处于复合语句内部或函数外部(参见第 7 章)。

3.12.4 表达式语句

表达式语句由表达式后面加上一个分号构成。

语句格式：

```
表达式;
```

表达式既可以是由常量、变量及运算符构成的基本运算表达式，也可以是包含数学函数调用的复杂运算表达式。例如：

```
a=b*2;                    /*赋值表达式语句,计算 b*2 的值并赋给 a*/
y+z;                      /*算术表达式语句,不能保留加法运算结果,无实际意义*/
++i;                      /*前缀自增表达式语句,i 的值增 1*/
a=9, b=a++;               /*逗号表达式语句,顺序计算 a、b 的值*/
y=sin(x);                 /*包含函数调用的赋值表达式*/
```

3.12.5 复合语句

复合语句是使用大括号将多条语句组合而成的一种语句格式，又称为功能块。

语句格式：

```
{
    语句 1;
    语句 2;
      ⋮
    语句 n;
```

```
}
```

从语句形式上来看，复合语句是多个语句的组合。但在语法意义上，复合语句仍为一条语句。当某些问题必须由多条语句描述，而在语法格式上为一条语句时，采用复合语句。例如：

```
/* 两个数 a 和 b 的交换过程 */
{
    temp=a;
    a=b;
    b=temp;
}
```

3.13 顺序结构

C 语言程序中，从第一条语句开始顺序执行语句实现顺序结构。由于计算机只能执行确定性运算，这就要求执行某条语句前，该语句涉及的所有变量均需要有确定的值。

例 3-16 编写程序，输入三角形的三边长，计算三角形面积。

假设三角形的三个边长为 a、b、c，利用 scanf 函数调用方式对 a、b、c 赋值。通过三角形面积公式计算 a、b、c 三边构成的三角形面积 area。最后输出 area 的值。

三角形面积公式：

$$area=\sqrt{s(s-a)(s-b)(s-c)} \quad (\text{其中 } s=(a+b+c)/2)$$

```
#include <stdio.h>
#include<math.h>
int main()
{
    double a,b,c,s,area;
    scanf("%lf,%lf,%lf",&a,&b,&c);
    s=1.0/2*(a+b+c);
    area=sqrt(s*(s-a)*(s-b)*(s-c));
    printf("a=%.2f,b=%.2f,c=%.2f,s=%.2f\n",a,b,c,s);
    printf("area=%7.2f\n",area);
    return 0;
}
```

调用 scanf 函数输入数据时，数据之间使用逗号分隔，否则将出现输入错误；另外，如果将程序中的 1.0/2 写成 1/2，根据整型变量除法规则，其结果是 0 而不是 0.5，也将导致计算错误；调用函数 sqrt 计算平方根，需要在源文件开始处使用预编译指令 #include <math.h>。输出时对实数格式进行控制，只显示两位小数。当输入的 a、b、c 不能构成三角形时，将输出错误的 area 数据。

例 3-17 编写程序，随机选取数据进行验证：对所有实数 x，下面的数学公式都成立。

$$\sin^2(x)+\cos^2(x)=1$$

假设输入 1.7、1.8、1.9 和 2.0 等几个数，输出计算公式左侧的值，验证此公式。

```
#include <stdio.h>
#include <math.h>
int main()
{
    double x,y;
    x=1.7;
    y=sin(x) * sin(x)+cos(x) * cos(x);
    printf("x=%f, y=%.20f\n",x,y);
    x=1.8;
    y=sin(x) * sin(x)+cos(x) * cos(x);
    printf("x=%f, y=%.20f\n",x,y);
    x=1.9;
    y=sin(x) * sin(x)+cos(x) * cos(x);
    printf("x=%f, y=%.20f\n",x,y);
    x=2.0;
    y=sin(x) * sin(x)+cos(x) * cos(x);
    printf("x=%f, y=%.20f\n",x,y);
    return 0;
}
```

程序执行结果：

```
x=1.700000, y=0.99999999999999989000
x=1.800000, y=1.00000000000000000000
x=1.900000, y=1.00000000000000000000
x=2.000000, y=1.00000000000000000000
```

如将输出语句的%.15e 改为%.15f，则输出结果为：

```
x=1.700000, y=1.000000000000000
x=1.800000, y=1.000000000000000
x=1.900000, y=1.000000000000000
x=2.000000, y=1.000000000000000
```

使用浮点数进行运算时，由于舍入误差，计算结果是一个近似值。

例 3-18 位运算的一个应用场景是对数据进行加密和解密：对于任何一个二进制数 a，与二进制数 b 进行一次异或运算得到的二进制数 c 就是对 a 以密钥 b 进行加密的结果，将数字 c 与数字 b 再进行一次异或运算就会得到原来的二进制数 a(解密结果)。编写程序，输入一个无符号整数，用密钥 b=3141592653 对其加密，输出加密后的数字以及解密后的数字，与输入的数字进行对比。

```
#include <stdio.h>
void main()
{
    unsigned int a,b,c;
    b=3141592653;
    scanf("%u",&a);
    c=a^b;
    printf("a=%u\n",a);
    printf("b=%u\n",b);
    printf("c=%u\n",c);
    printf("c^b=%u\n",c^b);
}
```

如果输入 1234567890，程序执行结果：

```
a=1234567890
b=3141592653
c=4074169503
c^b=1234567890
```

实际上,计算机中的任何信息都是采用二进制存储的,只要将连续 4 个字节中的信息看做一个无符号整数,就可以利用上述方法进行加解密处理。

3.14 案　　例

问题陈述:在电影评分推荐系统中,设计的影片评分机不仅可以记录用户的 ID 和各自的评分,还能给出当前影片的平均评分。虽然用户评分声明为 int 型数据,但计算的平均评分应该声明为 float 型数据。本节实现多个用户对同一部影片的评分输入,根据这些评分计算影片的平均评分并输出。平均分计算公式:aveRating=(rating1+rating2+rating3)/3.0。

问题的输入:假设仅考虑 3 个评分 rating1、rating2、rating3。

问题的输出:3 个用户的评分以及计算的平均评分。

算法描述:

Step1: 声明变量 rating1, rating2, rating3,ave_rating。

Step2: 输出标题"The movie to be rated: "。

Step3: 影片名称"Title:Harry Potter and the Half-Blood Prince"。

Step4: 输出提示信息"Please input three user's ratings(0~10): "。

Step5: 读入 3 个评分,要求用空白字符分隔 3 个数值。

Step6: 计算平均分。

Step7: 按照"The average rating is 5.600000"格式输出平均分。

Step8: 输出退出信息"Thanks!"。

源程序代码:

```
/* Author:“程序设计基础(C)”课程组
 * Discripton: 根据提示为指定的电影评分(0~10 分),计算平均得分 */
#include <stdio.h>
int main()
{
    int rating1, rating2, rating3;
    double ave_rating;
    printf("The movie to be rated:\n");
    printf("Title:Harry Potter and the Half-Blood Prince\n");
    printf("Please input three user's ratings(0~10):\n");
    scanf("%d%d%d", &rating1,&rating2,&rating3);
    ave_rating = (rating1 +rating2 +rating3) / 3.0;
    printf("The average rating is %f\n", ave_rating);
    printf("Thanks!\n");
    return 0;
}
```

测试程序:编译运行程序,观察屏幕输出结果是否满足设计要求。

练 习 题

1. 分析++arg 和 arg++之间的区别。

2. 设有下列声明：

```
short int a=2;
int b=-10;
long int c=50;
float x=3.1
double y=3.99
char ch='\10';
```

请给出下列表达式的值和类型：

(1) ch*3 (2) x/ch (3) (x−y)*b (4) a+c (5) y/a (6) (int)y

(7) ch='a'

3. 设有下列声明：

```
int a=2, b=5;
float x=7.5, y=2.4;
```

分析表达式 (float)(a+b)/2+(int)x%(int)y+x/a 的计算过程。

4. 设有 int n=6;,计算表达式 n%=n+=n−=n*n 的结果。

5. 设有 int a=4,b=8,c;,计算表达式 c=(b==a)&&(a+b!=20)的结果。

6. 利用 printf 函数实现下面各项的输出。

(1) 输出一个有符号整数 55555,域宽为 8,输出结果在域宽内左对齐。

(2) 输出一个无符号整数 55555,域宽为 8,输出结果在域宽内右对齐。

(3) 输出一个有符号整数 55555,域宽为 10,小数为 6 位,输出结果在域宽内左对齐。

(4) 输出带符号和不带符号的整数 1234,域宽为 8,输出结果在域宽内左对齐。

(5) 输出实数−1.2345,域宽为 10,输出结果在域宽内右对齐并加前导符 0。

(6) 输出实数−12345.12345,域宽为 14,精度为 2,输出结果在域宽内左对齐。

(7) 输出双精度数 1234567.1234567,域宽为 14,精度为 4,输出结果在域宽内右对齐。

(8) 输出十六进制数 123 和八进制数 123。

(9) 输出字符'a',域宽为 4,输出结果在域宽内右对齐并加前导符 0。

7. 利用 scanf 函数实现下面各项的输入,并利用 printf 函数输出以验证输入数据的正确性。

(1) 输入 3 个数据 12、23、34,分别赋予变量 a、b、c,数据以逗号分隔。

(2) 输入数据 123456789,分别赋予变量 a、b、c,每个数据的域宽为 3。

(3) 输入整型数据 123 以及字符型数据 a,分别赋予变量 a、ch。

(4) 按照格式 hh:mm:ss 输入时间数据，并将时间存入变量 hour、minute、second 中。

(5) 输入长整型数据 55555 以及双精度实数 55555.555555，分别赋予变量 a、b。

(6) 输入一个八进制整数和十六进制整数，分别赋予变量 a、b。

8. 编写程序。输入一个字母，依次输出其在字母表中的前导字母和后续字母。例如，输入字符 r，则输出字符 q 和 s。

9. 编写程序。输入圆的半径，计算圆的周长和面积并输出计算结果(结果保留两位小数)。

10. 编写程序。当 x 为 0.5 时，计算 y=1+sin(x)并输出计算结果(结果保留两位小数)。

第4章

逻辑判断与选择结构

4.1 概　　述

利用基本表达式和基本语句可以实现简单的程序设计。例如计算三角形的面积，前提是输入的三边可以组成三角形，并没有考虑不能组成三角形的情况。在实际的三角形面积求解编程实现中，首先需要判定输入数据是否能够组成三角形，只有在组成三角形的条件成立（两边之和大于第三边）时才能计算三角形的面积，否则计算没有意义。因此，程序中需要判断三角形组成条件是否成立，并根据条件判断的结果给出不同的处理过程。而判断条件是否成立的过程就是逻辑判断过程。逻辑判断作为一种计算，通常运用关系运算符、逻辑运算符构建的关系表达式或逻辑表达式表示判断条件。

进行逻辑判断时，需要明确判断结果是否成立，成立为逻辑真，不成立为逻辑假。C语言规定1表示逻辑真，0表示逻辑假。并定义关键字 true 代表 1，false 代表 0。C 语言将逻辑值归为 bool 类型，因此也可以通过声明 bool 类型变量存储逻辑判断的结果。根据C语言的"非零即真"规则，所有表达式都可以被作为逻辑判断的表达式，其表达式的结果值为0表示逻辑假，非0表示逻辑真。

选择结构语句包括 if 语句和 switch 语句。根据选择结构的复杂度，分为单分支结构、双分支结构和多分支结构3种形式。

4.2 关系运算

关系运算符用于对两个运算对象进行比较，关系表达式由关系运算符与两个表达式组成。

语法格式：

```
<表达式>关系运算符 <表达式>
```

关系运算符为双目运算符，包括＞（大于）、＜（小于）、＞＝（大于或等于）、＜＝（小于或等于）、＝＝（等于）、!＝（不等于）。其优先级低于算术运算符，高于逻辑运算符。其中，运算符＞、＜、＞＝、＜＝具有相同的优先级，运算符＝＝和!＝具有相同的优先级，且低于前4个运算符的优先级。结合方向均为自左向右。

例如，a＞b、'a'＋'b'＜c、a＞(b＞c)、a＝＝(b＜c)等都是合法的关系表达式。

关系表达式值为bool类型值，或为true(1)或为false(0)。

例如，int a＝2; float b＝3.4;，求关系表达式a＜b的值。由于关系运算符两侧的数据类型不统一，需要先转换成同一种数据类型(float类型)，然后进行比较，所以a(2.0)＜b(3.4)的结果值为1(逻辑真)。

使用关系表达式需要注意：

(1) 关系运算符＞＝、＜＝、＝＝、!＝是两个字符构成的一个运算符，如果在两个字符中间输入空格会产生语法错误。例如，将表达式“a＞＝b”写成“a＞　＝b”形式是错误的。但是允许在运算符的两侧增加空格，即可以将表达式“a＞＝b”写成“a　＞＝　b”形式，该写法可以提高程序的可读性。

(2) 由于计算机中存放的实数(二进制)与实际中的实数(十进制)存在着一定的舍入误差，因此应避免对实数进行＝＝(相等)或!＝(不相等)比较。例如，判断double类型变量x的值是否为3，使用表达式“x＝＝3”形式容易产生错误结果。可以使用fabs(x－3)＜0.00001表达式形式，只要变量x中的数据与3的差的绝对值小于一定精度值即可。

(3) 不要将表达式中的＝＝写成＝。C编译系统不会提示错误信息，而是作为赋值运算处理，并判断该赋值表达式的结果是否为非0(逻辑真)或0(逻辑假)。例如，判断int型变量x是否与3相等，如果将表达式x＝＝3写成x＝3形式，此时x的值为3(赋值操作)，无论x原来的值为多少，表达式x＝3的结果值都为逻辑真(非0)，从而造成逻辑错误。一种避免错误的有效方式是将表达式x＝＝3写成3＝＝x形式，一旦不小心将＝＝写成＝，由于赋值运算符的左侧必须是一个变量标识符，程序编译时将提示语法错误。

4.3 逻辑运算

为实现复杂条件的判断过程，需要按照一定逻辑规则，组合多个关系计算或多个逻辑运算。逻辑表达式由逻辑运算符连接表达式构成，其结果为逻辑真(数值1)或逻辑假(数值0)。

语法格式：

```
<表达式>逻辑运算符 <表达式>        (对于 &&、||)
!<表达式>
```

逻辑运算符包括：&&(逻辑与)、||(逻辑或)、!(逻辑非)。&&和||为双目运算符，!为单目运算符。其中，运算符!的优先级最高，其优先级高于算术运算符；运算符&&和||的优先级低于关系运算符，而运算符&&的优先级高于运算符||(许多编译器规定运算符&&和||的优先级相同)。运算符!的结合方向为自右向左，运算符&&和||的结合方向为自左向右。

例如，(a＞b)&&(x＞y)、(a＞b)||x、!(a＞b)、(a||b)&&(c||d)、!a等都是合法的

逻辑表达式。

C语言中，利用逻辑表达式表示0≤x≤100时，可以写成表达式x>=0 && x<=100，也可以写成表达式0<=x && x<=100。但是，不可以写成0<=x<=100形式，该写法被编译器解释为：按照优先级和结合性，首先计算关系表达式0<=x的值，再判断该值是否小于或等于100。因此，无论表达式0<=x的结果值是1(逻辑真)还是0(逻辑假)，其值都小于100，对于表达式0<=x<=100，其逻辑值永远为真(1)。同样，也不可以写成0<=x，x<=100形式，该写法会被编译器解释为：按顺序依次计算表达式0<=x和表达式x<=100的逗号表达式，并将表达式x<=100的结果值作为整个表达式的结果。因此，无论表达式0<=x的计算结果是1(逻辑真)还是0(逻辑假)，都不会影响表达式的最终结果，只要表达式x<=100的结果值为1(逻辑真)，表达式0<=x，x<=100的结果值就为1(逻辑真)，否则结果值就为0(逻辑假)。假设x的值是-100，表达式0<=x，x<=100的结果值为1，显然不符合0≤x≤100要求。

参与逻辑运算的运算对象是逻辑值1(非0值都被当做1)和0，运算规则见表4-1(假设两个运算对象分别为a和b)。

表4-1　逻辑运算规则

a	b	a&&b	a ‖ b	!a	!b
0	0	0	0	1	1
0	1	0	1	1	0
1	0	0	1	0	1
1	1	1	1	0	0

对于逻辑表达式a&&b(与运算)，先计算a的值。若a的值为逻辑真，再计算b的值，并依据b的值决定表达式a&&b的结果值，若b的值为逻辑真，则表达式a&&b的结果值为1(逻辑真)，否则为0(逻辑假)；若a的值为逻辑假，则不再计算b的值，直接得到表达式a&&b的结果值为0(逻辑假)。

对于逻辑表达式a‖b(或运算)，先计算a的值。若a的值为逻辑假，再计算b的值，并且依据b的值决定表达式a‖b的结果值，若b的值为逻辑真，则表达式a‖b结果值为1(逻辑真)，否则为0(逻辑假)；若a的值为逻辑真，则不再计算b的值，直接得到表达式a‖b的结果值为1(逻辑真)。

对于逻辑表达式!a(非运算)，先计算a的值。若a的值为逻辑假(0)，则!a的值为逻辑真(1)；若a的值为逻辑真(1)，则!a的值为逻辑假(0)。

例如，int a=3, b=4, c=5;，则表达式(a<b)&&(a>c)的计算结果值为0。因为，表达式a<b的结果值为逻辑真(1)，表达式a>c的结果值为逻辑假(0)，所以表达式(a<b)&&(a>c)的结果值为逻辑假(0)。

熟练掌握C语言的关系运算符和逻辑运算符，可以巧妙地利用逻辑关系表达式构造复杂的逻辑判断条件。例如判断一个特定年份是否为闰年。已知闰年成立的条件为：能被4整除，但不能被100整除的年份；或者能被400整除的年份。假设采用变量y表示年份，则描述判断该年份(y)是否为闰年的逻辑表达式为

```
(y%4==0 && y%100!=0) || (y%400==0)
```

也可以将表达式写成

```
(!(y%4) && y%100) || (!(y%400))
```

显然，第一个表达式的可读性好于第二个表达式，编写程序代码时应尽量提高程序的可读性。

4.4 条件运算

条件运算符是C语言唯一的一个三目运算符，由"?"和"："组合而成。由条件运算符连接3个运算对象构成的表达式称为条件表达式。

语法格式：

```
<表达式1>?<表达式2>:<表达式3>
```

条件运算符优先级高于赋值运算符而低于逻辑运算符，结合方向为自右向左。表达式1一般为关系或逻辑表达式，表达式2和表达式3一般为算术表达式、赋值表达式、函数表达式或条件表达式。

条件表达式的运算过程为：计算表达式1，如果表达式1的结果值为逻辑真（非0），则计算表达式2，并将表达式2的结果值作为整个条件表达式的结果值；如果表达式1的结果值为逻辑假(0)，则计算表达式3，并将表达式3的结果值作为整个条件表达式的结果值。

假设int a=2; double b=5.2;，表达式!a?2 * b:b的结果值为5.2。因为!a的结果值为0（逻辑假），表达式b的值(5.2)为整个条件表达式的结果值。

条件表达式中的运算对象可以是任意类型的表达式，条件表达式的最终结果也可以是任意类型。例如，表达式x?'a':0.5（假设x为int型），3个表达式的类型分别为int型、char型和double型，其结果可能是char型或double型。

例 4-1 编写程序，求解方程ax+b=0。

```
#include <stdio.h>
int main()
{
    float a,b;
    scanf("%f%f",&a,&b);
    (a!=0)? printf("x=%f",-b/a):printf("a is zero");
    return 0;
}
```

首先将方程求解转换为计算表达式x=-b/a（注意，不能写成表达式ax+b=0的错误形式），其次调用scanf函数读入两个float型数据为a、b赋值，最后计算表达式x=

-b/a 的值并输出。但是，当输入 a 的值为 0 时，将会造成程序异常。为确保所有的计算都能够获得确定性的结果，不能出现越界和计算异常。因此，在执行 x=-b/a 计算前，可以利用条件表达式对 a 值进行验证。

例 4-2 编写程序，输入两个整数，输出其中的大数。

```
#include <stdio.h>
int main()
{
    int a,b,max;
    scanf("%d%d",&a,&b);
    (a>b)? (max=a):(max=b);
    printf("大的数是 %d \n",max);
    return 0;
}
```

通过 scanf 函数输入两个整数为变量 a、b 赋值。利用条件表达式计算变量 a、b 中的大数并存储于变量 max 中。C 语言的条件运算符所能完成的选择功能通常比较简单，复杂的选择需要通过 if 和 switch 语句实现。

4.5 if 语句

C 语言通过 if 语句实现选择执行相关语句的逻辑结构。根据其复杂程度分为单分支选择结构、双分支选择结构和多分支选择结构。

4.5.1 单分支选择结构

单分支选择结构只针对判断条件为逻辑真时给出相应的操作，对判断条件为逻辑假时不进行处理。

语句格式：

```
if(表达式)
    语句块;
```

if 为 C 语言的关键字；表达式表示条件判断计算，通常为关系表达式或逻辑表达式，但不局限于关系表达式或逻辑表达式，表达式的结果值为逻辑真(非 0)或逻辑假(0)；语句块是条件成立时执行的语句，可以是一条语句，也可以是一组语句。如果是一组语句，采用复合语句形式。为避免出错，建议采用如下形式：

```
if(条件表达式)
{
    语句块;
}
```

单分支选择语句的执行过程如图 4-1 所示。如果表达式的值为逻辑真(非零),执行语句块的操作,再执行后面的语句;如果表达式的值为逻辑假(0),则跳过语句块部分,直接执行后面的语句。例如:

```
if(grade>=60)  /*利用 if 语句输出及格的学生成绩*/
    printf("%d,passed\n",grade);
```

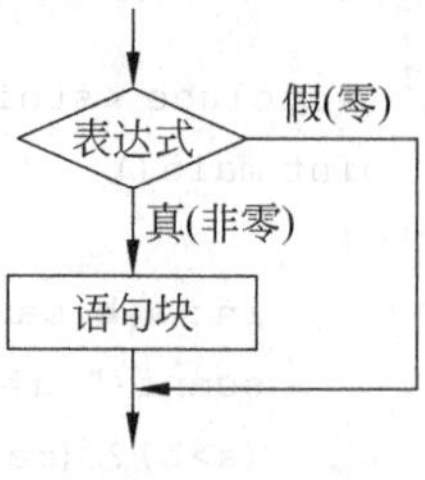

表达式
假(零)
真(非零)
语句块

图 4-1 if 语句流程

例 4-3 编写程序,输入一个整数,输出其绝对值。

```
#include <stdio.h>
int main()
{
    int a,absa;
    printf("enter one number: ");
    scanf("%d",&a);
    absa=a;                    /*也可以使用条件表达式 a>0?absa=a:absa=-a; */
    if(a<0)
        absa=-a;
    printf("|%d|=%d\n",a,absa);
    return 0;
}
```

由于正整数的绝对值是数据本身,负整数的绝对值是其相反数。先将变量 a 的值赋给变量 absa。执行 if 语句:如果为负数(a<0 条件成立),将 a 的相反数(−a)赋给 absa,然后执行 printf 函数调用语句输出结果;如果为正数(a>0 条件成立),不进行任何处理,直接执行 printf 函数调用语句输出结果。

例 4-4 编写程序,将两个整数按由大到小的顺序输出。

```
#include <stdio.h>
int main()
{
    int a,b,temp;              /*声明变量*/
    scanf("%d%d",&a,&b);       /*输入 a、b*/
    if(a<b)
    {     /*由 3 条语句完成的交换过程,使用复合语句*/
        temp=a;
        a=b;
        b=temp;
    }
    printf("max is %d,min is %d\n",a,b);
    return 0;
}
```

声明变量 a、b 用于存储输入的数据。如果 a>=b,直接执行 printf 函数调用语句顺序输出 a 和 b 的值;如果 a<b,则交换 a 与 b 的值后再执行 printf 函数调用语句输出 a 和

b 的值。交换时，需要一个已声明的变量 temp(存储中间过渡数据)保存 a 的值，将 b 的值赋给 a 后，再将存储于 temp 中的原 a 的值赋给 b，实现 a、b 值的互换。由于交换的过程由多条语句组成，必须将这些语句写成复合语句的形式(用一对“{}”括起来)，否则将产生逻辑错误。如果忘记使用“{ }”，if 语句的语句块将只有一条语句 temp=a;，那么无论 if 条件(a<b)是否成立，语句 a=b;和语句 b=temp;都将被执行，从而造成逻辑错误。

另外，if 语句的条件之后直接写上分号，表示当条件为逻辑真时执行空语句。即如果将程序中的 if(a<b)写成 if(a<b);，那么无论 if 条件(a<b)是否成立，3 条交换语句都将被执行，同样也会造成逻辑错误。

4.5.2 双分支选择结构

当判断条件逻辑真和逻辑假需要执行不同的语句块时，可以采用 if…else 双分支选择结构语句。

语句格式：

```
if(表达式)
    语句块 1;
else
    语句块 2;
```

if、else 是 C 语言的关键字；表达式的结果值为逻辑真(非 0)时表示条件成立，执行语句块 1，表达式的结果值为逻辑假(0)时表示条件不成立，执行语句块 2；语句块可以是一条语句，也可以是一组采用复合语句形式描述的语句序列。建议采用如下形式：

```
if(条件表达式)
{
    语句块 1;
}
else
{
    语句块 2;
}
```

双分支 if…else 语句的执行过程如图 4-2 所示。当表达式结果值为真(非 0)时，执行语句块 1，放弃语句块 2 的执行；当表达式结果值为假(0)时，执行语句块 2，放弃语句块 1 的执行。

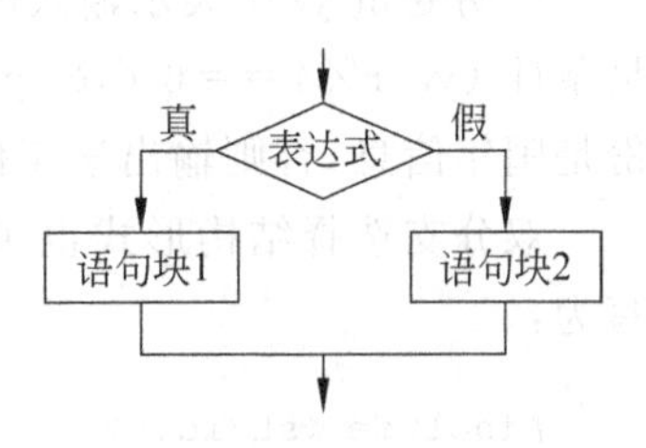

图 4-2 if…else 语句流程

对于一次条件判断，语句块 1 和语句块 2 只能有一个被执行，不能同时被执行。例如：

```
if(grade>=60)
    printf("%d,passed\n",grade);        /*及格学生的输出信息 passed*/
else
```

```
    printf("%d,failed\n",grade);      /*不及格学生的输出信息 failed*/
```

if…else 语句形式是一种对称形式,更符合人们的思维习惯,编写的程序也更明确、清晰,可读性强。通常情况下,单分支语句结构可以写成双分支语句结构的形式。例 4-3 的代码可改写为

```
#include <stdio.h>
int main()
{
    int a,absa;
    printf("enter one number: ");
    scanf("%d",&a);
    if(a<0)
        absa=-a;
    else
        absa=a;
    printf("|%d|=%d\n",a,absa);
    return 0;
}
```

例 4-5 编写程序,根据任意输入的年份,判断该年是否是闰年。

```
#include <stdio.h>
int main()
{
    int year;
    printf("input year:\n");
    scanf("%d",&year);
    if((year%4==0 && year%100!=0)||(year%400==0))
        printf("%d 年是闰年。\n",year);
    else
        printf("%d 年不是闰年。\n",year);
    return 0;
}
```

声明变量 year 表示输入的年份,读入数据赋值给 year,判断闰年是否成立,即是否满足条件 (year%4==0 && year%100!=0)||(year%400==0),若满足条件,输出该年份是闰年信息,否则输出该年份不是闰年信息。

双分支选择结构形式也可以改写为两个连续执行的单分支选择结构。例 4-5 可改写为:

```
#include <stdio.h>
int main()
{
    int year;
    int cond;
```

```
    scanf("%d",&year);
    cond = (year%4==0 && year%100!=0) || (year%400==0);
    if(cond)
        printf("%d 年是闰年。\n",year);
    if(!cond)
        printf("%d 年不是闰年。\n",year);
    return 0;
}
```

4.5.3 多分支选择结构

对于复杂的问题,其逻辑判断及其选择的过程更多,需要通过多级的选择结构嵌套才能实现。

语句格式:

```
if(条件表达式 1)
{
    语句块 1;
}
else
{
    if(条件表达式 2)
    {
        语句块 2;
    }
    else
    {
        …
        if(条件表达式 n)
        {
            语句块 n;
        }
        else
        {
            语句块 n+1;
        }
        …
    }
}
```

逻辑上,一个 if…else 语句是一条语句,如果 if…else 语句的 else 分支中仅有一条语句时,其"{}"可以省略。上述语句可以采用如下形式:

```
if(表达式 1)
```

```
    {语句块 1;}
else if (表达式 2)
    {语句块 2;}
    …
    else if(表达式 n)
        {语句块 n;}
        else
            {语句块 n+1;}
```

多分支 if…else if…else 语句的执行过程如图 4-3 所示。

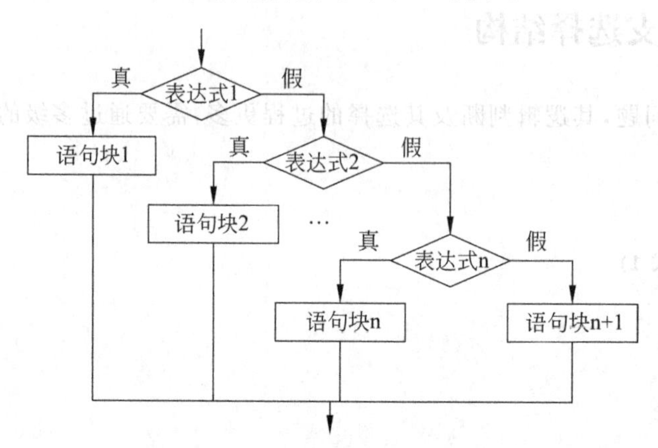

图 4-3　if…else if…else 语句流程

对于多分支 if…else if…else 语句的一次条件判断，只有一个分支被执行。首先，计算表达式 1，当表达式结果值为逻辑真(非 0)时，执行语句块 1，放弃其他语句块(i=2，3，…，n+1)的执行；否则计算表达式 2，当表达式结果值为逻辑真(非 0)时，执行语句块 2，放弃其他语句块(i=3，4，…，n+1)的执行；否则计算表达式 3……直至计算表达式 n，当表达式结果值为逻辑真(非 0)时，执行语句块 n，当表达式结果值为逻辑假(0)时，表示所有条件都不满足，执行 else 后面的语句块 n+1。

例 4-6　编写程序，从键盘上输入学生某门课程的成绩。当成绩高于 90 分时，输出 A；成绩为 80～89 时，输出 B；成绩为 70～79 时，输出 C；成绩为 60～69 时，输出 D；成绩不及格(0～59)时，输出 F。

```
#include <stdio.h>
int main()
{
    int grade;
    printf("Enter students scores:\n");
    scanf("%d",&grade);
    printf("\n The student grade is: ");
    /* 下面使用 if…else if…else 语句将成绩分类 */
    if(grade >=90)
        printf("A\n");
```

```
    else if(grade >=80)
        printf("B\n");
    else if(grade >=70)
        printf("C\n");
    else if(grade >=60)
        printf("D\n");
    else
        printf("F\n");
    return 0;
}
```

将课程成绩按分数分等级，必须判断输入的成绩是否在对应等级的范围内。声明 int 型变量 grade 存储输入的成绩。检查 grade 的值是否大于或等于 90 分，满足条件输出'A'，否则，判断其值是否为 80～89，满足条件输出'B'……判断其值是否为 60～69，满足条件输出'D'，否则说明成绩低于 60 分，输出'F'。如果变量 grade 的值大于或等于 90，4 个条件均成立，但只执行满足第一个条件(grade >= 90)后的 printf 函数调用语句，之后就跳出 if…else if…else 结构。

根据多分支语句的执行过程，if…else if…else 结构也可以改写为连续执行的多个单分支结构。形式如下：

```
if(表达式 1)
    {语句块 1;}
if (!表达式 1&& 表达式 2)
    {语句块 2;}
…
if(!表达式 1&&!表达式 2&&…&&!表达式 n-1&& 表达式 n)
    {语句块 n+1;}
```

将例 4-6 中的 if…else if…else 的语句格式改写为 if 语句格式：

```
if (grade >=90)
    printf("A\n");
if (grade >=80&& grade <=89)
    printf("B\n");
if (grade >=70&& grade <=79)
    printf("C\n");
if (grade >=60&& grade <=69)
    printf("D\n");
if (grade <60)
    printf("F\n");
```

由于每一条 if 语句都要独立执行，因此不能省略区间上限。例如，在判断成绩为 80～89 时，不能省略表达式 grade <= 89。

虽然可以采用 if 语句实现多分支结构，但是当分支条件过多时，容易造成程序结构冗长而不清晰，降低程序的可读性。使用 if…else if…else 语句可以使程序减少逻辑判断过程,提高执行效率。构建人工智能系统时,经常使用简单的单分支或双分支结构表达数以万计的判断规则,形成专家规则库。

例 4-7 编写程序,输入变量 x,输出下面分段函数的 y 值。

$$y=\begin{cases} x^2+2x+\sin(x), & x<1 \\ 2x-1, & 1\leqslant x\leqslant 10 \\ \sqrt{2x^3-11}, & x>10 \end{cases}$$

```
#include <stdio.h>
#include <math.h>
int main()
{
    double x,y;
    printf("enter a x:\n");
    scanf("%lf",&x);
    if (x<1.0)
        y=x*x+2*x+sin(x);        /*y=pow(x,2)+2*x+sin(x)*/
    else if(x<=10.0)
        y=2*x-1;
    else
        y=sqrt(2*x*x*x-11);    /*y=sqrt(2*pow(x,3)-11);*/
    printf("x=%f,y=%f",x,y);
    return 0;
}
```

采用 if…else if…else 语句实现分段函数计算。其中,表达式中的 x^2、x^3 可以写成 x*x、x*x*x 的计算形式或调用函数 pow(x,2)或 pow(x,3)实现,sin(x)和 $\sqrt{2x^3-11}$ 的计算通过调用数学函数 sin 和 sqrt 实现,pow 函数、sin 函数和 sqrt 函数的原型定义在 math.h 头文件中。

4.6 switch 语句

分析例 4-6 可以发现,由于输入的成绩 grade 为正整数,因此条件 60≤grade≤69 可以转换为 grade/10==6,程序可改写为以下形式:

```
#include <stdio.h>
int main()
{
    int grade;
    int level =0;
    int clevel ='A';
    printf("Enter students scores:\n");
    scanf("%d",&grade);
```

```
    level =grade/10;
    printf("\n The student grade is: ");
    /* 下面使用 if…else if…else 语句将成绩分类 */
    if(10==level)
        clevel='A';
    else if(9==level)
        clevel='A';
    else if(8==level)
        clevel='B';
    else if(7==level)
        clevel='C';
    else if(6==level)
        clevel='D';
    else
        clevel='F';
    printf("Level =%c\n",clevel);
    return 0;
}
```

为简化上述程序,C 语言引入 switch 语句以提高程序的可读性。使用 switch 语句的前提条件是表达式的结果值必须是整型或字符型。

语句格式:

```
switch (表达式)
{
    case 常量标签 1: 语句块 1;
        [break;]
    case 常量标签 2: 语句块 2;
        [break;]
        …
    case 常量标签 n: 语句块 n;
        [break;]
    default:
        语句块 n+1;
}
```

(1) switch、case、default 均为 C 语言的关键字。

(2) 表达式用于控制程序的执行过程。

(3) case 后面所带的常量标签 i(i=1,2,…,n)的类型应与表达式的数据类型相同,并根据表达式计算的结果在 case 常量标签中查找。标签具有唯一性,尽管标签可以任意排列,但习惯上仍将标签按序排列。

(4) 语句块是 switch 语句的执行部分。针对不同的 case 常量标签,语句块的执行内容不同,每个语句块允许由一条语句或多条语句组成。此时,多条语句不需要写成复合语句形式。

(5) break 是中断跳转语句，完成 case 分支的操作后直接跳出 switch 结构，不再继续执行 switch 语句的剩余部分。如果 case 分支中没有 break 语句，程序不用进行条件判断而直接执行下一个 case 标签的语句块。

(6) default 常量的作用是处理 switch 结构中没有出现在 case 常量标签中的其他数值的操作。即当表达式的值与任何一个 case 的常量标签都不匹配时，执行 default 后的语句块。

带有 break 语句的 switch 执行过程如图 4-4 所示。

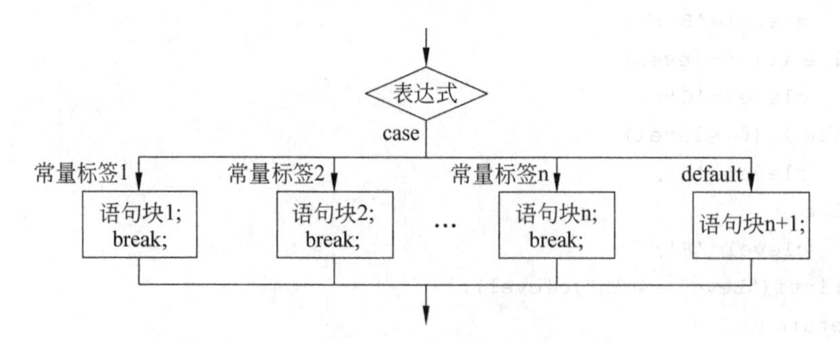

图 4-4　switch 语句执行流程图

对于带有 break 语句的多分支 switch 语句的一次条件判断，只有一个分支被执行。首先，计算表达式。其次，将表达式的结果值依次与每一个 case 常量标签进行比较。如果与某个 case 常量标签相等，执行该 case 常量标签后的语句块。如果语句块中遇到 break 语句，则立即退出 switch 结构，标志着整个 switch 多分支选择结构处理结束；否则顺序执行下一个 case 常量标签的语句块(不需要对下一个 case 常量标签进行判断)。最后，当表达式的结果值与所有 case 常量标签比较后，没有找到与之匹配的 case 常量标签，如果存在 default，则执行 default 后的语句块；否则，立即退出 switch 结构。

重写例 4-6 的成绩转换过程：

```
switch(level)
{
    case 10:
        clevel='A';
        break;
    case 9:
        clevel='A';
        break;
    case 8:
        clevel='B';
        break;
    case 7:
        clevel='C';
        break;
    case 6:
        clevel='D';
```

```
        break;
    default:
        clevel='F';
}
```

例 4-8　编写程序,实现两个数的四则运算(数与运算符由键盘输入)。

```
#include <stdio.h>
int main ()
{
    double x,y;
    char op;
    printf("\ntype in your expression:");
    scanf("%lf%c%lf",&x,&op,&y);
    switch(op)
    {
        case '+':
            printf("%6.2f%c%6.2f=%6.2f\n",x,op,y,x+y);
            break;
        case '-':
            printf("%6.2f%c%6.2f=%6.2f\n",x,op,y,x-y);
            break;
        case '*':
            printf("%6.2f%c%6.2f=%6.2f\n",x,op,y,x*y);
            break;
        case '/':
            if(y==0)
                printf("error!\n");
            else
                printf("%6.2f%c%6.2f=%6.2f\n",x,op,y,x/y);
            break;
        default:
            printf("expression error!");
    }
    return 0;
}
```

声明 double 型变量 x、y 存储输入的数据,声明 char 型变量 op 存储输入的运算符,四则运算符+、-、*、/作为 case 的常量标签。采用 switch 语句实现对由键盘输入的四则运算符的判断,输出对应的运算结果。当输入运算符不是+、-、*、/时给出错误提示。

如果一个 case 常量标签的语句块中没有 break 语句,程序将顺序执行 switch 结构的下一个 case 常量标签的语句块,例如:

```
int select=1;
switch(select)
{
```

```
    case 1: printf("c program.\n");
    case 2: printf("basic program.\n");
}
```

程序的输出结果：

```
c program.
basic program.
```

select 等于 1 时，执行 case 1 的语句块，该语句块中没有 break 语句，程序不再判断 select 是否等于 2 而直接执行 case 2 的语句块。利用 switch 语句结构的 case 常量标签的这一特点，当 switch 结构存在多个 case 常量标签的语句块具有相同的处理语句时，可以将其结构格式简化。例如：

```
switch (i)
{
    case 1:
    case 2:
    case 3:
        语句块 1; break;          /* int 型变量 i 的值为 1、2 或 3 时，执行语句块 1 后退出
                                     switch 语句 */
    case 4:
    case 5:
        语句块 2; break;          /* int 型变量 i 的值为 4、5 时，执行语句块 2 后退出
                                     switch 语句 */
}
```

利用 switch 语句重写例 4-6。问题的关键在于成绩属于哪个区间段而不是具体的分数。例如，无论是 80 分还是 89 分，都是输出 B，即不关注个位数，只关注十位数。因此，可以将百分制成绩(用 grade 表示)转化为 0～10 的数。10 和 9 对应'A'，8 对应'B'，7 对应'C'，6 对应'D'，其他(5、4、3、2、1、0)对应'F'。

```
#include <stdio.h>
int main()
{
    int grade;
    printf("Enter students scores:\n");
    scanf("%d",&grade);
    printf("\n The student grade is: ");
    switch(grade/10)
    {
        case 10:
        case 9:
            printf("A\n");
            break;
        case 8:
            printf("B\n");
```

```
        break;
    case 7:
        printf("C\n");
        break;
    case 6:
        printf("D\n");
        break;
    default:
        printf("F\n");
        break;
    }
    return 0;
}
```

使用 switch 语句需要注意以下几点：

(1) 使用 switch 语句结构只能对等式进行判定。

(2) 每个 case 常量标签和 default 标签的语句块可以由多条语句组成，其中的语句还可以是 if、switch 等控制语句。标签后的冒号不能省略，语句后的分号也不能省略。

(3) 由于执行一个 case 常量标签的语句块后，程序自动顺序执行下一个 case 常量标签的语句块，因此，case 常量标签的语句块结束时利用一个 break 语句退出 switch 结构是必要的。

(4) 尽管可以省略 default 标签语句，但是提供一条 default 标签语句可以对不满足条件的情况加以说明，从而防止某些条件被忽略。

什么时候用 switch 语句比用 if 语句更好？switch 语句与 if 语句不同，switch 语句只能对整型(字符型)进行等式测试，switch 语句结构更清晰。而 if 语句可以处理任意数据类型的关系表达式、逻辑表达式及其他表达式。如果有两个以上基于同一个整型变量的条件表达式，最好使用 switch 语句。例如，多数程序中的界面选择通常采用 switch 语句结构实现。

4.7 选择结构嵌套

选择嵌套结构是指在条件分支语句的一个分支语句块中又包含了其他条件分支语句。嵌套结构既可以出现在 if 语句块中，也可以出现在 else 语句块中以及 switch 语句的 case 常量标签和 default 标签的语句块中。常用的 if 语句嵌套格式有以下 4 种：

方式 1：

```
if(表达式 1)
    if(表达式 2)      /* 内嵌 if 语句 */
        语句块 1;
```

方式 2：

```
if(表达式 1)
    if(表达式 2)      /* 内嵌 if…else 语句 */
        语句块 1;
    else
        语句块 2;
```

方式 3：

```
if(表达式 1)
    语句块 1;
else
    if(表达式 2)  /* 内嵌 if…else 语句 */
        语句块 2;
    else
        语句块 3;
```

方式 4：

```
if(表达式 1)
    if(表达式 2)       /* 内嵌 if…else 语句 */
        语句块 1;
    else
        语句块 2;
else
    if(表达式 3)       /* 内嵌 if…else 语句 */
        语句块 3;
    else
        语句块 4;
```

关于 if 语句的嵌套结构，C 语言规定：从最内层开始，else 总是与其上面相邻最近的无 else 的 if 配对。多重 if 语句嵌套容易产生二义性。例如：

```
if(x>1)                 /* 容易引起二义性的书写格式 */
    if(x>10)
        y=1;
else                    /* 希望 else 与第一个 if 配对 */
    y=2;
```

其书写格式将 else 与第一个 if 放在同一层次上，企图表示两者配对。else 与哪个 if 配对不取决于程序的书写格式，取决于 C 语言关于 if 语句嵌套结构的规定。由于 else 与第二个 if 相邻最近，实际上 else 与第二个 if 配对。if 语句的嵌套结构中，容易出现 if 与 else 的配对错误。改进的办法是采用复合语句的形式，通过"{}"明确 if 与 else 的配对关系。例如：

```
if(x>1)
{                         /*"{ }"限定了 if 语句的范围，使 else 与第一个 if 配对 */
    if(x>10)
        y=1;
}
else
    y=2;
```

C 语言语句的"向右缩进"的嵌套书写格式只是为了凸显程序的结构，以增强程序的可读性，并不能改变程序的逻辑结构。通常使用"{ }"将同一层次的语句包含成一个整体形成复合语句，以达到程序结构清晰、可读性强的目的。

例 4-9 编写一个程序，根据输入的年和月，输出该月有多少天。

```
#include <stdio.h>
int main()
{
    int year,month,day;
    printf("请输入年和月:\n");
```

```
    scanf("%d%d",&year,&month);
    switch(month)
    {
        case 1:
        case 3:
        case 5:
        case 7:
        case 8:
        case 10:
        case 12:
            day=31; break;
        case 4:
        case 6:
        case 9:
        case 11:
            day=30;break;
        case 2:
            if((year%4==0&&year%100!=0)||(year%400==0))
                day=29;
            else
                day=28;
            break;
        default:
            day=-1;
    }
    if(day ==-1)
        printf("你输入的月份不存在!\n");
    else
        printf("%d年%d月有%d天\n",year,month,day);
    return 0;
}
```

对于任何一年,其中11个月的天数是确定的:1月、3月、5月、7月、8月、10月、12月为31天,4月、6月、9月、11月为30天。如果该年不是闰年,2月为28天,反之2月为29天。用标记值day=−1表示输入月出错的情况。选择标记值时一定注意该标记值的选择能够区分所接收的正常数据。本例中,每月天数为非负整数,因此采用了一个负数(−1)作为标记值。

例4-10 编写程序,从输入的3个数中找到并输出其中最小的数。

可以采用多种方法找到3个数中最小的数。

方法一:声明int型变量a、b、c分别存储输入的3个数。比较a和b,如果a小于b,则比较a和c,其中小的数是3个数中最小的数;反之,比较b和c,其中小的数是3个数中最小的数。

方法二:声明int型变量a、b、c分别存储输入的3个数。如果a比b和c都小,则a

是最小的数；反之，比较 b 和 c，两个数中小的数是 3 个数中最小的数。

方法三：声明 int 型变量 a、b、c 分别存储输入的 3 个数。声明 int 型变量 min 存储最小的数。首先，假设 a 可能是最小的数，令 min＝a；其次，比较 min 和 b，如果 min 比 b 大，当前 b 最小，令 min＝b；最后，比较 min 和 c，如果 min 比 c 大，最小数为 c，令 min＝c；min 存放比较后最小的数。

方法一	方法二	方法三

#include <stdio.h>
int main()
{
int a,b,c;
printf("input a,b,c:\n");
scanf("%d%d%d",&a,&b,&c);
if(a<b)
if(a<c)
printf("%d\n",a);
else
printf("%d\n",c);
else
if(b<c)
printf("%d\n",b);
else
printf("%d\n",c);
return 0;
}
	#include <stdio.h>
	int main()
	{
	int a,b,c;
	printf("input a,b,c:\n");
	scanf("%d%d%d",&a,&b,&c);
	if(a<b && a<c)
	printf("%d\n",a);
	else if(b<c)
	printf("%d\n",b);
	else
	printf("%d\n",c);
	return 0;
	}
		#include <stdio.h>
		int main()
		{
		int a,b,c,min;
		printf("input a,b,c:\n");
		scanf("%d%d%d",&a,&b,&c);
		min=a;
		if(min>b)
		min=b;
		if(min>c)
		min=c;
		printf("%d\n",min);
		return 0;
		}

3 种方法中哪一种方法更好呢？可以从两个角度进行比较：一是哪一种方法与生活中处理(不使用计算机程序)这个问题的方式一致，例如针对 3 个数或 30 个数，如何找到其中的最小数。另一个角度是从程序的可扩展性(普遍性)考虑，即如果将程序改为在 4 个数、5 个数或 30 个数中找到最小的数，哪个程序更好改。分析发现，方法三的程序更好。

例 4-11 编写程序，根据用户输入的三边长度判定三角形的类型(等边、等腰、直角、一般)。

```
#include<stdio.h>
int main()
{
    double a,b,c;
    printf("输入三角形的 3 条边\n");
    scanf("%lf%lf%lf",&a,&b,&c);
    if(a+b>c&&a+c>b&&b+c>a)
    {
```

```
        if(a==b&&b==c)
            printf("等边三角形\n");
        else if(a==b||b==c||a==c)
            printf("等腰三角形\n");
        else if(a*a+b*b==c*c||a*a+c*c==b*b||b*b+c*c==a*a)
            printf("直角三角形\n");
        else
            printf("一般三角形\n");
    }
    else
        printf("不能组成三角形\n");
    return 0;
}
```

组成三角形的条件是任意两边之和大于第三边，假设 a、b、c 为输入的三边长度，如果 a+b>c、a+c>b、b+c>a 同时成立，则可构成三角形；对于满足三角形成立条件的 a、b、c，判定该三角形属于下面哪类：等边三角形、等腰三角形、直角三角形、一般三角形；如果不能构成三角形，则提示相应信息。

例 4-12 编写程序，判断输入的字符是字母、数字还是其他字符。

```
#include<stdio.h>
int main()
{
    char c;
    printf("Enter a single character:\n");
    ch=getchar();
    if ((c>='a'&&c<='z')||(c>='A'&&c<='Z'))
        printf("it's an alphabetic character\n");
    else if(c>='0'&&c<='9')
        printf("it's a digit\n");
    else
        printf("it's other character\n");
    return 0;
}
```

调用 ch=getchar()函数或 scanf("%c",&ch)函数实现字符的输入，根据输入字符的 ASCII 码值判断它属于英文字母('a'-'z'、'A'-'Z')、数字('0'-'9')或其他字符。

例 4-13 编写程序，利用恺撒密码机制，对一个字符加密输出。

恺撒密码是一种古老的对称加密算法。其基本思想是通过字母替换打乱明文，以达到加密的目的。下面是一种简单的恺撒加密算法：将明文中的所有字符按其 ASCII 码值加上或减去一个偏移量后替换成相应的密文，偏移量即为恺撒密码算法的密钥。例如偏移量为 4 时，字符 a 将被替换为 e，b 被替换为 f，以此类推，x 将替换为 b，y 替换为 c。

方法一：如果输入的字母 ch 在字母'w'之前，直接输出字母 ch+4。否则，输出字母

ch－22(ch＋4－26)。

方法二：首先，判断输入的字母是第几个(26 个字母中的位置，ch－'a'，范围 0～25)；其次，进行字母替换(将其加 4，但其值不能超出字母范围 0～25，可以利用除 26 的余数保证)；最后，将字母位置所对应的字母放到变量 ch 中。

<table>
<tr><th>方法一</th><th>方法二</th></tr>
<tr><td>

```
#include <stdio.h>
int main()
{
    char ch;
    scanf("%c",&ch);
    if(ch<'w')
        ch=ch+4;
    else
        ch=ch-22;
    printf("%c\n",ch);
    return 0;
}
```

</td><td>

```
#include <stdio.h>
int main()
{
    char ch;
    scanf("%c",&ch);
    ch=(ch-'a'+4)%26+'a';
    printf("%c\n",ch);
    return 0;
}
```

</td></tr>
</table>

尽管方法二的处理思路比方法一更难以理解，但是对于模数系统(最大值加一又变回最小值)的计算处理具有普遍性。

4.8 案 例

问题陈述：协同过滤思想以不同用户的相似度为准则为用户推荐可能感兴趣的事物。相似度的计算方法很多，本章选择最简单的计算方法，即如果两个用户对同一部影片的评分更接近，则这两个用户更相似。需要先计算不同用户之间的评分差，根据分差大小关系判断出最相似的两个用户。假设仅考虑 3 个不同用户对同一电影的评分情况，找出哪两个用户对同一电影的评分更加接近。

问题的输入：3 个不同用户的 ID 及相应的评分。

问题的输出：必要的提示信息以及 3 个用户中较相似的两个用户的 ID。

算法描述：

Step1：声明变量 user_id1，user_id2，user_id3，rating1，rating2，rating3。
Step2：输出标题和影片名称。
Step3：输出 ID 和评分提示信息。
Step4：读入用户 1 的 ID 和评分。
Step5：读入用户 2 的 ID 和评分。
Step6：读入用户 3 的 ID 和评分。
Step7：如果用户 1 和用户 2 的分差小于用户 2 和用户 3 的分差，转 Step8，否则转 Step9。
Step8：如果用户 1 和 2 的分差小于用户 1 和 3 的分差，则最相似用户是 1 和 2，否则是 1 和 3。
Step9：如果用户 2 和 3 的分差小于用户 1 和 3 的分差，则最相似用户是 2 和 3，否则是 1 和 3。

源程序代码：

```
/* Author: "程序设计基础(C)"课程组
* Description: 根据提示为指定的电影评分,根据分差找出相似用户 */
#include <stdio.h>
#include <math.h>        /* 程序中 abs 取绝对值需要引入 math 头文件 */
int main()
{
    long user_id1, user_id2, user_id3;     /* 声明 3 个 long 型变量,保存用户 ID */
    int rating1, rating2, rating3;         /* 声明 3 个 int 型变量,保存用户评分 */
    printf("The movie to be rated:\n");    /* 输出提示信息 */
    printf("Title:Harry Potter and the Half-Blood Prince\n");
    printf("Please input User ID1~3 and rating(0~10):\n");
    scanf("%ld%d", &user_id1,&rating1);   /* 从键盘读取用户 1 的 ID 和相应评分 */
    scanf("%ld%d", &user_id2,&rating2);   /* 从键盘读取用户 2 的 ID 和相应评分 */
    scanf("%ld%d", &user_id3,&rating3);   /* 从键盘读取用户 3 的 ID 和相应评分 */
    if (abs(rating1 -rating2) <abs(rating2 -rating3))
                                 /* 由于不确定评分的大小关系,因而采用 abs 取绝对值 */
    {   /* 当用户 1 和用户 2 的分差小于用户 2 和用户 3 的分差时 */
        if (abs(rating1 -rating2) <abs(rating1 -rating3))
        {   /* 当用户 1 和用户 2 的分差小于用户 1 和用户 3 的分差时 */
            printf("%ld and %ld", user_id1, user_id2);   /* 最小分差是用户 1 和用户
                                                           2 的分差 */
        }
        else
        {
            printf("%ld and %ld", user_id1, user_id3);   /* 最小分差是用户 1 和用户
                                                           3 的分差 */
        }
    }
    else
    {   /* 当用户 1 和用户 2 的分差大于等于用户 2 和用户 3 的分差时 */
        if (abs(rating2 -rating3) <abs(rating1 -rating3))
        {   /* 当用户 2 和用户 3 的分差小于用户 1 和用户 3 的分差时 */
            printf("%ld and %ld", user_id2, user_id3);   /* 最小分差是用户 2 和用户
                                                           3 的分差 */
        }
        else
        {
            printf("%ld and %ld", user_id1, user_id3);   /* 最小分差是用户 1 和用户
                                                           3 的分差 */
        }
    }
    return 0;
}
```

测试程序：编译运行程序，观察屏幕输出结果是否满足设计要求。

练 习 题

1. 设 int 型变量 a=1，分析下列表达式的值。

!a||a，a&&!a，!a||(a&&1)，a&&(!a||1)

2. 设 x、y、z 均为 int 型变量，利用 C 语言表达式描述以下内容。

(1) x 或 y 中有一个小于 z。

(2) x、y 和 z 中有两个为负数。

(3) x 为偶数。

3. 编写程序，计算 n 天之后为星期几(假设今天是星期六，n 由键盘输入)。

4. 编写程序，输入 4 个整数，按从大到小的顺序输出。

5. 编写程序，计算以下分段函数的值。

$$y=\begin{cases}0, & x\leqslant 0\\ x, & 0<x\leqslant 10\\ 0.5+\sin(x), & x>10\end{cases}$$

6. 编写程序，输入一个字符，判断其属于大写英文字母、小写英文字母、数字字符、其他字符中的哪一类，输出时给出相应的说明信息。

7. 编写程序，输入当月利润，计算应发放的奖金数。奖金根据利润提成规则如下：①利润低于 5 万元，没有提成；②利润不低于 5 万元而低于 10 万元，按 10% 提成；③利润不低于 10 万元而低于 20 万元，按 7.5% 提成；④利润不低于 20 万元而低于 30 万元，按 5% 提成；⑤利润不低于 30 万元，按 2% 提成。

8. 编写程序，输入一个不大于 3 位数的正整数，计算每位数字之和(例如，输入 123，输出 1+2+3=6)。

9. 编写程序，输入一个两位整数。如果其十位上的数字大于个位上的数字，十位和个位上的数字交换后输出；否则输出数字本身。

10. 编写程序，根据输入的字母判断它代表星期几。例如：输入 M(m)，代表 Monday；输入 T(t)则可能代表 Tuesday 或 Thursday，需要输入 u 或 h 进一步判断。(注意，第一个字母大小写都要判断，第二个字母不需要判断大小写。)

第5章

迭代计算与循环结构

5.1 概　　述

前面利用分支语句或条件表达式可以简单地实现从2或3个数中找出最大数。但是当有更多的数据(比如50个数据或500个数据)时,如何找到其中的最大数呢?一个最基本的思路如下:

步骤1:对第一个数,假设它可能是最大的数,先标记该数为当前最大数。

步骤2:对下一个数,如果比标记的数大,则标记该数为最大数,否则什么都不做。

步骤3:重复步骤2,直到处理完所有的数。

步骤4:当前标记的那个数就是要找出的最大的数。

其中,步骤2多次重复操作。程序设计将此类多次重复处理的逻辑结构称为循环结构,并引入循环语句实现循环结构。

循环结构一般可以表述为"当条件成立时,反复执行特定的操作序列,如果条件不成立则结束循环"(称为前判断结构、当型循环),或者表述为"执行特定的操作序列,如果条件成立,反复执行操作序列,直到条件不再成立时结束循环"(称为后判断结构、直到型循环)。其中的"条件"称为循环条件,可以为关系表达式、逻辑表达式及其他有确定值的表达式。条件作为一个判断结果,只要是非0值,其逻辑值就为真,否则为假。"操作序列"称为循环体,循环体作为一个顺序执行的操作序列,可以是空语句、表达式语句、块语句、选择结构语句或循环结构语句。在循环体执行过程中,如果不能改变循环条件的值,循环将永远执行,从而失去循环处理的意义。所以,循环体中通过修改与循环条件相关的变量值来改变循环条件,该变量称为循环控制变量。

当型循环结构的特点是先判断循环条件,循环体可能执行多次,也有可能一次也不执行;直到型循环结构的特点是先执行一次循环体,再判断循环条件,循环体至少会被执行一次。C语言提供的循环语句包括while、for和do…while。在特殊情况下,可以通过特殊操作直接改变循环执行过程,即中断循环执行过程。C语言提供了break、continue、goto语句实现循环中断。

5.2 while 语句

while 语句实现当型循环，即先判断循环条件，后执行循环体语句。循环体可能一次也不执行。

语句格式：

```
while(循环条件表达式)
{
    语句块;
}
```

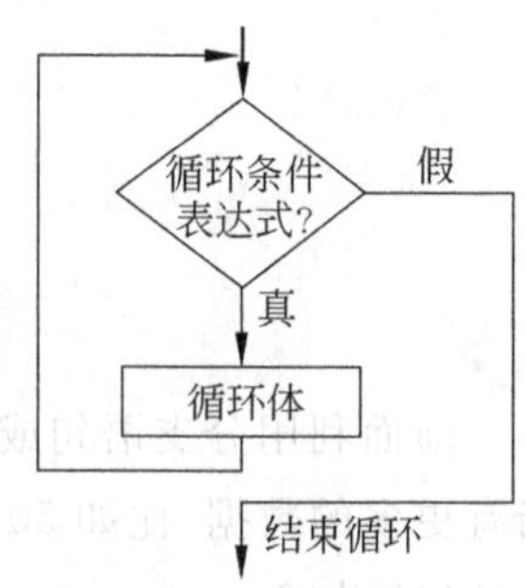

图 5-1 while 语句流程

while 为关键字，{语句块;}为循环体。执行流程如图 5-1 所示。检查循环条件表达式，如果表达式值为真，执行循环体。

一般不能事先确定 while 语句控制循环的次数，需要根据循环条件判定，如果开始的循环条件为假，则循环体一次也不执行。循环体最好放置在“{}”中，否则将有可能导致逻辑上的错误。

例 5-1 编写一个程序，输出 1～100 的自然数之和。

```
#include <stdio.h>
int main()
{
    int i, sum=0;
    i=1;
    while(i<=100)                  /*循环控制条件 i<=100*/
    {
        sum=sum+i;                 /*累加和，还可以写成 sum+=i;*/
        i++;                       /*循环控制变量改变 i++*/
    }
    printf("%d\n",sum);
    return 0;
}
```

这是一个累加求和的问题。声明 int 型变量 sum 用于存储计算自然数的总和值，其初始值设置为 0。如果没有初始化，声明 sum 时为其分配的存储空间内为随机值，该值将作为初始值参与求和计算从而导致计算结果错误。声明 int 型的循环控制变量 i 并初始化为 1，循环体内通过 i 值的自增将 1,2,…,100 加入到 sum 中。while 语句是否继续循环执行的条件，即判断循环控制变量 i 的值是否小于或等于 100。i＋＋实现 i 从 1 至 100 的变化，当每次变化满足 i 小于或等于 100 的循环条件，则执行循环体，并将当前变量 i 值累加到变量 sum 中。当 i 大于 100 时(此时 i 的值为 101)循环条件 i＜＝100 为假，循环终止，程序转而执行循环体后面的 printf 函数调用语句。

决定循环执行次数的因素包括循环条件、循环控制变量的初值和终值、循环控制变量每次变化的幅度等。循环控制变量每次增加或减少的值称为步长。如果循环控制变量具有固定的步长，则循环次数的计算公式如下：

$$循环次数=(终值-初值)/步长+1$$

例 5-1 中循环控制变量 i 从 1 循环到 100，步长为 1，循环次数为(100－1)/1＋1＝100次。步长也可以是负数，改写例 5-1 为如下代码可得到同样的结果：

```
#include <stdio.h>
int main()
{
    int i, sum=0;
    i=100;                          /* 初始值为 100 */
    while(i>=1)                     /* 循环控制条件 i>=1 */
    {
        sum=sum+i;                  /* 循环控制变量 i 参与求和计算 */
        i--                         /* 循环控制变量自减 */
    }
    printf("%d\n",sum);
    return 0;
}
```

如果循环体只有一条语句，可以省略包含循环体的大括号。常用的 while 语句有两种简单形式。

(1) 循环体为空语句。例如：

```
i=0;
while(++i<10);   /* 判断循环条件是否成立的同时计算循环控制变量 i,即 i 先自增(++1)
                    再判断是否满足条件 i<10,若满足条件执行空语句;当++i 为 10 时,
                    i=10,循环条件不再成立,结束循环 */
```

(2) 循环体为表达式语句。例如：

```
i=0;
while(i<10)
++i;             /* 当条件 i<10 成立时,执行循环体++i,直到 i=10,循环条件不再成立,
                    结束循环 */
```

例 5-2 编写程序，输入 10 个整数，输出其中最大的数。

```
#include <stdio.h>
int main()
{
    int a,i,max;
    scanf("%d",&a);
    max=a;          /* 假设第一次输入的数为当前最大数 */
    i=1;
```

```
    while(i<10)
    {
        scanf("%d",&a);
        if(max<a)
            max=a;          /* 第 i 次输入的数为当前最大数 */
        i++;
    }
    printf("最大的数是%d\n",max);
    return 0;
}
```

首先输入一个数并假设它为当前最大数，标记在 max 中；其次，依次输入其他 9 个数，对于每一次输入，都与之前输入数据中的最大值 max 进行比较，如果大于 max，则将此次输入存储于 max 中；循环执行结束后 max 中存储的即是所有数中的最大数。如果需要找出 50 个数中的最大数，只需将上述程序中的 while(i＜10)语句改为 while(i＜50)即可。

设计循环结构时，通常将循环控制变量变化语句放在循环体的最后一行，虽然这不是语法上的强制要求，但有利于程序的阅读和理解。例 5-2 中的循环变量 i 所在语句只起到计数作用，并没参与计算，放在循环体的开始或是结束位置效果是相同的。例 5-1 中的循环变量 i 所在语句也可以放在循环体的开始处，程序修改为

```
#include <stdio.h>
int main()
{
    int i, sum=0;
    i=0;                /* i 要从 0 开始 */
    while(i<=99)        /* 也可写成 while(i<100) */
    {
        i++;
        sum=sum+i;      /* 循环控制变量 i 参与求和计算 */
    }
    printf("%d\n",sum);
    return 0;
}
```

程序中需要修改循环控制变量 i 的值(初始化值为 0)，循环的判定条件也要做相应修改(i＜＝99)，显然程序的可读性不如例 5-1 中的程序。

5.3 do…while 语句

do…while 语句实现直到型循环，即先执行一次循环体语句，再判断循环条件。即使循环条件不满足，循环体也至少被执行一次。

语句格式：

```
do
{
    语句块;
}while(循环条件表达式);
```

do、while为关键字，{语句块;}为循环体。注意：while(循环条件表达式)的后面必须有分号。执行过程如图5-2所示。首先顺序执行循环体中的语句，然后检查循环条件表达式，如果表达式值为真，再次顺序执行循环体。否则，循环结束。

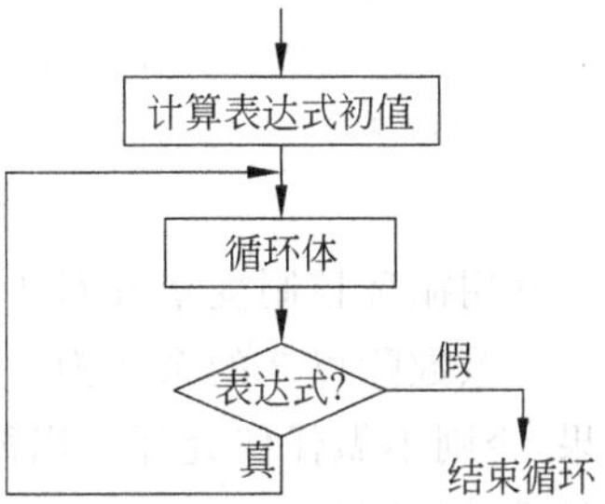

计算表达式初值

循环体

表达式?

真

假

结束循环

图5-2 do…while语句流程图

利用do…while语句改写例5-1：

```
#include <stdio.h>
int main()
{
    int i, sum=0;
    i=1;
    do
    {
        sum=sum+i;              /*循环控制变量i参与求和计算*/
        i++;
    } while(i<=100);            /*循环控制条件*/
    printf("%d\n",sum);
    return 0;
}
```

同样，do…while语句也有两种简单形式。

(1) 循环体为空语句。例如：

```
i=0;
do
{
}while(++i<10);         /*当++i为10时,循环条件++i<10不再成立,i=10且循环结束*/
```

(2) 循环体为表达式语句。例如：

```
i=0;
do
{
    i++;
}while(i<10);           /*当++i为10时,循环条件++i<10不再成立,i=10且循环结束*/
```

例5-3 编写程序，统计1～100之间有多少个3或5的倍数的数。

```
#include <stdio.h>
int main()
```

```
{
    int i,count=0;
    i=1;
    do
    {
        if(i%3==0||i%5==0)              /* 3 的倍数或 5 的倍数 */
            count++;
        i++;
    } while(i<=100);
    printf("%d\n",count);
    return 0;
}
```

利用循环控制变量 n 对 1～100 的每一个数都要判断是否是 3 的倍数或是 5 的倍数，条件是该数除以 3 的余数为 0 或除以 5 的余数为 0。如果满足条件，变量 count 保存统计结果，否则不做任何处理。当循环体至少被执行一次时，使用 while 语句和 do…while 语句效果是相同的。

例 5-4 编写程序，输入一个整数，输出这个数的位数。

```
#include <stdio.h>
int main()
{
    int n,count=0;
    scanf("%d",&n);
    while(n!=0)
    {
        count++;
        n=n/10;
    }
    printf("这是一个%d 位整数。\n",count);
    return 0;
}
```

判断一个数的位数时，无论从左向右还是从右向左统计，都需要记住已经检查过的每一位数，可以利用计数器计数（加一操作），直到统计完所有的位数，位数计数器的值就是统计结果。基本解决思路如下：

(1) 输入一个整数。

(2) 计数加一，去除一位，处理剩余位数。

(3) 重复执行(2)，直到没有剩余位数。

(4) 输出计数结果。

实际上，因为不知道左侧第一个数字是第几位（否则就不必编写程序了），所以从左侧开始去除一个位数很难。然而利用 C 语言整数除法的规则，从右侧去除一个数字的方法却很简单，只需要除 10 取整即可。假设输入 1234，第一次循环，count 值为 1，n 的值变为

123；第二次循环，count 值为 2，n 的值变为 12；第三次循环，count 值为 3，n 的值变为 1；第四次循环，count 值为 4，n 的值变为 0；此时不满足循环条件，循环结束(计数结果 4)。但是上述代码隐含着一个小错误，即当输入 0 时程序输出的计数结果为 0。因为，当 n==0 时，由于不符合循环条件而没有执行循环体。虽然可以在循环之前加上一个 if 语句来处理 n 等于 0 的情况，例如：

```
if (n==0)
    count=1;
```

但是，使用 do…while 语句是一个更好的选择。例如：

```
#include <stdio.h>
int main()
{
    int n,count=0;
    scanf("%d",&n);
    do
    {
        count++;
        n=n/10;
    } while(n!=0);
    printf("这是一个%d 位整数。\n",count);
    return 0;
}
```

当必须执行一次循环体时，采用 do…while 语句更好；而当有可能不执行循环体时，选择 while 语句更好。

5.4 for 语句

for 语句是使用最广泛的一种循环控制语句，特别适合已知循环次数的情况。

语句格式：

```
for (表达式 1; 表达式 2; 表达式 3)
{
    语句块;
}
```

表达式 1 通常为赋值表达式，用于对循环控制变量进行初始化，又叫初值表达式；表达式 2 为循环条件表达式；表达式 3 实现对循环控制变量的修改，多数情况采用++/--表达式；{语句块;}是循环体。执行过程如图 5-3 所示。首先，计算表达式 1 的值，作为循环控制变

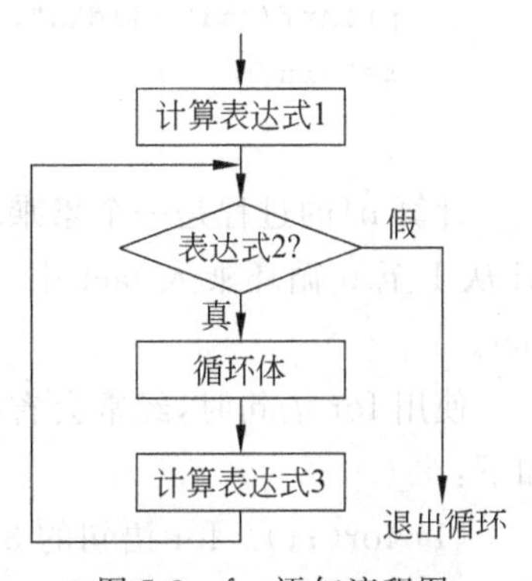

图 5-3　for 语句流程图

量初值。其次，判断表达式 2 是否成立，如果成立，顺序执行循环体，否则退出循环。每一次循环体语句执行结束时，都要重新计算表达式 3 的值，然后重新判断表达式 2 是否成立，根据判断结果决定是否继续执行循环体。

利用 for 语句改写例 5-1：

```
#include <stdio.h>
int main()
{
    int i, sum=0;
    for(i=1;i<=100;i++)
    {
        sum=sum+i;
    }
    printf("%d\n",sum);
    return 0;
}
```

i 为循环变量，赋值表达式 i＝1 为循环控制变量 i 赋初值；表达式 i＜＝100 为循环控制条件；表达式 i＋＋保证每一次循环之后改变循环变量 i 的值，使循环能够正常结束。

for 循环中常见的错误是循环控制条件使用不正确的表达式。例如，将上面代码中的 i＜＝100 错误地写成 i＜100，则循环只进行 99 次。一个有效的解决方法是将问题的最终结果值包含在循环条件中。

例 5-5 编写程序，计算 n 的阶乘 n!(n!＝1×2×…×n)。

```
#include <stdio.h>
int main()
{
    int i, n;
    long fact=1;
    scanf("%d", &n);
    for(i=1; i<=n; i++)
        fact=fact*i;
    printf("%d! =%ld\n", n, fact);
    return 0;
}
```

计算 n!的过程是一个累乘求积的过程。调用 scanf 函数输入 n 值，设 int 型循环变量 i，i 从 1 至 n 循环乘入 fact 中。为防止累乘结果溢出，采用 long int 型声明累乘器变量 fact。

使用 for 语句时，经常会省略 for 语句中的某些表达式，for 语句常用的几种省略格式如下：

(1) for(;;)。for 语句的 3 个表达式都省略(注意，分号绝对不能省略)，这是一个无限循环语句，与 while(1)的功能相同，需要通过其他方式(如 5.7.1 节讲解的 break 语句)

结束循环。

(2) for(;表达式 2;表达式 3)。省略表达式 1,可以将表达式 1 写在 for 语句结构的外面。例如:

```
i=1;                     等价于      for(i=1; i<=n; i++)
for(; i<=n; i++)                         fact=fact * i;
    fact=fact * i;
```

如果循环控制变量的初值不是确定的值,而是需要通过 for 语句前面语句的执行计算得到,可使用该形式。

(3) for(表达式 1;表达式 2;)。省略表达式 3,C 语言允许在循环体内改变循环控制变量的值。该格式一般在循环控制变量呈非规则性变化,并且在循环体中有更新循环控制变量的语句时使用。例如:

```
for(n=1;n<=100;)
{
    …
    n=3 * n-1;          /* 循环控制变量的变化为 1,2,5,14,… */
    …
}
```

(4) for(逗号表达式 1;表达式 2;逗号表达式 3)。表达式 1 和表达式 3 还可以是逗号表达式。例如:

```
for(n=1,m=100;n<m;n++,m--)
{
    …
}
```

表达式 1 同时为 n 和 m 赋初值,表达式 3 同时改变 n 和 m 的值。循环可以有多个控制变量,逗号表达式可以与循环有关,也可以与循环无关。

(5) for(表达式 1;;表达式 3)。省略表达式 2,即循环条件一直成立,等价于 while(1)格式。

使用 for 语句还需要注意以下几点:

(1) 循环初始值(表达式 1)、循环的条件(表达式 2)和循环控制变量改变语句(表达式 3)中可以包含算术表达式。例如:

```
n=10;                          等价于      for(i=11;i<=100;i++)
for(i=n+1;i<=n * 10;i++)
```

(2) 尽管可以在 for 语句的循环体中修改循环控制变量的值,但在一般情况下,循环控制变量仅用来控制循环过程,在循环体内尽量不改变其值,以免导致令人费解的结果和错误。

(3) 表达式 3 可以自增/自减,或是加/减一个整数等多种形式。例如:

```
for(i=100;i>=1;i--)          /* 循环控制变量从 100 递减到 1 */
```

```
for(i=0;i<=10;i+=2)          /*循环控制变量从0变化到10,每次增加2*/
for(i=10;i>=0;i-=2)          /*循环控制变量从10变化到0,每次减少2*/
```

当进行递增操作时,循环向上计数,表达式1的值要小于表达式2的值;当进行递减操作时,循环向下计数,表达式1的值要大于表达式2的值;否则将造成死循环。

(4) for语句和while语句都是前判断结构,两者可以互相转换。

由于for语句将控制循环的3个要素写在一行中,看起来更为直观,因此更受欢迎。例如:

```
for(表达式1;表达式2;表达式3)        等价于        表达式1;
{                                                   while (表达式2)
    语句块;                                         {
}                                                       语句块;
                                                        表达式3;
                                                    }
```

例5-6 编写程序,统计某班30名学生C语言课程的平均成绩。

```
#include<stdio.h>
int main()
{
    double aver,sum;
    int i,score,n=30;
    sum=0;
    for (i=1; i<=n; i++)
    {
        scanf ("%d",&score);          /*读入第i个学生成绩*/
        sum=sum+score;                /*成绩累加处理*/
    }
    aver=sum/n;                       /*计算平均成绩*/
    printf("班级的平均成绩是 %5.1lf 分。\n",aver);
    return 0;
}
```

本段程序是对已经确定人数的学生进行成绩处理,可以知道循环次数,适合使用for循环。循环控制变量的变化范围为1～30,每执行一次循环体,读入一个数据并累加一次,直到30个数据全部输入后循环结束,计算全班的平均成绩。程序输出计算结果时采用的格式%5.1lf表示占5位空间的双精度数且只保留一位小数。

5.5 循环语句对比

循环的本质就是当循环条件成立时反复执行循环体的过程。C语言可以实现计数式循环和标记式循环两种循环处理。

计数式循环用于处理准确知道循环执行次数的循环过程，又称为定数循环。在计数式循环过程中，循环控制变量用来计算循环的次数。在每次执行循环体语句后循环控制变量的值都要发生变化（递增或递减），当循环控制变量的值经改变达到了预定的循环次数后结束循环。例 5-5、例 5-6 都是计数式循环。

标记式循环适用于处理循环次数未知的循环过程，又称为不定数循环。在标记式循环过程中，由于事先不能准确知道循环次数，因此需要在循环体中包含获取数据的语句，以期望在某次数据输入后因不满足循环继续执行的条件而终止循环，这个确保退出循环的数据被称为标记值，标记值是利用一个专门的数据表示正常输入数据的结束，应该在输入所有合法的数据后提供给程序，因此标记值必须不同于正常数据值。例 5-4 是标记式循环。

while、do…while、for 3 种循环语句形式各不相同，相互之间有一定区别，但主要的结构成分都是循环体和循环控制条件。

（1）while、do…while 循环一般用于标记式循环（循环次数未知），for 循环通常用于计数式循环（循环次数已知）。

（2）while、do…while 循环通常将循环结束的条件放在 while 后面的表达式中，在循环体中除反复执行的操作语句外，还应包含能保证循环结束的语句（例如 i++ 等循环变量控制语句），for 循环则用表达式 2 和表达式 3 表示循环结束的条件以及保证循环结束的语句。

（3）while、for 循环是前判断结构。如果循环条件一开始就不满足，则不执行循环体而直接结束循环。因此循环体可能被执行 0 次（循环条件不满足）或多次（循环条件满足）。do…while 循环是后判断结构，循环条件无论是否成立，循环体都至少要被执行一次。

（4）采用 while、do…while 循环时，循环变量的初始值操作通常在 while 和 do…while 语句之前完成，for 语句中循环控制变量的初始化由表达式 1 实现。

3 种循环语句都是根据循环条件决定是否重复执行，所以在循环体内部或循环条件中必须存在改变循环条件的语句，否则会出现死循环等异常情况。实际应用中，同一个问题既可以用 while 语句解决，也可以用 do…while 语句或 for 语句解决，3 种循环语句格式之间可以相互转化。选用的一般原则如下：

（1）如果循环次数在执行循环体之前就已确定，一般用 for 语句；如果循环次数是由循环体的执行情况确定，则采用 while 语句或 do…while 语句。

（2）当循环体至少要执行一次时，采用 do…while 语句；反之则选用 while 或 for 语句。

5.6 循环嵌套

一个循环语句的循环体内包含另一个完整的循环语句，称为循环嵌套结构。C 语言提供的 3 种循环语句 while、do…while 和 for 语句可以互相嵌套，但被嵌套的循环结构一定是一个完整的循环结构，即两个嵌套的循环结构之间不能相互交叉。例如：

```
do ─────────────┐
{                │
   …             │
   for(;;) ──────┼──┐        /* do…while 结构与 for{…}结构发生交叉 */
   {             │  │
      …          │  │
   }while(); ────┘  │
}  ─────────────────┘
```

嵌套循环结构中，每一层循环的循环体都应该用"{}"括起来，即使循环体只有一条语句也应使用{}，以防止二义性。

多层循环嵌套结构的执行次序是：外循环的循环变量每变化一次，都要完整地执行一遍内循环的操作。使用循环嵌套结构时，应注意内层循环与外层循环的循环控制变量不能相同，例如：

```
for(i=1;i<=10;i++)
{
   …
   for(i=2;i<=20;i++)                /* 错误 */
   {
      …
   }
}
```

但是同一层次上的不同循环结构的循环控制变量可以相同。例如：

```
for(i=1;i<=10;i++)
{
   … }
for(i=2;i<=20;i++)
{
   … }
```

常用的循环嵌套格式如下：

```
for 嵌套                 while 嵌套               do…while 嵌套
for(;;)                  while()                  do
{                        {                        {
   …                        …                        …
   for(;;)                  while()                  do
   {                        {                        {
      …                        …                        …
   }                        }                        } while();
   …                        …
}                        }                        }while();
```

while/for 嵌套

```
while()
{
    …
    for(;;)
    {
        …
    }
    …
}
```

while/do…while 嵌套

```
while()
{
    …
    do
    {
        …
    } while();
    …
}
```

do…while/for 嵌套

```
do
{
    …
    for(;;)
    {
        …
    }
    …
}while();
```

例 5-7 编写程序,计算 1～1000 中有多少个各位数字之和为 5 的数,并输出这些数字。

```
#include <stdio.h>
int main()
{
    int i,sum,k,count=0;
    for(i=1; i<=1000; i++)
    {
        sum=0;
        k=i;                          /* 处理当前数据 i */
        while (k!=0)
        {
            sum=sum+k%10;             /* 位数求和 */
            k=k/10;                   /* 对数据进行位数分解 */
        }
        if(sum==5)
        {
            count++;                  /* 满足位数求和条件,计数加 1 */
            printf("%d,",i);
        }
    }
    printf("\n 共有 %d 个数符合条件。\n",count);
    return 0;
}
```

对 1～1000 中的每一个 i 进行分解,将其各位数字相加结果保存在变量 sum 中,当 sum 等于 5 时,count 累计一个符合条件的数据并输出该数。外循环 i 控制处理 1～1000 中的所有数据,内循环对外循环提供的每一个数据 i 进行分解,计算各位数字之和并判断与 5 的关系。因为数字的位数不确定,数字分解时采用了例 5-4 计算整数位数的相应算法,利用 C 语言提供的整数整除/求余规则计算位数和位数上的数值。

例 5-8 编写程序,计算数字 0～9 可以组成多少个没有重复的三位奇数,输出统计结果以及符合条件的奇数。

```
#include <stdio.h>
int main()
{
    int i,j,k,count;
    count=0;
    for(i=1; i<=9; i++)              /*百位数的处理*/
        for(k=1; k<=9; k=k+2)        /*个位数的处理, k=k+2为奇数*/
            if(k!=i)
                for(j=0; j<=9; j++)  /*十位数的处理*/
                    if(j!=i && j!=k)
                    {
                        printf("%d%d%d,",i,j,k);
                        count++;
                    }
    printf("\ncount=%d\n",count);
    return 0;
}
```

此类问题的解决需要将所有满足条件的可能情况全部列出(穷举法)。本例中对百位、十位、个位分别循环处理,百位的变化范围为1～9,十位的变化范围为0～9,个位的变化范围为1、3、5、7、9。

例5-9 编写程序,输出九九乘法表。

```
#include <stdio.h>
int main()
{
    int i,j;
    for(i=1;i<=9;i++)
    {
        for(j=i;j<=9;j++)
            printf("%d*%d=%d\t",i,j,i*j);
        printf("\n");
    }
    return 0;
}
```

程序输出结果:

```
1*1=1   1*2=2   1*3=3   1*4=4   1*5=5   1*6=6   1*7=7   1*8=8   1*9=9
2*2=4   2*3=6   2*4=8   2*5=10  2*6=12  2*7=14  2*8=16  2*9=18
3*3=9   3*4=12  3*5=15  3*6=18  3*7=21  3*8=24  3*9=27
4*4=16  4*5=20  4*6=24  4*7=28  4*8=32  4*9=36
5*5=25  5*6=30  5*7=35  5*8=40  5*9=45
6*6=36  6*7=42  6*8=48  6*9=54
```

```
7*7=49  7*8=56  7*9=63
8*8=64  8*9=72
9*9=81
```

按照要求，需要输出 9 行数据，每一行输出数据项的值由变量 i 计算确定。例如第 i 行要输出 10－i 个数据项，分别是 i*i＝?，i*(i＋1)＝?，i*(i＋2)＝?，…，i*9＝?，其中"?"代表根据 i 值计算获得的结果。上面是一个左上角输出界面，输出语句中使用制表符 \t 使得输出结果整齐。如果变量 j 的值从 1 开始，可以输出 9×9 的完整乘法表。通过调整 j 值的变化，还可以输出左下角九九乘法表。

修改例 5-9 的代码：

```
#include <stdio.h>
int main()
{
    int i,j;
    for(i=1; i<=9; i++)
    {
        for(j=1; j<=i; j++)
            printf("%d*%d=%d\t",j,i,i*j);    /*调整变量 i、j 的输出次序，保证小
                                             数字在大数字前面*/
        printf("\n");
    }
    return 0;
}
```

程序输出结果：

```
1*1=1
1*2=2  2*2=4
1*3=3  2*3=6   3*3=9
1*4=4  2*4=8   3*4=12  4*4=16
1*5=5  2*5=10  3*5=15  4*5=20  5*5=25
1*6=6  2*6=12  3*6=18  4*6=24  5*6=30  6*6=36
1*7=7  2*7=14  3*7=21  4*7=28  5*7=35  6*7=42  7*7=49
1*8=8  2*8=16  3*8=24  4*8=32  5*8=40  6*8=48  7*8=56  8*8=64
1*9=9  2*9=18  3*9=27  4*9=36  5*9=45  6*9=54  7*9=63  8*9=72  9*9=81
```

例 5-10　编写程序，输入一个大于 1 的正整数，将其分解素因数。例如，输入 90，输出 90＝2*3*3*5。

```
#include <stdio.h>
int main()
{
    int i,n;
    printf("分解素因数，请输入大于 1 的整数：\n");
    scanf("%d",&n);
```

```
    printf("%d=",n);
    i=2;                        /* 从最小的素数 i(2)开始 */
    while(i<n)
    {
        if(n%i==0)              /* n 能被 i 整除,则 i 是它的一个素因数 */
        {
            printf("%d*",i);    /* 输出素因数 i */
            n=n/i;
        }
        else
            i++;                /* n 不能被 i 整除,选择 i 的下一个素数作为新的 i 值 */
    }
    printf("%d\n",n);           /* i 等于 n 时,n 是最后一个素因数 */
    return 0;
}
```

程序从 2 开始尝试每一个 i 的值。如果 n 能被 i 整除,则 i 是 n 的一个因素,将 n/i 作为 n 的新值重复这一过程;当 n 不能被 i 整除时,尝试下一个 i 值(i++);直到 i 等于 n,此时 i 是最后一个因素。因为 i 值从数字 2 开始尝试,每一个能整除当前 n 的 i 值都不可能被 1 和 i 之间的任何一个整数整除,所以算法中所有的 i 值都是质因素。

5.7 跳转控制语句

循环结构以判断循环条件是否成立作为循环是否继续的依据,只有当循环条件不满足时才退出循环。然而,在实际应用中,有时会遇到需要马上结束正在进行的循环的循环控制问题。终止循环正常处理的目的主要是为了使算法的实现更加方便和灵活。C 语言提供了 break、continue、goto 语句实现对循环过程的特殊控制。

5.7.1 break 语句

break 语句作为中断处理语句,存在于 while、for、do…while 语句(循环结构)和 switch 语句(多分支结构)中。其作用是中断语句的执行,使程序立即退出该语句结构。

语句格式:

```
break;
```

在 switch 语句中,当程序执行到 break 时终止 case 的执行,退出所在的 switch 语句。而在 while、for、do…while 语句中,则终止循环体语句的继续执行,退出 break 当前所在的循环结构。

例 5-11 编写程序,输出 1000 以内的所有素数(即质数)。

```
#include <stdio.h>
```

```
int main()
{
    int i,j,sign;
    for(i=2; i<=1000; i++)
    {
        sign=1;                     /* sign=1 时是素数 */
        for(j=2; j<i; j++)
            if(i%j==0)
                sign=0;
        if(sign==1)
            printf("%d,",i);
    }
    return 0;
}
```

根据素数的定义(除了 1 和其本身之外,没有其他因子)判断 2～1000 中的任何一个数是否为素数,需要两层循环控制。外循环控制判断区间(2～1000 中的所有整数),内循环判断当前的数是否是素数。对于当前数 i,首先假定它是素数(用 sign 的值为 1 来标记),如果该数能被除 1 和本身之外的某一个数 j 整除,则该数不是素数(用 sign 的值为 0 来标记)。只有在内循环执行结束后,通过 sign 中的数值判断 i 是否为素数。如果 sign 的值为 1,说明 i 没有被内循环中任何一个 j 值整除,i 是素数。

但是,在人工处理素数时,如果内循环存在一个数 j(例如 7),使得 i 能被它整除,则可认定 i 不是素数而不必再继续判断(例如判断 i 是否被 8,9,10,…数值整除)。此时,可以利用 break 语句完成相关操作。例如:

```
#include <stdio.h>
int main()
{
    int i,j;
    for(i=2; i<=1000; i++)
    {
        for(j=2; j<i; j++)
            if(i%j==0)
                break;              /* 存在因子,不是素数 */
        if(j==i)
            printf("%d,",i);    /* 素数 */
    }
    return 0;
}
```

使用 break 语句,程序不需要 sign 做标记。因为当程序以中断方式结束内循环(执行 break 语句)时,i 不是素数(j 小于 i);如果 j==i,说明内循环没有执行 break 语句,则 i 是素数。break 语句的使用使得程序的执行算法更接近于实际生活中解决问题的想法。

break 语句对于减少循环次数,加快程序执行速度起着重要的作用。例 5-11 还可以只判断奇数,或者让 j 值的变化范围更小(例如 j<i/2 或 j<=sqrt(i)),因为如果 i 能表示为两个整数的乘积,其中一个数必须符合条件 j<i/2 或 j<=sqrt(i),从而加快程序的执行速度,但对于小数据量的程序影响不大。

5.7.2 continue 语句

continue 语句仅能作用于循环结构中,作用是终止循环体的本次执行,返回循环首部。

语句格式:

```
continue;
```

在循环体的任何位置执行到 continue 语句时,程序即被强制跳过 continue 后面的循环体语句而提前结束本次循环,重新进行循环条件判断,并根据判断结果决定是否继续执行循环。与 break 语句一样,continue 语句常与 if 条件语句一起使用,用来加速循环过程。

例 5-12 编写程序,输入一名学生的 7 门课程成绩,如果输入的成绩范围为 0~100,对成绩求和,否则重新输入该成绩。

```
#include <stdio.h>
int main()
{
    int i=1;
    double sum=0,x;
    while(i<=7)
    {
        scanf("%lf",&x);
        if(x<0||x>100)          /*判断输入数据的有效性*/
        {
            printf("数据有误,请重新输入:\n");
            continue;
        }
        sum=sum+x;
        i++;
    }
    printf("sum=%6.1lf\n",sum);
    return 0;
}
```

当输入的数据不符合要求时,使用 continue 跳过成绩求和及计数过程,重新输入数据。

5.7.3 goto 语句

goto 语句为无条件转移语句。作用是改变程序控制的流程,无条件地将控制转移到标签所在的语句位置。

语句格式：

```
goto  语句标签;
```

语句标签采用标识符的命名方式来命名。在某个语句行前面放置该语句行的标签时，语句标签后面需要有“:”。语句标签与goto语句配合使用，表示无条件跳转到标签指定的语句，可以实现程序执行顺序的调整。例如：

```
        int i=0, sum=0;
BEGIN:  i++;
        sum=sum+i;
        goto BEGIN;
END:    printf("s=%d",sum);
```

程序从上到下顺序执行，当执行语句goto BEGIN;时，跳转到标签语句BEGIN继续顺序执行，当再次执行语句goto BEGIN;时，又回到标签语句BEGIN顺序执行。这段程序由于循环往复执行③条语句：

```
i++;
sum=sum+i;
goto BEGIN;
```

无法执行标签语句END，成为死循环。

一个C程序中，一条语句可以有多个标签，但一个函数体内部标签不能重名。goto语句通常与条件语句配合使用，实现条件转移、循环以及中断循环处理等功能，但是不允许goto语句从循环体外跳转到循环体内。

例5-13 编写程序，输出1～100的自然数之和(改写例5-1)。

```
#include <stdio.h>
int main()
{
    int i,sum=0;
    i=1;
LOOP:
    sum=sum+i;
    i++;
    if(i<=100)
        goto LOOP;      /*利用if语句和goto语句的配合,输出1～100的自然数之和*/
    printf("sum=%d\n",sum);
    return 0;
}
```

一般而言，goto语句可以跳转到任何地方，goto语句的大量使用会破坏程序的结构化，使程序的流程控制混乱，可读性降低，调试困难。建议仅在一种情况下使用goto语句，即对于多层循环嵌套，如果希望一次性跳出两层及两层以上的循环控制结构之外，采用 goto 语句以提高程序的执行效率。此时,语句标签应恰好放置在被跳出的多层循环后面的第一条语句上。

5.7.4 continue、break、goto 语句的区别

continue 语句只能出现在循环结构中,用于结束本次循环。它仅影响该语句所在的循环层,对其他循环没有影响。

break 语句能够出现在循环结构和 switch 分支结构中,用于退出循环结构和分支结构。当 break 语句处于嵌套结构中时,只能跳出 break 语句所在循环层,对其他循环层没有影响。

对于下面两个循环处理过程:

```
while (表达式 1)
{
    …
    if(表达式 2) break;
    …
}
```

```
while (表达式 1)
{
    …
    if(表达式 2) continue;
    …
}
```

break 和 continue 语句的执行过程如图 5-4 所示。

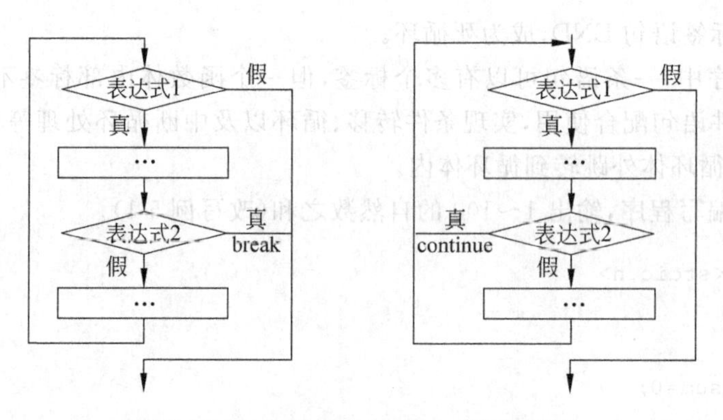

图 5-4 break 语句和 continue 语句的对比

例 5-14 编写程序,对输入数据进行分类处理:若数据为负数,输出该数据;若数据为正数,不做任何处理;若数据为 0,结束循环。

```
#include<stdio.h>
int main()
{
    int data;
    while(1)
    {
        scanf("%d",&data);          /* 输入数据 */
        if(data==0)                 /* data 为 0, break 退出循环 */
```

```
            break;
        else if(data>0)             /* data 为正数,返回循环首部,重新输入 data */
            continue;
        else                        /* data 为负数,输出 data */
            printf("%d\n",data);
    }
    return 0;
}
```

break 用于退出当前循环结构,不再进行循环条件判断。continue 结束本次循环,返回到循环开始处重新接收数据,并不退出循环结构。

在多层循环嵌套中,break 语句和 goto 语句的使用方法不同。例如从一个三层循环中退出,使用 break 和 goto 的执行过程如图 5-5 所示。

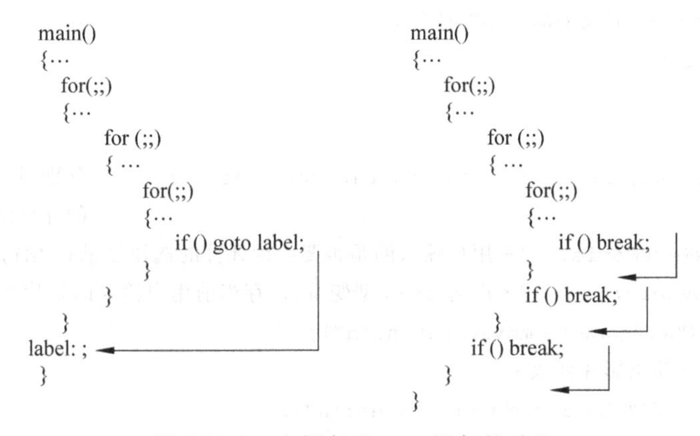

图 5-5 break 语句和 goto 语句的对比

假设从最内层退出所有循环,使用 break 语句需要逐层退出。使用 goto 语句可以实现直接跳转,仅在这种情况下才应该使用 goto 语句。

goto 语句可以出现在任意结构之中,可直接退出多层循环结构和分支结构。但如果使用不当将造成程序的逻辑混乱,因此除上述情况外不应使用该语句。

5.8 案　　例

问题陈述:评分数据是影片推荐的基础,评分过程应该提供更多影片供用户选择。本节通过给出一个电影列表,允许用户通过输入影片 ID 的方式选择影片。考虑到影片数量的范围,同样采用 long 型变量保存影片 ID。用户在给定电影列表中自行选择要评分的一部电影完成评分。可以对多部电影进行评分,如果继续评分则重新给出待评分电影列表。

问题的输入:选定的影片 ID,用户对选定影片的评分,以及用户是否继续评分的选择。

问题的输出：必要的提示信息。

算法描述：

Step1：声明影片评分变量 rating1~rating5，影片 ID 变量 movieId 和是否继续评分 isNextMovie。

Step2：输出影片列表，并提示用户选择影片。

Step3：读取用户输入的影片 ID。

Step4：利用 switch 语句根据影片 ID 不同，读取评分值，存入不同的评分变量。

Step5：询问是否继续评分，如果是，转 Step2。

Step6：如果否，退出。

源程序代码：

```
/* Author:"程序设计基础(C)"课程组
* Description: 完成多部电影的评分 */
#include <stdio.h>
int main()
{
    int rating1, rating2, rating3, rating4, rating5;  /* 分别对应用户对 5 部影片
                                                         的评分结果 */
    char isNextMovie;  /* 用户输入的是否要继续评分的选择结果(Y/N),采用字符类型 */
    long movieId;  /* 声明 long 型变量,保存当前用户输入的影片 ID */
    printf("Welcome to movie rating\n");
    do {  /* 输出影片列表 */
        printf("The movie to be rated:\n");
        printf("1:Harry Potter and the Deathly Hallows: Part 2 (2011)\n");
        printf("2:Star Wars (1977)\n");
        printf("3:American Beauty (1999)\n");
        printf("4:Zootopia (2016)\n");
        printf("5:The Shawshank Redemption (1994)\n");
        printf("Please select one movie:");
        scanf("%ld", &movieId);              /* 读取用户选定的影片 ID */
        printf("Please input your ratings(0~10)\n");
        switch (movieId)
        {/* 根据用户选择的影片 ID 的不同,将评分值存入不同的变量 */
        case 1:
            scanf("%d", &rating1);           /* 评分结果存至 rating1 */
            break;
        case 2:
            scanf("%d", &rating2);           /* 评分结果存至 rating2 */
            break;
        case 3:
            scanf("%d", &rating3);           /* 评分结果存至 rating3 */
            break;
```

```
        case 4:
            scanf("%d", &rating4);           /* 评分结果存至 rating4 */
            break;
        case 5:
            scanf("%d", &rating5);           /* 评分结果存至 rating5 */
            break;
        default:
            printf("Invalid Input");
            break;
        }
        printf("Do you want to rate another movie?(Y/N)");
        getchar();                           /* 忽略上一个回车输入 */
        isNextMovie =getchar();
    } while (isNextMovie =='y' || isNextMovie =='Y');  /* 当用户选择继续评分时,
                                                           重复评分操作 */
    printf("Thanks!\n");
    return 0;
}
```

测试程序：编译运行程序，观察屏幕输出结果是否满足设计要求。

练 习 题

1. 编写程序，计算分数序列 2/1，3/2，5/3，8/5，13/8，…前 10 项之和。

2. 编写程序，计算加法序列 1，1+2，1+2+3，…，1+2+…+n，第 n 项的值以及各项值的积。

3. 编写程序，统计输入正整数的个数，并找出其中的最大数和最小数(输入 0 时结束)。输出统计结果及最大数和最小数。

4. 编写程序，输入两个正整数 m 和 n，计算其最大公约数和最小公倍数。

5. 编写程序，输出所有“水仙花数”，“水仙花数”是指一个 3 位数，其各位数字的立方和等于该数本身(例如，$153=1^3+5^3+3^3$，153 是“水仙花数”)。

6. 编写程序，输出 1～1000 的所有完数。完数是指一个数恰好等于它除自身外的因子之和(例如，6=1+2+3，6 是完数)。

7. 编写程序，验证任意一个大于 4 的偶数都可以分解为两个素数之和。要求从键盘输入一个 1000 以内的偶数，输出所分解的两个素数。

8. 编写程序，计算数字 1、2、3、4 能组成多少个互不相同且无重复数字的三位数，输出所有满足条件的三位数以及个数。

9. 编写程序，计算 xyz+yzz=532 中的 x、y、z 的值(其中 xyz 和 yzz 分别代表一个 3 位数)。

10. 编写程序,实现一个“猜数”游戏:由计算机随机“想”出一个整数,从键盘输入整数进行猜测。如果猜对了,则计算机给出信息“WINNER”并询问是否再猜一次;如果猜错了,计算机也给出相应的提示:输入的数太大或者太小,对每次猜数都要记录,以反映猜数者的水平。最多可以连续猜 10 次。如果 10 次都未猜中,则结束游戏,并询问是否再猜一次。如果想继续,则输入 Y,否则输入 N。

第6章

集合数据与数组

6.1 概　　述

从前面章节可知，针对30名学生的某一门课程成绩，统计高于平均成绩的学生人数以及成绩，需要声明30个类型相同的变量保存成绩。例如，声明成绩为int型并令grade1＝88，grade2＝90，…，grade30＝91。很显然，对于变量grade1，grade2，…，grade30，程序的编写和处理都十分笨拙。实际上，与一门课程相关联的这30个学生成绩可以看做是一个1×30的线性数据集合，例如{88，90，…，91}；而如果需要处理这30名学生20门课程的成绩，则可以看做是一个20×30的矩阵数据集合，例如{{88，90，…，91}，{98，89，…，69}，…}。大部分程序设计语言都必须解决线性数据集合和矩阵问题，C语言引入一维数组处理线性数据，引入二维数组处理矩阵数据，引入高维数组处理高维数据。

采用数组形式表示30个成绩变量，只需作如下定义

```
int grade[30];              /* 用于保存一门课程 30 个学生的成绩 */
```

其中，grade为数组名，grade[30]表示由30个数据构成的一维数组，每个数据使用数组名和下标序号的组合形式表示，称为数组元素。下标序号从0开始顺序计数，即grade[0]，grade[1]，…，grade[29]，表示grade数组的30个元素。int型表示数组中的每一个元素都是整型变量，可以保存一个整型的学生成绩。

采用数组形式表示30名学生20门课程的成绩，只需作如下定义

```
int grade[20][30];          /* 20×30 的矩阵，每一行就是这 30 名学生一门课程的成绩 */
```

数组是一种构造数据类型，C语言定义数组为一组具有相同数据类型的有序数据集合。集合中的每一个元素代表一个使用统一的数组名和下标序号表示的变量，下标序号从0开始，按顺序依次递增，表示数组元素在数组中的位置。对于由N个元素组成的一维数组，其元素的下标范围为0～N−1；对于M×N个元素组成的二维数组，其元素的下标范围是[0～M−1][0～N−1]。所有数组必须先定义后使用，定义时需要指定数组的长度及维数。数组长度指数组中元素的个数。描述数组某个元素所需要的下标个数称为数组维数，根据数组的维数可以将数组分为一维数组、二维数组和高维数组。

6.2 一维数组

一维数组是C语言最常用的数组形式，只需要一个下标描述其数组元素，用以处理一组线性数据或解决向量等问题。

6.2.1 一维数组定义

定义格式：

数据类型符 数组名[整型常量表达式];

数据类型符表示数组元素的数据类型，同一个数组中的所有元素具有相同类型，数据类型可以是int、float、char等基本数据类型，也可以是第9章讲解的结构体、共用体等构造类型以及指针类型；数组名为用户自定义标识符，其命名规则与变量的命名规则完全相同；整型常量表达式表示数组的长度，即该数组中所包含元素的个数。例如：

```
int a[20];        /*定义整型一维数组a,数组长度为20,数组a包含20个元素*/
float f[5];       /*定义实型一维数组f,数组长度为5,数组f包含5个元素*/
```

定义数组时需要注意两点：

(1) 数组长度必须是大于0的整数值。在C89及更早的C语言标准中，要求数组长度在形式上必须为整型常量表达式，可以是整型常量或符号常量，也可以是由整型常量、符号常量构成的表达式。例如：

```
#define N 10
int f[2*N];       /*定义整型一维数组f,数组长度为表达式值20*/
```

在C99标准之后，数组长度在形式上可以由常量和已声明并初始化的变量构成。例如：

```
int n=5;
int arr[n];       /*试图动态定义数组的大小,C89标准中为非法定义,低版本编译系统将导
                    致编译错误。在C99标准中为合法定义(参见6.7节)*/
```

(2) 同一复合语句块或函数内，不允许定义相同的数组名或变量名。例如：

```
int a;
float a[5];       /*非法,数组名不能与其他变量名相同*/
```

当声明简单变量时，系统为该变量在内存中分配与声明类型相匹配的存储空间，同时将分配的存储空间与指定的变量名称关联，程序中通过变量名访问存储空间。与简单变量类似，定义一个数组，系统将为该数组分配连续的存储空间，存储空间的字节数取决于数组类型、长度以及编译系统。例如，定义int a[5];，在Visual C++编译环境下，系统为

int 型数组 a 分配 4×5 共 20 个字节的连续存储单元，如图 6-1 所示。假设系统为数组 a 所分配的存储空间的首地址为 0x32C80（十六进制地址形式），则从 0x32C80 开始的 4 个字节用于存放数组元素 a[0]的值，从 0x32C84 开始的 4 个字节存放 a[1]的值，依次类推。5 个数组元素顺序存放于从 0x32C80 开始的 20 个字节中，并以数组名 a 代表该数组存储空间的首地址（0x32C80）。

由于 sizeof 运算符可以获取数据类型所占用存储空间的字节数，因此，使用下面公式可以计算系统为数组分配的存储空间的字节数：

数组元素个数×sizeof（数组类型）

内存地址	数组元素
0x32C80	a[0]
0x32C81	
0x32C82	
0x32C83	
0x32C84	a[1]
0x32C85	
0x32C86	
0x32C87	
0x32C88	a[2]
0x32C89	
0x32C8A	
0x32C8B	
0x32C8C	a[3]
0x32C8D	
0x32C8E	
0x32C8F	
0x32C90	a[4]
0x32C91	
0x32C92	
0x32C93	

图 6-1　一维数组的存储

6.2.2　一维数组初始化

定义数组的同时对数组元素赋初值，称为数组的初始化。数组初始化过程在程序编译阶段进行，因此可以减少程序运行时间，提高效率。

初始化定义格式：

数据类型符 数组名[整型常量表达式]= {初值 1, 初值 2, …, 初值 n};

初值（初始化数据）列表为该数组类型的常量或常量表达式，放在一对大括号中，初值之间采用逗号分隔。数组初始化的规则是将初值列表中的数据顺序依次赋给数组中的元素。例如：

```
int a[5]={1, 2, 3, 4, 5};          /* 定义整型一维数组 a,并进行初始化赋值 */
```

初始化赋值后，数组 a 在内存中保存的数据如图 6-2 所示。各个元素的值分别为：a[0]=1，a[1]=2，a[2]=3，a[3]=4，a[4]=5。

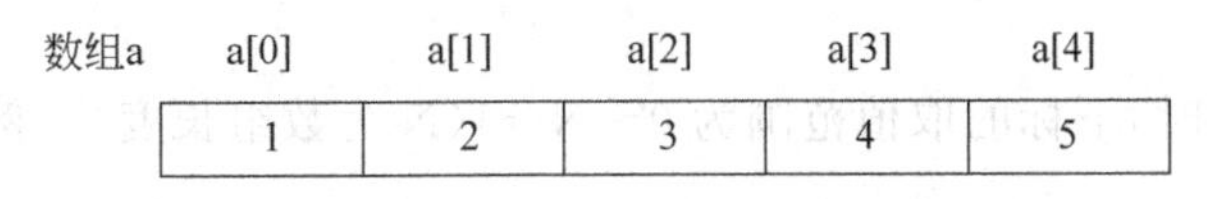

图 6-2　初始化后的数组存储空间

数组初始化时需要注意以下几点：

（1）如果对数组中所有元素都赋了初值，则可以省略数组的长度。例如：

```
float f[]={1.5, 2.5,6.0};     /* 对全部元素进行初始化赋值,f 数组的长度由编译系统自
                                 动确定为 3 */
```

此时，编译系统将根据花括号中初值的个数自动确定数组的长度。如果初始化定义时只给出了部分数组元素的初值，则不能省略数组长度。

（2）初值个数小于数组长度时，其余元素将被初始化为 0。例如：

```
int a[5]={1, 2, 3};           /* 对部分元素进行初始化赋值 */
```

其中，数组中的a[0]、a[1]、a[2]依次被赋予初值1、2、3，a[3]和a[4]则自动被赋值为0。利用这一特性，可以实现数组全部元素初始化为0。例如：

```
int a[5]={0};                    /*将数组a中所有元素都初始化为0*/
```

当初值个数超过数组长度时将导致编译错误。

(3) 不能对数组进行整体赋值。除对全部数组元素赋初值0外，初始化只能为数组元素依次逐个进行赋值。例如：

```
int a[5]={10, 10, 10, 10, 10}; /*表示将数组中所有元素都初始化为10*/
```

不能写成

```
int a[5]={10};                   /*表示a[0]被赋值为10,其余元素都赋值为0*/
```

也不能写成

```
int a[5]=10;                     /*表示数组元素a[5]声明同时被赋值为10,属于越界访
                                   问,将导致程序错误*/
```

除初始化外，不能对数组进行整体赋值，也不能用数组名直接对数组赋值。例如：

```
int a[3]={1, 2, 3}, b[3];
b[3]={4, 5, 6};                  /*非法数组赋值形式*/
b=a;                             /*非法数组赋值形式*/
```

6.2.3 一维数组引用

由于数组名代表数组元素在内存中的首地址，并不表示数组元素的全部数据，因此不能直接对整个数组进行操作。可以通过引用数组元素的方式对数组进行操作。

引用格式：

数组名[下标]

引用数组元素时，下标的取值范围为0～N－1(N为数组长度)。例如：

```
int a[5];                        /*定义int型一维数组a,数组长度为5*/
a[0]=2; a[4]=6;                  /*将数组元素a[0]赋值为2,将数组元素a[4]赋值为6,合
                                   法引用*/
```

对于int型数组a[5]，下标的取值范围为0～4。下标既可以是整型常量，也可以是整型变量或表达式。a[3]、a[i＋j]、a[i＋＋]等都是对数组元素引用的常见方式，只要所引用的下标值未超出下标取值范围(越界)，都是合法引用。

下标越界可能导致覆盖其他存储单元中的数据或者破坏程序代码等问题。编译系统不会检查数组下标是否越界，这就需要程序设计者在设计和使用数组时确保下标变量或表达式不要超出其取值范围。例如：

```
a[5]=10;                         /*错误引用方式,越界访问其他存储单元内容*/
```

引用数组元素时，一个数组元素相当于一个简单变量，对数组元素的操作与简单变量的操作相同。例如：

```
int a[5]={5,2,3,4,1}, temp;
/* 下面的代码用于交换数组元素 a[0]和 a[4]的值 */
temp=a[0];
a[0]=a[4];
a[4]=temp;
```

数组通常利用循环控制语句完成相同的操作。例如：

```
int a[3]={1, 2, 3}, b[3], i;
for(i=0; i<3; i++)
    b[i]=a[i];                  /* 数组间的赋值，将数组 a 中的元素依次复制到数组 b 中 */
```

除初始化对数组元素赋值外，也可以通过调用 scanf 函数输入数组元素的值。例如：

```
float a[10];
scanf("%f",&a[0]);              /* 将输入数据存放在数组元素 a[0]中，与简单变量相同，
                                   必须使用取地址符 & */
for(i=0; i<9; i++)
    scanf("%f",&a[i]);          /* 利用循环将输入数据存放在数组元素 a[0]~a[9]中 */
scanf("%f",a);                  /* 将输入数据存放在数组元素 a[0]中，数组名代表首地
                                   址，即数组元素 a[0]的地址 */
```

6.2.4 一维数组应用

例 6-1 编写程序，利用数组输出 Fibonacci 数列(1,1,2,3,5,…)的前 20 项数值。

```
#include <stdio.h>
int main()
{
    int f[20]={1,1}, i;         /* 定义一维数组 f，用于保存数列 */
    for (i=2 ; i<20 ; i++)      /* 循环求解数列各项 */
        f[i]=f[i-2]+f[i-1];
    for (i=0; i<20 ; i++)       /* 每行输出 4 个数列项 */
    {
        if ( i%4==0 )
            printf("\n");
        printf("%6d", f[i]);
    }
    return 0;
}
```

已知 Fibonacci 数列的第一项和第二项分别为 1 和 1，从第三项开始，每一项都等于前两项之和。利用一维数组计算并保存 Fibonacci 数列是最有效的方法。定义长度为 20

的一维数组并初始化数组的前两个元素 f[0]和 f[1]，根据 Fibonacci 数列的计算法则，利用循环即可求解数组的其他元素。

程序中，从 f[2]元素开始，使用循环结构计算 Fibonacci 数列的各项，循环变量的变化范围是 2～19。如果将程序中计算数列的表达式修改为 f[i+2]=f[i+1]+f[i]，循环控制变量 i 的变化范围应该从 0 开始，循环结构求序列的过程可修改为

```
for (i=0 ; i<18 ; i++)          /* 循环求解数列各项 */
    f[i+2]=f[i+1]+f[i];
```

例 6-2 编写程序，输入 6 名学生程序设计课程的成绩，输出所有成绩的平均值、最高成绩及对应学生的学号。

```
#include <stdio.h>
#define N 6
int main()
{
    int stu[N], i, iMax;
    float score[N], max, sum=0, ave;
    /* 下面的循环结构用于输入学生学号及课程成绩,保存于数组对应元素中 */
    printf("\n 请输入学生学号及对应成绩,输入格式例: 16011 92.5 \n");
    for(i=0; i<N; i++)
        scanf("%d%f", &stu[i], &score[i]);
    /* 下面的代码用于求解最大值及平均值 */
    max =score[0];              /* 用于假设 score[0]为当前最大值 */
    sum =score[0];
    for(i=1; i<N; i++)
    {
        sum+=score[i];
        if(score[i] >max)
        {
            max =score[i];
            iMax=i;           /* iMax 用于记录最大值所在下标 */
        }
    }
    ave=sum/N;
    /* 打印结果 */
    printf("\n 最高学生成绩: %6d %6.1f", stu[iMax], score[iMax]);
    printf("\n 平均成绩: %6.1f\n", ave);
    return 0;
}
```

程序中分别定义一维数组 stu[N]和 score[N]，用于保存学生学号和对应成绩，利用循环结构完成学生学号和成绩的输入。通过循环遍历数组的每一个元素，累加所有成绩，计算出平均值。同时在循环中找出数组中的最大值并使用变量 iMax 记录最大值所在下

标，输出该下标所对应的学生学号；输出最高学生成绩即输出 iMax 所对应的数组元素。变量 max 用于保存成绩的最大值，利用循环将 max 与 score[1]，score[2]，…，score[N－1]依次进行比较并更新，最终获得最大值及其所在的下标。

例 6-3 编写程序，按学号查找特定学生并删除其成绩信息，如果没有找到，则显示无该生信息。

```
#include <stdio.h>
#define N 6
int main()
{
    int stu[N]={16011, 16012, 16013, 16014, 16015, 16016}, i, j, nStu;
    float score[N]={92.5, 82, 93, 86, 78.5, 75};   /*初始化学生学号和成绩数组*/
    printf("\n请输入要查找的学生学号: \n");
    scanf("%d", &nStu);
    for(i=0; i<N; i++)
        if(stu[i]==nStu)                          /*找到指定学号,进行删除*/
        {
            for(j=i; j<N-1; j++)
            {
                stu[j]=stu[j+1]; score[j]=score[j+1]; /*后一个元素覆盖前一个元素*/
            }
            break;
        }
    if(i>=N)
        printf("没找到该学生信息!\n");
    else
    {
        printf("\n删除后学生信息列表: \n");
        for(i=0; i<N-1; i++)
            printf("%6d %6.1f\n", stu[i], score[i]);
    }
    return 0;
}
```

假设定义 6 名学生的学号和成绩数组并初始化，输入特定学生的学号(学号具有唯一性)。采用顺序查找算法在学号数组中进行查找，如果找到，则将其后所有元素依次向前移动一个位置，并将数组有效元素的个数调整为 6－1＝5 个。程序中，当找到指定学号对应的元素 stu[i]后，从当前下标 i 开始(j=i)，stu[j]＝ stu[j＋1]及 score[j]＝ score[j＋1]，直到最后一个元素，实现删除 stu[i]的操作。利用 break 语句实现找到并删除指定学号后终止循环，不需要向后继续寻找，此时 i<N，如果出现 i>＝N，说明没有找到指定学号。需要注意程序中各循环结构、循环变量初值和循环条件的设定。

例 6-4 编写程序，将已有的 6 个学生信息按学生成绩从高到低排序并输出。

```
#include <stdio.h>
```

```
#define N 6
int main()
{
    int stu[N]={16011, 16012, 16013, 16014, 16015, 16016}, i, j, iMax;
    float score[N]={92.5, 82, 93, 86, 78.5, 75}, temp;
    for(i=0; i<N; i++)
    {
        iMax =i;                    /*假设最大值所在下标为 iMax*/
        for(j=i+1; j<N; j++)        /*从待排序数据中选取最大值所在下标 iMax*/
        {
            if(score[j]>score[iMax])
                iMax=j;
        }
        if(iMax!=i)                 /*找到最大值,则将其交换放置于数组的第 i 个位置*/
        {
            temp=score[i]; score[i]=score[iMax]; score[iMax]=temp;
            temp=stu[i]; stu[i]=stu[iMax]; stu[iMax]=temp;
        }
    }
    printf("\n 按学生成绩从高到低排序: \n");
    for(i=0; i<N; i++)
        printf("%6d %6.1f\n", stu[i], score[i]);
    return 0;
}
```

采用选择排序算法对学生成绩进行排序,同时修改学生学号顺序。选择排序是一种简单直观的排序算法。基本思想是:从待排序数据中选取最小值(或最大值),交换放置于序列的第 1 个位置;再从剩余待排序数据中继续选取最小值(或最大值),交换放置于序列的第 2 个位置,依此类推,直到将全部数据放置完成。

程序的两层循环结构中,内循环用于从待排序的数据中选取出最大值所在下标 iMax,其算法与例 6-2 中求最大值算法相同;内循环结束时,将找到的最大值通过交换操作放置于数组的第 i 个位置上,此时数组从下标 0 到 i 都是已经排序的数据;当再次进入内循环时,待排序的数据是下标从 i+1 到 N−1 的数组元素,继续重复查找最大值、交换等过程,直到从下标 0 到 N−1 的数据都完成排序。要注意:为保证学号和成绩的对应,交换成绩的同时也需要交换对应的学号。

6.3 二维数组

一维数组可以描述 N 位同学一门课程的成绩;二维数组可以描述 N 位同学 M 门课程的成绩。二维数组是有两个下标的数组,常用来处理矩阵等问题。

6.3.1 二维数组定义

定义形式：

```
数据类型符  数组名[整型常量表达式 1][整型常量表达式 2];
```

数据类型符、数组名和整型常量表达式的要求与一维数组相同。整型常量表达式 1 是数组第一维下标的长度，整型常量表达式 2 是数组第二维下标的长度。

从矩阵的角度，整型常量表达式 1 表示矩阵行数，整型常量表达式 2 表示矩阵列数，也可以看作是每一行中元素的个数。例如：

```
int a[3][4];   /* 定义名为 a 的数组，该数组为 3 行 4 列(3×4)的二维数组，数组元素为 int
                  型 */
```

数组 a[3][4]中各元素的排列形式如图 6-3 所示。

a[0][0]	a[0][1]	a[0][2]	a[0][3]
a[1][0]	a[1][1]	a[1][2]	a[1][3]
a[2][0]	a[2][1]	a[2][2]	a[2][3]

图 6-3 二维数组各元素的排列形式

定义一个 M×N 的二维数组，编译系统将为该数组分配 M×N×sizeof(数组类型)个字节的存储空间。C 语言规定：二维数组元素在内存中按行优先顺序排放。即先顺序存放第一行的数组元素，再存放第二行的数组元素，依此类推。

对于 int 型数组 a[3][4]，Visual C++ 编译环境下系统将为数组 a 分配 3×4×4=48B 的存储空间。二维数组 a 在内存中的映像如图 6-4 所示(假设系统为数组 a 所分配的存储空间首地址为 0x32C80，图中每一行代表 4B)。

内存地址	数组元素
0x32C80	a[0][0]
0x32C84	a[0][1]
0x32C88	a[0][2]
0x32C8C	a[0][3]
0x32C90	a[1][0]
0x32C94	a[1][1]
0x32C98	a[1][2]
0x32C9C	a[1][3]
0x32CA0	a[2][0]
0x32CA4	a[2][1]
0x32CA8	a[2][2]
0x32CAC	a[2][3]

图 6-4 二维数组 a 的存储

一个二维数组也可以看作是由多个一维数组组成，如 int 型 a[3][4]数组可以看作是由 3 个一维数组组成，其数组名分别为 a[0]、a[1]和 a[2]。而每个一维数组又包含 4 个元素，如 a[0]数组中包含 a[0][0]、a[0][1]、a[0][2]、a[0][3]4 个元素，a[1]数组中包含 a[1][0]、a[1][1]、a[1][2]、a[1][3]4 个元素，a[2]数组中包含 a[2][0]、a[2][1]、a[2][2]、a[2][3]4 个元素，如图 6-5 所示。

数组名 a 代表整个二维数组的首地址，a[0]、a[1]、a[2]则分别代表数组内部 3 个一维数组的首地址。

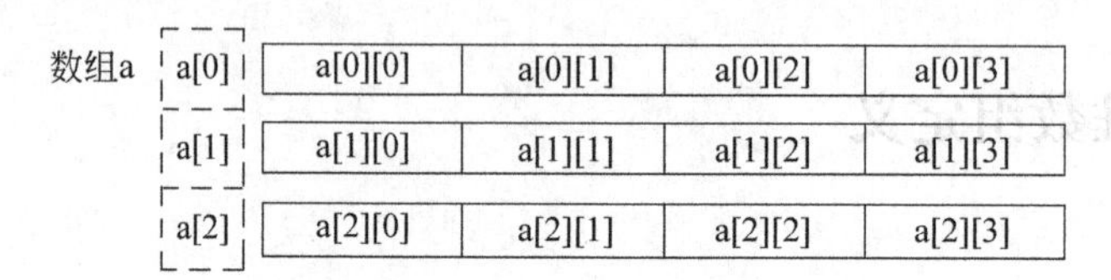

图 6-5 由一维数组构成的二维数组

6.3.2 二维数组初始化

二维数组初始化有下列几种形式：

(1) 分行初始化。通过一维数组初始化方式分行初始化二维数组。例如：

```
int a[3][4]={{1, 2, 3, 4} , {5, 6, 7, 8}, {9, 10, 11, 12}};
```

初始化 3 行 4 列的二维数组 a，每一对内层大括号代表一行，第一对大括号内的数据赋值给第一行，第二对大括号内的数据赋值给第二行，依次类推。初始化结果如图 6-6 所示。

a[0][0]: 1	a[0][1]: 2	a[0][2]: 3	a[0][3]: 4
a[1][0]: 5	a[1][1]: 6	a[1][2]: 7	a[1][3]: 8
a[2][0]: 9	a[2][0]: 10	a[2][2]: 11	a[2][3]: 12

图 6-6 分行初始化

分行初始化是最常见的初始化方法，直观、清晰且不易出错。

(2) 顺序初始化。忽略分行初始化形式中的内层花括号，按照初值列表中数据的排列顺序以行优先的方式依次将初值赋给二维数组元素。例如：

```
int a[3][4]={1, 2, 3, 4, 5, 6, 7, 8, 9, 10, 11, 12};
```

初值将依次赋值给 a[0][0]，a[0][1]，a[0][2]，a[0][3]，a[1][0]，…，a[2][3]。初始化的结果与图 6-6 相同。这种初始化方法的数据之间没有明显的界限，当数据量大时不易排除偶然的输入错误。

(3) 数组部分元素赋初值。分行初始化中，如果每一行的初值少于第二维长度，则本行没被赋初值的元素将初始化为 0。例如：

```
int a[3][4]={{1, 2}, {}, {3, 4}};          /*初始化结果如图 6-7 所示*/
```

顺序初始化时，如果初值不能填满二维数组的所有元素，则没被赋初值的元素将初始化为 0。例如：

```
int a[3][4]={1, 2, 3, 4};                  /*初始化结果如图 6-8 所示*/
```

a[0][0]: 1	a[0][1]: 2	a[0][2]: 0	a[0][3]: 0
a[1][0]: 0	a[1][1]: 0	a[1][2]: 0	a[1][3]: 0
a[2][0]: 3	a[2][1]: 4	a[2][2]: 0	a[2][3]: 0

图 6-7 分行部分初始化

a[0][0]: 1	a[0][1]: 2	a[0][2]: 3	a[0][3]: 4
a[1][0]: 0	a[1][1]: 0	a[1][2]: 0	a[1][3]: 0
a[2][0]: 0	a[2][1]: 0	a[2][2]: 0	a[2][3]: 0

图 6-8 顺序部分初始化

由此可见，虽然初始化的数据相同，但由于初始化方式不同，会导致结果有很大差异。

如果初始化二维数组时提供了全部的初值数据或全部行，则可以省略第一维长度，二维数组全部初始化时也不能省略第二维的长度。编译系统将根据初始化数据个数以及第二维长度确定数组第一维的长度。例如：

```
int a[][2]={1,2,3,4,5,6,7,8,9,10};     /*系统根据初始化值确定第一维长度为5*/
int b[][4]={{1, 2} , {0, 3, 4 } , {5}} ; /*系统根据初始化值确定第一维长度为3*/
```

6.3.3 二维数组引用

二维数组同样不能进行整体操作，需要通过引用二维数组元素的方式对数组进行操作。

引用格式：

数组名[下标1][下标2]

定义一个M行N列的二维数组，其下标1的取值范围是0～M－1，下标2的取值范围是0～N－1。例如：

```
int a[2][3];   /*定义int型2*3数组，数组元素为a[0][0]、a[0][1]、a[0][2]、a[1][0]、
                 a[1][1]、a[1][2]*/
```

相当于定义6个int型的变量，对它们的操作与简单变量相同，例如：

```
a[0][0]=1;                          /*将数组a的第一个元素赋值为1*/
a[0][1]=a[0][0]*2;                  /*将a[0][0]的2倍赋予元素a[0][1]*/
```

与引用一维数组元素类似，引用二维数组元素的下标也可以是整型变量。一般利用循环嵌套结构实现对二维数组元素的操作。例如：

```
int i, j, matrix[3][4], sum=0;
for(i=0; i<3; i++)
    for(j=0; j<4; j++)
    {
        scanf("%d", &matrix[i][j]);  /*利用两层循环结构按顺序输入数组各元素的值*/
        sum+=matrix[i][j];           /*对所有元素求和*/
    }
```

外层循环控制数组的行下标，内层循环控制数组的列下标。内、外层循环的控制变量不能相同。

6.3.4 二维数组应用

例6-5 编写程序，实现两个同型矩阵的加法运算。

同型矩阵的加法运算，即两个行数和列数相同的矩阵对应位置的元素求和，如图 6-9 所示。

$$\begin{bmatrix} 3 & 2 \\ 6 & 1 \\ 0 & 7 \end{bmatrix} + \begin{bmatrix} 5 & 7 \\ 8 & 1 \\ 4 & 3 \end{bmatrix} = \begin{bmatrix} 8 & 9 \\ 14 & 2 \\ 4 & 10 \end{bmatrix}$$

图 6-9　矩阵加法

```
#include <stdio.h>
int main()
{
    int a[3][2]={{3, 2}, {6, 1}, {0, 7}}, b[3][2]={{5, 7}, {8, 1}, {4, 3}};
                                                /*初始化方式定义二维数组 a 和 b*/
    int c[3][2], i, j;
    for(i=0; i<3; i++)                          /*外循环(i)控制行变量的变化*/
        for(j=0; j<2; j++)                      /*内循环(j)控制列变量的变化*/
            c[i][j] =a[i][j] +b[i][j];          /*遍历访问数组 a 和数组 b 元素并求和,
                                                  其结果存放于数组 c 对应位置*/
    printf("矩阵求和的结果: \n");
    for(i=0; i<3; i++)                          /*按矩阵形式输出*/
    {
        for(j=0; j<2; j++)
            printf("%3d", c[i][j]);
        printf("\n");
    }
    return 0;
}
```

例 6-6　编写程序，输入一个 m×n 的 int 型矩阵，实现矩阵中最大元素所在行与最小元素所在行的互换，输出互换后的矩阵(m、n 均小于 10)。

```
#include <stdio.h>
int main()
{
    long matrix[9][9], min, max, temp;
    int i, j, m, n, nMax=0, nMin=0;
    /*输入矩阵 m 和 n 值及矩阵中各元素*/
    printf("\nPlease input m and n of Matrix:\n");
    scanf("%d%d",&m,&n);
    printf("\nPlease input elements of Matrix(%d*%d):\n", m, n);
    for(i=0; i<m; i++)
        for(j=0; j<n; j++)
            scanf("%ld",& matrix[i][j]);
    /*遍历数组的每个元素,记录最大元素所在的行号和最小元素所在的行号*/
    min=max=matrix[0][0];
    for(i=0; i<m; i++)
        for(j=0;j<n;j++)
        {
          if(matrix[i][j]>max)
```

```
            {
                max=matrix[i][j];
                nMax=i;
            }
            else if(matrix[i][j]<min)
            {
                min=matrix[i][j];
                nMin=i;
            }
        }
        /*最大元素所在行与最小元素所在行的所有元素互换*/
        for(j=0; j<n; j++)
        {
            temp=matrix[nMax][j];
            matrix[nMax][j]=matrix[nMin][j];
            matrix[nMin][j]=temp;
        }
        /*输出结果*/
        printf("\nResult matrix: \n");
        for(i=0; i<m; i++)
        {
            for(j=0; j<n; j++)
            printf("%5ld ",matrix[i][j]);
            printf("\n");
        }
        return 0;
    }
```

由于 m 和 n 都是未知量，要进行处理的矩阵行列大小是变量。所以需要定义一个规定范围内比较大的二维数组以存储所输入的矩阵数据，但只使用其中的部分数组元素。由于 m、n 均小于 10，可以定义 9×9 的二维数组。程序中使用嵌套循环遍历二维数组的每个元素，从中找到最大元素和最小元素，同时记录最大元素和最小元素的行号 nMax 和 nMin。利用一个 n 次循环完成 nMax 行所有元素和 nMin 行所有元素的互换。

例 6-7 编写程序，输入 6 个学生的学号及对应的高数、英语和计算机 3 门课程的成绩，输出每个学生的总分以及各门课程的平均分。最终的输出格式如图 6-10 所示（图中 * 部分的内容为保存在数组中的内容）。

学号	高数	英语	计算机	总分
*	*	*	*	*
*	*	*	*	*
*	*	*	*	*
*	*	*	*	*
*	*	*	*	*
*	*	*	*	*
平均分	*	*	*	*

图 6-10 输出格式

根据题意及输出格式图，可以定义一个 7 行 5 列的二维数组，将学号、各科成绩、总分及平均成绩都存储在该数组中。其中，表格内部的 1～6 行对应 6 个学生的信息，第 7 行用于存储每一门课的平均成绩；表格的第 1 列用于存储学号,第 2～4 列存储各科成绩,第 5 列用于存储总分。

```
#include <stdio.h>
#define N 6
int main()
{
    float nScore[N+1][5];
    int i, j;
    float fSumRow, fSumColumn;
    printf("\n请输入学生学号及各科成绩:\n");
    /*输入学生学号及各科成绩,计算每个学生的总分*/
    for(i=0; i<N; i++)
    {
        fSumRow=0;                            /*保存总分*/
        scanf("%f", &nScore[i][0]);           /*输入学号*/
        for(j=1; j<=3; j++)
        {
            scanf("%f", &nScore[i][j]);       /*输入该学生的各科成绩*/
            fSumRow+=nScore[i][j];            /*计算第 i 个学生各科成绩之和*/
        }
        nScore[i][j]=fSumRow;                 /*最后一列用来保存第 i 个学生的总分*/
    }
    /*计算每门课的平均分及总平均分*/
    for(j=1; j<=4 ; j++)
    {
        fSumColumn=0;                         /*保存第 j 列的成绩之和*/
        for(i=0; i<N; i++)
            fSumColumn+=nScore [i][j];
        nScore[i][j]=fSumColumn/N;            /*计算并保存第 j 列的平均分*/
    }
    /*输出成绩表*/
    printf("\n 学号 高数 英语 计算机 总分");
    for(i=0; i<N; i++)
    {
        printf("\n%6.0f ", nScore[i][0]);
        for(j=1; j<=4; j++)
            printf("%7.1f", nScore[i][j]);
    }
    /*输出每门课的平均分*/
    printf("\n平均分");
    for(i=1; i<=4; i++)
        printf("%7.1f", nScore[N][i]);
    printf("\n");
```

```
    return 0;
}
```

程序的输入及输出样例如图 6-11 所示。

```
请输入学生学号及各科成绩:
16011 85 81.5 75
16012 78.5 95 68
16013 85.5 68 91.5
16014 75 74 91
16015 84 72.5 93
16016 65 89.5 92

 学号     高数    英语   计算机   总分
16011     85.0    81.5    75.0   241.5
16012     78.5    95.0    68.0   241.5
16013     85.5    68.0    91.5   245.0
16014     75.0    74.0    91.0   240.0
16015     84.0    72.5    93.0   249.5
16016     65.0    89.5    92.0   246.5
平均分    78.8    80.1    85.1   244.0
```

图 6-11 程序运行结果样例图

程序中的第一个两层循环用于输入学生的学号及各科成绩，数据按行输入，每一行的第 0 列为学号，第 1～3 列为成绩，同时利用 fSumRow 变量对第 1～3 列的成绩求和。内循环变量 j 的变化范围是 1～3。内循环结束时，将求和结果 fSumRow 存放于每一行的第 4 列，即该学生的总分。程序中的第二个两层循环用于计算每门课的平均分及总平均分，即对一列求和再求平均值。此时需要对内外循环控制的行列进行变换：外循环控制列，第 0 列学号无须处理，所以列变量的变化范围为 1～4；内循环控制行，变化范围为 0～5；先利用 fSumColumn 变量求取一列的和，即某门课程的总分，然后再计算出平均值存放于每一列的第 6 行。

6.4 高维数组

高维数组是指大于二维的数组。例如利用三维数组表示一个三维表格的数据。由于占用内存空间大、存取速度较慢等原因，高维数组在实际应用中使用较少。高维数组维数的限制由编译系统决定，其定义和引用的方法和二维数组类似（n 维数组需要 n 个维数声明）。

定义格式：

数据类型符 数组名[整型常量表达式 1][整型常量表达式 2]…[整型常量表达式 n]；

高维数组定义中各符号和表达式的说明与一维数组相同。定义高维数组时，系统以相同的原则为数组中的元素分配存储空间。例如：

```
int a[2][3][4];
```

在 Visual C++ 编译环境下，存储数组 a 需要(2×3×4)×4 共 96B，其数组元素在内存中的存储顺序如图 6-12 所示。

与二维数组类似，一个 n 维数组可以看作多个 n－1 维数组，每一个 n－1 维数组又可以看作多个 n－2 维数组，以此类推。例如，对于 int 型三维数组 a[2][3][4]，数组 a 可以看作两个二维数组，数组名分别是 a[0]和 a[1]，每个二维数组又可以看作 3 个一维数组，共计 6 个一维数组，数组名分别是 a[0][0]、a[0][1]、a[0][2]、a[1][0]、a[1][1]、a[1][2]，每个一维数组包含 4 个元素，因此数组中总共包含 2×3×4＝24 个元素，如图 6-13 所示。

高维数组的初始化形式与二维数组的几种形式相同，包括分行初始化、顺序初始化、部分初始化等。例如，对 int 型三维数组 array[3][3][4]进行初始化，可以将 array 数组

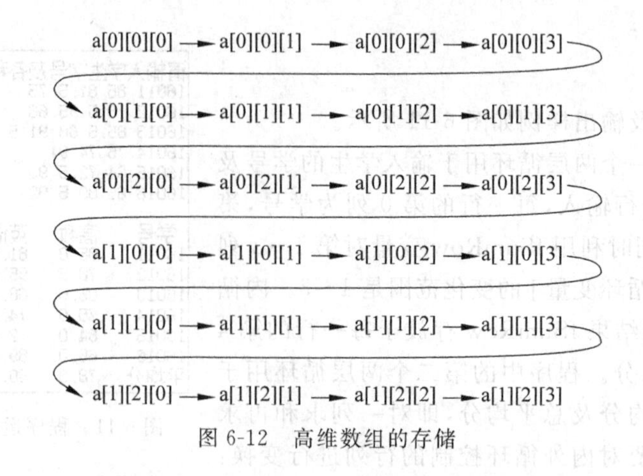

图 6-12　高维数组的存储

数组a					
a[0]	a[0][0]	a[0][0][0]	a[0][0][0]	a[0][0][2]	a[0][0][3]
	a[0][1]	a[0][1][0]	a[0][1][1]	a[0][1][2]	a[0][1][3]
	a[0][2]	a[0][2][0]	a[0][2][1]	a[0][2][2]	a[0][2][3]
a[1]	a[1][0]	a[1][0][0]	a[1][0][1]	a[1][0][2]	a[1][0][3]
	a[1][1]	a[1][1][0]	a[1][1][1]	a[1][1][2]	a[1][1][3]
	a[1][2]	a[1][2][0]	a[1][2][1]	a[1][2][2]	a[1][2][3]

图 6-13　三维数组的构成

看作是 3 个 3×4 的二维数组并分行初始化：

```
int array[3][3][4] ={{{1, 2, 3, 4}, {5, 6, 7, 8}, {9, 10, 11, 12}},
                     {{13, 14, 15, 16}, {17, 18, 19, 20}, {21, 22, 23, 24}},
                     {{25, 26, 27, 28}, {29, 30, 31, 32}, {33, 34, 35, 36}}};
```

也可以按照初值列表中初值的顺序初始化。例如：

```
int array[3][3][4] ={1, 2, 3, 4, 5, 6, 7, 8, 9, 10, 11, 12,13,14,15};
```

如果定义一个高维数组时进行了全部数据的初始化，则可以且只能省略第一维的长度。

定义高维数组时，如果某一维的常量表达式值为 N(即这一维的长度为 N)，则这一维的下标引用范围为 0~N−1。

引用格式：

数组名[下标 1][下标 2]…[下标 m]

对 N 维数组的遍历需要使用 N 层循环完成，并且各循环之间要求使用互不相同的循环控制变量。

例 6-8　编写程序，实现三维数组的赋值及输出过程。

```
#include<stdio.h>
int main()
{
```

```
    int array[2][3][4], i, j, k;
    /* 利用三层循环为三维数组的元素赋值 */
    for(i=0; i<2; i++)
        for(j=0; j<3; j++)
            for(k=0; k<4; k++)
                array[i][j][k]=i*12+j*4+k+1;
    /* 利用三层循环遍历输出三维数组的元素值 */
    for(i=0; i<2; i++)
        for(j=0; j<3; j++)
        {
            for(k=0; k<4; k++)
                printf(" array[%d][%d][%d]=%2d ",i, j, k, array[i][j][k]);
            printf("\n");
        }
    return 0;
}
```

程序运行结果如图 6-14 所示。

```
array[0][0][0]= 1  array[0][0][1]= 2  array[0][0][2]= 3  array[0][0][3]= 4
array[0][1][0]= 5  array[0][1][1]= 6  array[0][1][2]= 7  array[0][1][3]= 8
array[0][2][0]= 9  array[0][2][1]=10  array[0][2][2]=11  array[0][2][3]=12
array[1][0][0]=13  array[1][0][1]=14  array[1][0][2]=15  array[1][0][3]=16
array[1][1][0]=17  array[1][1][1]=18  array[1][1][2]=19  array[1][1][3]=20
array[1][2][0]=21  array[1][2][1]=22  array[1][2][2]=23  array[1][2][3]=24
```

图 6-14 程序运行结果

6.5 字符数组与字符串

用于存储字符型数据的数组称为字符数组。字符数组的每一个存储单元存储一个字符，按照字符类型，分为 ASCII 码字符类型数组、宽字节字符类型数组和统一编码字符类型数组。支持 C99 标准及以后标准的编译器可实现宽字节字符类型数组和统一编码字符类型数组的应用。C 语言使用字符数组存储字符串，字符串实际上是字符数组的一个特例。

6.5.1 字符数组

字符数组的定义、初始化和引用规则与数值型数组的相应规则完全相同。

1. 字符数组定义

定义 ASCII 码字符类型数组时，需要将数组类型设置为 char。例如：

```
char c[10];     /* 定义名为 c 的一维字符数组,数组长度为 10,存储 10 个 ASCII 码字符 */
char s[3][4];   /* 定义名为 s 的二维字符数组,由 3 个一维数组组成,每个一维数组存储 4 个
                   ASCII 码字符 */
```

定义 ASCII 码字符数组时,数组的长度即是 ASCII 码字符数组在内存中所占的字节数。例如,上例中的数组 c 占用 10 个字节的存储空间,数组 s 占用 3×4 共 12 个字节的存储空间,其存储情况如图 6-15 所示。

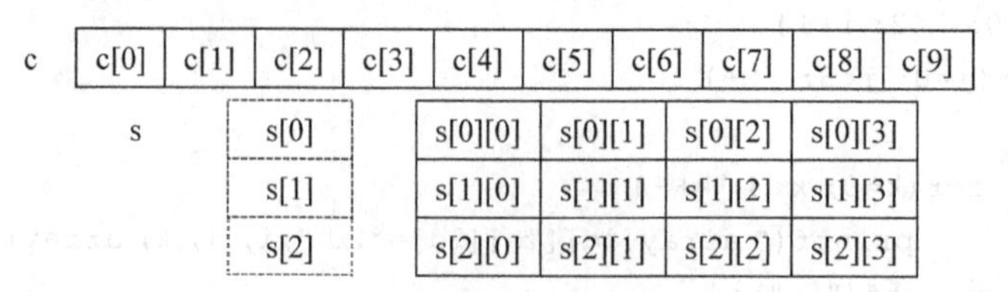

图 6-15　字符数组的存储

定义宽字节字符类型数组时,需要将数组类型设置为 wchar_t。定义统一编码字符类型数组,需要将数组类型设置为 char16_t 或 char32_t。例如:

```
wchar_t c[32];                        /* 宽字节字符类型数组 */
char16_t c[32];                       /* 统一编码字符类型数组 */
```

2. 字符数组初始化

ASCII 字符数组的初始化方式分为分行赋值和按初值顺序赋值。例如:

```
char c[10]={ 'h ', 'e', 'l', 'l', 'o'};        /* 按字符顺序赋予数组中的每个元素 */
char s[ ][3]={{ 'a', 'b', 'c'}, {'d', 'e'}};
                                               /* 分行初始化赋值给数组中的每个元素 */
```

如果初始化时给出数组的全部元素,则可以省略第一维长度。未赋初值的元素将被初始化为 0(ASCII 值为 0,即'\0')。初始化结果如图 6-16 所示。

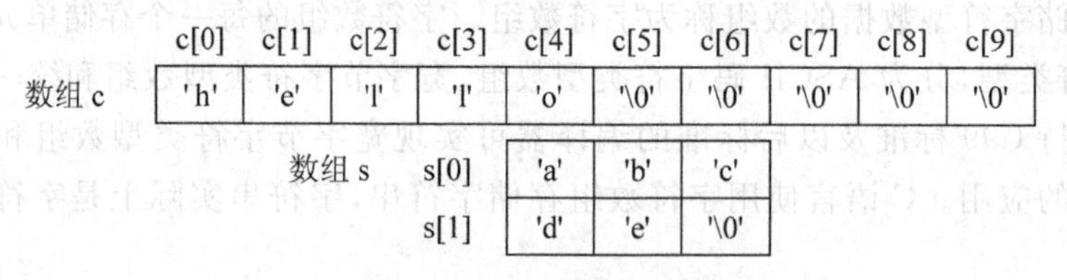

图 6-16　字符数组的初始化结果

宽字节字符类型数组进行初始化时,其初值列表中的每个初值前由 L 引导。例如:

```
wchar_t c[10]={L 'h ', L 'e', L'l', L'l', L 'o'};
```

3. 字符数组引用

字符数组的每一个元素都可以单独作为一个字符变量引用。例如:

```
int i, j;
char c[3][5]={{' ', ' ', '*', ' ', ' '}, {' ', '*', ' ', '*', ' '}, {'*', ' ', '*', ' ', '*'}};
for(i=0; i<3; i++)      /*输出一个由字符数组构成的简单图像*/
{
    for(j=0; j<5; j++)
        printf("%c", c[i][j]);
    printf("\n");
}
```

6.5.2 字符串

字符串是指从除'\0'之外的字符开始到'\0'结束的一串连续字符序列。由于字符'\0'等于数值0，也可以将字符串理解为从非0值开始到0结束的一串连续字符序列。C语言并没有提供字符串数据类型，而是使用字符数组存储字符串。每个字符串以'\0'结束，'\0'又称为字符串结束标志。因此，定义用于存储字符串的字符数组时，必须保证字符数组的长度比字符串的长度至少多一个。

有两种方式可以将字符串作为初值进行字符数组初始化。例如：

```
char s[]={"Hello"};   或   char s[]="Hello";
```

初始化后数组s在内存中的存储方式如下：

'H'	'e'	'l'	'l'	'o'	'\0'

编译系统将字符串"Hello"中的字符存储到字符数组s中，最后还将追加一个'\0'存到字符数组中。字符串"Hello"的长度为5，初始化后，字符数组的长度为6，最后一个元素为'\0'。利用字符串初始化与下面的字符数组的初始化方式等价：

```
char s[]={'H', 'e', 'l', 'l', 'o', '\0' };
```

或

```
char s[6]={'H', 'e', 'l', 'l', 'o', '\0' };
```

但是，下面两种初始化方式不等价：

```
char s1[]={'H', 'e', 'l', 'l', 'o' };   /*s1字符数组的长度为5*/
char s2[]={"Hello"};                     /*s2字符数组的长度为6,其中保存了字符串
                                           的结束标志符'\0'*/
```

字符串的定义和初始化需要注意以下问题：

(1) 初始化的字符串长度应小于字符数组定义的长度，例如：

```
char s[20]={"C Program"};               /*剩余元素都将初始化为'\0'*/
```

如果初始化字符串的长度大于或等于所定义的字符数组长度，将导致字符丢失或字符数组无法作为字符串使用。

(2) 只能在初始化时将字符数组初始化为字符串,不能在程序的可执行语句中将字符串整体赋值给字符数组。例如:

```
char str[10];
str="hello";                                /* 非法的赋值语句 */
```

如果希望执行语句过程中将字符串常量赋给字符数组,应使用循环语句实现或调用相应的字符串处理函数实现。例如:

```
char s[] ={"hello"},str[10];
for(i=0; s[i]!='\0'; i++)                   /* 循环遍历字符串所有元素 */
        str[i] =s[i];                       /* 为 str 数组对应元素赋值 */
str[i] ='\0';                               /* 设置 str 数组结束标志 */
```

宽字节字符数组的初始化方式也可以采用字符串形式。例如:

```
wchar_t s[]=L"Hello";
```

例 6-9 编写程序,计算不同类型字符数组的初始化结果及占用空间大小。

```
/* 该程序在支持 C99 及以后标准的高版本编译器下实现 */
#include <stdio.h>
#include <stdlib.h>
#include <stddef.h>
int main()
{
    char c[]="hi";
    wchar_t wc[]=L"hi";
    printf("\nsizeof(c)=%d",sizeof(c));   /* 结果为 sizeof(wc)=3,原因是'\0'
                                             占用 1 个字节 */
    printf("\nsizeof(wc)=%d",sizeof(wc)); /* 结果为 sizeof(wc)=6,原因是 L'\0'
                                             占用 2 个字节 */
    return 0;
}
```

例 6-10 编写程序,利用字符数组保存 6 个学生的姓名,并按字母顺序输出。

```
#include <stdio.h>
#include <string.h>
#define N 6
int main()
{
    char sname[N][16]={"王岩", "李晓月", "刘敏", "李利", "赵一阳", "王阳欣"};
    char s[16];
    int i, j, iMin;
    for(i=0; i<N; i++)          /* 按字母顺序排序字符数组 */
    {
        iMin=i;
```

```
        for(j=i+1; j<N; j++)  /* 从待排序的姓名中选取最小值所在下标 iMin */
            if(strcmp(sname[iMin],sname[j])>0)   /* 使用 strcmp 函数实现字符串比较 */
                iMin=j;
        if(iMin!=i)            /* 找到最小值,将其交换放置于字符数组的第 i 个位置 */
        {
            strcpy(s,sname[i]);      /* 使用 strcpy 函数实现字符数组间的交换 */
            strcpy(sname[i],sname[iMin]);
            strcpy(sname[iMin],s);
        }
    }
    printf("\n按字母顺序排序学生姓名: \n");
    for(i=0; i<N; i++)
        printf("\n%s", sname[i]);
    printf("\n");
    return 0;
}
```

由于存储一名学生姓名需要定义一个一维字符数组(存储字符串),则存储 6 名学生姓名需要定义一个二维字符数组存储多个字符串。例如定义 char 型 sname[6][16],二维字符数组 sname 可以看作是由 6 个一维字符数组组成,分别是 sname[0],sname[1],…,sname[5],每个一维数组用于存储一个学生姓名(字符串),其长度为 15 个字符。按照字母顺序调整字符串的过程通过调用字符串比较函数和字符串复制函数实现。

例 6-11 编写程序,比较两个字符串的大小,并输出比较结果。

```
#include <stdio.h>
int main()
{
    char s1[100], s2[100];
    int i, nResult;
    printf("\n请输入两个字符串: \n");  /* 输入两个字符串 */
    gets(s1);
    gets(s2);
    for(i=0;;i++)                    /* 循环没有终止条件,从内部终止 */
    {
        nResult =s1[i]-s2[i];        /* 进行比较,将结果保存在 nResult */
        if(nResult!=0)
            break;                   /* 如果结果非零,说明 s1[i]和 s2[i]不等,直
                                        接跳出循环 */
        if(s1[i]=='\0')
            break;                   /* 结果为零,但 s1[i]和 s2[i] 可能都是'\0',
                                        此时说明 s1 和 s2 完全相等 */
        /* 否则继续比较下一个数组元素 */
    }
    if (nResult>0)                   /* 输出比较结果 */
```

```
        printf("%s >%s", s1, s2);          /* s1[i]-s2[i]>0, s1>s2 */
    else if (nResult<0)
        printf("%s <%s", s1, s2);          /* s1[i]-s2[i]<0, s1<s2 */
    else
        printf("%s =%s", s1, s2);          /* s1[i]-s2[i]=0, s1==s2 */
    printf(",比较结果=%d", nResult);
    return 0;
}
```

比较两个字符串的大小是指比较字符串中对应字符的 ASCII 值的大小，而不是比较字符串的长短。s1 和 s2 字符串比较时，比较 s1 的第 i 个字符 s1[i]与 s2 的第 i 个字符 s2[i]，如果两者不相等，表示两个字符串 s1 和 s2 不相等。比较的结果用 s1[i]－s2[i]表示。s1[i]－s2[i]＞0 说明 s1 大于 s2；s1[i]－s2[i]＜0 说明 s1 小于 s2。如果两者相等，则有两种可能：一种是 s1 和 s2 正好是字符串的结束符'\0'，此时说明两个字符串完全相等；另一种是两个字符串的第 i 个字符相等，但仍然有需要比较的后续字符 s1[i＋1]和 s2[i＋1]，应继续上述比较过程。

例 6-12　编写程序，在给定字符串中寻找子串并输出子串出现的所有位置。

在已知字符串中寻找子串及其位置是字符串处理中比较常见的应用，假设在字符串"aababcabcd"中查找子串"abc"，顺序查找子串的基本思想如图 6-17 所示。

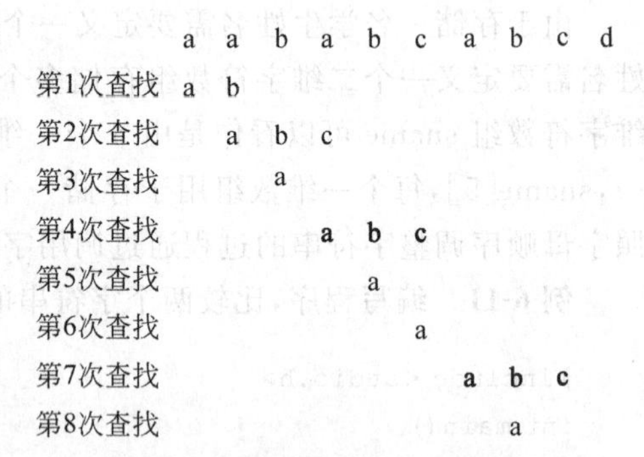

图 6-17　查找子串的基本过程

考虑到字符串及子串的长度，共需要查找 8 次。每一次子串查找过程中，子串的每一个字符都要与待查找字符串中对应的字符依次进行比较。如果比较到某一个字符不相等时，终止后续字符比较，查找下一个子串；如果比较的所有字符都相等，表示找到子串，然后继续查找下一个子串。例如，进行到第 3 次查找时，比较子串的第一个字符'a'与字符串对应位置的字符'b'，由于两者不相等而直接进入第 4 次查找。第 4 次查找中，比较的 3 个字符都相等，找到一个子串，继续第 5 次查找。

```
#include <stdio.h>
#include <string.h>
int main()
{
    char str[50], substr[10];
    int n1, n2, n, i, j, flag;
    printf("请输入已知字符串：\n");
    gets(str);
    printf("请输入欲查找的子串：\n");
    gets(substr);
    n1 =strlen(str);          /*调用字符串长度计算函数获得字符串 str 长度*/
```

```
    n2 =strlen(substr);        /* 调用字符串长度计算函数获得子串 substr 长度 */
    flag=0;
    n =n1-n2;                  /* 查找次数与字符串和子串的长度有关 */
    for (i =0; i <=n; i++)     /* 查找次数为 strlen(str) -strlen(substr) +1 =n +1 */
    {
        for (j =0; j <n2; j++)          /* 将子串的各个字符与字符串对应依次比较 */
        {
            if (str[i +j] !=substr[j]) /* 如果比较过程中有不相等的字符 */
                break;                  /* 则中断本次查找,继续下一次查找 */
        }
        /* 内循环结束后,如果 j 等于子串长度,则说明找到子串 */
        if (j ==n2)
        {
            printf("子串所在下标位置为: %d\n", i);
            flag=1;                     /* 找到子串,设置标志位 */
        }
    }
    if(flag==0)                         /* 如果标志位没有被置位,则没找到子串 */
        printf("没找到子串!\n");
    return 0;
}
```

使用两层循环结构实现顺序查找子串的算法。外循环为查找次数,查找次数与字符串 str 长度以及子串 substr 长度相关,为 strlen(str)－strlen(substr)＋1＝n＋1 次。内循环控制子串 substr 中各个字符与字符串 str 中对应字符的依次比较,比较次数为 n2＝strlen(substr)。内循环过程中,如果出现比较的字符不相等,即 str[i＋j]!＝substr[j],则使用 break 终止后续字符的比较,直接进入下一次查找过程。如果内循环结束后,循环变量与子串长度相等,即 j＝＝n2,则说明找到子串,其所在下标位置即为此时的 i 值。设置标志符 flag＝1,通过读取标志位的值来判断是否找到子串。

6.6 字符串处理函数

在 C 语言中,字符串的基本操作可以通过与之相关的字符串函数实现。ASCII 码型字符串与输入输出相关的函数定义在头文件 stdio. h 中,其字符串基本操作函数(例如字符串比较、链接、长度计算等)定义在头文件 string. h 中,其字符串转换函数定义在头文件 stdlib. h 中,调用字符串处理函数时需要使用预编译指令 ＃include 包含相应的头文件。

6.6.1 字符串标准输入输出函数

标准输入输出是指从键盘读入字符串以及输出字符串到显示器。

1. 单字符形式输入输出

利用包含 scanf/printf 函数的循环语句完成单字符形式输入输出字符串。

输入字符串时需要预留出数组元素存储结束符'\0'。例如：

```
char str[8]; int i;
for(i=0 ; i<=6 ; i++)
    scanf("%c" , &str[i]);          /*循环控制输入字符串*/
str[7]='\0';                        /*保存字符串结束符*/
```

输出字符串时,利用结束符'\0'作为循环中止的条件。例如：

```
char str[]="Hello World!"; int i;
for(i=0; str[i]!='\0'; i++)
    printf("%c", str[i]);           /*循环控制输出字符串*/
```

2. 格式化输入输出函数

利用 scanf/printf 函数的控制格式字符%s 直接实现 ASCII 字符类型字符串的输入输出操作。

printf 函数中与%s 对应的是字符数组名或字符串常量。例如：

```
char str[]="Hello World!";
printf("%s", str);
```

如果一个字符数组中有多个'\0',则遇到第一个'\0'即认为字符串结束。'\0'作为结束符并不会被输出显示。

使用 scanf 函数以%s 输入字符串时,直接使用数组名作为输入地址,scanf 函数在字符串读入结束时会自动在字符串末尾添加并存储一个'\0'。例如：

```
char str[20];
scanf("%s", str);
```

若用户输入"hello"并回车,则"hello"这 5 个字符被依次保存到 str[0]至 str[4]这 5 个数组元素中,并且'\0'被保存到 str[5]中,同时,从 str[6]开始的其余元素也被自动填充为'\0'。

使用 scanf 函数无法输入包含空格的字符串。因为遇到空格,输入将被中止。例如,用户输入的字符串是"Hello World",则保存到 str 数组中的只有"Hello",而不是完整的字符串"Hello World"。

3. gets/puts 函数

gets 函数可以输入带有空格的字符串,gets 函数以回车符作为输入结束符并存储'\0'。puts 函数用于输出指定字符串,其参数可以是字符数组名或字符串常量,输出后将自动换行。

调用格式：

```
gets(字符数组名);
puts(字符数组名/字符串常量);
```

例如：

```
char str[20];
gets(str);                /*用户输入字符串"Hello World"后回车，则"Hello World"将
                            被完整地保存到 str 数组*/
puts(str);                /*输出 Hello World*/
puts("C program");        /*输出 C program*/
```

利用上述 3 种方式输入输出字符串时需要注意两点：

(1) 不要以字符串输出方式试图输出一个没有串结束符的字符数组。例如：

```
char str[]={'h','e','l','l','o'};     /*字符数组长度为 5,无结束符'\0'*/
printf("%s",str);                     /*会导致输出错误的字符串输出代码*/
puts(str);                            /*会导致输出错误的字符串输出代码*/
```

由于字符数组 str 初始化时并没有初始化结束符'\0',printf 和 puts 会在输出"hello"以后，继续向后遍历，并将后续内存单元的数据转换为字符输出，直到遇到'\0'为止，这将会导致输出乱码或不确定的字符。

(2) 使用 scanf 或 gets 输入字符串时，若输入字符的个数大于字符数组的长度，多出的字符则会存储在合法存储空间之外，造成数组下标的越界操作，将有可能导致程序或系统异常。

6.6.2 字符串输入输出函数

C 语言不仅提供面向控制台的标准输入输出函数 scanf/printf，还提供面向字符串的输入输出函数 sscanf/sprintf 以及面向文件的输入输出函数 fscanf/fprintf(参见第 11 章)。

sscanf 函数的用法与 scanf 函数类似。scanf 用于从键盘按格式从字符串读取数据到变量或数组，sscanf 函数则用于从内存中按一定格式读取数据到变量或数组，实现从字符串中提取指定形式或指定长度的整数、浮点数和字符串等功能。sprintf 函数的用法与 printf 函数相似，printf 函数可以将数值、字符或字符串按相应的格式输出到屏幕，sprintf 函数则将数值、字符或字符串按相应的格式输出到字符串，sprintf 函数返回值为输出的字符数。sscanf 和 sprintf 函数可以实现将数值型数据转换为字符串，连接多个字符串等功能。高版本编译器中 sscanf 函数和 sprintf 函数的使用更为灵活，也更为安全。

调用格式：

```
sscanf(字符数组,格式字符串,数据地址列表);
sprintf(字符数组,格式字符串,值列表);
```

例 6-13 编写程序，实现 sscanf/sprintf 函数的应用。

```
#include <stdio.h>
int main()
{
    char str1[] = "C programming 6 6.6", s1[] = "Hello", s2[] = "World";
    char c, s[20], str[200];
    int n,data = 64,i;
    float a, pi=3.1415926;
    /* 从 str1 中读取相应格式数据至各变量 */
    sscanf(str1, "%c%s%d%f", &c, s, &i, &a );
    printf("输出结果 1 \n 字符   : %c\n", c );
    printf("字符串: %s\n", s);
    printf("整数   : %d\n", n);
    printf("实数   : %f\n", a);
    /* 将相应格式数据写入 str 中 */
    i =sprintf(str, " 十进制整数: %d\n", data );
    i +=sprintf(str +i, " %d 的十六进制: %x\n", data, data );
    i +=sprintf(str +i, " 浮点数: %.2f\n", pi );
    i +=sprintf(str +i, " 字符串: %s %s!", s1, s2 );
    printf("输出结果 2 \n%s\nstr 中共包含字符数 = %d\n", str, i );
    return 0;
}
```

程序执行后输出的结果:

```
输出结果 1
字符   : C
字符串: programming
整数   : 6
实数   : 6.6
十进制整数: 64
64 的十六进制: 40
浮点数: 3.14
字符串: Hello World!
输出结果 2
str 中共包含字符数 =69
```

sprintf 函数最典型的应用之一是将整数输出到字符串,在多数场合可以替代 itoa 函数。例如:

```
sprintf(s,"%d",123);                    /* 将整数 123 转换为字符串"123" */
```

6.6.3 字符串复制函数

C 语言规定不能将字符串常量或其他字符数组直接赋值给一个字符数组。strcpy/strncpy 字符串复制函数可以实现 ASCII 码型字符串或字符数组的赋值操作。

调用格式：

```
strcpy(字符数组，字符串);
strncpy(字符数组，字符串，n);
```

strcpy 函数用于将字符串的内容复制到字符数组中，字符串结束符'\0'一并复制到字符数组。字符串既可以是字符串常量形式，也可以是字符数组形式。strcpy 函数要求字符数组长度大于字符串长度，否则将导致数组下标的越界操作。例如：

```
char s1[10], s2[10], s3[]="Hello!";
strcpy(s1, s3);                      /* 将 s3 中的字符串"Hello! "复制到 s1 中 */
strcpy(s2, "World");                 /* 将字符串"World"复制到 s2 中 */
```

strncpy 函数用于将字符串的前 n 个字符复制到字符数组中。如果字符串的长度小于 n 值，则多余部分将被复制为结束符；如果 n 值大于字符数组的长度，则会造成数组越界。例如：

```
char s[10];
strncpy(s, "Hello World!", 5);     /* 将"Hello World!"的前 5 个字符 Hello 复制到 s
                                       中，s[5]~s[9]为'\0' */
```

6.6.4 字符串连接函数

字符串连接是指将两个字符串连接为一个字符串，例如"Hi"与"C"连接后形成字符串"HiC"或字符串"CHi"。ASCII 码型字符串的连接通过 strcat/strncat 函数实现。

调用格式：

```
strcat(字符数组，字符串);
strncat(字符数组，字符串，n);
```

strcat 函数用于将字符串连接到字符数组存储的原字符串尾部，形成的新字符串仍然存储在字符数组中。字符串既可以是字符串常量形式，也可以是字符数组形式。strcat 函数要求字符数组的长度必须足够大，以保证能够存储连接后的新字符串。例如：

```
char s1[50]="This is ", s2[50]="C programming. ";
strcat(s1, s2);                /* 连接后 s1 中的内容是"This is C programming." */
```

strncat 函数用于将字符串的前 n 个字符连接在字符数组原有字符串尾部。如果 n 值大于字符串长度，则只连接字符串现有内容。例如：

```
char s[50]="Hello ";
strncat(s, "World!", 10);      /* 连接结果 s 为"Hello World! " */
```

6.6.5 字符串比较函数

ASCII 码型字符串的比较通过 strcmp/strncmp 函数实现。

调用格式：

```
strcmp(字符串 1, 字符串 2);
strncmp(字符串 1, 字符串 2, n);
```

字符串 1 和字符串 2 既可以是字符串常量，也可以是字符数组。字符串 1 和字符串 2 完全相等时，函数返回 0；字符串 1 大于字符串 2 时，函数返回一个正整数；字符串 1 小于字符串 2 时，函数返回一个负整数。

strcmp 函数的字符串比较规则是：将两个字符串的所有字符按其 ASCII 码值从左至右逐个进行比较，直至出现不相等的字符或遇到'\0'为止。如果所有字符的 ASCII 码值都相等，表示两个字符串相等。当出现第一对 ASCII 码值不相等的字符时，表示两个字符串不相等，strcmp 函数返回这对字符 ASCII 码的差值。例如：

```
char s1[]="C language", s2[]="C Program";
num=strcmp(s1, s2);            /* 比较结果 num>0 */
```

s1 和 s2 两个字符串的前两个字符'C'和空格字符' '都相等，继续比较时，第 3 个字符'l'的 ASCII 值(108)大于字符'P'的 ASCII 值(80)，因此函数返回值为正整数(28)。

strncmp 函数用于比较两个字符串的前 n 个字符，其比较规则与 strcmp 函数比较规则相同。

6.6.6 字符串检索函数

1. strchr/strrchr 函数

strchr/strrchr 函数实现在 ASCII 码型字符串中查找某个字符的位置。

调用格式：

```
strchr(字符串, 字符);
strrchr(字符串, 字符);
```

strchr 函数返回值为字符在字符串中第一次出现位置的内存地址。strrchr 函数返回值为字符在字符串中最后一次出现位置的内存地址，如果字符串中没有该字符，则返回 NULL 值。例如：

```
char s[] ="C Language";
printf("字符串: %s\n", s);                          /* 字符串: C Language */
printf("起始地址: %p\n", s);                        /* 起始地址: 0060FF05 */
printf("第一个'a'的地址: %p\n", strchr(s, 'a'));      /* 第一个'a'的地址:
                                                       0060FF08 */
printf("最后一个'a'的地址: %p\n\n", strrchr(s, 'a')); /* 最后一个'a'的地址:
                                                       0060FF0C */
```

2. strpbrk/strstr 函数

strpbrk/strstr 函数实现 ASCII 码型字符串的子串检索功能。

调用格式：

```
strpbrk(字符串 1, 字符串 2);
strstr(字符串 1, 字符串 2);
```

strpbrk 函数用于从字符串 1 中第 1 个字符开始向后查找与字符串 2 中任何一个字符相匹配的第 1 个字符的内存地址，如果没有任何相匹配的字符，则返回空指针 NULL。

strstr 函数的功能是在字符串 1 中查找第一次出现字符串 2 的位置，并返回字符串 2 在字符串 1 中的起始位置地址，如果没有找到字符串 2，则返回空指针 NULL。

两个函数的区别在于：strpbrk 函数只需要匹配字符串 2 中的任意一个字符，strstr 函数则需要匹配字符串 2 中的全部字符。例如：

```
char s1[]="strpbrk";
char s2[]="string";
if(strpbrk(s1,s2)!=NULL)
    printf("%s 与%s 存在相同的子串",s1,s2);
else
    printf("%s 与%s 不存在相同的子字符串%s",s1,s2);
if(strstr(s1,s2)!=NULL)
    printf("%s 中存在子串%s",s1,s2);
else
    printf("%s 中不存在子串%s",s1,s2);
```

程序运行结果：

```
strpbrk 与 string 存在相同的子串
strpbrk 中不存在子串 string
```

3. strspn/strcspn 函数

strspn/strcspn 函数实现 ASCII 码型字符串的子串匹配检索功能。

调用格式：

```
strspn(字符串 1, 字符串 2);
strcspn(字符串 1, 字符串 2);
```

strspn 函数用于计算从字符串 1 中连续有几个字符属于字符串 2，即计算从字符串 1 起始位置开始连续有几个字符与字符串 2 中的字符完全相同。如果字符串 1 的第一个字符不属于字符串 2，则函数返回 0。如果字符串 1 开始连续的 n 个字符属于字符串 2，则函数返回值为 n。

strcspn 函数用于计算从字符串 1 的起始位置开始连续有几个字符都不属于字符串 2。如果字符串 1 起始位置连续有 n 个字符都不属于字符串 2，则函数返回值为 n，即返回第一次匹配前的字符数；如果字符串 1 中所有字符都没有在字符串 2 中出现，则返回字符串 1 的长度。

两个函数的区别在于：strspn 函数是计算属于字符串的字符个数，strcspn 函数则是判断不属于字符串的字符个数。需要注意检索的字符区分大小写。例如：

```
int i, j;
char s1[] ="file/f1.txt";
char s2[] ="c program files";
i =strspn(s1, s2);
j =strcspn(s2, s1);
printf(" s1中连续的前 %d 个字符都属于 s2\n", i);  /* s1中连续的前 4 个字符都属于 s2 */
printf(" s2中连续的前 %d 个字符都不属于 s1\n", j);  /* s2中连续的前 10 个字符都不属于 s1 */
```

6.6.7 字符串转换函数

字符串转换函数可以实现数值与字符串之间的转换。例如,atoi 函数用于将数字字符构成的 ASCII 码类型字符串转换为整数,itoa 函数用于将整数转换为 ASCII 码型的数字字符串。

调用格式:

```
atoi(字符串);
itoa(整数值,字符数组,进制);
```

atoi 函数只能转换以数字字符构成的字符串;itoa 函数将整数值转换成字符串存储在字符数组中,进制是转换时所使用的进制基数,可选值为 8、10、16。例如:

```
int a;
char s[20]="65534abc";
a =atoi(s);
printf("转换为整数: %d\n", a);
printf("转换为数字字符串: %s\n", itoa(a, s, 16));    /* 转换为十六进制的数字字符 */
```

除 atoi 函数和 itoa 函数外,C 语言提供的常用转换函数如表 6-1 所示。

表 6-1 常用字符串转换函数

常用字符串转换函数原型	说　明
double atof(const char * nstr);	字符串转换成双精度数
long atol(const char * nstr);	字符串转换成长整型数
char * gcvt(double number, size_t ndigits, char * buf);	双精度数(四舍五入)转换成字符串
double strtod(const char * nstr, char **endstr);	字符串转换成双精度数
long strtol(const char * nstr, char **endstr, int base);	字符串转换成长整型数
unsigned long strtoul(const char * nstr, char **endstr, int base);	字符串转换成无符号长整型数

6.6.8 其他字符串常用函数

1. 字符串长度计算函数

strlen 函数用于计算 ASCII 码型字符串的实际长度。

调用格式：

```
strlen(字符串);
```

strlen 函数的返回值不包括结束符'\0'。例如：

```
char str[]="hello";
n=strlen(str);              /*函数返回值为5*/
```

2. 大小写转换函数

strlwr 函数用于将 ASCII 码型字符串中所有大写字母转换成小写字母；strupr 函数用于将 ASCII 码型字符串中所有小写字母转换成大写字母。

调用格式：

```
strlwr(字符数组);
strupr(字符数组);
```

必须注意的是，函数参数只能是字符数组，不能是字符串常量。例如：

```
char str[] ="Hello World!";
printf("%s", strupr(str));      /*输出结果为"HELLO WORLD!"*/
printf("%s", strlwr(str));      /*输出结果为"hello world!"*/
```

6.6.9 宽字节型字符串函数

宽字节型字符串相关函数定义在头文件 wchar.h 中。调用其字符串处理函数时使用预编译指令 #include 包含头文件 wchar.h。目前，宽字节型字符串的相关函数只能在支持 C99 及以后标准的高版本编译器下应用。

与常用的 ASCII 码型字符串函数对应的宽字节型字符串函数如表 6-2 所示。

表 6-2 常用宽字节型字符串函数功能对应表

ASCII 码型字符串函数	对应的宽字节型字符串函数	功　能
scanf/printf	wscanf/wprintf	格式化输入输出函数
gets/puts	fgetws/fputws	字符串输入输出
sscanf/sprintf	swscanf/swprintf	字符串输入输出
strcpy/strncpy	wcscpy/wcsncpy	字符串复制
strcat/strncat	wcscat/wcsncat	字符串连接
strcmp/strncmp	wcscmp/wcsncmp	字符串比较
strchr/strrchr	wcschr/wcsrchr	字符检索
strpbrk/strstr	wcspbrk/wcsstr	字符串检索(子串)
strspn/strcspn	wcsspn/wcscspn	字符串检索(子串匹配)
strlen	wcslen	字符串长度计算

大多数宽字节型字符串函数的功能和调用方法与 ASCII 码型字符串函数一致，只是

函数名称上有所变化。例如：

```
/*与 ASCII 码型输入输出函数对应的宽字节型字符串输入输出函数*/
#include <wchar.h>
int main()
{
    wchar_t str [80];              /*定义宽字符数组*/
    wprintf (L"请输入宽字符例：\n");
    wscanf (L"%s",str);
    wprintf (L"输出宽字符结果：%s\n", str);
    return 0;
}
```

6.7 数组新特性

C99 和 C11 标准中对数组补充的特性包括动态数组和数组指定初始化等。

(1) 动态数组。数组的长度可以在程序运行期间确定，称为动态数组。例如：

```
#include <stdio.h>
int main()
{
    int size, i;
    printf("请输入要存储的数据个数：");
    scanf("%d", &size);          /*程序运行期间，可以输入数组长度*/
    float data[size];            /*定义动态数组*/
    for(i=0; i<size; i++)
        scanf("%f",&data[i]);     /*动态数组的数据输入*/
    for(i=0; i<size; i++)
        printf("%.2f ",data[i]);  /*动态数组的数据输出*/
    return 0;
}
```

但是，只有局部数组才可以定义为动态数组。动态数组的长度在数组生存期内不变，即动态数组并不完全动态。例如，在上面的代码中 int 型变量 size 输入 10，则在数组 data 的生存期内，该数组的长度始终为 10。

(2) 数组指定初始化。可以通过指定具体数组下标进行数组指定元素的初始化赋值。例如：

```
int num[5] ={[0] =1601, [3] =1603};   /*等价于 int num[5]={1601, 0, 0, 1603, 0};*/
float score[5]={[2]=85, [1]=90.5};    /*等价于 float score[5]={0, 90.5, 85, 0, 0};*/
```

6.8 案　　例

问题陈述：当不同用户对多部电影都进行了评分后，采用分差计算用户相似度的方法已不再适用，需要调整相似度计算公式。假设将用户评分保存于二维数组中，构成评分矩阵。每行代表同一用户对不同电影的评分，每列代表不同用户对同一部电影的评分。由于存在多部电影，两个不同用户的相似度应该是在所有电影评分上的接近程度。可以选择向量空间的余弦相似度衡量用户的相似性。假设两个用户 u_1 和 u_2 对 n 部电影的评分分别是($p_{a1}, p_{a2}, \cdots, p_{an}$)和($p_{b1}, p_{b2}, \cdots, p_{bn}$)，其相似度计算公式是：

$$\mathrm{Sim}(u_a, u_b) = \frac{\sum_{i=1}^{n}(p_{1i} \times p_{2i})}{\sqrt{\sum_{i=1}^{n} p_{1i}^2 \times \sum_{i=1}^{n} p_{2i}^2}}$$

为了计算方便，可以将上述公式表示为

$$\mathrm{Sim}(u_1, u_2) = \frac{a}{\sqrt{b \times c}}$$

其中，$a = \sum_{i=1}^{n}(p_{1i} \times p_{2i})$，$b = \sum_{i=1}^{n} p_{1i}^2$，$c = \sum_{i=1}^{n} p_{2i}^2$。

问题的输入：

(1) M 个用户对 N 部影片的评分数据(假设 M=5，N=10，且评分数据初始化给定)

(2) 待计算相似度的两个用户 ID

问题的输出：指定用户的相似度

算法描述：

```
Step1: 声明数组变量 user_ratings,整型 user_id1、user_id2,相似度计算相关变量 a、b、c
       和 similarity。
Step2: 输入提示信息,并读入用户 1 和用户 2 的 ID。
Step3: 初始化 similarity =a =b =c =0。
Step4: 对每一部电影:
    Step4.1: 计算用户 1 和用户 2 对同一电影的评分乘积,并累加。
    Step4.2: 计算用户 1 对该电影的评分平方,并累加。
    Step4.3: 计算用户 2 对该电影的评分平方,并累加。
Step5: 计算相似度,similarity =a/sqrt(b * c)。
Step6: 输出相似度结果。
```

源程序代码：

```c
/* Author:“程序设计基础(C)”课程组
* Description: 在给定用户-影片评分矩阵的基础上进行用户相似度计算 */
#include <stdio.h>
#include <math.h>
```

```
int main()
{   /*以二维矩阵保存评分结果,数组 user_ratings 保存 5 个用户对 10 部影片的评分结果。*/
    int user_ratings[5][10]={{6,7,8,6,6,6,7,6,7,5},
                             {8,6,8,4,6,5,8,9,6,7},
                             {5,6,8,7,9,6,7,8,6,8},
                             {8,7,6,8,6,8,7,8,9,7},
                             {8,7,6,5,7,8,6,7,8,6}};
    int i;
    long user_id1,user_id2;          /*保存两个用户 ID*/
    float a, b, c, similarity;       /*计算相似度的中间变量及相似度结果变量*/
    printf("please input 2 user ID(1-5):");
    scanf("%ld%ld",&user_id1,&user_id2);     /*读取两个用户 ID*/
    similarity =a =b =c =0;          /*初始化相似度及中间变量为 0*/
    for (i =0;i <10;i++)             /*一共 10 部影片,分别计算累加中间结果 a、b、c*/
    {   /*计算中间变量 a、b、c*/
        a =a +user_ratings[user_id1 -1][i] * user_ratings[user_id2 -1][i];
        b =b +user_ratings[user_id1 -1][i] * user_ratings[user_id1 -1][i];
        c =c +user_ratings[user_id2 -1][i] * user_ratings[user_id2 -1][i];
    }
    similarity =a / sqrt(b*c);       /*计算最终相似度*/
    printf("The similarity between these two users:%f",similarity);
    return 0;
}
```

测试程序:编译运行程序,观察屏幕输出结果是否满足设计要求。

练 习 题

1. int a[10]与 int a[2][5]中的数组名 a 含义是否相同?

2. 编写程序,输入 n 个整数(n≤20),存放在一维数组 a 中。输入一个整数 k,在数组 a 的第 m(m<n)个整数后插入该数 k,后续数组元素后移一位,输出原始数组和插入 k 后的数组。

3. 编写程序,初始化或输入 n 个由小到大顺序排列的整数(n≤20),存放在一维数组 a 中。删去数组 a 中所有相同的整数,每个整数只保留一个,输出原始数组及删除数据的数组。

4. 编写程序,已知 int 型数组 a[10]和数组 b[5],其中数组 a 和数组 b 为升序数组,将数组 a 和数组 b 合并,并保证合并后的数组 c 仍然为升序数组。输出数组 a、数组 b 和合并后的数组 c。

5. 编写程序,计算矩阵的两条对角线元素之和。要求初始化矩阵 a[4][4],输出原始矩阵及两条对角线的元素和。

6. 编写程序,初始化矩阵 a[4][5],输出矩阵 a 的最大值和最小值以及最大值和最小值所在的行号与列号。

7. 编写程序，判断一个 N×N 的矩阵是否是一个幻方。幻方是指矩阵每行的和、每列的和、两条对角线各自的和都相等，并且在矩阵中没有重复的数字。

8. 编写程序，在给定的字符串 s 中查找满足条件的字符 x，删除该字符。要求初始化一个字符串 s 并输出该串，从键盘输入一个字符 x，输出删除该字符后的字符串。

9. 编写程序，输入字符串 a 和字符串 b，在字符串 a 的第 n 个位置插入字符串 b，输出原始字符串 a 和字符串 b 以及插入字符串 b 后的结果。例如，输入字符串 a 为"Hello, welcome to the C World! "，在下标 5 的位置上插入所输入的字符串 b"LiuY"，输出结果为"Hello LiuY, welcome to the C World! "。

10. 调制解调器通过电话线传输计算机数据，它会将 0 和 1 的序列转换成两种不同频率的模拟信号。每个 0 或 1 在传输时都持续相同的时间单元。编写程序，完成数据传输时的信息提示。程序输入的数据直接由 0 和 1 组成的字符串表示，输出信息为如下格式：

```
Emit * for * time unit(s)
```

举例说明：

如字符串参数为"1000110"，则输出显示为

```
Emit 1 for 1 time unit(s)
Emit 0 for 3 time unit(s)
Emit 1 for 2 time unit(s)
Emit 0 for 1 time unit(s)
```

第7章

模块化与函数

7.1 概　述

人们解决实际问题时，通常采用逐步分解、分而治之的方法，将一个大问题分解成若干个易解决的小问题，然后再对小问题分别求解。在比较大的程序设计过程中，通常包含复杂的逻辑和庞杂的功能。遵循同样的思路，首先将庞大的系统或复杂的问题分解为若干子系统(或子问题)，子系统再分解为功能模块(简称"模块")，模块再逐步细分到可以由数十条语句实现的程度，此过程称为功能分解或问题分解。其次分析各个模块之间的关系，明确模块之间的逻辑结构，并通过模块重用减少模块数量，降低开发工作量和提高程序质量。最后通过合理安排人员和进度，共同完成所有功能模块的开发工作(包括需求分析、设计、编码、测试和文档编写等)，并通过模块集中调试与装配，最终完成程序的开发。

例如，在开发实数的四则运算程序时，从功能结构上可以将其分解为主模块、加法模块、减法模块、乘法模块和除法模块共5个模块，如图7-1所示。

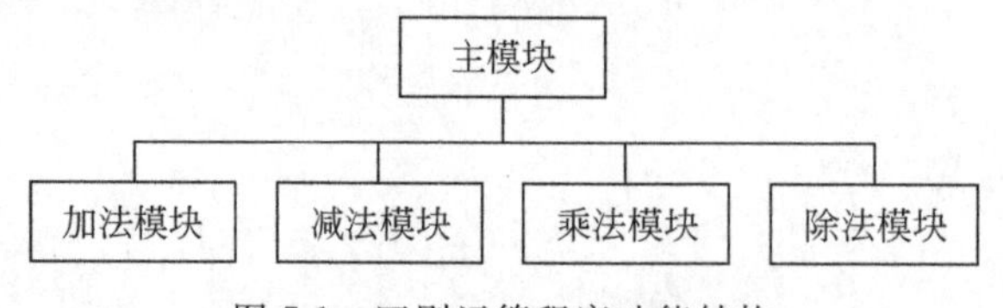

图7-1　四则运算程序功能结构

(1) 主模块：按照逻辑顺序，从键盘读入数据和操作符，并调用其他4个模块完成四则运算。

(2) 加法模块：根据输入完成两个数加法运算，返回和。

(3) 减法模块：根据输入完成两个数减法运算，返回差。

(4) 乘法模块：根据输入完成两个数乘法运算，返回积。

(5) 除法模块：根据输入完成两个数除法运算，返回商。

函数是C语言实现模块的基本单位。为了实现一定功能，就要编制相应的函数。函数实现了程序分割，为程序设计的有效分工和多人合作提供了技术基础，此外，函数可实现代码复用，从而节约开发成本，提高开发效率。

上面的 5 个模块可以有多种实现方式，以 C 语言为例，主模块由 main 函数实现，加、减、乘、除等功能模块由对应函数实现。不同函数之间地位平等，不存在隶属关系，且高度自治。对于简单的程序设计，主函数与其他函数可以放在同一个源程序文件（扩展名.c）中。但是，当多人合作开发一个系统时，通常会安排每人负责一个模块，每个模块由一个独立的源程序实现。所有模块分别开发完成后，通过集中编译与链接实现模块装配，形成一个完整的可执行程序（扩展名.exe）。

四则运算的函数实现代码如下：

```
/*主函数模块*/
#include <stdio.h>
double add(double a,double b);
double sub(double a,double b);
double mul(double a,double b);
double div(double a,double b);
int main()
{
    double a=1.0,b=2.0,c=0;
    char o;
    /*读入表达式,例如 1+2*/
    scanf("%lf%c%lf",&a,&o,&b);
    switch(o)
    {
        case '+': c=add(a,b);
                  break;
        case '-': c=sub(a,b);
                  break;
        case '*': c=mul(a,b);
                  break;
        case '/': c=div(a,b);
                  break;
    }
    /*输出计算结果,例如 1+2=3*/
    printf("%7.2lf%c%7.2lf=
%7.2lf",a,o,b,c);
    return 0;
}
```

```
/*加法模块*/
double add(double a,double b)
{   double c;
    c=a+b;
    return c;
}
/*减法模块*/
double sub(double a,double b)
{   double c;
    c=a-b;
    return c;
}
/*乘法模块*/
double mul(double a,double b)
{   double c;
    c=a*b;
    return c;
}
/*除法模块*/
double div(double a,double b)
{   double c;
    if(b>1.0e-308)
        c=a/b;
    else
        c=1.0e308;
    return c;
}
```

一个 C 语言程序可以由一个 main 函数和其他多个函数组成。程序执行时，从 main 函数开始，通过函数表达式调用其他函数，例如 div(a,b)。当函数被调用时，其包含的代码才能被执行。包含函数表达式的函数称为主调函数，例如 main。函数表达式使用的函数称为被调函数，例如 div。图 7-2 给出实现了调用 sin 函数计算三角函数值的过程。

其中，sin(x)称为函数表达式，调用数学库函数 sin 实现计算。语句 y=sin(x)；是包含函数表达式的函数调用语句，执行该语句时，将 x 值作为函数 sin 的输入，复制给函数 sin(对于函数 sin，x 值为已知信息)，sin 函数计算完成后，返回一个数值作为 sin(x)表达式的值赋予变量 y。y 值作为 printf 函数的参数，执行调用函数语句 printf("y=%f",y)；时输出。

```
int main()
{
    double x=2;            } 变量声明语句
    double y=0;

    y=sin(x);
    printf("y=%f", y);     } 可执行语句
    return 0;
}
```

图 7-2 函数调用示例

函数是具有独立的数据和指令集合的单元。同一个函数可以被一个或多个函数多次调用，也可以被自身调用(main 函数除外)。函数之间通过参数值、函数返回值或全局变量传递信息。

7.2 函数定义

函数由函数首部和函数体构成。函数首部又称为函数头，用于说明函数名称、函数类型以及函数的形式参数。函数体是放在一对大括号内的所有代码，包括声明语句和可执行语句。可执行语句由表达式语句、选择结构或循环结构语句及返回值语句构成。函数遵循“先定义后使用”原则，只能调用已经定义的函数。

7.2.1 函数定义形式

定义格式：

```
返回值类型 函数名称(形式参数列表)
{
    声明语句部分;
    可执行语句部分;
    return 表达式;          /*或 return (表达式);或 return; */
}
```

(1) 返回值类型即函数调用结束后返回到主调函数的数据的类型，又称为函数类型。

(2) 函数名称是对函数的标识，函数的命名遵循标识符命名规则。并且在同一程序中，函数名要求唯一。

(3) 形式参数列表是一组存储从主调函数接收已知信息的变量，对于函数来说，形式参数为已经声明并赋值的变量，属于函数本身，可以直接使用。函数可以有一个参数，也可以有由逗号分隔的多个参数，每个参数都必须指定数据类型。函数可以没有参数，“函数名称()”和“函数名称(void)”均可用于说明函数没有参数，建议采用后者。

(4) 函数体是实现函数功能的语句集合。函数体分为 3 部分：声明语句部分，用于声

明实现函数功能所需要的变量，函数体内声明的变量专属于该函数，其他函数不能使用；可执行语句部分，用于实现函数的全部运算；return 语句部分，返回一个值作为函数结果。如果没有返回值，可以采用 return;或省略 return 语句两种方式，建议采用后者。

执行函数时，首先处理变量声明语句，声明所有变量，并完成初始化操作。由于所有函数参数为已经声明并初始化的变量，直接使用，而无须重复声明。之后从第一条可执行语句开始，到 return 语句或函数尾“}”(如果没有 return 语句)为止，函数执行准备结束，待函数声明的所有变量和函数参数销毁后，函数执行结束。例如：

```
/*定义一个名称为 ave 的函数,其功能是完成两个数的平均值计算*/
float ave(float a, float b)
{
    return (a+b)/2.0;           /*或 return ((a+b)/2.0);*/
}
```

函数名前面的 float 表示 ave 函数的返回值类型。a 和 b 表示在调用 ave 函数计算平均值时提供的两个 float 型输入参数。ave 函数体由一条 return 语句构成，执行该语句，结束 ave 函数执行，并将表达式(a+b)/2.0 的值作为函数返回值返回到主调函数中的被调用处。假设有函数表达式 ave(1.0,2.0)，执行 ave 函数时 a=1.0，b=2.0。函数返回值为(1.0+2.0)/2.0。

定义函数时建议遵循以下原则：

(1) 命名原则。函数命名时力求通过短语表明函数功能，一般采用“动宾”结构，例如打印标题函数 print_title()。C 语言要求，一个程序中的函数不能同名。因此，同一程序内的函数名要求唯一，既不能与用户自定义的函数同名，也不能与使用的库函数同名。

(2) 简单原则。函数体代码尽量控制在 80 行左右。

(3) 确定性原则。当函数没有参数时，尽量使用“函数名称(void)”形式。所有函数均给出明确的函数类型。

按照 C 语言的语法规定，定义函数时可以不给出函数类型，编译器将视其为 int 型函数，例如：

```
max(int a,int b)                /*定义 max 函数*/
{
    int max;
    max=a>b?a:b;
    return max;                 /*返回一个 int 型数据(a、b 中的最大值)*/
}
```

等价于

```
int max(int a,int b)            /*定义 max 函数*/
{
    int max;
    max=a>b?a:b;
```

```
    return max;                    /* 返回一个 int 型数据(a,b 中的最大值) */
}
```

定义函数时还需要注意以下问题：

(1) 函数返回值是一个简单的值，函数无法返回数组。

(2) 函数定义只能在一个源程序文件内完成，不能将一个函数分解至两个源程序文件中，例如函数头和函数体分属不同的文件。

(3) 函数定义与定义函数的位置没有关系，可以出现在源程序的任意位置。但是函数不支持嵌套定义，不允许在一个函数体内部定义其他函数。例如：

```
int func ()
{   …
    int sub();                    /* sub 函数被嵌套定义在 func 函数内，错误 */
    {   …
    }
    …
}
```

(4) 函数类型为 void，说明该函数没有返回值。此时，函数体可以省略 return 语句，函数执行最后一条可执行语句后结束。如果需要 return 语句提前结束函数调用，只能使用 return;的形式。

(5) 函数头后面不能加分号。例如：

```
void func(long m, int i);          /* 函数头加分号结束，定义形式错误 */
{   …
}
```

(6) 当定义一个带有多个参数的函数时，每个形式参数都必须单独声明，不能简写(参数类型默认为 int 型)。例如：

错误写法

```
/* 试图声明两个 float 型的形式参数 a 和 b */
int func(float a,b)
{   …
}
```

正确写法

```
/* 每个形式参数都指出数据类型 */
int func(float a,float b)
{   …
}
```

(7) 函数内部声明的所有变量属于函数私有，与其他函数无关，其他函数无权访问。因此两个不同函数可以声明同名变量，互不影响。同样，其他函数无法直接执行函数内部的可执行语句，所有跳入或跳出函数体的语句都是无效的错误。例如：

```
int main(void)
{
    TA:
    return 0;
}
int func(float a,float b)
```

```
{
    goto TA;              /* 此语句无效 */
    return 0;
}
```

7.2.2 函数返回值与函数类型

函数执行通过函数调用实现，函数调用则通过函数表达式实现。如利用表达式max(1,2)实现对已定义函数 int max(int a,int b)的调用。输入参数 1、2 赋予 a、b，max 函数依据 a、b 计算并返回计算结果值，即 max(1,2)的值为函数表达式的值。因此，定义函数时需要指出返回值的类型，即指定函数类型。

函数返回值通过函数体中的 return 语句实现，当 return 语句执行时，函数执行结束并返回主调函数。

语句格式：

return 表达式； 或 **return(表达式)；** 或 **return;**

一般建议采用上面的第一种和第三种形式。

return 语句的第一个作用是返回一个值作为函数表达式的值。此时 return 语句必须带有表达式，表示函数表达式的运算结果。当 return 语句中表达式值的类型和函数类型不一致时，系统将自动转换表达式的类型为函数类型。例如：

```
int test(int n)
{
    return 1.5;   /* 函数表达式 test(2)的值为 1,自动将双精度实型数 1.5 转换为整数 1 */
}
```

如果自动类型转换失败，则提示编译错误。例如：

```
void demo(int n)
{
    return 1.5;  /* 无法将 1.5 转为 void 类型,编译器报错 */
}
```

例 7-1 定义函数 getNumber，该函数实现读入一个用户从键盘输入的数字字符，并返回此字符代表的整数。

```
int getNumber()
{
    char c;
    printf("\nPlease input a number (0-9): \n");
    c=getchar();
    if(c>='0'&&c<='9')
        return c-'0';
```

```
    else
        return -1;
}
int main()
{
    int n;
    n=getNumber();
    if(n==-1)
        printf("Wrong input");
    else
        printf("Inputted number is %d",n);
    return 0;
}
```

按照要求 getNumber 函数没有输入参数，但是要返回 int 型的数值。当 main 函数调用 getNumber 函数时，程序执行 getNumber 的函数体，首先调用 printf 函数输出提示信息，然后调用 getchar 函数获取用户输入的字符并赋予变量 c 存储，最后判断该字符是否是一个数字字符，如果不是，函数返回整数－1，如果是，则函数返回 c－'0'(即字符变量 c 所对应的整数)。getNumber 函数执行结束后返回 main 函数，将函数返回值赋值给整型变量 n，之后执行后面的语句，判断获得的数字是否合法。如果等于－1，说明非法，输出提示信息；否则输出该数字字符对应的整数。

return 语句的第二个作用是结束函数执行，返回主调函数。一个函数内容可以包括多条 return 语句，当执行其中一个 return 语句时函数调用结束，其后的所有代码将不再执行。例如：

```
int sign(int x)
{
    if(x>0) return 1;
    if(x==0) return 0;
    if(x<0) return -1;
}
```

若 x＝4，函数 sign(4)的第一个 return 语句被执行，函数调用结束，sign(4)的值为 1。若 x＝－4，则函数 sign(－4)的第三个 return 语句被执行，sign(－4)的值为－1。

不带表达式的 return 语句表示函数不需要返回任何信息给其调用者，仅用于结束函数执行。此类函数一般定义为 void 类型函数。

定义格式：

```
void 函数名称(形式参数列表)          或      void 函数名称(形式参数列表)
{                                           {
    声明语句部分;                               声明语句部分;
    执行语句部分;                               执行语句部分;
    return;                                 }
}
```

void 类型函数可以省略最后的 return 语句，一般来说，在没有 return 语句提前执行的条件下，函数执行完最后一条可执行语句后结束。例如：

```
void sayHello()
{
    printf("Hello");                /*显示 hello*/
}
```

sayHello 函数仅仅调用 printf 函数在屏幕输出 Hello，其返回值对调用函数没有实际意义。因此定义 sayHello 函数为 void 类型。

例 7-2 定义函数 add，实现两个整数相加，并结果直接输出到屏幕，无须返回 main 函数。

```
void add(int a,int b)
{
    printf("data=%d\n ",a+b);       /*显示 a+b 的结果*/
    return;                         /*可省略*/
}
int main()
{
    add (5,6);
    return 0;
}
```

当执行 main 函数中的函数表达式 add(5,6)时，将 5、6 传递给 add 函数的两个参数 a 和 b，即 a=5，b=6，表达式 a+b 的值 11 作为参数复制给 printf 函数，将其输出到屏幕。按照题目要求，表达式 a+b 的计算结果不需要返回 main 函数。

由于 void 类型函数没有返回值，其函数表达式不能参与构建其他的表达式。例如：

```
sum=add (a,b);                      /*错误,add (a,b)为 void,不能参与构建表达式*/
```

在程序设计过程中，一般不建议使用 void 类型的函数。本例中的函数 add 尽管不要求有返回值，但是我们可以为其定义一个返回值，代表函数的运行状态。按照此思想改写例 7-2，将 printf 函数的返回值作为 add 函数的返回值，printf 函数的返回值为其输出的字符个数，从而告知调用者输出几个字符到屏幕。如果输出字符数不对，则表明函数执行失败，这时要输出提示信息到屏幕。示例代码如下：

```
int add(int a,int b)
{
    return printf("data=%d\n ",a+b);
}

void main()
{
    if(add (5,6)<5)
```

```
    printf("\nadd函数运行失败");
}
```

7.3 函数声明、头文件的使用和库函数声明

C语言编译器按照从头至尾的顺序编译源程序。编译过程中对已声明的标识符全部作标记,当编译一条新指令时,要检查其中的标识符是否已经作了标记,如果没有作标记,则提示编译错误。例如:

```
int e(int a)
{
    return 0;
}
void a()
{
    e(10);          /* 函数 e 前面已经标记,正常 */
    f(10);          /* 函数 f 前面未标记,提示编译错误 */
}
int f(int a)
{
    return 0;
}
```

为避免出现此种编译错误,使用函数时需要遵循两个基本原则:第一个原则是"先定义后使用"。第二个原则是"先声明后调用"。函数声明仅仅用于函数调用出现在函数定义之前的情况。

7.3.1 函数声明

函数声明包括函数类型、函数名、函数参数。函数声明语句既可以出现在主调函数内部,也可以出现在主调函数外部。如果在主调函数内部声明,声明语句的作用范围仅在该函数内部。如果在函数外部声明,声明语句的有效范围则从声明开始,到当前源程序文件结束。

声明格式:

返回值类型符 函数名称(形式参数列表);

函数声明和函数头格式一般相同,但是函数声明采用以分号结束的语句形式。为了方便书写,函数声明语句中形式参数可以省略名称,只写类型。例如:

```
void add(int a,int b);        等价于        void add(int,int);
```

例 7-3 定义函数 power 计算任意整数 m 的 n 次幂。在主函数调用此函数计算 5 的 4 次幂。

```
long power(int m,int n)
{
    long p=1, i;
    for(i=0;i<n;i++)
        p=p*m;
    return p;
}
int main()
{
  long power(long m,long n);                  /* power 函数声明 */
  printf("%d %ld \n",i,power(5,4));
  return 0;
}
```

定义一个名称为 power、有两个 int 类型形式参数 m 和 n 的函数，因为幂运算结果数值较大，需要定义函数类型为 long 型。由于主函数 main 调用 power 函数，因此在 main 函数内部声明 power 函数即可。由于该函数声明语句的存在，无论 power 函数定义在当前源程序文件中的任何位置，都不会出现编译错误。甚至可以将函数 power 定义在其他源程序文件或库中。

为了简化函数声明过程，一般建议在当前源程序文件开始位置声明所有用到的函数。其优点是从声明位置到源程序文件结束的任何函数中都可以调用这些函数，而与函数定义的具体位置无关。这种函数声明方式为全局声明。例如：

```
#include <stdio.h>
long power(long m,long n);      /* 注意一定不要漏掉分号。也可以简写为 long power
                                   (long ,long ); */
int main()
{
    int i;
    scanf("%d ",&i);
    printf("%d %d \n",i,power(2,i));
    return 0;
}
```

函数声明的作用是避免编译错误。但是在链接阶段，系统还要检查此函数体是否存在，如果没有找到函数体，将提示链接错误。

7.3.2 头文件的使用

当开发大型项目时，定义的函数可能达到成千上万，让每个程序员熟悉全部函数并正确声明是一个艰难的任务。因此一般建议定义一类扩展名为.h的源程序文件存放所有的函数声明,并称之为头文件。该文件由声明语句构成,另外,还可以包括类型定义、全局变量声明、符号常量定义等。例如:

```
/* 下面是 math.h 的部分代码 */
#define M_E          2.7182818284590452354        /* 符号常量定义 */
#define M_LOG2E      1.4426950408889634074
#define M_LOG10E     0.43429448190325182765
double sin(double);                              /* 函数声明 */
double cos(double);
```

使用头文件时,需要在当前源程序文件中编写预编译指令#include 包含该头文件。在编译时,该头文件的内容将插入到当前源程序文件中该预编译指令#include 所在的位置,一并提交给编译器。

指令格式:

#include <文件名> 或 **#include "文件名"**

其中,尖括号格式用于包含系统文件,例如<stdio.h>,编译器优先从系统目录中查找此文件。双引号格式用于自定义头文件,例如"threads.h",编译器优先从当前源程序所在目录中查找此文件。文件名可以包括相对于当前源程序所在位置的路径,例如:

```
#include "machine/threads.h"    /* 从当前源程序所在目录的 machine 子目录中查找文件 */
```

如果预编译指令#include 包含的头文件不存在,编译器将提示错误信息。

7.3.3 库函数声明

库函数是指由软件开发组织或个人开发,包含特定功能函数的函数集。使用库函数的方便之处在于用户可以直接调用函数,而不必关心函数如何定义。函数库一般以目标代码的形式发布,其扩展名为lib(例如stdio.lib)。函数库通常分为标准函数库、专业函数库以及用户自定义函数库。标准函数库为C语言标准规定的函数库,C11标准规定的常用标准函数库如表7-1所示。

表7-1 C11标准的常用标准函数库

库头文件	库 说 明	库头文件	库 说 明
<assert.h>	异常处理	<stdatomic.h>	原子操作
<complex.h>	复数运算	<stdbool.h>	布尔类型相关
<ctype.h>	字符处理	<stddef.h>	基本类型定义,例如size_t
<errno.h>	错误处理	<stdint.h>	常用整型类型,例如int_least8_t

续表

库头文件	库　说　明	库头文件	库　说　明
<fenv. h>	浮点运算环境配置	<stdio. h>	标准输入输出
<float. h>	浮点类型相关	<stdlib. h>	工具函数
<inttypes. h>	整数类型相关	<stdnoreturn. h>	非返回函数 noreturn
<iso646. h>	运算相关宏，例如 and	<string. h>	字符串处理
<limits. h>	数据类型上下限	<tgmath. h>	通用数学函数，定义一组宏，例如 acos 可以处理复数和实数
<locale. h>	语言本地化	<threads. h>	线程操作
<math. h>	数学函数	<time. h>	时间处理
<setjmp. h>	跳转相关	<uchar. h>	Unicode 字符处理
<signal. h>	信号量	<wchar. h>	多字节字符处理
<stdalign. h>	对齐	<wctype. h>	扩展宽字节字符类型定义
<stdarg. h>	可变函数参数相关		

专业函数库是实现特定功能的一组函数，例如 Windows SDK 或 Linux 的开发包。用户自定义函数库为用户程序设计中自行定义的函数库。

如果仅仅使用少量库函数，同时对库函数十分熟悉，也可以直接使用声明语句声明。但是仍然建议通过＃include 指令包含对应的头文件。例如：

直接使用声明语句

```
#include <stdio.h>         /* 输入输出库函数 */
 /* 调用 sin 函数计算三角函数值 */
int main()
{
    double sin (double); /* 直接声明库函数 */
    double x=2;
    printf("sin(%f)=%f",x, sin(x));
    return 0;
}
```

通过＃include 指令包含头文件

```
#include <stdio.h>         /* 输入输出库函数 */
#include <math.h>          /* 数学库函数 */
/* 调用 sin 函数计算三角函数值 */
int main()
{
    double x=2;
    printf("sin(%f)=%f",x, sin(x));
    return 0;
}
```

使用库函数时应注意两点：

(1) 编写源程序时，通过＃include 指令包含的头文件，其头文件全部内容将插入到当前源程序中，与源程序文件一并提交编译器编译。

(2) 在链接阶段，用户自定义函数的目标代码将与函数库中的目标代码合并，最终形成可执行程序。因此在一个程序中，不能只声明函数而未定义函数，也不能出现同名函数。

7.4 参数传递

在定义函数时，需要解决主调函数如何将信息传递给被调函数，被调函数执行结束后如何将函数处理结果返回主调函数等问题。尽管通过函数返回值可以从被调函数返回一个值给主调函数，但是函数之间传递的信息通常不会仅限于一个数据。C语言提供了3种数据传递方式：

(1) 函数参数。函数参数是主调函数与被调函数信息传递的主要渠道，函数调用开始时主调函数的实际参数(一组数值)复制给被调函数的形式参数(一组变量)。此外，被调函数还可以将计算结果写入主调函数输入的内存地址中，调用结束后，主调函数直接从该内存地址读取计算结果，从而间接地将其结果返回给主调函数(参见第8章)。

(2) 函数返回值。函数调用结束时利用return语句将计算结果返回给主调函数。该方式仅仅返回一个值。

(3) 全局变量。声明所有函数都可读写的变量，通过合理的读写顺序，实现主调函数与被调函数之间的数据传递。

7.4.1 形式参数

形式参数和实际参数是从函数定义及调用的角度引入的两个概念。形式参数是指函数定义时用于接收外部数据的变量(简称形参)，对于该函数而言，这些变量是已经初始化的变量，与通过变量声明语句声明的变量地位相同。实际参数是指函数调用时主调函数传递给被调函数的参数值(简称实参)，相当于形参的初始值。简单地说，形参相当于声明变量，实参相当于赋予变量初始值。例如前文定义的函数double add(double a,double b)，double a和double b为两个形式参数，相当于声明变量a和b。调用add函数时，函数表达式add(3,4)中的3、4为实际参数，本质是令a=3,b=4。其后再执行函数体并返回值7，并赋给变量c。

形式参数的主要作用是声明函数准备接收外部信息的变量。

语法格式：

(数据类型 1 形参 1, …, 数据类型 n 形参 n)

每个形参必须指定数据类型，列表中的多个形参定义之间要用逗号隔开。形参的数量没有硬性规定，理论上函数参数的数量可以无限，但是涉及存储等诸多问题，C11标准建议函数参数数量不多于127个。当函数所需信息较多时，一般采用数组类型或指针类型的参数。根据函数参数的数量，函数可以分为固定参数、无参数或变参数3种类型。

1. 固定参数

固定参数是指函数的形参数量大于等于一个。这是一种最常用的函数参数形式。

例如：

```
/* 函数 isAlpha(char c)判定变量 c 存储
   的数据是否为英文字母 */
char isAlpha(char c)
{
    char ret =0;
    if((c>='a' && c<='z')||(c>='A'
    && c<='Z'))
        ret =1;
    return ret;
}
```

```
/* 按照 C99 及 C11 标准定义的函数，与函数
   isAlpha 功能相同 */
bool isAlpha1(char c)
{
    bool ret =false;
    if((c>='a' && c<='z')||(c>='A' && c
    <='Z'))
        ret =true;
    return ret;
}
```

当前 C 语言不支持默认参数，所以形参不能在声明的同时进行初始化。例如：

```
int add(int a=0,int b=1)   /* 形参的错误声明形式 */
{   …
}
```

由于函数形参属于函数的变量，因此形参的名称不能与函数内的变量名同名。例如：

```
int func(long m, int i)
{
    int i;                  /* 形参 i 与内部变量 i 同名，导致变量重复声明的编译错误 */
    …
}
```

2. 无参数

函数可以没有参数，说明此函数不需要通过函数参数接收外部数据。参数格式：

()　或　(void)

例如：

```
void sayHello(void)          /* 或 void sayHello() */
{
    printf("Hello ");
}
```

3. 变参数

当函数接收外部数据的数量不确定时为变参数(不定参数)。变参数应用相对较少，但要求函数至少有一个参数。参数格式：

(形参 1, …)

典型的两个不定参数函数为 scanf 函数和 printf 函数，函数头分别为

```
scanf (const char * , …)
printf(const char * , …)
```

7.4.2 实际参数

实际参数是由主调函数传递给被调函数形式参数的信息，其本质是将实参值赋予形参。

语法格式：

```
(实参 1,实参 2,…,实参 n)
```

实参可以是常量、变量或表达式，但在求解函数表达式前，实参必须是已确定的值。多个实参之间采用逗号分隔。在函数调用过程中，实参 1 的值赋值给形参 1，实参 2 的值赋值给形参 2……实参 n 的值赋值给形参 n。

例 7-4 定义函数 printMin，实现输出两个整数中较小的数到屏幕，要求在 printMin 函数中输出结果。

```
void printMin(int a, int b)
{
    int t;
    t=a<b? a:b;
    printf("Min=%d\n",t);
}
int main()
{
    int i=1,j=2;
    printMin(3,4);
    printMin(i,j);
    printMin(i * 2,j * 3+1);
    return 0;
}
```

定义带有形参 a 和形参 b 的函数 printMin，函数没有返回值，其函数类型为 void 型。程序由 main 函数开始执行。当计算表达式 printMin(3,4)时，调用 printMin 函数，将 3 赋予形参 a，将 4 赋予形参 b，之后执行 printMin 的函数体部分，比较 a 和 b 的值，将较小的值赋予 t，并调用 printf 函数输出 t 的值，函数调用结束，程序返回到主函数 main 继续执行。计算表达式 printMin(i,j)时，将 i 的值 1 赋予 a，j 的值 2 赋予 b；计算表达式 printMin(i * 2,j * 3+1)时，将 2 * i 的值 2 赋予 a，将 j * 3+1 的值 7 赋予 b。

实参和形参在类型、顺序和数量上必须保持一一对应。编译器在处理函数表达式时，根据函数声明，对实参数量、顺序与形参进行匹配。如果实参数量少于形参数量，编译器会报告“参数不足”错误；如果实参数量多于形参数量，编译器会报告“参数过多”错误。例如：

```
printMin(3,4);            /* 调用 printMin(3,4)函数 */
```

若改为

```
printMin(3);              /* 实参少于形参 */
```

VC++ 6.0 编译环境下报告错误：

```
error C2198: 'printMin' : too few actual parameters
```

若改为

```
printMin(3,4,5);          /* 实参多于形参 */
```

VC++ 6.0 编译环境下，编译器遵循“从左向右依次匹配”原则，舍弃多余的实参并完成编译，但会给出警告：

```
warning C4020: ' printMin ' : too many actual parameters
```

而在 GCC 等编译器中则报告错误信息，停止编译。

如果实参和形参数据类型不匹配，编译器尝试进行默认的数据类型转换。如果自动转换失败，编译器会报告“类型不匹配”错误，停止编译；如果成功，则提示警告信息，完成编译。例如：

```
float f1=1.5,f2=2.34;     /* 将 main 函数中传递数据的类型由 int 型改为 float 型。 */
```

调用 printMin (f1,f2)时，实参是 1.5 和 2.34，系统将 1.5 转换为 1 赋予 a，将 2.34 转换为 2 赋予 b。VC++ 6.0 环境下，编译器提示警告：

```
warning C4244: 'function' : conversion from 'float ' to 'int', possible loss of data
```

7.4.3 值复制传递机制

根据形参和实参的定义，形参属于函数内部变量，代表函数的已经赋值的变量。只有当函数被调用时，形参才真正建立并被实参初始化。从主调函数到被调函数，参数是从实参赋值给形参的单向传递过程，此参数传递机制一般被称为“值复制”。

函数之间的参数传递过程为：

(1) 计算实参值。

(2) 系统为形参分配存储空间，将实参值复制给形参。

(3) 被调函数依据形参获得的输入数据以及函数定义完成计算。

(4) 函数调用结束，被调函数返回主调函数，系统释放被调函数运行时所分配的所有内存空间，即函数内部声明的变量(包括函数参数)将全部消失。

例 7-5 定义函数 Fun(x)=2 * x * x+3 * x+1，在主函数调用此函数计算 Fun(2)。

```
double Fun(double x)
{
```

```
    double y;
    y=2 * x * x+3 * x+1;
    return y;
}
int main()
{
    double a=2,b=2;
    b=Fun(a);
    printf("b=%f",a);
    return 0;
}
```

main 函数的变量 a(其值为 2.0)作为实参,20 是主调函数传递给被调函数 Fun 形参 x 的信息,实现将实参变量 a 复制给形参变量 x。函数 Fun 根据 x 值和函数定义进行计算,结束时通过 return 语句将计算结果返给 main 函数,并作为表达式 Fun(a)的值被赋予变量 b。其实现过程如图 7-3 所示。

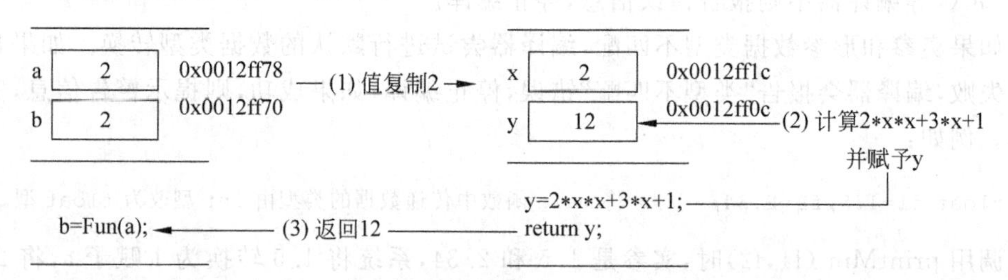

图 7-3　参数传递(值复制方式)

值复制传递机制的特点是:形参和实参各自占用不同的存储空间,函数内部对形参的任何操作,其结果只能影响形参本身,不会影响到实参。

例 7-6　定义函数 swap,交换两个整型变量的值,并输出结果到屏幕。

```
void swap(int a,int b)
{
    int t;
    t=a;
    a=b;
    b=t;
    printf("\nswap:a=%d b=%d",a,b);
}
int main()
{
    int a=3,b=4;
    printf("\nBefore call swap() in main():a=%d b=%d",a,b);
    swap(a,b);
    printf("\nAfter call swap() in main():a=%d b=%d",a,b);
    return 0;
}
```

按照题目要求写出上述程序，其运行结果如下：

```
Before call swap() in main():a=3 b=4
swap:a=4 b=3
After call swap() in main():a=3 b=4
```

当 main 函数中调用 swap(a,b)时，属于 main 函数的 int 型变量 a(其值为 3)、b(其值为 4)作为 swap()函数的实参，通过值复制的方式分别赋予 swap()函数的形参 a 和 b。开始执行 swap()函数体，交换过程通过 3 条赋值语句实现：

```
t=a; a=b; b=t;
```

之后调用 printf("\nswap:a=%d b=%d",a,b)函数，输出交换结果为 swap:a=4 b=3。

swap()函数执行结束并返回 main 函数继续执行，调用 printf("\nAfter call swap() in main():a=%d b=%d",a,b)函数，由于 main 函数中的变量 a、b 与 swap()函数中变量 a、b 隶属于不同函数，相互无关，因此，main 函数执行 printf 语句后输出主函数中的变量 a 与 b 的值，即 a=3,b=4。因此这段程序没有实现题目要求，此问题的正确解决留到指针部分给出。

7.4.4 地址复制传递机制

地址复制传递机制是一种特殊的值复制传递机制，主调函数将变量或数组在内存空间的地址作为实参复制给被调函数的形参，从而实现主调函数和被调函数共同访问一段数据区。函数之间参数传递过程为：

(1) 主调函数首先确定要复制的内存首地址(例如数组名)。

(2) 主调函数调用被调函数，将地址通过值复制方式传递给被调函数的形参。

(3) 被调函数通过地址访问操作(例如下标运算)，访问此内存空间对应的变量或数组元素。

(4) 被调函数结束，返回主调函数。

例 7-7 定义函数 sum 计算数组元素之和，并在 main 函数输出计算结果。

```
double sum(double x[])
{
    double y;
    int i;
    for(i=0;i<5;i++)
        y=y+x[i];
    return y;
}
int main()
{
    double x[]={2,3,4,5,6};
    double y=0;
```

```
    y=sum(x);
    printf("y=%f", y);
    return 0;
}
```

按照题目要求，编写上述程序。程序的执行过程如图 7-4 所示。为 sum 函数定义数组类型参数 x，并将函数返回值定义为 double 类型。main 函数调用 sum 函数时，将 main 函数中定义的数组 x 的首地址复制给 sum 函数的形参 x。此时 sum 函数中定义的数组 x 实际指向的地址为 main 函数中定义的数组 x 的首地址，即两者为同一数组。sum 函数对形参数组 x 的操作就是对实参数组 x 的访问。sum 函数中通过下标运算实现对数组元素的访问，并实现累加求和，之后通过 return 语句将计算结果返回，并作为函数表达式 sum(x)的值赋予 main 函数中的变量 y。尽管 sum 函数结束后其函数内部所有变量全部消失，但是不影响 main 函数的数组 x。

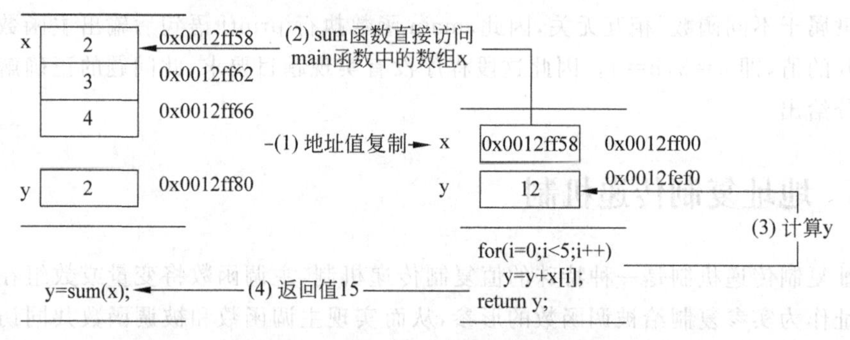

图 7-4　参数传递(地址复制方式)

地址复制传递机制的特点是：仅仅传递数据存储空间的首地址，而不是传递数据本身，一个地址数据仅占用 4B 空间(在 32 位操作系统下)，传递效率高。实参和形参共享同一段地址空间，节省存储空间。地址复制传递机制非常适用于传递大量信息的场合。

数组名作为参数是地址复制传递机制的一个典型应用。在处理数组与函数关系时，一般涉及数组元素作为函数实参(对应的形参为普通变量)和数组名作为函数实参(对应的形参是数组)。

1. 数组元素作为函数实参

数组元素作为函数实参传递给形参，实质是将数组元素的值复制给形参。

例 7-8　定义函数 printX 输出其 int 型形参的值，如果其值大于等于 0，则输出原值，否则输出−1。利用此参数输出整型数组 A 的所有元素。

```
void printX(int x)
{
    if(x>=0)
        printf("%d ",x);
    else
        printf("%d ",-1);
```

```
}
int main()
{
    int A[10]={1,2,5,-2,7,10,11,-6,4,-9},i;
    for(i=0;i<10;i++)
        printX(A[i]);
    return 0;
}
```

定义 printX 函数的形参 x 为 int 型。在函数体中，根据 x 值进行判断，如果 x>=0，调用 printf 函数输出 x 值，否则输出 -1。由于 printX 函数返回值对 main 函数无意义，因此将其定义为 void 型。main 函数中利用 for 循环将数组的每一个元素 a[i](i=0,1,…,9)的值依次复制给 printX 函数的形参 x，执行函数体，实现输出。

2. 数组名作为函数实参

数组名作为函数实参传递给形参时，实质是将数组起始地址单向复制给形参。实参作为一个地址值赋予形参，由于内存地址的唯一性，使得形参和实参指向同一个数组，对形参数组的任何改变都将影响实参数组的内容。当函数结束时，尽管形参数组存储空间被释放，但实参数组存储空间保留了函数调用执行时所发生的改变。

例 7-9 定义函数 printArray 输出整型数组中所有元素的值到屏幕。定义函数 adjustArray 调整数组元素的值，如果元素值大于等于 0，维持不变，否则调整为 -1。

```
#include <stdio.h>
void adjustArray (int B[10],int n)
{
    int i;
    for(i=0; i<n; i++)
        if(B[i] <0)
            B[i]=-1;
}
void printArray (int B[10],int n)
{
    int i;
    printf("\n");
    for(i=0; i<n; i++)
        printf("%5d", B[i]);
}
int main()
{
    int A [10]={1,2,5,-2,7,10,11,-6,4,-9};
    printArray (A,10);          /* 输出原始数组 */
    adjustArray(A,10);          /* 调整数组元素值 */
    printArray (A,10);          /* 输出调整之后的数组 */
}
```

函数 printArray 的功能是输出数组中所有元素的值,需要两个形式参数。第一个形参是数组类型,假设命名为 B,用于接收数组首地址。第二个形参为 int 型变量,假设命名为 n,用于存储数组元素个数。main 函数中通过表达式 printArray(A,10)实现函数 printArray 调用,将数组 A 的地址传递给数组 B,则 B 和 A 指向同一数组,即 B[i]和 A[i]等价。同时将 10 赋予 n,根据这两个已知信息,在函数体通过循环依次访问数组元素,调用 printf 函数输出元素值到屏幕。函数体执行结束后返回主函数。

函数 adjustArray 的功能是调整数组元素的值。同样,将第一个形参声明为 int 型数组 B[10],第二个形参声明为 int 型变量 n。函数体内部通过循环依次检查所有元素,如果其值小于 0,通过下标运算 B[i]=-1 修改对应元素的值。当 main 函数调用函数 adjustArray 时,将 A 的地址赋予 B,10 赋予 n,由于 B 和 A 为同一数组,函数体执行 B[i]=-1 的本质是令 A[i]=-1。adjustArray(A,10)函数的实参、形参变换过程如图 7-5 所示。

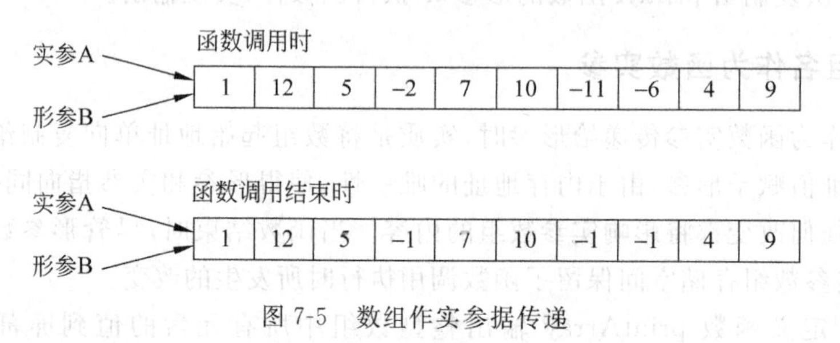

图 7-5　数组作实参据传递

实参数组 A 的首地址(假设为 0x00002C28)传送给形参数组名 B,因此 B 的值同为 0x00002C28。A 与 B 两个数组共同拥有以 0x00002C28 为首地址的一段连续内存单元。adjustArray(A,10)函数体对数组 B 的操作本质上是对数组 A 的操作。

对于数组类型的参数,实参传递形参仅复制一个地址值,编译器检查参数时,只要两个数组的类型相同,则不再检查数组长度,因此可以省略数组长度参数。一维数组可以直接省略长度。例如:

```
void adjustArray (int B[10],int n){…}
```

修改为:

```
void adjustarray (int B[],int n){…}
```

二维数组可以省略行数,不能省略列数。例如:

```
int multip (int n,int m,int A[5][10],int B[5][10]){…}          /*二维数组参数*/
```

修改为

```
int multip (int n,int m,int A[ ][10],int B[ ][10]){…}
```

但是,程序设计时必须注意从逻辑上保证对数组的访问不越界。例如,对于例 7-9 中的 printArray 函数和 adjustArray 函数,下面的代码在语法上也是正确的。

```
int main()
```

```
{
    int A [10]={1,2,5,-2,7,10,11,-6,4,-9};
    printArray (A,10);          /* 输出原始数组 */
    adjustArray(&A[2],5);       /* 将从地址 &A[2]开始的连续存储空间看做一个数组 */
    printArray (A,10);          /* 输出调整之后的数组 */
    return 0;
}
```

由于 &A[2]获得下标为 2 的数组元素地址,任意一个从某地址开始的连续的存储空间均可以看做一个数组。因此,main 函数在调用 adjustArray(&A[2],5)时,将 &A[2]赋予 B,将 5 赋予 n。此时 A[2]和 B[0]等价,修改 B[0]的值也就是修改 A[2]的值,依此类推,adjustArray 函数实际调整 A[2]、A[3]、A[4]、A[5]、A[6]的值。

还有一种极端的情况,编译器并不报告错误,并可以链接成可执行程序,但是运行结果不正确。例如:

```
int main()
{
    int m=10
    printArray (&m,10);         /* 从地址 &m 开始的连续存储空间作为一个数组输出 */
    adjustArray(&m,5);          /* 将从地址 &m 开始的连续存储空间作为一个数组 */
    printArray (&m,10);         /* 输出调整之后的数组 */
    return 0;
}
```

此处将整型变量 m 的地址复制给形参 B,由于都是 int 型数据的内存地址,尽管逻辑上已经出错,但编译器无法发现错误。这种情况需要特别注意。

7.4.5 数组参数新特性

C99 和 C11 标准中允许使用动态长度的数组类型参数。例如:

```
char cities[][20] ={"王岩", "李晓月", "刘敏", "李利", "赵一阳"};
char cities2[][10] ={"a", "b", "c", "d", "e"};
void print(int n,int m,char s[n][m])
{
    int i=0;
    for(i=0;i<n;i++)
        puts(s[i]);
}
int main(void)
{
    print(5,20,cities);
    print(5,10,cities2);
    return 0;
}
```

数组参数 s 的行数和列数由参数 n 和 m 决定，因此 print 函数获得一定的泛化能力，可以接收不同行数和列数的数组。采用此机制可以避免为不同长度的二维数组定义具有相似功能的多个函数，从而减少代码量，提高代码重用度。

7.5 函数调用

函数调用通过函数表达式实现，其本质是主调函数通过函数表达式调用被调函数完成相应的程序执行过程。调用过程中，首先将实参赋予形参，并将计算机 CPU 和内存等相关资源的控制权转移给被调函数，然后执行被调函数的函数体，被调函数执行结束后将控制权返还给主调函数。

C 语言程序中，除主函数 main 外的所有函数地位平等，彼此可以相互调用，亦可调用自身。一个 C 语言程序必须定义唯一的 main 函数，main 函数作为程序的入口和出口，其自身为操作系统调用，其他函数不可调用 main 函数。如果一个函数不能直接或间接被 main 函数调用，则其不能被执行。图 7-6 给出一个函数调用过程的示例。

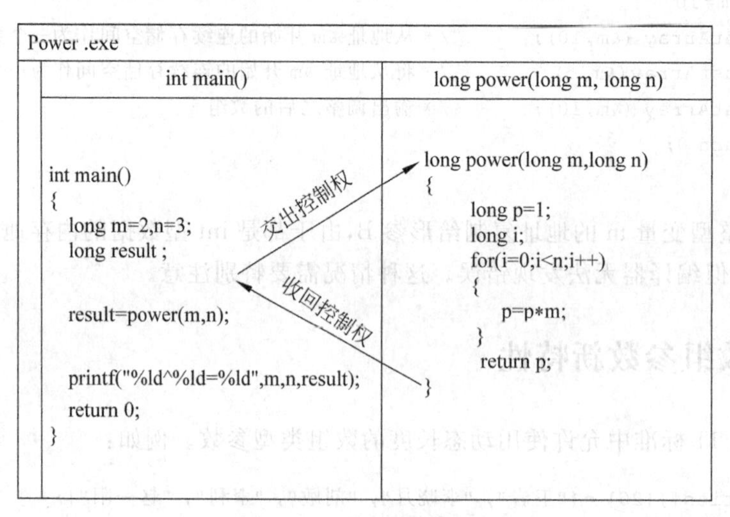

图 7-6 函数调用过程

main 函数从第一条语句开始执行，在求解 power(m，n)时，转向执行 power 函数。power 函数执行到 return 语句时，将 p 值返回到 main 函数的调用处，并继续执行 main 函数其后面的语句，直到 main 函数的所有可执行代码执行完毕，程序结束。

7.5.1 函数调用形式

函数调用通过函数表达式实现，调用的函数必须已经定义。

语法格式：

函数名(实参 1,实参 2,…,实参 n)

根据函数参数类型，函数表达式可以直接赋予变量，也可以参与表达式的构建。例如(针对已定义的 add(int a,int b)函数)：

```
int x=add(1,2);                /* x=1+2 */
int y;
y=add(4,5);                    /* y=4+5 */
y=add(add(4,5),add(5,6));      /* y=((4+5)+(5+6)) */
add(100,200);                  /* 函数表达式语句, add(100,200)的值不赋予任何变量或参
                                  与其他表达式 */
```

如果调用无参函数，则实参表为空，但函数名后的一对圆括号不能省略。例如：

```
sayHello();
```

7.5.2 嵌套调用

嵌套调用是指一个函数调用另一个函数(不包括调用自身)，该被调用函数还可以调用其他函数，形成任何深度的调用层次。例如：

```
float myfabs(float x)
{
    return x>0? x:-x;
}
```

```
float myfunc(float r)
{
    return 2*myfabs(r)+1;
}
```

```
int main()
{
    float f=0.5;
    printf("%f",myfunc(f));
    return 0;
}
```

main 函数中的 printf 函数执行前，首先求解 myfunc(0.5)，在函数 myfunc 计算过程中，又嵌套调用函数 myfabs。函数 myfabs 计算完成后，其返回值参与 2*myfabs(r)+1 的计算，并将计算结果作为函数 myfunc 的返回值返回到主函数，表达式 myfunc(0.5)的值作为 printf 函数的参数，传递给 printf 函数，执行 printf 函数输出后返回主函数。至此，main 函数所有语句执行完成，程序结束。函数之间的调用关系如图 7-7 所示。

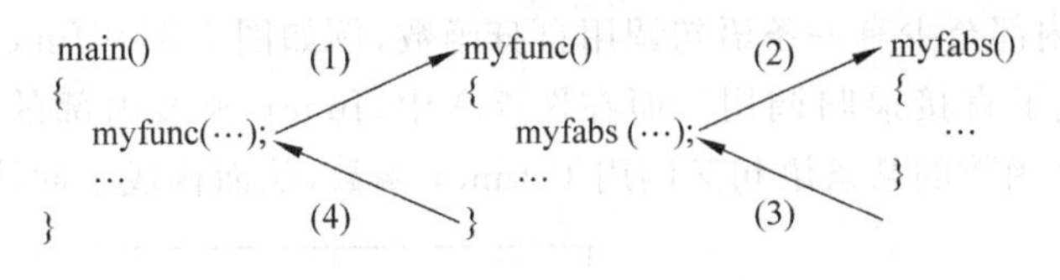

图 7-7 函数调用示意图

例 7-10 定义函数计算整数 1～10 的阶乘和，计算公式如下。

$$s=\sum_{k=1}^{10}k!=1!+2!+\cdots+10!$$

```
#include <stdio.h>
long factorial(int n)                    /*计算阶乘*/
{
```

```
    long t=1;
    long sum(int n)                                        /*计算阶乘和*/
    {
        long s=0;
        int i;
        for(i=1; i<=n; i++)
            s=s+factorial(i);
        return s;
    }
    int i;
    for(i=1; i<=n; i++)
        t=t*i;
    return t;
}
int main()
{
    long s=sum(10);
    printf("sum=%ld\n",s);
    return 0;
}
```

定义 long 型函数 sum 计算 1 到 n 的阶乘和，定义 long 型函数 factorial 计算任意自然数 n 的阶乘。函数 sum 的算法很简单，循环依次遍历 1 至 n 间的所有数，调用函数 factorial 计算每个数的阶乘，通过 s＝s＋factorial(i)，将所有阶乘计算结果累加到 s 变量。主函数通过函数表达式 sum(10)计算 1～10 的阶乘之和并赋予变量 s，调用 printf 函数输出结果。

7.5.3 递归调用

递归调用是指函数体内部调用自身的一种特殊函数调用形式，即在函数体内部，函数的某些语句又直接或间接地调用函数自身。根据调用方式不同分为直接递归和间接递归两种形式。函数内部至少有一条语句调用自身函数，例如图 7-8 中 func 函数体包含 func 函数的调用，构成了直接递归调用。而在图 7-9 中，func1 函数内部的某条语句调用了 func2 函数，func2 函数的某条语句又调用了 func1 函数，从而构成了间接递归调用。

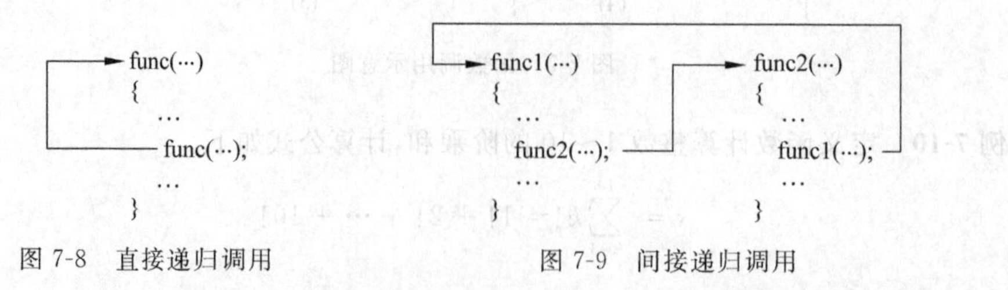

图 7-8　直接递归调用　　　　图 7-9　间接递归调用

例 7-11　定义递归函数 printn(int n)，输出 n 到 1 之间的所有数。

```
void printn(int n)
```

```
{
    if(n<1) return;
    printf("%3d",n);            /* 输出 n */
    n--;
    printn(n);
}
int main()
{
    printn(10);
    return 0;
}
```

函数 printn 中，当 n>=1 时调用 printf 函数输出 n，将 n-- 作为实参继续调用自身函数 printn，直到 n<1 时，利用语句 return 退出本次调用，返回上一层调用函数 printn。n<1 即为递归终止条件。

无论直接递归调用还是间接递归调用，主调函数同时也是被调函数。如果递归过程没有中止条件，程序就会陷入类似死循环一样的调用状态，最终导致错误。因此，定义递归函数时，必须存在一个结束递归过程的条件，并保证递归过程在满足此条件下结束。

例 7-12 利用递归调用，定义阶乘函数 long fun1(int n)。

根据阶乘公式 n!=n(n-1)!，计算 n!的问题可以转化为计算(n-1)!的问题，但是 n!计算并未求解，只是处于待求解状态；继而计算(n-1)!的问题转化为计算(n-2)!的问题，同理，(n-1)!问题待求解。依此类推，n 越来越小，当 n=1 时，1!为一个可知的数(1!=1)。于是，2!可以通过 1!计算得到，然后可以计算 3!……逐层回推，最终可以计算 n!。建立计算 n!的递推公式为

$$n!=\begin{cases}1, & n=0,1\\ n(n-1)!, & n>1\end{cases}$$

```
long fun1(int n)
{
    if(n==0||n==1)
        return 1;
    return n * fun1(n-1);
}
int main()
{
    int i;
    scanf("%ld",&i);
    printf("%d!=%ld",i,fun1(i));
    return 0;
}
```

以计算 4!为例，计算过程如图 7-10 所示。

fun1(4)函数运行过程如下：

(1) 调用函数 fun1(4)，执行 4 * fun1(3)，在计算 4 * fun1(3)之前，先调用 fun1(3)。

(2) 调用函数 fun1(3),执行 3 * fun1(2),在计算 3 * fun1(2)之前,先调用 fun1(2)。

(3) 调用函数 fun1(2),执行 2 * fun1(1),在计算 2 * fun1(1)之前,先调用 fun1(1)。

(4) 调用函数 fun1(1),因符合终止条件 n==1,fun1(1)函数调用结束,返回值为 1。

(5) 返回到 fun1(2),计算 2 * 1,fun1(2) 调用结束,返回值为 2。

(6) 返回到 fun1(3),计算 3 * 2,fun1(3) 调用结束,返回值为 6。

(7) 返回到 fun1(4),计算 4 * 6,fun1(4) 调用结束,返回值为 24。

(8) 返回 main 函数,输出 fun1(4)的计算结果。

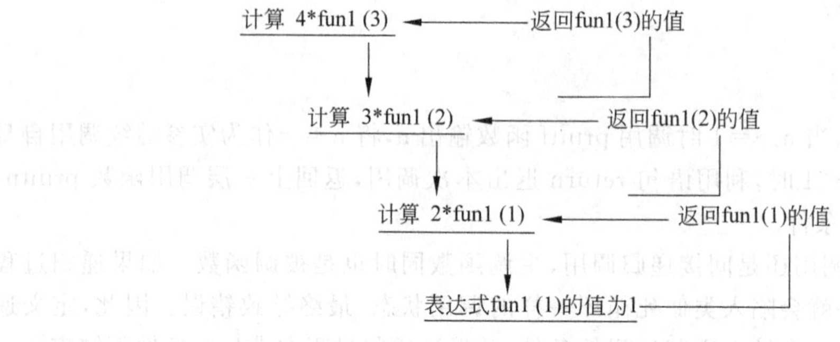

图 7-10 fun1(4)的执行过程

7.6 源程序文件与函数分类

为实现代码的合理组织和分工协作,一个 C 语言程序可以包括多个源程序文件,一个源程序文件允许由包括主函数在内的多个函数构成。编译时,编译器将每个源程序文件单独编译成目标代码文件。在链接时,链接器将所有目标代码文件和相关的库文件合并成一个可执行文件。

从编译角度,一个源程序文件是一个独立编译单元。每个函数必须唯一地属于一个编译单元。如果一个函数可以被其他源程序文件中的函数调用,则称为外部函数;如果一个函数限定只能被本源程序文件中的定义的函数调用,则称为内部函数。

7.6.1 外部函数

定义函数时,在函数名和函数类型之前加关键字 extern,实现外部函数定义。

定义格式:

```
[extern] 函数类型 函数名(形式参数)
{
    函数体
}
```

事实上,关键字 extern 可省略。前面所定义的函数均为外部函数。但是在调用外部函数时,需要添加外部函数声明。

声明格式：

```
extern 函数类型 函数名(形式参数);
```

假设一个 C 语言程序由源程序文件 f1.c 和 f2.c 构成。其中 f1.c 中定义了 main 函数，并且调用了 f2.c 的函数 hello 和 add。其程序组织方式如下：

文件 f1.c 代码：

```
/*外部函数声明*/
extern void hello();
/*外部函数声明*/
extern int add(int a,int b);
int main()
{
    hello();
    add(1,2);
    return 0;
}
```

文件 f2.c 代码：

```
/*外部函数定义,extern 可省略*/
extern void hello()
{
    printf("Hello!\n");
}
int add(int a,int b)
{
    return a+b;
}
```

f1.c 文件中通过 extern 声明所调用的 hello 函数和 add 函数来自外部。

7.6.2 内部函数

定义函数时，在函数名和函数类型之前加关键字 static，实现内部函数定义。

定义格式：

```
static 函数类型 函数名(形式参数)
{
    函数体
}
```

关键字 static 不可以省略。内部函数仅在其所在的文件内可用，因而在不同文件中可以定义相同名称的内部函数。假设一个 C 语言程序由源程序文件 f1.c 和 f2.c 构成，其程序组织方式如下：

文件 f1.c 代码：

```
extern int demo();
void main()
{
    hello();
    add(1,2);
    demo();
}
```

文件 f2.c 代码：

```
static int add(int a,int b)
{
    return a+b;
}
int demo()
{
    return add(1,2);
}
```

add 函数在 f2.c 中定义，且为 static 类型，因此仅仅可以在 f2.c 中被调用，不允许其他文件(如 f1.c 文件)的函数调用。编译 f1.c 时会报告 add 不可用的错误信息，但 f2.c 可以正常编译。

7.6.3 内联函数

一般函数编译后，函数体只保留一份，每个函数表达式维护一个指向此函数体的地址，当调用发生(计算函数表达式)时，跳转到此函数体执行，在执行结束后跳转回调用函数位置。对于运算效率要求较高的程序，这个跳转过程花费的时间太长。为提高函数的执行效率，基于“空间换时间”的策略，C99 和 C11 标准定义了内联函数。内联函数为每个函数表达式保留一份函数体的复制，以降低函数调用时间。该技术的好处非常明显，但是，如果函数体庞大且调用次数较多，则会造成代码的臃肿。因此，内联函数技术主要用于函数体相对简单又要求效率较高的情况。

定义格式：

```
inline 函数类型 函数名(形式参数)
{
    函数体
}
```

使用内联函数存在一些限制：

(1) 内联函数一般不能和主函数出现在同一源程序文件中。

(2) 内联函数可以被声明为外部函数，但是必须在其所在源程序文件中通过 extern 声明。

例如，函数 factorial 被定义为内联函数，如果希望在其他源程序文件中可以调用此函数，需要在函数 factorial 所在源程序文件中加入如下函数声明语句：

```
extern long factorial(int n);
inline long factorial(int n)
{
    if(n==0||n==1)
        return 1;
    return n*factorial(n-1);
}
```

随后，在主调函数所在源程序中直接调用 factorial 函数即可，或者再次加入相同的函数声明语句。

在引入内联函数概念之前，C 语言程序设计一般通过预编译指令构建宏的方式实现类似内联函数的功能(参见第 10 章)。

7.7 变量存储类型

计算机的存储系统由寄存器、高速缓存、内存储器（简称内存）、外存储器（例如磁盘、磁带）等组成。为了提高系统执行效率，目前还可以采用外存储器上配置虚拟内存等技术。这些存储资源均可以为计算程序所使用。这些存储资源按照存储器访问速度从快到慢的顺序依次是寄存器、高速缓存、内存、虚拟内存、外存储器。

所有声明的变量和定义的数组运行时，操作系统均会自动为其分配存储空间，此存储空间一般为内存。在特殊声明的情况下，可以将变量存储于寄存器。根据变量所在存储器的位置不同，将变量分为普通变量和寄存器变量。如果系统将变量的存储空间置于高速缓存、外存储器，则需要通过库函数实现。

7.7.1 普通变量

通过声明语句声明的变量、定义的数组以及用到的所有常量一般是通过内存存储。如果没有特殊说明，函数内部声明的普通变量只有在函数准备执行时，操作系统才会根据声明语句的要求在内存中为变量准备存储空间，当函数运算结束时，这些变量所占用的空间将被收回，以便其他函数使用。此类变量的存储空间具有自动申请和自动销毁的特点，因此称为自动变量，C 语言中，通过 auto 关键字标识自动变量。

声明格式：

```
[auto] 数据类型 变量 1[=表达式 1],变量 2[=表达式 2],…,变量 n[=表达式 n];
```

数据类型为已定义的数据类型，包括 C 语言标准规定的基本数据类型（如 int、float 等）和用户自定义数据类型（参见第 9 章）。表达式 1、表达式 2、……、表达式 n 为初值表达式，要求表达式具有确定的值。声明自动变量时通常省略 auto 关键字。例如：

```
int b=10;    等价于    auto int b=10;
```

除了通过声明语句建立自动变量，用户还可以通过调用内存管理函数自行申请内存空间，建立匿名变量（参见第 8 章）。

7.7.2 寄存器变量

存储在寄存器中的变量称为寄存器变量。通过 register 关键字标识寄存器变量。

声明格式：

```
register 数据类型 变量 1[=表达式 1],变量 2[=表达式 2],…,变量 n[=表达式 n];
```

注意，不可以省略 register 关键字。例如：

```
register int i=1;
```

寄存器变量与普通变量使用方法相同。例如：

```
/*寄存器变量作为函数参数*/
int add(register int a,register int b)
{
    return a+b;
}
int main()
{
    printf("%d+%d=%d",1,2,add(1,2));
    return 0;
}
```

也可以定义寄存器类型数组。

定义格式：

register 数据类型 数组1[={初值列表}],数组2[={初值列表}],…,数组n[={初值列表}];

例如：

```
register int a[10]={0,2,3,4,5};
```

但是，不能定义函数类型为register类型。例如：

```
register int add(register int a,register int b)    /*错误定义形式,编译时报告出错信息*/
{
    return a+b;
}
```

寄存器是CPU的一个基本组成单元，具有最高的读写速度。但是一般微机所用CPU的寄存器数量有限，通常建议少用寄存器变量。如果计划编写的程序对运算速度要求较高，且参与计算的数据量较小，可以使用寄存器。对于某些寄存器存储空间很大的大型计算机，建议优先使用寄存器变量。

7.8 变量作用域

按照函数定义，函数内部声明的变量、定义的数组以及编写的可执行语句均属于函数本身，因此可以说函数实现了代码的封装。从函数的视角，变量可以分为内部声明的变量和外部声明的变量，数组也可以分为内部定义的数组和外部定义的数组。

一个函数内部声明的变量和形参属于函数内部的变量，也称为局部变量，其他函数无法访问。函数之间只能通过参数实现信息传递，当在多层函数嵌套调用中传递多个变量和数组时，每个函数要为这些变量和数组保留存储空间，势必造成内存空间的浪费。为解决函数之间的数据共享，大多数程序设计语言支持在函数外声明变量，此类变量为所有函数共享，因此称为全局变量。局部变量和全局变量的有效区域不同，变量可以被访问的有效区域称为变量的作用域。

7.8.1 局部变量

局部变量是函数定义时声明的所有变量或定义的数组，包括函数参数和函数体中声明的变量或定义的数组。例如：

```
int func1(int a,int b)
{
    int i;
}
```

```
int func2()
{
    int i;
}
```

```
void main()
{
    int i, j;
}
```

func1 函数的局部变量包括形式参数 a、变量 b 以及变量 i，func2 函数的局部变量为变量 i，main 函数的局部变量是变量 i 和变量 j。尽管 func1、func2 和 main 函数中都有同名的 int 型变量 i，但因它们属于不同的函数，占据不同的内存单元，互相并不影响，这些同名变量之间不会发生冲突。局部变量的作用域从声明语句开始直到函数体结束，函数参数的作用域是整个函数体。

另外，C 语言还支持复合语句块。语句块是以"{"开始，以"}"结束的一组语句。语句块内同样可以声明变量或定义数组。因此，函数内部变量又细分为块内和块外两类局部变量。声明块内局部变量时必须将声明语句放在复合语句块的开始位置，其作用域是当前的复合语句块。复合语句块外可以声明同名变量。例如：

```
int main()
{
    int a=5;                /* 变量 a 为函数内局部变量 */
    {
        int a=1;            /* 如果没有此声明语句,则本语句块使用块外局部变量 a */
        printf ("%d\n",a);  /* 变量 a 为复合语句块内局部变量,块外同名变量在此失效 */
    }                       /* 块结束后,此块内局部变量 a 销毁 */
    printf ("%d\n",a);      /* 变量 a 为函数内局部变量 */
    return 0;
}
```

main 函数存在两个同名变量 a，各自有不同的内存空间。复合语句块内声明的变量仅在此语句块内有效。当执行复合语句块内的 printf 语句时，输出的是该语句块内的局部变量 a 的值，复合语句块外部的变量 a 被屏蔽。当退出复合语句块时，块内局部变量 a 被销毁，执行第二条 printf 语句使用的是复合语句块外变量 a 的值。复合语句块外局部变量的作用域从其声明语句开始到函数体结束。如果在复合语句块内没有声明同名变量 a，则第一条 printf 语句可以使用主函数声明的变量 a。

在 C99 标准之后，C 语言支持在 for 语句的第一表达式中声明局部变量，在循环体中有效。例如：

```
int main()
{
    int A[20]={1,2,3,4,5,6,7,8,9,0};
    double x;
    for(int i=0;i<10;i++)   /*C99之后引入的局部变量声明方式,变量i在循环体中有效*/
    {
        char c='0'+A[i];   /*变量c为复合语句块内部的局部变量*/
        putchar(c);
    }
    return 0;
}
```

每次函数调用都需要为局部变量重新分配存储空间,重新进行初始化赋值。如果没有进行初始化赋值,则局部变量的值不确定。

7.8.2 全局变量

一个源程序文件可以定义一个或多个函数,也可以在函数外声明变量和定义数组。在源程序文件A中声明的变量和定义的数组在源程序文件B中是否可以使用?这需要从文件内外两个方面讨论变量的使用问题。

一个源程序文件的函数外部声明的变量或定义的数组对定义在此源程序文件的函数来说均属全局变量或数组,其作用域是从声明语句或定义语句开始直到该源程序文件结束。

声明格式:

数据类型 变量1[=表达式1],变量2[=表达式2],…,变量n[=表达式n];
数据类型 数组1[={初值列表}],数组2[={初值列表}],…,数组n[={初值列表}];

全局变量或全局数组允许不进行初始化赋值,其默认值为0。

全局变量同样遵守“先声明后使用”的原则,如果试图在全局变量声明前使用它,将导致编译出错。例如:

```
void func1()
{
    gnNum=1;              /*编译错误*/
}
int gnNum;                /*声明全局变量gnNum*/
int main()
{
    func1();
    return 0;
}
```

可以通过外部变量声明语句解决全局变量声明在函数定义之后的问题。其声明语句的作用仅仅用于“声明”全局变量来自函数定义之后，因此不必给出初始值。从存储角度，一个程序中定义的所有函数都可以使用全局变量，只是由于受制于编译器以文件为编译单元以及从头至尾编译的特性，需要加入外部全局变量声明语句，以避免编译错误。

声明格式：

extern 数据类型 变量 1，变量 2，…，变量 n；

修改上面的程序：

```
void func1()
{
    extern int gnNum;       /* 告知编译器 gnNum 在其他位置声明，是一个合法的全局变量 */
    gnNum=1;
}
int gnNum;                  /* 声明全局变量 gnNum */
int main()
{
    func1();
    return 0;
}
```

编译器在编译 func1 内的 gnNum＝1；语句之前，根据 extern int gnNum；语句知道 gnNum 是一个合法的全局变量。全局变量只需在第一次使用时通过声明语句进行声明并赋初值即可。例如：

```
int gnNum=10;
```

函数 func1 中通过 extern 声明变量 gnNum，以避免编译错误。例如：

```
extern int gnNum;
```

当一个 C 程序由多个源程序文件组成时，如果来自多个源程序文件的函数共同使用一个全局变量，则应该在其中一个源程序文件中声明全局变量并赋初始值，其他源程序文件中声明该全局变量为外部全局变量即可。例如：

文件 f1. c 的代码：

```
/* 声明并初始化 */
int gnSummation=0;
void sum(int a);
int main()
{
    sum(2);
    sum(3);
    printf("%d", gnSummation);
    return 0;
}
```

文件 f2. c 的代码：

```
/* 声明全局变量 */
extern int gnSummation;
void sum(int a)
{
    gnSummation+=a;
}
```

该程序包含两个源程序文件 f1.c 和 f2.c，编译器分别编译 f1.c 和 f2.c，生成目标代码文件后，再进行链接，最终生成可执行文件。全局变量 gnSummation 第一次声明在 f1.c 文件内，可以在 f1.c 文件内直接使用。对于 f2.c 文件，gnSummation 是一个外部的全局变量，所以需要进行外部全局变量声明。

由于全局变量为多个函数共享，因此可以实现多函数间的信息传递。主调函数向被调函数传递信息的过程是：首先，将信息保存到全局变量中；其次，被调函数通过访问全局变量获得信息，在其内部对信息加工后，将其计算结果再次存储到全局变量中；最后，主调函数通过访问全局变量获得计算结果。

例 7-13 编写程序，利用全局变量计算 1+2+…+100 的和。

```
int g_sum=0;
void sum(int n)
{
    int i;
    for(i=1;i<=n;i++)
        g_sum=g_sum+i;
}
int main()
{
    g_sum=0;
    sum(100);
    printf("sum=%d",g_sum);
    return 0;
}
```

函数 sum 没有返回值，但是其计算结果保存于全局变量 g_sum 中，计算完成后，函数 main 从 g_sum 中读取计算结果即可。程序中数据的传递过程如图 7-11 所示。

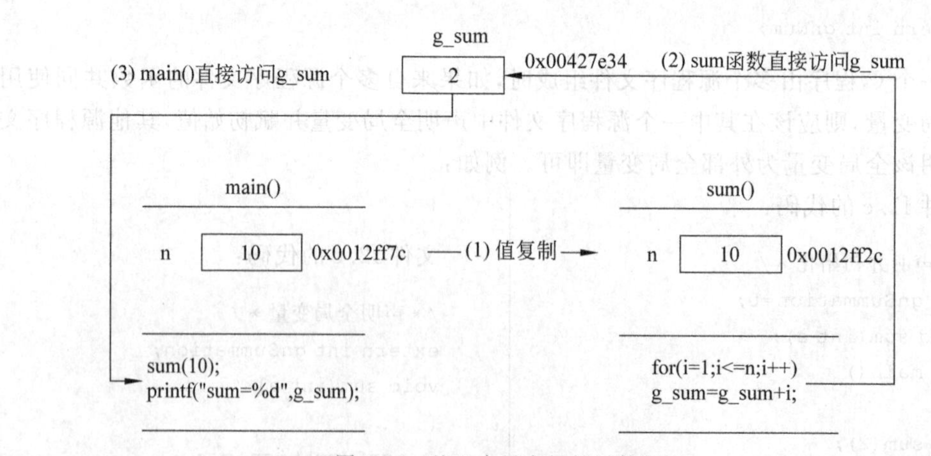

图 7-11 基于全局变量的函数调用

全局变量的引入实现了多函数间的数据共享，降低了函数参数传递带来的系统开销。一般在内存较小的环境下使用全局变量，可以节省存储空间。但是函数体内的语句可以绕过函数参数和返回值直接访问全局变量，这将破坏函数的独立性。如果存在两个函数同时写一个全局变量的情况，还将造成写数据冲突。例如：

```
int g_sum=0;
fun1();                               /* 其中有语句 g_sum=2 */
fun2();                               /* 其中有语句 g_sum=3 */
printf("%d",g_sum);
```

如果代码按书写顺序执行，输出结果为 3。但如果 fun1 和 fun2 并行执行(例如多线程并行计算)，可能因执行的先后顺序不同而获得不同结果。因此，一般程序设计中应尽量少用全局变量。

7.8.3 静态变量

局部变量只在函数执行开始时才存在，函数体执行过程中被读写访问，函数结束时被自动销毁。为实现局部变量的长久留存问题，C 语言引入了静态局部变量的概念，又称为静态变量。静态变量的作用域始于静态变量声明语句，结束于函数体。但是当函数结束后，静态变量不被销毁，将保留到整个程序结束。

声明格式：

static 数据类型 变量 1[=表达式 1],变量 2[=表达式 2],…,变量 n[=表达式 n];
static 数据类型 数组 1[={初值列表}],数组 2[={初值列表}],…,数组 n[={初值列表}];

关键字 static 不可以省略。静态变量或数组的初始化赋值仅在第一次调用时进行一次，如果不进行初始化，其默认初始值为 0。

例 7-14 编写程序，利用静态变量计算 1+2+…+100 的结果。

```
int add(int a)
{
    static int r=0;
    r+=a;
    return r;
}
int main()
{
    int i, sum;
    for(i=1; i<=100; i++)
        sum=add(i);
    printf("%d",sum);
    return 0;
}
```

第一次调用函数 add 求解 add(1)时，操作系统为静态变量 r 分配存储单元并初始化为 0，当函数体执行结束时 r 值为 1；第二次调用函数 add 求解 add(2)时，r 保留上一次计算结果，当函数体执行结束时 r 值为 3；依次类推，利用静态变量 r 不被销毁，其值可以长久保留的特点，实现累计求和。

7.8.4 变量访问控制

C 语言程序中的变量访问控制相对简单，基本原则是“在其作用域内随意读写”。

例如，全局变量在其首次声明的源文件中自动获得“从声明开始到文件结束均可读写”的作用域。如果其他源程序文件中使用该全局变量，则需要通过外部全局变量声明(extern)，然后即可使用。某些情况下，如果希望全局变量的作用域仅限于其首次声明的源程序文件，禁止其他源程序文件通过外部全局变量声明语句获得全局变量的控制权，需要在声明全局变量时使用 static 关键字。例如：

文件 f1.c 的代码：

```
/*禁止外部访问*/
static int gnSummation=0;
void Sum(int a);
main()
{
    Sum(2);
    Sum(3);
    printf("%d", gnSummation);
}
```

文件 f2.c 的代码：

```
/*编译错误*/
extern int gnSummation;
void Sum(int a)
{
    gnSummation+=a;
}
```

由于 f1.c 中的 gnSummation 声明为 static 类型的全局变量，因此编译 f2.c 时会报告错误信息。

此外，C 语言标准还定义了一些关键字控制变量的读写问题，例如 C99 标准之前的 const、restrict、volatile，C11 标准中为多线程程序设计引入的_Atomic 和_Thread_local 等。

以 const 为例，利用 const 实现变量只读控制。例如：

```
const int gnSummation=0;
```

此时如果对 gnSummation 变量写操作，就会出现错误信息。例如：

```
gnSummation++;   /*编译错误,gnSummation 为常量,不可以修改*/
```

如果在定义数组时加入 const，则说明此数组所有元素的值都不可以修改。例如：

```
const int a[2]={1,2};
a[0]=3;   /*gcc 编译器下提示 error: assignment of read-only location 'a[0]'*/
```

定义函数形参时，利用 const 可以避免函数内部对参数值进行修改。例如：

```
int mystrcpy(char t[],char s[])      /*字符串复制*/
{
    int i=0;
    while(t[i]=s[i++]);
```

```
    return i;
}
```

mystrcpy 函数功能是将 s 数组中的字符串复制到 t 数组。如果将代码 while(t[i]=s[i++]);错误地写成 while(s[i]=t[i++]),则会修改 s 数组的内容,导致逻辑错误。但由于其符合 C 语言语法,编译器将不会报告错误。这种情况下,可以利用关键字 const 避免此类错误。声明函数参数时引入 const 表明 s 数组"只读"。例如:

```
int mystrcpy2(char t[],const char s[])
{
    int i=0;
    while(s[i]=t[i++]);  /* s 数组的所有元素不可写,编译时报告错误,提醒程序员修改程序 */
    return i;
}
```

7.9 源程序结构

根据问题的复杂程度,源程序的组织结构可以分为单文件单函数结构、单文件多函数结构、多文件多函数结构。

7.9.1 单文件单函数结构

单文件单函数结构是指所有代码都在 main 函数中实现,并存储在一个.c 源程序文件中。此结构仅适合学习和开发小的测试和计算程序(教材中的例题多采用此种形式)。单文件单函数结构如图 7-12 所示。

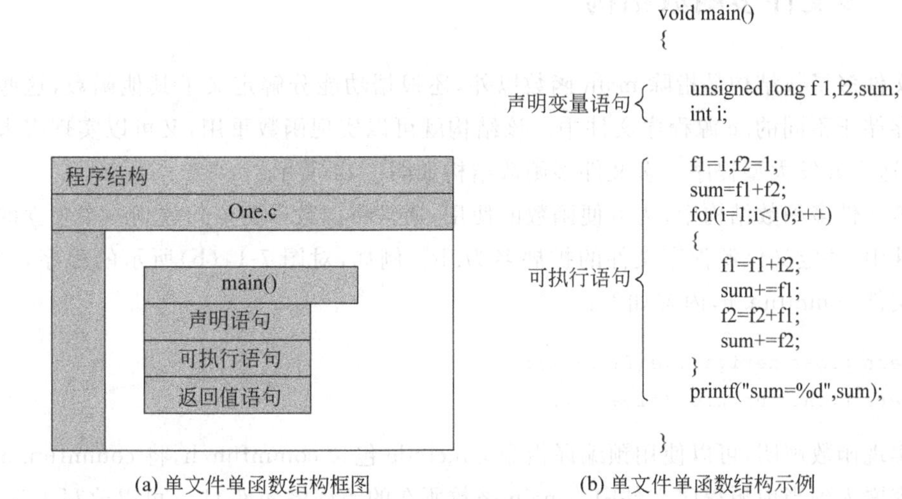

(a) 单文件单函数结构框图　　(b) 单文件单函数结构示例

图 7-12　单文件单函数结构

7.9.2 单文件多函数结构

单文件多函数结构是指除 main 函数以外，根据功能需求，还定义了若干个函数，包括 main 函数在内的所有函数都存储于一个.c 源程序文件中。该结构可以实现函数重用，但是没有解决分工问题，仅适合个人程序开发。单文件多函数结构如图 7-13 所示。

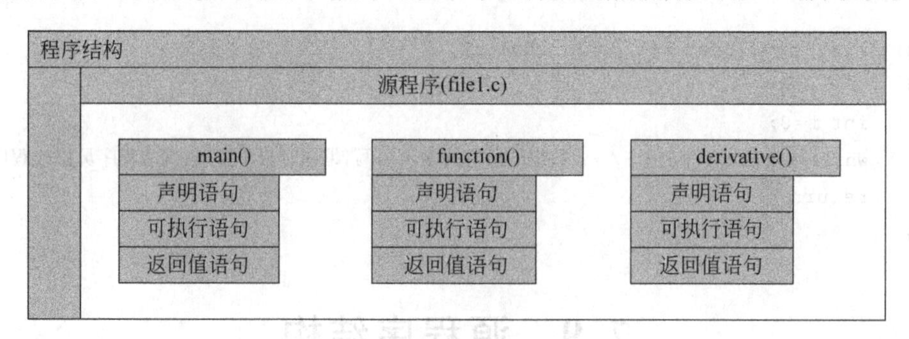

(a) 单文件多函数结构框图

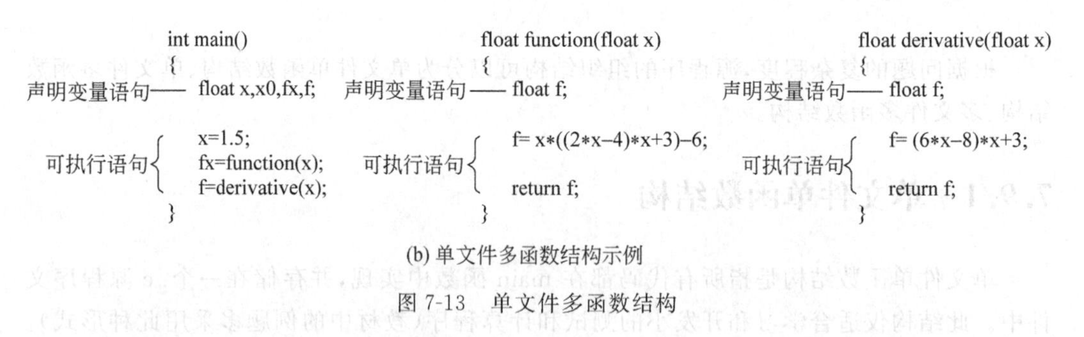

(b) 单文件多函数结构示例

图 7-13 单文件多函数结构

7.9.3 多文件多函数结构

多文件多函数结构是指除 main 函数以外，还根据功能分解定义了其他函数，这些函数分别存储于不同的.c 源程序文件中。该结构既可以实现函数重用，又可以实现多人合作开发，适合开发大型程序。多文件多函数结构如图 7-14 所示。

在多文件多函数结构中，为方便函数的使用，通常将函数声明语句放到一个独立的源程序文件中，并定义该源程序文件的扩展名为.h。例如，对图 7-14(b)所示的程序，可以定义头文件 commfun.h，内容如下：

```
extern float derivative(float x);
extern float function(float x);
```

为实现函数声明，可以使用预编译指令 #include 包含 commfun.h，将 commfun.h 的全部内容嵌入到当前源程序文件中。main 函数所在的源程序文件 f1.c 可以改写为为

```
#include "commfun.h"
int main()
{
    …
}
```

C语言不允许重复声明函数，而头文件可能会被多个源程序文件所使用。因此，对#include采用条件编译，控制头文件的内容不被重复包含。可将commfun.h修改为

```
#ifndef _COMMFUN_H
#define _COMMFUN_H
extern float derivative(float x);
extern float function(float x);
#endif
```

其中，#ifndef _COMMFUN_H是指编译时检查符号常量_COMMFUN_H是否定义。如果已定义，则#ifndef _COMMFUN_H后的内容就不会编译；否则，编译#ifndef _COMMFUN_H后的内容。当commfun.h第一次被包含时，符号常量_COMMFUN_H未定义，执行#define _COMMFUN_H预编译指令，定义符号常量_COMMFUN_H，并声明函数derivative和函数function。当commfun.h再次被包含时，由于检测到符号常量_COMMFUN_H已经定义，#ifndef _COMMFUN_H后的内容不再被编译，从而保证函数不被重复声明。此部分内容详见第10章。

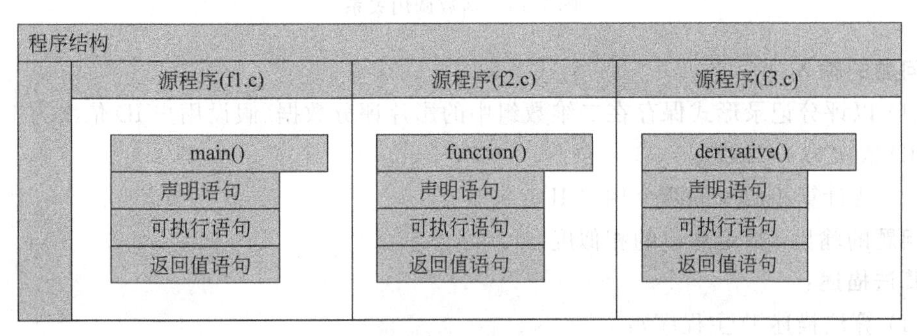

(a) 多文件多函数结构框图

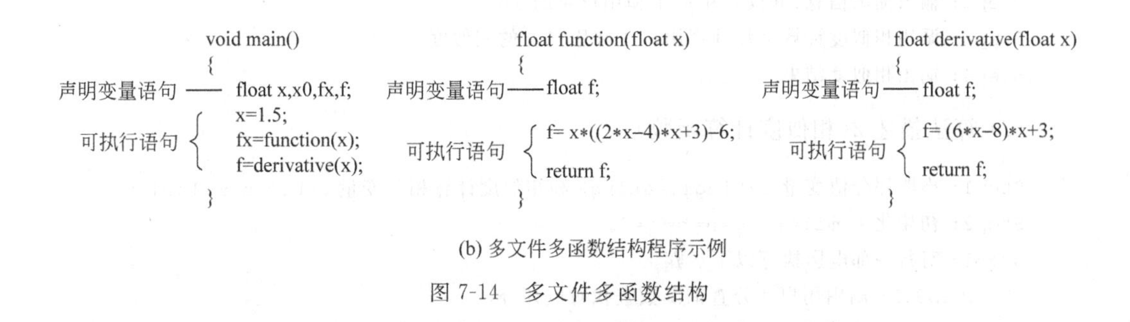

(b) 多文件多函数结构程序示例

图7-14　多文件多函数结构

7.10 案　　例

问题陈述：如果将所有用户的电影评分数据以二维数组表示，则 N 个用户对 M 部影片的评分形成 N×M 的二维矩阵。随着用户数和电影数量的增加，二维数组的大小会快速增长(例如有 50 000 个用户对 10 000 部影片评分)。实际上，每个用户所评分的电影可能只有十几部，这意味着数组的每一行上存在大量的缺失数据，造成评分矩阵的高稀疏特性。因此，实际的评分数据可能采用评分记录方式存储，以每条评分记录为一行，分别记录用户 ID、影片 ID 和评分值。将每条评分记录作为数组的每一行，存储 R 行 3 列(R 为评分记录数)。由于数据以评分记录形式保存，计算相似度时需要先在评分记录中找到当前用户对目标电影的评分。在本例中，分别编写相似度计算函数和评分查询函数，主函数中根据输入的两个用户 ID，调用相似度计算函数计算相似度并输出。相似度计算函数的功能是计算任意两个指定用户之间的相似度，输入参数是两个用户各自的 ID，返回值为指定的两个用户的相似度计算结果。评分查询函数的功能是在评分记录中查询某个用户对某一部影片的评分，输入参数分别是用户 ID 和影片 ID，函数返回值是该用户对指定影片的评分(int 型)。函数之间的调用关系如图 7-15 所示。

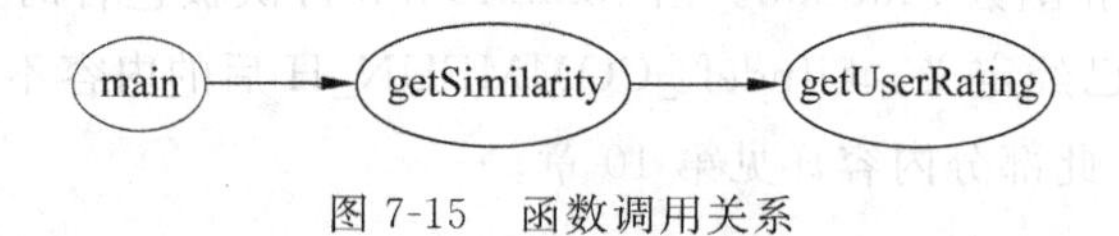

图 7-15　函数调用关系

问题的输入：

(1) 以评分记录形式保存在二维数组中的影片评分数据(假设用户 ID 依次为 1～10，影片 ID 依次为 1～10)。

(2) 待计算相似度的两个用户 ID。

问题的输出：指定用户的相似度。

算法描述：

(1) 算法描述 1(主程序)：

Step1：声明变量 user_id1、user_id2 以及相似度结果变量 similarity。

Step2：输入提示信息，并读入用户 1 和用户 2 的 ID。

Step3：调用相似度计算函数计算用户 1 和用户 2 的相似度。

Step4：输出相似度结果。

(2) 算法描述 2(相似度计算函数)：

Step1：声明评分值变量 rating1、rating2 和相似度计算相关变量 a、b、c、similarity。

Step2：初始化 similarity=a=b=c=0。

Step3：对每一部电影执行以下步骤。

　　Step3.1：调用用户评分查询函数查找对应评分。

　　Step3.2：计算用户 1 和用户 2 对同一电影的评分乘积，并累加。

Step3.3：计算用户 1 对该电影的评分平方，并累加。

Step3.4：计算用户 2 对该电影的评分平方，并累加。

Step4：计算相似度，similarity=a / sqrt(b * c)。

Step5：返回相似度计算结果。

(3) 算法描述 3(用户评分查询函数)：

Step1：声明评分值变量 rating，并初始化为 0。

Step2：对每一条评分记录执行以下步骤。

Step2.1：判断当前记录与指定用户 ID 和影片 ID 是否都匹配。

Step2.2：如果匹配，获取评分值，并中断循环。

Step3：返回评分值结果。

源程序代码：

```
/* Author："程序设计基础(C)"课程组
 * Description：利用函数编程实现根据给定评分记录计算两个用户的相似度
 */
#include <stdio.h>
#include <math.h>
int getUserRating(long userid, long movieid);       /* 声明用户评分查询函数原型 */
float getSimilarity(long userid1, long userid2); /* 声明相似度计算函数原型 */
/* 实际数据来自外部文件。这里暂时将 20 条评分记录保存在全局数组中，虽然评分值为 int
   型，但由于数组元素类型相同的限制，统一为 long 型，在后续章节中将恢复 int 型 */
long user_ratings_record[20][3]=     /* 每条评分记录由 3 个数据构成，依次是用户 ID，
                                        影片 ID，评分 */
{
    {1,1,10},{1,2,10},{1,3,9},{1,5,10},{1, 6,7},{2, 1,9},{2,2, 8},{2,7, 8},
    {2,8,8},{2,10,8},{3,3, 7},{3,4, 8},{3,6,7},{3,7, 7},{3, 8,6},{4, 1,7},
    {4,2, 8},{4,4,7},{ 4,9,8},{4,10,7},
};
int main()
{
    long user_id1, user_id2;                              /* 声明用户 ID 变量 */
    float similarity;                                     /* 声明相似度变量 */
    printf("please input 2 user id(1-10):");              /* 输出提示信息 */
    scanf("%ld%ld", &user_id1, &user_id2);                /* 从键盘读取两个用户 ID */
    similarity=getSimilarity(user_id1, user_id2); /* 调用相似度计算函数计算指
                                                     定用户之间的相似度 */
    printf("The similarity between these two users:%f", similarity);
                                                          /* 输出相似度结果 */
    return 0;
}
int getUserRating(long userid, long movieid)
{
    int i;
```

```
    int rating=0;                                  /*初始化评分为 0*/
    for (i=0; i <20; i++)
    {
        /*在 20 条评分记录中逐一比对*/
        if(user_ratings_record[i][0]==userid&&user_ratings_record[i][1]==movieid)
        {
            /*如果用户 ID 和影片 ID 同时匹配*/
            rating=user_ratings_record[i][2];  /*获取对应记录的评分*/
            break;
        }
    }
    return rating;                                 /*评分为 0 或者未评分都返回 0*/
}
float getSimilarity(long userid1, long userid2)
{
    int rating1, rating2;                          /*声明评分变量*/
    float a, b, c, similarity;                     /*声明相似度计算中间变量和相似
                                                     度计算结果变量*/
    int i;
    similarity=a=b=c=0;                            /*初始化中间变量及相似度计算结
                                                     果为 0*/
    for (i=1; i <=10; i++)
    {
        /*计算两个用户在 10 部影片上的评分相似度*/
        rating1=getUserRating(userid1, i);         /*调用评分查询函数查找用户 1 对
                                                     影片 i 的评分*/
        rating2=getUserRating(userid2, i);         /*调用评分查询函数查找用户 2 对
                                                     影片 i 的评分*/
        a=a+rating1*rating2;                       /*累加计算的中间结果*/
        b=b+rating1*rating1;
        c=c+rating2*rating2;
    }
    similarity=a / sqrt(b*c);                      /*计算相似度结果*/
    return similarity;                             /*返回相似度结果*/
}
```

测试程序：编译运行程序，观察屏幕输出结果是否满足设计要求。

练　习　题

1. 举例回答下列问题。

(1) 函数声明的作用是什么？如何声明函数？

（2）函数类型与函数返回值的关系是什么？简要说明如何定义函数类型。

（3）形式参数与实际参数的区别与联系是什么？如何实现函数的参数传递？

（4）递推算法和递归算法的区别是什么？

2. 编写函数 int isChar(char c)，其功能是判断参数 c 是否为数字或英文字母。若是，返回对应的 ASCII 码值；否则返回 0。要求在主函数内读入一个字符，调用该函数，输出结果。

3. 编写函数 int isPrime(int n)，其功能是判断 n 是否为素数。若是，返回 1，否则返回 0。要求：主函数输入两个整数，输出两个整数之间的所有素数。

4. 编写函数 float fun(int x)，其功能是计算

$$S=1+x+\frac{x^2}{2!}+\frac{x^2}{3!}+\cdots\frac{x^n}{n!}$$

要求：在主调函数中输入 n 和 x，调用函数后在主调函数中输出计算结果。

5. 编写函数 int maxfun(int a,int b)，其功能是计算两个整数的最大公约数；编写函数 int minfun(int a,int b)，其功能是计算两个整数的最小公倍数。要求：主函数中输入两个正整数，调用上述函数后输出计算结果。

6. 编写函数 void fun(int a[],int n,int x)，其功能是在数组 a 中删除所有值为 x 的元素。要求：在主函数中初始化数组 a 及读入 x 值，调用函数后输出删除 x 后的数组 a。

7. 编写函数 int max_a(int a[],int n)，其功能是返回数组 a 中的最大数；编写函数 int min_a(int a[],int n)，其功能是返回数组 a 中的最小数；编写函数 int ave_a(int a[],int n)，其功能是计算数组 a 中所有数的平均值。要求：在主函数内初始化一个长度为 10 的数组，调用上述函数后输出该数组的最大值、最小值和平均值。

8. 某公司利用网络传递数据，假设要求加密传输四位整数。加密规则如下：每位数字都加上 5，然后用和除以 10 的余数代替该数字，再将第一位和第四位交换，第二位和第三位交换。编写加密函数实现上述功能，编写对应规则的解密函数。要求在主函数中输入一个四位整数，调用加密函数后输出加密后的数据，调用解密函数还原加密数据并输出。

9. 编写函数 void strmid(char str1[],int m,int n,char str2[])，其功能是将字符串 str1 第 m 个字符开始的 n 个字符复制到 str2 中。编写函数 int strlen(char s[])，其功能是计算字符串 s 的长度。要求：在主函数中初始化字符串 str1，调用函数 strmid(str1,m,n,str2)和函数 strlen(str1)、strlen(str2)，输出字符串 str1 和 str2 以及 str1 和 str2 的长度。（例如，初始化字符串 str1 为"goodmorning"，m 为 1，n 为 3，调用函数 strmid(str1,m,n,str2)后字符串 str2 为"ood"）。

10. 编写递归函数 int fib(int n)，递归公式如下：

$$\mathrm{fib}(n)=\begin{cases}0, & n=0\\ 1, & n=1\\ \mathrm{fib}(n-2)+\mathrm{fib}(n-1), & n>1\end{cases}$$

要求：主调函数中输入一个整数 n，调用函数后输出计算结果。

第8章

地址操作与指针

8.1 概　　述

在使用程序设计语言描述客观世界的某个对象时，通常先抽象出这一对象的概念而忽略具体的细节，只有使用具体对象时，才通过相关细节获得具体实体。变量名是程序设计语言访问某个对象的基本方法，但是使用变量名忽略了变量所在存储单元的位置地址和所占用的存储单元。实际赋值操作时，需要首先找到变量所在地址，然后再为其存储单元赋值。即如果知道变量地址，就可以直接赋值。C语言允许使用地址访问存储单元，使得对变量的访问既可以采用变量名方法又可以采用地址方法。

当今计算机系统为实现存储空间的有效管理，对每一个字节的存储单元都指定唯一的地址编码，地址编码采用无符号整数标识。例如，32位计算机系统一般采用4B整数存储单元地址，有效地址范围为$0\sim2^{32}$，可管理的最大内存空间为4GB。

C程序中声明的变量、定义的数组和函数，系统编译时都会被分配相应的存储空间。例如：

```
int a;
char c[4];
void order(){…}
```

上述对象编译时分配的存储空间如图8-1所示（假设分配空间的首地址为2C80）。

程序中定义的对象在内存中占据的存储区由若干个字节组成，一个对象的地址通常是指该对象所占存储区的第一个字节地址。如int型变量a占4B(2C80～2C83)，变量a的地址为2C80。char型数组c占据4B(2C84～2C87)，数组c的首地址为2C84(第一个元素的地址)。

C语言引入指针类型描述存储单元的地址，并通过对地址的操作实现对变量或数组的访问。普通变量和数组中的元素都可以通过取地址运算符&获取其地址。例如：

```
int a;              &a 代表变量 a 的地址
char c[3];          数组名 c 代表数组的首地址，&c[0]、&c[1]、&c[2]分别代表元素的地址
void order();       函数名 order 代表函数的入口地址
```

指针类型变量(简称指针变量)存储地址信息,可以将一个对象的地址存储在一个指针变量中。例如,将变量 a 的地址存放于指针变量 p 中,p 指向变量 a,访问 a 时可以先找到 p,再由 p 中存放的地址找到 a。实现对变量 a 的间接访问过程如图 8-2 所示。

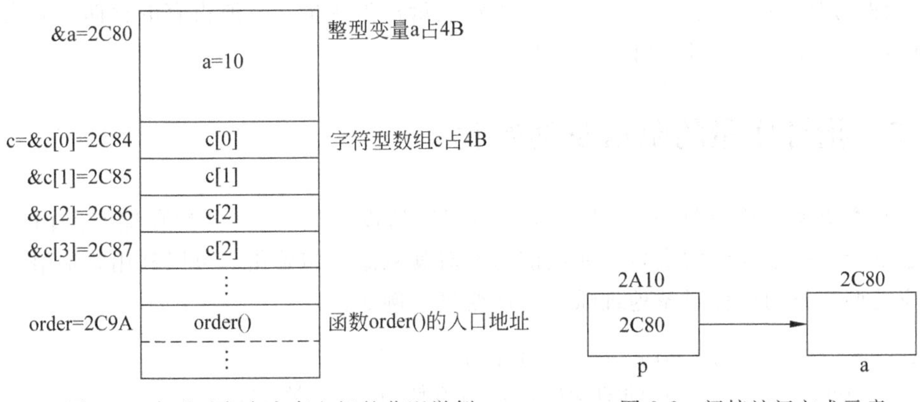

图 8-1 声明对象在内存空间的分配举例　　图 8-2 间接访问方式示意

通过指针的灵活运用,可以直接访问内存地址,提高程序的运行效率。应用指针还可以实现函数多值返回以及链表、树和图等复杂结构的操作。

8.2 指针和指针变量

一个对象的指针就是该对象的地址,指针就是地址。指针变量是一类特殊变量,用于存储地址信息。指针变量既可以指向不同数据类型的变量、数组或字符串、函数,还可以指向一个指针。根据指向对象的数据类型,指针分为不同的指向类型。例如,指向整型变量的指针类型为 int *,指向字符型变量的指针类型为 char *。

8.2.1 指针变量声明

声明格式:

数据类型符 * 指针变量名;

* 表明变量为指针类型,数据类型符表示指针变量指向的对象的数据类型。例如:

```
int *p1;          /*声明变量 p1 为指针类型,指向 int 型数据*/
char *p2;         /*声明变量 p2 为指针类型,指向 char 型数据*/
```

需要特别注意的是:指针变量名是 p1 和 p2,而不是 *p1 和 *p2。变量 p1 和 p2 都是指针类型,但指向不同,p1 指向 int 型变量,p2 指向 char 型变量。

可以一次声明多个指针变量,但是每个指针变量前必须有 *。例如:

```
int *p1, *p2;  /*声明指针变量 p1、p2,可存储 int 型变量的地址*/
```

```
int *p1, p2;     /*声明指针变量p1和int型变量p2,p1可存储int型变量的地址,p2可
                   存储int型数值*/
```

声明指针变量后,系统在内存中为其分配相应的存储空间保存其指向类型变量的地址,无论保存任何指向类型变量的地址,指针变量作为变量本身所占有的存储单元大小是固定的,32位系统中占用4B内存空间。

8.2.2 指针变量的赋值及初始化

与基本类型变量声明一样,指针变量声明以后没有确定值(分配存储空间内的随机值),也不指向一个确定的变量。使用前需要对其赋值和初始化。可以利用赋值语句将指向对应类型变量的目标对象地址赋予指针变量。例如:

```
int n;             /*声明int型变量n*/
int *pn;           /*声明指针变量pn,用于存储int型变量的指针*/
pn=&n;             /*利用&操作符获得变量n的地址&n,将其赋给指针变量pn*/
float f, *pf;      /*声明float型变量和指针变量pf, pf用于存储float型变量的指针*/
pf=&f;             /*将变量f的指针&f赋给指针变量pf*/
```

指针变量pn保存了int型变量n的地址,又称指针变量pn指向int型变量n。同理,指针变量pf指向float型变量f。变量的数据类型与声明指针变量的数据类型应保持一致,否则将出现赋值错误,例如:

```
float f;
int *pn;
pn=&f;    /*pn保存指向int数据的地址。将float类型数据的地址赋值给pn,赋值错误*/
```

也可以声明指针变量的同时为其初始化,令其指向一个具体变量或指定地址。例如:

```
int a, *p1=&a;          /*声明int型变量a及int型指针变量p1,同时令p1指向a*/
char c='i', *p2=&c;     /*声明char型变量c及char型指针变量p2,同时令p2指向c*/
int *p3=NULL;           /*声明int型指针变量p3,同时令p3指向NULL*/
```

int型变量a和指针变量p1被分配到各自的存储单元,a的地址为&a,p1为存储int型变量地址的指针变量,将a的地址作为初值赋给p1,使p1指向变量a;同样,将char型变量c的地址赋予p2,使p2指向变量c;NULL为定义的符号常量,其值为0,将NULL赋予p3,使p3指向NULL。

当两个指针变量的类型相同时,可以相互赋值。例如:

```
int a, *q1, *p1=&a;   /*声明int型变量a及int型指针变量p1、q1,同时令p1指向a*/
q1=p1;                /*p1赋值给q1,使得p1、q1同时指向a*/
```

8.2.3 指针变量的引用

一旦指针变量存储了变量的地址,可以通过取值运算符(*)访问该变量。

例 8-1　编写程序，利用指针完成变量的输入和输出。

```
#include <stdio.h>
int main()
{
    int *p,m;
    p=&m;                    /*指针 p 指向变量 m*/
    scanf("%d",p);           /*相当于向变量 m 中输入数据*/
    printf("%d,%d",*p,m);    /*p 是对指针所指变量的引用形式,与 m 意义相同*/
    *p=15;                   /*相当于将变量 m 赋值为 15*/
    printf("%d,%d",*p,m);
    return 0;
}
```

由于 p=&m，*p 等价于变量 m，对 *p 的操作实际上就是对 m 的操作，是对变量 m 的间接引用。所以 scanf 函数将读入的数据存储在 p 所指向的变量 m(注意不是变量 p)中。通过 printf 函数显示变量 m 的值。如果输入数据 5，5 被存放在变量 m 中，输出的 *p 就是 m 的值 5。

应该注意 * 在声明语句和执行语句上的区别：出现在上段代码的声明语句中的 *p，表示声明 p 为指针变量，指向类型为 int 型。出现在执行语句中的 *p，表示通过访问 p 所指向的地址获得该地址存放的具体数值。

指针变量的赋值操作与取值运算符的赋值操作不同。例如：

```
int *p1,*p2, a=3,b=4;    /*声明 int 型变量 a、b 及 int 型指针变量 p1、p2*/
p1=&a; p2=&b;            /*p1 指向 a,p2 指向 b*/
p1=p2;                   /*p2 的值赋给 p1,p1、p2 同时指向 int 型变量 b 的地址*/
*p1=*p2;                 /*将 p2 所指变量 b 的值赋值给 p1 所指变量 a,相当于赋值语
                           句 a=b,a、b 的值均为 4,但 p1 和 p2 的指向并未改变*/
```

不要将取值运算符用于未指向有效地址的指针变量。如果指针变量未指向有效地址，不允许使用 *p 操作。例如：

```
int *p1;
printf("p1=%d\n",*p1);   /*错误操作*/
*p=10;                   /*错误操作,赋值将改变未确定地址的单元内容*/
```

由于指针 p 可能指向内存中的任意单元，而该单元有可能是操作系统限制访问的单元，语句 *p=10 的执行可能导致程序崩溃。

8.3　指针运算

指针运算主要包括取值运算、取地址运算、算术运算、关系运算和类型转换处理运算等。

8.3.1 取地址与取值运算

C语言提供两个与指针变量本身相关的运算符：&(取地址运算符)和*(取值运算符)。

取地址运算符用于获取变量的地址，一个变量前面加 & 表示该变量的地址。取地址运算符只能用于变量，不可对常数或表达式使用。例如，&3 或 &(x+y)都是错误的用法。

取值运算符用于访问指针所指变量的值，一个指针变量前面加*，表示该指针变量所指向的变量。例如：

```
int a, *p=&a;
*p=3;                          /* *p代表所指向的变量a,a被赋予3*/
```

如果指针 p 指向数组的某个元素，则*p代表该元素。例如：

```
int arr[10], *p=&a[4];      /*p指向int型数组元素a[4]*/
*p=3;                          /* *p代表数组元素a[4],a[4]被赋予3*/
```

& 和*为互逆运算，当 & 与*组合使用时，两者的作用将相互“抵消”。例如：int a, *p=&a; 则有：

```
&*p=&(*p)=&a=p; *&a=*(&a)=*p=a;
```

例 8-2 编写程序，输出数组中所有小于5的数。

```
#include <stdio.h>
int main()
{
    int *p, a[10]={21, 32, 3, 14, 5, 25, 39, 51, 8,2};
    int count=0;
    for (p=a; count<10; p++, count++)
    {
        if (*p<5)
            printf("%d\t", *p);
    }
    return 0;
}
```

程序中，当 p=a 时，表示 p 和 a 具有相同的地址值，*p 即为数组元素 a[0]，因此，通过 p++遍历数组 a 的所有元素。

8.3.2 算术运算

适于指针的算术运算包括指针与整数的加减运算以及两个指针的减法运算。指针的算术运算按地址计算规则进行，需要考虑到指针所指向变量的数据类型。

1. 指针与整数的加减运算

如果指针所指向变量的数据类型的长度为 m 个字节，指针变量加/减整数 n 表示指针在当前地址值的基础上加/减 m×n 个字节。例如：

```
/*Visual C++环境下运行*/
float f, *pf=&f;
char c, *pc=&c;
printf("运算前: pf=%x, pc=%x", pf, pc);
pf=pf+2;
pc-=3;
printf("\n运算后: pf=%x, pc=%x",pf, pc);
```

程序运行的结果(不同环境下内存地址值有所不同)：

```
运算前: pf=12FF7C, pc=12FF74
运算后: pf=12FF84, pc=12FF71
```

指针 pf 指向 float 型变量，起始地址为 12FF7C。由于 float 型变量在内存中占用 4B，执行 pf+2，相当于 pf 当前值+ 2*sizeof(float)=12FF7C+8=12FF84；同理，指针 pc 指向 char 型变量，执行 pc-3，相当于 pc 当前值-3*sizeof(char)=12FF74-3=12FF71。

2. 指针变量的++/--运算

一个已声明的指针变量 p 可以实现 *p++/*p--、(*p)++/(*p)--、*++p/*--p 等多种不同形式的++/--运算。

例如：

```
int d, c, b=10, a=20, *p=&a;
```

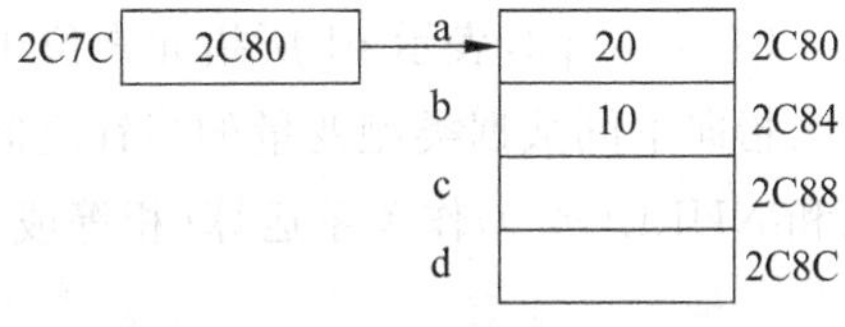

图 8-3 变量定义在内存中的映射

假设 a、b、c、d 在一个指定区域内连续存储，变量内容的映射如图 8-3 所示。

1) 执行(*p)++；

(*p)++；等价于 a++；，语句执行后，a=21，指针 p 的值不变。

2) 执行 p++；

指针 p 由指向 a 转为指向 b，*p 的内容为 10，结果如图 8-4(a)所示。

3) 执行 c=*p++；

按照运算符的优先级规则，c=*p++；等价于 c=*p; p++；，语句执行后，c=10，p 指向 c，结果如图 8-4(b)所示。

4) 执行 d=*--p；

按照运算符的优先级规则，d=*--p；等价于 d=*(--p)；，也等价于--p；d=*p；，执行操作后，p 指向上一个单元 b，再将 p 指向的值赋予 d，d=10，结果如图 8-4(c)所示。

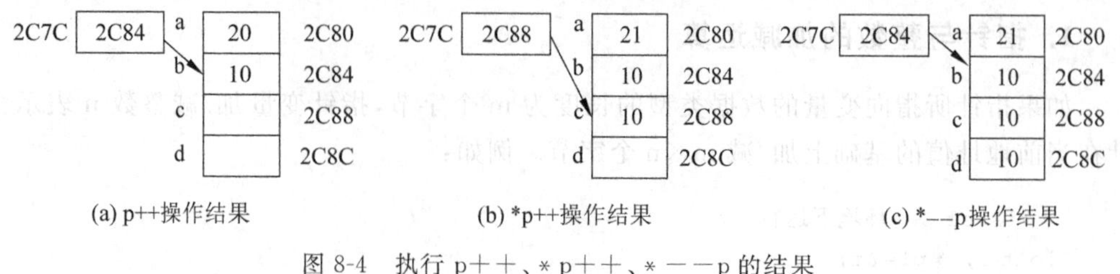

图 8-4　执行 p++、* p++、* --p 的结果

3. 指针减法运算

指针减法运算通常用于指向同一个数组中元素的指针变量，其结果是两个指针指向的元素的下标之差。例如，a 数组中包含 10 个元素，指针 p1 指向元素 a[0]，p2 指向元素 a[6]，则 p2－p1 值为 6，表示 p1 和 p2 所指向的元素下标相差 6。

由于指针的加/减运算将得到一个新的变量地址，如果新变量地址未预先定义，将产生不可预见的错误，因而指针的算术运算通常在一个给定的范围内进行。

8.3.3　关系运算

通常只有指向同一数组中元素的指针变量之间才有比较的意义，因此指针的关系运算局限于同一存储区域内所指对象数据的存储位置。指针有＞、＜、＝＝、!＝、＞＝、＜＝等关系运算符，假设 p1 和 p2 指向同一数组中的元素，则：

(1) p1＝＝p2，表示 p1 和 p2 指向同一个数组元素。

(2) p1＞p2，表示 p1 所指元素位于 p2 所指元素之后。

(3) p1＜p2，表示 p1 所指元素位于 p2 所指元素之前。

指向不同数据类型变量的指针之间进行关系运算没有任何意义。但是，一个指针可以和 NULL(或 0)作关系运算(相等或不等)，用来判断该指针变量是否为空。

8.3.4　指针类型转换

原则上，指向相同数据类型的变量地址的指针变量之间才可以相互访问。如果指针变量指向与其声明数据类型不一致的变量，则需要进行类型转换。如果直接使用该指针变量指向其他数据类型变量的地址，则发生错误。

1. 指针的强制类型转换

转换格式：

```
(TYPE *)(指针表达式);
```

指针表达式可以由变量、常量和函数构成，TYPE 表示数据类型，如 int、double、char

等。要求指针表达式的值为有效内存地址。类型转换的目的是改变此地址值的数据类型，并按照变化后的数据类型执行后续操作。例如：

```
char *p, a[4]={"Hi"};
p=a;
printf("*(int *)p=%d ", *(int *)p);
```

指针变量 p 指向 char 型数组第一个元素 a[0]的地址，执行表达式(int *)p 时，将内存地址值的类型变更为 int *，被看作一个 int 类型变量地址，*(int *)p 按照 int 类型规则访问该地址存储的值。由于 int 型数据占用 4B，导致 char 型数组 a 的前 4 个元素构成的二进制数序列被视为一个整数。假设数组 a 的起始地址为 2C80，则类型转换后输出结果为 2C80～2C83 单元内容所形成的一个整数，即 0000 0000 0000 0000 0110 1001 0100 1000。将其转换为十进制数，其结果为 26 952。处理过程如图 8-5 所示。

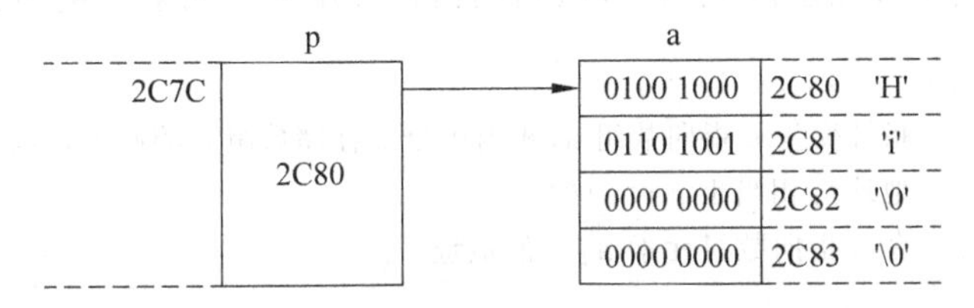

图 8-5　操作结果

2. void 型指针

void 型指针是一种特殊的指针。void 型指针无须转换类型即可指向任意类型的指针。任何类型的指针也都可以指向 void 型指针，但需要进行强制类型转换。

声明格式：

```
void *p;
```

p 作为一个指针变量仍然有自己的存储单元。例如：

```
float f=1.6, *pf;
void *p;
p=&f;                              /*变量 f 的地址被赋值给 void 型指针 p*/
pf=(float *)p;                     /*p 被强制转换为 float 型指针，赋值给 pf*/
printf("&f=%x, p=%x, pf=%x", &f, p, pf); /*运行结果：&f=12ff7c, p=12ff7c, pf=12ff7c*/
printf("\n*pf=%f", *pf);     /**pf=1.600000*/
```

可以看出，&f、p 和 pf 的值都是相同的(float 型变量的存储单元地址)，它们所指向的数据类型不同。

但是，void 型指针变量无法确定其指向变量的类型，如果对 void 型指针变量进行算术运算，将导致编译错误。

8.4 数组和指针

指针与数组有十分密切的关系。数组由若干类型相同的元素组成，在内存中占据一段连续的存储区域。数组名代表该段存储区域的起始地址，本身就是一个指针。对数组的访问可以使用下标运算、地址运算。

8.4.1 用指针访问数组元素

由于数组是连续数据单元的序列，相邻元素之间地址的差值就是数组的一个元素占用的字节数。根据指针加法的规则，可以利用指针引用数组元素。例如：

```
int *p , a[5]={ 1, 2, 3, 4, 5 };
p=a;          /*指针变量p指向数组a,相当于令p存储数组a的起始地址(数组第一个元素的
                 地址),相当于p=&a[0]*/
p=&a[3]       /*令p指向数组元素a[3]的地址*/
```

假设指针 p 已经指向了数组 a，如果要访问数组 a 第 k 个元素或第 k 个元素的地址，则可以使用下标法、地址法和指针法，其访问形式如表 8-1 所示。

表 8-1　访问数组元素的方法

访问对象	下标法	地址法	指针法
第 k 个元素	a[k]	*(a+k)	*(p+k)
第 k 个元素的地址	&a[k]	a+k	p+k

当指针变量 p 指向数组首地址时，可以采用 p++ 遍历整个数组元素。例如：

```
int a[5]={1,2,3,4,5},*p,j;
for (p=a;p<&a[5];p++)               /*利用指针法输出数组所有元素*/
    printf("%4d\n",*p);
p=a;
for (j=0; j<5; j++)                 /*利用指针法对数组各元素加1并输出*/
{
    *(p+j)=*(p+j)+1;
    printf("%3d", *(p+j));
}
```

下标法与地址法的访问效率相同，下标法直观、易懂，指针法运行速度快。

例 8-3　编写程序，利用指针方式实现一组整数的输入，并统计其中偶数和奇数的个数。

定义 int 型数组保存这组整数，利用指针遍历数组的元素，统计出偶数和奇数的个数。偶数和奇数的辨别可以采用整数对 2 取余数的方法，余数为 0 是偶数，否则是奇数。

```c
#include <stdio.h>
int main()
{
    int a[20], i, nLen, nEvenCount=0, nOddCount=0, *p=a;
    printf("请输入整数的个数: ");
    scanf("%d",&nLen);
    printf("请输入%d个整数: ", nLen);
    for(i=0; i<nLen; i++)
        scanf("%d", p+i);       /*输入n个整数,等价于scanf("%d", &a[i])*/
    for(i=0; i<nLen; i++, p++)
    {
        if(*p%2==0)
            nEvenCount++;
        else
            nOddCount++;
    }
    printf("这组数据中包含%d个偶数,%d个奇数。", nEvenCount, nOddCount);
    return 0;
}
```

程序中,指针变量 p 指向数组 a 的首地址,p+i 即为数组元素 a[i]的地址,scanf 中可以使用 p+i 作为参数。当统计偶数和奇数时,循环每执行一次就令指针 p 指向数组的下一个元素,循环中的 *p 是数组对应元素的值。其中,用于保存偶数和奇数个数的 nEvenCount 和 nOddCount 一定要初始化为 0,否则结果将是随机值。

运用指针访问数组时需要注意两点:

(1) 一定要注意指针的指向。如例 8-3 中,当准备输出数组时,一定要先执行语句 p=a;令 p 重新指向数组 a 的起始地址时,才能利用后面的语句正确输出数组。

(2) 指针变量是变量,其值可以改变。数组名是指针常量,一旦定义,其值不能改变,如 p++合法,而 a++非法。

8.4.2 指向多维数组的指针

多维数组可以看作是一维数组的延伸,多维数组的内存单元也是连续的内存单元。C 语言规定多维数组元素在内存中按行优先的原则排列,实际上是将多维数组当成多个一维数组处理。

1. 访问多维数组元素

以二维数组为例,假设有 int 型的二维数组 a[3][4],可以将该数组理解为一个长度为 3 的一维数组,3 个数组元素依次为 a[0]、a[1]和 a[2],其中每个元素又是一个长度为 4 的一维数组,例如 a[0]是一个包含 a[0][0]、a[0][1]、a[0][2]和 a[0][3]共 4 个元素的一维数组。假设数组 a 的起始地址为 FF10,对应的内存情况如图 8-6 所示。

a →	DS:FF10 a[0][0]	DS:FF14 a[0][1]	DS:FF18 a[0][2]	DS:FF1C a[0][3]
a+1 →	DS:FF20 a[1][0]	DS:FF24 a[1][1]	DS:FF28 a[1][2]	DS:FF2C a[1][3]
a+2 →	DS:FF30 a[2][0]	DS:FF34 a[2][1]	DS:FF38 a[2][2]	DS:FF3C a[2][3]

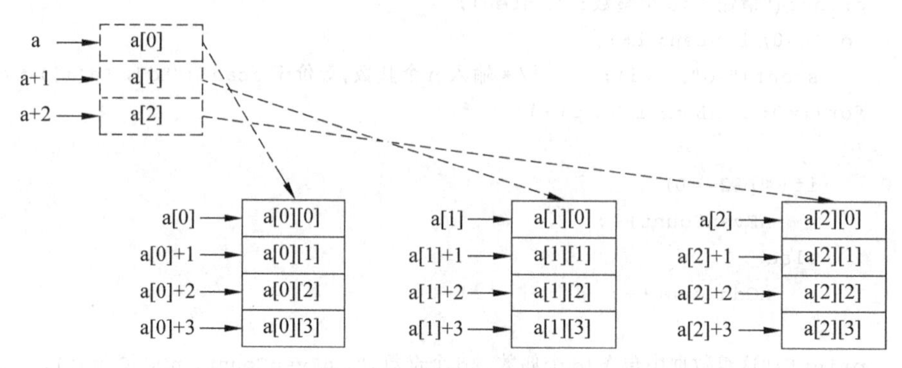

图 8-6　二维数组 a 的指针

a[0]作为数组名，是包含数组元素 a[0][0]、a[0][1]、a[0][2]和 a[0][3]的数组首地址，即数组第一个元素 a[0][0]的地址。同理，a[1]是其第一个元素 a[1][0]的地址，a[2]是其第一个元素 a[2][0]的地址。如果要引用数组元素 a[1][2]，首先根据下标 1 找到 a[1]，然后在 a[1]中找到第 3 个元素 a[1][2]。由于 a[1]代表 a[1]数组的首地址，即元素 a[1][0]的地址。用地址法表示，则 a[1]＋2(数组名＋k)代表 a[1][2]元素的地址。数组 a 包含 a[0]、a[1]和 a[2]共 3 个元素，a 是数组的首地址，即 a[0]的地址，a＋1 代表数组 a 的第二个元素 a[1]的地址，*(a＋1)代表 a[1]，所以，*(a＋1)＋2 代表 a[1][2]元素的地址。

计算二维数组中任何一个元素地址的一般公式如下：

***(二维数组首地址+i×二维数组列数)+j**

访问 a[i][j]元素和 a[i][j]元素地址，使用方法如表 8-2 所示。

表 8-2　访问多维数组元素及其地址的方法

项　目	下 标 法	地 址 法
a[i][j]元素	a[i][j]	*(*(a＋i)＋j) 或 *(a[i]＋j)
a[i][j]元素地址	&a[i][j]	*(a＋i)＋j 或 a[i]＋j

下面举例说明几种常用的二维数组元素访问方式：

```
int a[3][4]={{11, 21, 33, 42}, {15, 22, 32, 13}, {41, 32, 24, 16}};
printf("%x, %x, %x, %x, %x,\n", a, *a, a[0], &a[0], &a[0][0]);
                                         /*代表 a 数组或 a[0]数组首地址的几种形式*/
printf("%x, %x, %x, %x, %x,\n", a+1, *(a+1), a[1], &a[1], &a[1][0]);
                                         /*代表 a[1]数组首地址的几种形式*/
```

```
printf("%x, %x, %x, %x, %x,\n", a+2, * (a+2),a[2],&a[2],&a[2][0]);
                                      /* 代表 a[2]数组首地址的几种形式 */
printf("%x, %x\n", a[1]+2, * (a+1)+2); /* 用地址法表示元素 a[1][2]地址的两种形式 */
printf("%d, %d\n", * (a[1]+2), * (* (a+1)+2));  /* 用地址法表示元素 a[1][2]值的
                                                 两种形式 */
```

2. 指向多维数组的指针

可以定义指针变量,指向多维数组的起始地址,并通过指针自增的方法遍历多维数组中的所有元素。*p++方式是指针遍历数组元素时最常用的方法。

作为数组 a 的第一个元素 a[0][0],当指针变量 p=&a[0][0]时,p 指向数组的第一个元素地址,可以利用 p 访问所有数组元素。例如:

```
for(p=&a[0][0];p<=&a[2][3];p++)    或者    p=&a[0][0];
sum+= * p;  /* 对数组 a 的元素求和 */            while(p<=&a[2][3])
                                                  sum+= * p++;/* 对数组 a 的元素求
                                                                 和 */
```

对于任意二维数组 a(i 行 j 列)而言,a[i]是指向第 i 行第一个元素的地址,当指针变量 p=a[i]时,p 指向第 i 行第一个元素 a[i][0],可以利用 p 访问第 i 行数组元素。例如:

```
for(p=a[i];p<a[i]+j;p++)
 * p=0;                /* 对第 i 行的所有元素清零 */
```

常用的二维数组元素输出既可以采用指针法,也可以采用下标法。例如:

```
int a[3][4]={{11, 21, 33, 42}, {15, 22, 32, 13}, {41, 32, 24, 16}};
int * p,i,j;
```

则可以用以下两种方法输出数组 a:

```
/* 指针法输出数组 a */
for(p= * a; p< * a+3 * 4; p++)
    printf("%3d ", * p);
```

```
/* 下标法输出数组 a */
for(i=0;i<3;i++)
  for(j=0; j<4; j++)
      printf("%3d ",a[i][j]);
```

定义指针变量指向 a[3][4]数组的首地址时,应使用语句 p= * a,而不能使用 p=a。因为根据指针的定义 int * p;该定义表示 p 为指针变量,指向的数据类型为整型,即 * p 为整型数据。如果使用语句 p=a,则 * p=a[0],a[0]是一个地址而不是一个整型数据,这将导致 p 指向类型不匹配的错误。语句 p= * a 等价于 p=a[0],即 p 代表二维数组第一个元素 a[0][0]的地址。根据 p 的定义,指针 p 的加法运算单位正好是二维数组中一个元素的长度,因此,p++使得 p 依次指向二维数组中的每一个元素,* p 则对应该元素的值。

8.5 字符串和指针

char 型指针变量存储 char 型变量的地址，利用 char 型指针变量处理字符串可以简化字符串的操作过程。

8.5.1 指针处理字符串

声明 char 型指针变量，令其指向一个字符串。例如：

```
char *p="C Language";
```

p 是一个 char 型指针变量，p 被初始化为字符串"C Language"的第一个字符的地址，即指向字符串的首地址。该语句等价于

```
char *p;
p="C Language";        /*尽管使用赋值语句,也不会赋值字符串,只赋予 p 字符串首地址*/
```

无论哪种形式都是为变量 p 赋值，而不是对 *p 赋值。赋值过程只是将字符串的首地址存储在变量 p 中。p 是一个指针变量，不能用来存放字符串，只能用来存放一个 char 型变量的地址。

例 8-4 编写程序，将两个字符串连接在一起(实现 strcat 函数的功能)。

```
#include <stdio.h>
int main()
{
    char s1[40], s2[20], *p1, *p2;
    p1=s1;
    p2=s2;
    /*输入字符串 s1 和 s2*/
    printf("请输入字符串 1: ");
    gets(s1);
    printf("请输入字符串 2: ");
    gets(s2);
    while(*p1)                          /*将 p1 指向 s1 的末尾*/
        p1++;
    while(*p1++=*p2++);                 /*将 s2 的内容接到 s1 后面*/
    printf("连接后结果: %s", s1);       /*输出连接后的内容*/
    return 0;
}
```

定义字符数组 s1 和 s2，接收用户输入的字符串；定义 char 型指针 p1 和 p2，分别指向 s1 和 s2 字符数组的首地址。利用循环依次 p1 自增，直到 *p1 是字符串结束符为止。此

时指针 p1 指向字符串 1 末尾。从该位置起，利用循环依次将 * p2 复制到 * p1，直到 * p2 的内容为'\0'时停止。字符串 2 连接到字符串 1 后，要保证连接后的字符串 1 一定有结束符。

程序的第一个 while 循环使指针 p1 指向字符串 s1 结束符'\0'。第二个循环 while(* p1++ = * p2++)是一条非常简练的语句，循环体中没有执行语句(注意 while 语句后面一定要有分号)，字符串的连接功能通过赋值表达式 * p1++ = * p2++完成。循环执行时，先将 * p2 的内容赋值给 * p1，然后 p2 和 p1 分别自增，此时 * p2 就是表达式的值，通过判断表达式的值决定循环是否继续。当 * p2 为'\0'时，先将'\0'复制到 * p1，检查表达式为假，循环结束。

8.5.2 使用字符指针变量与字符数组的区别

采用字符数组和字符指针变量都可实现字符串的存储和运算。例如：

字符数组

```
#include <stdio.h>
int main()
{
    char s[]="C Language ";
    printf("%s", s);
    return 0;
}
```

字符指针

```
#include <stdio.h>
int main()
{
    char *p="C Language";
    printf("%s", p);
    return 0;
}
```

尽管两种处理方式输出结果相同，但是字符数组 s 和字符指针 p 有着显著差异：

(1) 存储方式不同。定义字符数组后，系统为其分配一段连续的存储单元；而定义字符型指针变量后，系统只为其分配一个用于存放地址的存储区域。

(2) 运算方式不同。虽然 s 和 p 都代表字符串的首地址，但 s 是数组名，相当于一个指针常量，而 p 是一个指针变量。因此表达式 p++是正确的，而表达式 s++是错误的。

(3) 赋值方式不同。s 可以进行初始化，不能使用赋值语句进行整体赋值，例如：

```
char s[20]="C Language";          /* 正确的初始化 */
s={"C Language"};                 /* 错误的赋值 */
s="C Language";                   /* 错误的赋值 */
s[1]='H';                         /* 允许单个赋值 */
```

指针变量 p 既可以初始化，也可以使用赋值语句，例如：

```
char *p="Language";               /* 正确的初始化 */
p="China";                        /* 正确的赋值 */
```

处理字符串时需要定义一个字符数组存储该字符串，并声明一个字符型的指针变量，令其指向该字符数组，利用指针访问数组元素。例如：

```
char s[20]="C Language", *p;      /* 正确的初始化赋值 */
```

```
p=s;
…
```

例 8-5 编写程序，输入一行语句，统计其中单词的个数(包括单词间有多个空格的情况)。

```
#include <stdio.h>
#include <string.h>
int main()
{
    char str[100], *p;
    int i, nCount=0;
    p=str;
    printf("请输入英文语句: \n");
    gets(str);                /*输入句子*/

    /*统计单词的个数*/
    while(*p!='\0')           /*用指针变量p遍历字符数组的每个元素*/
    {
        if(*p==' ')
        {
            p++;
            continue;         /*如果语句中第一个元素是空格则指针跳过,继续循环*/
        }
        else
        {
            nCount++;         /*如果不是空格,单词数加一*/
            i=0;              /*不要忘记位置清零*/
            /*如果后续还有字符,说明是一个单词,则一并跳过。某个位置为空格或字符串结
              束符时跳出循环*/
            while(*(p+i)!=' '&&*(p+i)!='\0')
                    i++;
            p+=i;
        }
    }
    /*输出结果*/
    printf("该句子中包含%d个单词。", nCount);
    return 0;
}
```

该程序可以有多种解法,这里运用指针实现。具体算法是:从头开始检查字符数组的每个字符,如果是空格,则将指针移动至下一个字符,略过这个空格,继续上面的过程;如果不是空格,则指针不动,搜索下一个空格的位置(指针当前位置到下一个空格之间即是一个单词),将指针移动到下一个空格处,同时单词数加一,继续检查后续的字符。

8.6 函数和指针

作为函数参数或作为函数返回值，参与函数间的信息传递是指针的一个重要应用。当指针作为函数参数时，可以实现数组类型数据在函数中的传递，并且由于仅仅传递数组首地址，从而提高了参数传递效率。当作为函数返回值时，可以将在函数内部的有效地址返回给主调函数，从而达到从函数中返回多值的效果。

8.6.1 指针作为函数参数

函数参数不仅可以是整型、实型、字符型等普通变量，还可以是指针类型变量。指针变量作为函数参数可以将一个变量的地址传送到函数中。

1. 普通变量地址作函数参数

当函数参数为指针变量时，通常形参为指针变量，实参为地址表达式，将实参存储的地址复制给形参。由于传递给形参的是地址，函数可以通过对此地址的访问与主调函数共享此存储空间。

例 8-6 编写函数，实现两个数的交换。

```
#include <stdio.h>
int swap(int * p1, int * p2)
{
    int temp;
    temp= * p1;
    * p1= * p2;
    * p2=temp;
}
int main()
{
    int a=5, b=9, * pa=&a, * pb=&b;
    printf("交换前 a=%d,b=%d ", a, b);
    swap(pa, pb);
    printf("\n 交换后 a=%d,b=%d\n ", a, b);
    return 0;
}
```

调用函数 swap 时，函数将地址值(pa,pb)传递给形参(p1,p2)，指针 p1 和 pa 都指向变量 a，指针 p2 和 pb 都指向变量 b。swap 函数对 * p1 和 * p2 的值进行交换，就是交换 a 和 b 的值。函数调用结束后，虽然 p1 和 p2 被释放，但 a 与 b 的值已经实现交换。

swap 函数调用过程如图 8-7 所示。

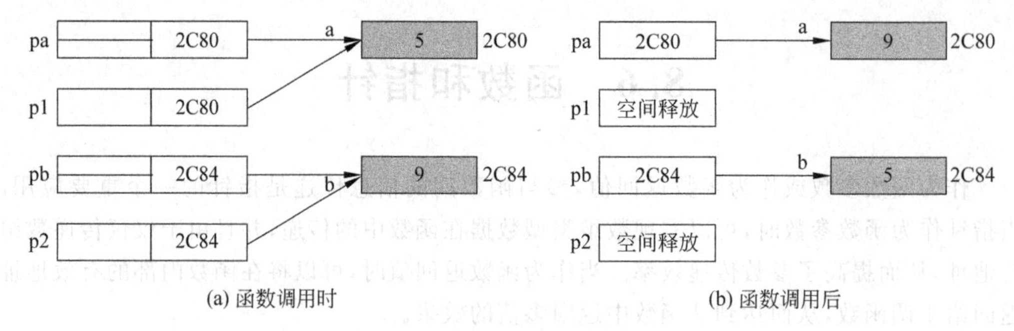

图 8-7 swap 函数调用过程

执行 swap 函数后，变量 a 和 b 的值发生改变，这种改变不是通过函数的返回值实现的，而是使用指针变量作为函数参数，在函数执行过程中通过修改指针变量所指向的变量值实现的，函数调用结束后，已经被修改的变量值被保留，在主函数中可以继续使用。由此可见，若有多个指针变量形参，可以将被调函数中的多个计算结果数据传回主调函数。

例 8-7 编写程序，输入三角形的 3 个边长，返回面积和周长。

```
#include <math.h>
void Process(float f1,float f2,float f3,float *p1, float *p2)
{
    float s;
    s=(f1+f2+f3)/2;                    /*用三角形的面积公式计算出面积*/
    *p1=sqrt(s*(s-f1)*(s-f2)*(s-f3));
    *p2=f1+f2+f3;                      /*计算周长*/
}
int main()
{
    float a,b,c,fArea,fPerimeter;
    printf("\nPlease input 3 sides of the triangle: ");   /*输入三角形的 3 个边长*/
    scanf("%f%f%f",&a,&b,&c);
    /*调用函数计算面积和周长,返回的面积和周长分别保存在 fArea 和 fPerimeter 中*/
    Process(a,b,c, &fArea, &fPerimeter);
    printf("Area=%f, Perimeter=%f",fArea, fPerimeter); /*打印输出结果*/
    return 0;
}
```

函数 Process(float f1,float f2,float f3,float *p1, float *p2)计算三角形的面积和周长。Process 内部计算三角形面积和周长的方法很简单，直接套用数学公式即可。函数本身没有返回值，通过 float 型的指针变量 p1 和 p2 间接返回面积和周长。main 函数中声明 float 型变量 fArea 和 fPerimeter，用以存储计算结果。调用 Process 函数时，第 4 个和第 5 个参数传入 fArea 和 fPerimeter 的地址。Process 函数内部存取 *p1 和 *p2 时，等价于存取 main 函数的 fArea 和 fPerimeter。

2. 数组名作函数参数

因为数组名代表数组的地址，所以数组名作参数实际上是将数组的首地址传递给形参数组，即实参数组和形参数组占用同一片内存单元。

例 8-8 编写函数 inv1(int b[], int n)，实现数组中元素的折半交换(第一个元素和最后一个元素交换，第二个元素和倒数第二个元素交换，以此类推)。

```
#include <stdio.h>
void inv1(int b[ ], int n )
{
    int temp, i, j, m=(n-1)/2;
    for(i=0; i<=m; i++)
    {
        j=n-1-i;
        temp=b[i];
        b[i]=b[j];
        b[j]=temp;
    }
}
int main()
{
    int i, a[6]={1, 3, 4, 6, 7, 9};
    printf("折半前：");
    for(i=0; i<6; i++)
        printf("%3d", a[i]);
    inv1(a, 6 );
    printf("\n折半后：");
    for(i=0; i<6; i++)
        printf("%3d", a[i]);
    printf("\n");
    return 0;
}
```

在定义和调用过程中，实参和形参都使用数组。main 函数定义 a 数组并作为 inv1 函数的实参，inv1 函数的执行过程使用 b 数组。由于数组名作为函数参数属于地址传递，数组 a 和数组 b 实际使用同一片存储区域。因此，对数组 b 的修改相当于对数组 a 的修改。

实际设计中，实参和形参也可以使用指针变量，从而得到以下 3 种实现方式：

方式 1：实参使用数组名，形参使用指针变量。

方式 2：实参使用指针变量，形参使用数组名。

方式 3：实参和形参均使用指针变量。

实现方式 1

```
#include <stdio.h>
void inv2(int *x, int n)
{
  int temp, m=(n-1)/2;
  int *p, *i, *j;
  i=x;
  j=x+n-1;
  p=x+m;
  for(; i<=p; i++, j--)
  {
    temp=*i;
    *i=*j;
    *j=temp;
  }
}
int main()
{
  int i, a[6]={ 1, 3, 4,
  6, 7, 9 };
  …
  inv2(a, 6 );
  …
  return 0;
}
```

实现方式 2

```
#include <stdio.h>
void inv3(int b[ ], int n )
{
  int temp, i, j, m=(n-1)/2;
  for(i=0; i<=m; i++)
  {
    j=n-1-i;
    temp=b[i];
    b[i]=b[j];
    b[j]=temp;
  }
}

int main()
{
  int i, *p, a[6]={1, 3,
  4, 6, 7, 9};
  …
  p=a;
  inv3(p, 6 );
  …
  return 0;
}
```

实现方式 3

```
#include <stdio.h>
void inv4(int *x, int n)
{
  int temp, m=(n-1)/2;
  int *p, *i, *j;
  i=x;
  j=x+n-1;
  p=x+m;
  for(; i<=p; i++, j--)
  {
    temp=*i;
    *i=*j;
    *j=temp;
  }
}
int main()
{
  int i, *p, a[6]={1, 3,
  4, 6, 7, 9};
  …
  p=a;
  inv4(p, 6 );
  …
  return 0;
}
```

方式 1 中,实参为数组 a 的首地址,该地址被传递给形参,形参为指针变量 x,x 指向数组 a 的存储区;方式 2 中,实参为指针 p,而 p 中存储的是数组 a 的首地址,该地址被传递给形参数组 b;方式 3 中,实参和形参分别为指针变量 p 和 x,p 被传递给 x,x 指向数组 a 的存储区。上述 3 个子函数中对存储区中内容的修改即是对 main 函数中数组 a 的修改。实参和形参的对应关系如表 8-3 所示。

表 8-3 实参和形参的对应关系

实参	形参	实参	形参
数组名	数组名	指针变量	数组名
数组名	指针变量	指针变量	指针变量

例 8-9 编写函数 myStrlen(char *s)计算字符串的长度(实现 strlen 函数功能),编写函数 myStrcpy(char *s1, char *s2)复制字符串(实现 strcpy 函数功能),编写函数 myStrupr(char *p)将字符串中的所有小写字母转换成大写字母(实现 strupr 函数功能)。编写程序,在 main 函数输入一个字符串,调用上述函数实现相应的功能并在 main

函数中输出结果。

```
int myStrlen(char * s);
void myStrcpy(char * s1, char * s2);
void myStrupr (char * p);
int main()
{
    char s1[50],s[50];
    int Length;
    printf("\nPlease input the string: ");    /* 输入字符串 */
    gets(s1);
    Length=myStrlen(s1);                       /* 调用函数计算字符串 s1 长度 */
    myStrcpy(s1, s);                           /* 调用函数将 s1 复制给 s */
    myStrupr(s);                               /* 调用函数处理字符串 */
    printf("string length=: %d", Length);     /* 打印字符串长度 */
    printf("Processed string: %s %s",s1,s);  /* 打印输出结果 */
    return 0;
}
int myStrlen(char * s)
{
    int i=0;
    while (* s !='\0')                         /* 如果字符串没有结束 */
    {
        i++;                                   /* 字符串长度计数加 1 */
        s++;                                   /* 指针 s 指向下一个字符 */
    }
    return i;
}
void myStrcpy(char * s1, char * s2)
{
    /* 遍历字符数组的每个字符 */
    while (* s1 !='\0')                        /* 如果不是字符串结束标志 */

    {
        * s2= * s1;                            /* 将 s1 赋予 s2 */
        s1++;
        s2++;
    }
    * s2='\0';                                 /* 为 s2 添加字符串结束标志'\0' */
}
void myStrupr (char * p)
{
    /* 遍历字符数组的每个字符 */
    while(* p!='\0')
```

```
    {
        if(*p>='a'&&*p<='z')                /*如果属于小写字母*/
            *p-=32;                         /*转换为大写字母*/
        p++;
    }
}
```

定义函数 myStrlen(char *s),由于字符串以'\0'作为结束标志,通过查找字符串结束符所在下标即可计算字符串的长度。定义函数 myStrcpy(char *s1, char *s2),从 s1 和 s2 的第一个元素开始,顺序将字符串 s1 的每个字符赋值给字符数组 s2 的每个元素,直到 s1 的结束标志'\0'为止,函数结尾处要保证 s2 有字符串的结束标志'\0'。定义函数 void myStrupr (char *p),该函数依次遍历字符串中的每个元素,如果某个字符的 ASCII 码值在'a'和'z'之间,将其减 32,转换为对应的大写字母。

当主调函数向被调函数传递大量数据时,值传递会将这些数据复制一份给被调函数的形参变量,复制过程占用系统时间。可将这些数据组织为数组(或结构体)形式,只需传递一个起始地址给被调函数的形参指针,可以提高执行效率。

8.6.2 指针作为函数的返回值

函数返回值的类型同样可以是一个指针类型,表示可以通过 return 语句返回一个地址值。该地址值是指针指向类型变量的地址。

定义格式:

```
数据类型 *函数名(形参表列)
{
    函数体;
}
```

数据类型是指返回的指针所指向的数据的类型。例如:

```
int *fun()    /*函数 fun()为 int 型指针类型,return 语句将返回一个指针,该指针指向
                int 型数据*/
{
    …
}
```

例 8-10 编写程序,定义缓冲区用于存储字符串。

```
#include <stdio.h>
#include <string.h>
#define SIZE 100
char buf[SIZE];
char *p=buf;
/*向 buf 缓冲区申请 n 个字节的空间*/
```

```
char *alloc(int n)
{
    char *begin;
    /*如果所申请空间没有超出范围,则修改指针返回未分配区域的首地址*/
    if (p+n <=buf+SIZE )
    {
        begin=p;
        p=p+n;
        return(begin);
    }
    /*否则返回空指针*/
    else return(NULL);
}
int main()
{
    char *p1, *p2; int i;
    /*向缓冲区申请 4B 的空间,将该空间的首地址返回给 p1*/
    p1=alloc(4);
    strcpy(p1,"123");
    /*向缓冲区申请 5B 的空间,将该空间的首地址返回给 p2*/
    p2=alloc(5);
    strcpy(p2,"abcd");
    printf("buf=%p\n", buf);
    printf("p1=%p\n", p1);
    printf("p2=%p\n", p2);
    puts(p1);
    puts(p2);
    for(i=0; i<9; i++)
        printf("%c", buf[i]);
    return 0;
}
```

定义一个全局字符数组 buf 作为字符串缓冲区,全局指针变量 p 指向 buf 缓冲区未分配单元的首地址。程序执行过程中,缓冲区及其指针的变化如图 8-8 所示。

程序中,函数 alloc 是一个返回值为 char 型指针的函数。程序开始执行时,全局变量指针 p 指向 buf 缓冲区的首地址,在 alloc 函数的两次调用过程中,指针 p 都指向未分配存储区域的首地址。执行语句 p1=alloc(4);,函数向 buf 缓冲区申请了 4B 的存储空间,而存储空间的首地址赋予 p1,此时 p=buf+4;执行语句 p2=alloc(5);,函数向 buf 缓冲区申请了 5B 的存储空间,存储空间的首地址赋予 p2,此时 p=buf+9。

8.6.3 指向函数的指针

函数在内存中占据一段存储空间,这段存储空间的起始地址称为函数的入口地址,即

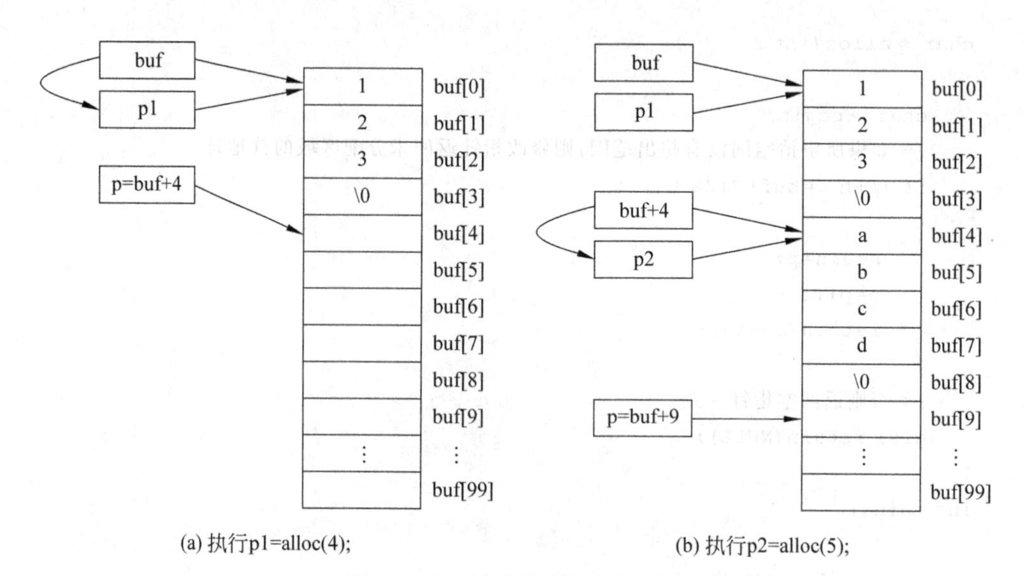

图 8-8　buf 缓冲区及指针的变化

函数指针。函数指针通常用函数名表示，就像数组名一样，函数名也是一个指针常量。可以定义一个指针变量，让它存储函数指针，称为指向函数的指针变量，通过此指针变量实现函数调用。

声明格式：

数据类型 (* 指针变量名) (形参列表);

数据类型是指针变量所指向的函数返回值的类型。形参列表是指针变量所指向的函数的全部形参，其格式遵循函数形参的声明格式要求。例如：

```
/* 下面的代码段实现函数指针的声明和使用 */
int add(int b[ ], int n);                /* add 函数的功能是计算一维数组全部元素的和 */
int a[6]={1, 3, 5, 7, 9, 11}, total;
int (*pt) (int b[ ], int n);             /* 声明指向相同形式函数的指针变量 pt */
pt=add;                                  /* 函数名即入口地址,指针变量 pt 指向函数 add */
total=(*pt) (a, 6);                      /* 使用指针变量 pt 调用 add 函数 */
```

声明一个指向函数的指针变量时，定义格式“(* 指针变量名)”中的括号不能省略。例如：

```
float (*p1)(int x, long y);              /* 声明函数指针变量 p1 */
float *p2(int x, long y);                /* 声明函数 p2,该函数返回值为 float 型指针,p2 不
                                            是函数指针 */
```

函数指针多用于指向不同的函数，从而利用指针变量调用这些函数。在多个函数功能各不相同，但返回值和形参列表的个数和数据类型相同的情况下，可以构造一个通用函数，将函数指针作为函数参数，通过函数指针实现多种函数的调用，有利于程序的模块化设计。

例 8-11 编写程序，利用函数指针计算下列函数在区间内的最小值。

$$f_1(x)=x^2+2x+1,\quad x\in(-1,1)$$

$$f_2(x)=2\sin(x),\quad x\in(1,3)$$

$$f_3(x)=2x+1,\quad x\in(-1,1)$$

```
#include <stdio.h>
#include <math.h>
float f1(float x)
{
    return x*x+2*x+1;
}
float f2(float x)
{
    return 2*sin(x);
}
float f3(float x)
{
    return 2*x+1;
}
/*p为指向函数的指针,fPos1和fPos2为左右区间的值*/
float GetMin(float (*p)(float), float fPos1,float fPos2)
{
    float f,t, fMin, fStep=0.01;              /*fStep为步长值*/
    /*在fPos1至fPos2的区间内,以fStep为步长,依次比较fMin*/
    fMin=(*p)(fPos1);
    for(f=fPos1; f<=fPos2; f+=fStep)
    {
        t=(*p)(f);
        if(t<fMin)
        fMin=t;
    }
    return fMin;                              /*返回求出的最小值*/
}
int main()
{
    /*直接计算并输出结果*/
    printf("f1函数最小值: %f", GetMin(f1, -1, 1));
    printf("\nf2函数最小值: %f", GetMin(f2, 1, 3));
    printf("\nf3函数最小值: %f", GetMin(f3, -1, 1));
    return 0;
}
```

虽然需要调用的函数互不相同,但是这些函数在一定区间内计算最小值的算法却是相同的。编写函数 float GetMin(float (* p)(float), float fPos1,float fPos2)计算不同函数的最小值。该函数的第一个参数 p 是一个函数指针,可以指向任意一个与上述函数返回值类型和参数均相同的函数。

main 函数调用 GetMin 函数时,传递参数为函数名和区间值。GetMin 函数在计算函数最小值时,根据所传递的函数指针 p 调用相应的函数。

灵活使用函数指针可以提高程序的可扩展性。在例 8-11 中,如果要增加计算函数 $f_4(x)=2\log x+1$ 在(0, 5)区间内的最小值,则只需要增加一个 f4 函数的定义,其后在 main 函数中直接调用 GetMin(f4, 0, 5)进行计算即可,而 GetMin 函数不用进行任何修改。

由于函数指针是为了访问一个确定的代码区域的首地址,因此不能对函数指针进行算术运算。利用函数的指针进行函数调用时,"(* 指针变量名)"中的 * 不应该理解为求值运算,此处仅是声明指针变量的一种符号。

8.7 指针数组

指针数组是一种特殊类型的数组,指针数组的所有数组元素都是指针类型,每一个元素指向相同数据类型的变量。

8.7.1 指针数组定义

定义格式:

类型名 * 数组名[数组长度];

类型名为指针数组元素所指向的变量的数据类型。例如:

```
int *p[5];      /* 定义一个包含 5 个数组元素的指针数组 p,每个元素都是指针类型,都可以
                   指向一个 int 型变量 */
```

在定义指针数组的同时,对指针数组初始化。当省略数组长度时,系统根据初始化数据数量自动计算数组长度,例如:

```
char *ps[]={"One", "Two", "Three"};
```

定义指针数组 ps,系统自动计算 ps 数组长度为 3,每个元素都是指向字符串的指针变量。ps[0]指向字符串"One",ps[1]指向字符串"Two",ps[2]指向字符串"Three",即每个指针数组元素中存储对应字符串的首地址。指针数组 ps 的内存分配情况如图 8-9 所示(假设数组首地址值是 FFC0)。

指针数组常用于处理字符串数组,可以使字符串的处理过程更加方便灵活。

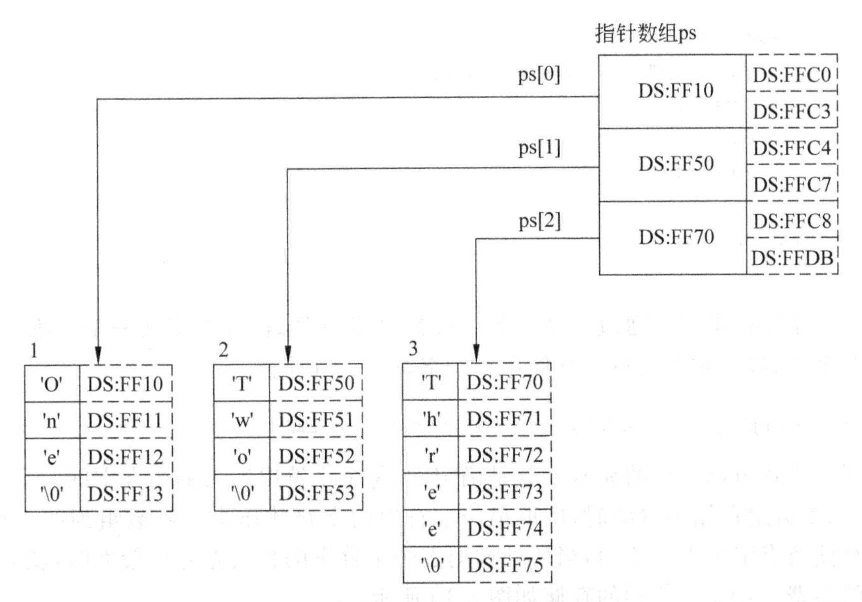

图 8-9 指针数组 ps 的内存分配情况

例 8-12 编写程序,输入月份(1～12),输出该月所在季节的英文名称。

```
#include <stdio.h>
int main()
{
    char *pseason[4]={"Spring","Summer","Autumn","Winter"};
    int month;
    printf("请输入月份(1~12):\n");
    scanf("%d", &month);
    switch(month)
    {
        case 12:
        case 1:
        case 2:
            printf("%s", pseason[0]);
            break;
        case 3:
        case 4:
        case 5:
            printf("%s", pseason[1]);
            break;
        case 6:
        case 7:
        case 8:
            printf("%s", pseason[2]);
            break;
        case 9:
        case 10:
```

```
        case 11:
            printf("%s", pseason[3]);
            break;
        default:
            printf("输入错误!");
    }
    return 0;
}
```

由于一个字符串本身通过一个一维字符数组实现存储,可以定义一个二维字符型数组保存多个字符串,数组的每一行保存一个字符串。例如:

```
char string[][8]={"This","is","a","C","Program"};
```

由于二维数组每一行的元素个数是确定的,每个字符串所占的内存空间大小一致,因此,利用二维数组存储字符串时,应取最长字符串的字符数作为二维数组列的大小,以保证正确存储所有字符串。然而,当所处理的多个字符串的长度差异比较大时,就会导致内存空间的浪费。string[][8]的存储如图 8-10 所示。

T	h	i	s	\0			
i	s	\0					
a	\0						
C	\0						
P	r	o	g	r	a	m	\0

图 8-10　二维字符数组的存储举例

使用指针数组可以较好地解决这个问题。假设有 n 个字符串,存储在内存不同的地址区域,对应有 n 个一维字符数组的首地址,定义一个长度为 n 的指针数组,每个数组元素的指向类型为 char 型,使第 i 个数组元素保存第 i 个字符串的首地址(0≤i≤n−1)。

例 8-13　编写程序,利用指针数组对多个字符串排序。

```
#include <stdio.h>
#include <string.h>
void SortString(int n, char * str[])
{
    char * c;
    int i, j;
    /* 冒泡排序算法 */
    for(i=0; i<=n-2; i++)
      for(j=0; j<=n-2-i; j++)
      {
          if (strcmp(str[j], str[j+1])>0)
          {
              c=str[j];                     /* 交换两个字符串首地址 */
              str[j]=str[j+1];
              str[j+1]=c;
```

```
            }
        }
    }
    int main()
    {
        int i;
        char * lan[]={"China","France","Arab"};
        SortString(3, lan);
        for(i=0; i<3; i++)
            printf("\n%s ", lan[i]);
        return 0;
    }
```

利用冒泡排序算法对多个字符串排序时，如果采用二维字符数组的处理方式，排序过程需要对各字符串中的数组元素不断进行两两交换，程序代码非常烦琐。使用指针数组处理字符串时，不需要对字符串直接进行交换，只要交换字符数组的首地址，即可实现排序过程。字符串大小比较调用系统提供的 strcmp 函数实现。

排序前后指针数组的内存示意图如图 8-11 所示。排序前，lan[0]、lan[1]和 lan[2]中保存的地址分别为"China"、"France"和"Arab"的首地址。排序后，3 个字符串的首地址没有发生变化，而指针数组元素内容发生变化：lan[0]指向"Arab"，lan[1]指向"China"，lan[2]指向"France"。

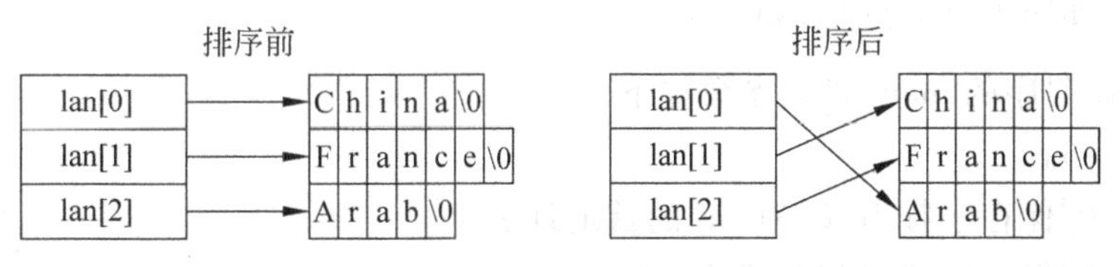

图 8-11 指针数组的内存示意图

8.7.2 带参数的 main 函数

前面程序中的 main 函数都是没有参数的。实际上，main 函数也可以带参数，用于接收程序运行过程中用户输入的参数。

定义格式：

```
void main(int argc, char * argv[])
{
    ...
}
```

整型参数 argc 表示命令行中所包含的字符串的个数，指针数组 argv 用于指向命令行中的各个字符串。

argc 和 argv 是 main 函数的形参。这两个形参的类型由系统规定。如果 main 函数带参数，只能是这两个类型的参数，否则 main 函数就不带参数。例如：

```
int main()  或   void main(void)
```

利用形参 argc 和 argv 可以获得 main 函数开始执行时传递给它的实参。实参如何传递给 argc 和 argv 的呢？C 语言源程序经过编译和链接后，都会生成一个 exe 文件。执行该 exe 文件时，可以直接执行，也可以在命令行下带参数执行。

在命令行带参数执行的形式：

可执行文件名 参数 1 参数 2 … 参数 n

参数之间使用空格间隔，该形式与 DOS 系统执行的命令类似，例如：

```
copy c:\test.txt d:\ test.txt        /* 在 DOS 下运行 copy 命令 */
```

其中，可执行文件名称为 copy，参数 1 为字符串"c:\test. txt"，参数 2 为"d:\test. txt"。执行过程为将 c:\test. txt 文件复制到 d 盘，文件名称不变。

按照命令形式，即可将命令行中的字符串作为实参传递给 main 函数，其中：

(1) 可执行文件名称与所有参数的个数之和传递给 argc。

(2) 可执行文件名称（包括路径名称）作为一个字符串，首地址被赋予 argv[0]，参数 1 的首地址被赋予 argv[1]，依此类推。

假如程序经编译和链接后生成的 exe 文件名称为 test，该文件保存在 c 盘根目录下，在 DOS 中运行命令行：

```
c:\test This is a C program
```

那么 test 程序的 main 函数参数如下：

- argc=6。
- argv[0]保存字符串"C:\test"的首地址。
- argv[1]保存字符串"This"的首地址。
- argv[2]保存字符串"is"的首地址。
- argv[3]保存字符串"a"的首地址。
- argv[4]保存字符串"C"的首地址。
- argv[5]保存字符串"program"的首地址。

例 8-14 编写程序，输出命令行参数。

```
#include <stdio.h>
int main(int argc, char *argv[])
{
    int i;
    printf("\nTotal %d arguments",argc);
    for(i=0; i<argc; i++)
        printf("\n 参数%d=%s", i+1, argv[i]);
    return 0;
}
```

在软件系统设计中，经常需要在运行文件的同时传递一些信息。利用带参数的 main

函数可满足这种需要。

8.8 数组指针

数组作为存储多个相同数据类型的数据的存储单元，可以理解为一种特殊数据类型，称为数组类型。例如，int a[5]可以理解为 int[5] a，即声明 int[5]类型的变量 a，int[5]可以理解为存储 5 个整数的自定义数据类型。int b[2][5]可以理解定义长度为 2 的 int[5]类型的一维数组，每个数组元素均为一个 int[5]类型的变量，其实质是一个长度为 5 的整型数组。C 程序中的每个变量都有地址，int[5]类型变量 a 的地址可以通过 & 运算符获取，表达式为 &a。数组类型变量的地址可以声明允许数组指针变量访问。

声明格式：

数据类型 (*变量名)[一维数组长度]；

数据类型是指针所指向的数组的数据类型。例如：

```
int (*p)[4];          /*声明数组指针变量 p 访问 int 型一维数组 int a[4]*/
p=&a;                 /*令 p 指向数组 a*/
```

则 *p 等价于 a，(*p)[1]等价于 a[1]。

在实际的程序设计中，数组指针一般应用于多维数组。由于多维数组都可以分解为一维数组来表示，通常将数组指针定义为行指针变量，其长度为多维数组分解为一维数组的长度。例如，二维数组 a[3][4]可以理解为长度为 3 的 int[4]类型的一维数组 int[4] a[3]。可以令 p 指向数组 a 的第一个元素 a[0]，即 p=&a[0]。对于一维数组，第一个元素地址 &a[0]等价于数组名 a，p=&a[0]等价于 p=a。p+1 则指向 a[1]这个一维数组的首地址，指针 p 进行加减运算的偏移单位为 4×4=16B，即每运算一次移动一个一维数组的长度。行指针执行过程如图 8-12 所示。

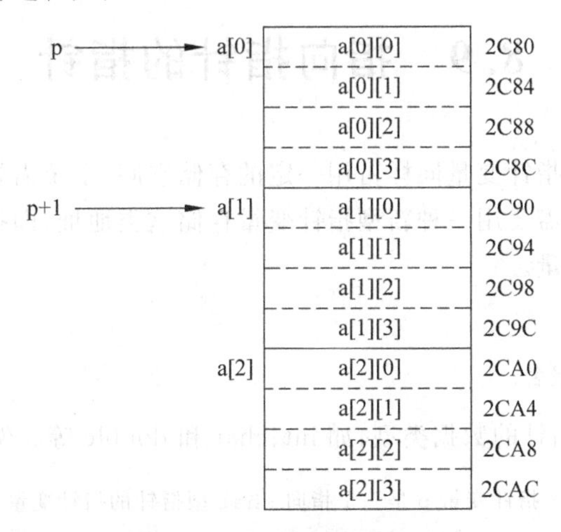

图 8-12 二维数组行指针举例

例 8-15 编写程序，利用行指针输出二维数组。

```
#include <stdio.h>
int main()
{
    int a[3][4]={{11, 21, 33, 42}, {15, 22, 32, 13}, {41, 32, 24, 16}};
    int (*p)[4], i, j;
    p=a;
    for(i=0; i<3; i++)
    {
        for(j=0; j<4; j++)
            printf("%2d ", *(*(p+i)+j)); /*注意：*(*(p+i)+j)等价于 a[i][j]*/
        printf("\n");
    }
    return 0;
}
```

根据 p 的定义，p 的加减运算偏移单位是 4 个 int 型单元，因此 p+i 等价于 a+i，而 *(p+i)等价于*(a+i)，即 a[i][0]元素的地址；*(p+i)+j 等价于*(a+i)+j 或 a[i]+j，即 a[i][j]元素的地址；*(*(p+i)+j)等价于*(*(a+i)+j)或*(a[i]+j)，即 a[i][j]元素的值。

使用数组指针时应注意：

(1) 在声明数组指针变量 p 时，其长度应该和数组 a 的列长度相同。否则编译器检查不出错误，但指针偏移量计算会出错，导致错误的结果。

(2) 声明格式"(*变量名)"中的括号不能省略。例如：

```
int (*p)[4];      /*数组指针，指向包含 4 个元素的 int 型一维数组*/
int *p[4];        /*指针数组，有 4 个数组元素，每个元素指向 int 型变量*/
```

8.9 指向指针的指针

与普通变量类似，指针变量同样占用一定的存储空间，系统需要为其分配地址。该地址为指向指针的指针，需要用一种新型指针变量存储这类地址，即指向指针类型的指针变量，又称为二级指针变量。

声明格式：

数据类型 **指针变量名；

数据类型为指向指针的数据类型，如 int、char 和 double 等。例如：

```
char **p;        /*指针变量 p 是一个指向 char 型指针的指针变量*/
```

需要对二级指针变量初始化，令其指向一个指针变量。否则该变量存储的是未定义的地址值，不能引用。例如：

```
int **p1, * p2,a;
p1=&p2;
p2=&a;
a=10;
```

p1、p2 和 a 的指向关系如图 8-13 所示。

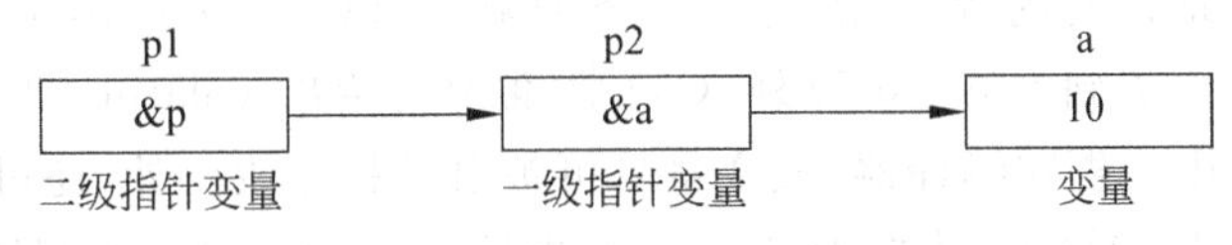

图 8-13 p1、p2、a 的指向关系

二级指针变量 p1 存放指针变量 p2 的地址，指针变量 p2 存放普通变量 a 的地址。p1 可通过 p2 间接引用变量 a。为指针变量赋地址值时级别不能弄错，即一级指针变量只能存储普通变量的地址，二级指针变量只能存储一级指针变量的地址。在二级指针变量已存储一级指针变量的地址，且一级指针变量已存储普通变量地址的前提下，可通过二级指针变量访问普通变量，方法是利用两个连续的取值运算符**。例如：

```
**p1=20;          /* 变量 a 的单元值为 20 */
```

指向指针的指针通常和指针数组结合在一起使用。

例 8-16 编写程序，利用指向指针的指针输出指针数组所指向的字符串。

```
#include <stdio.h>
int main()
{
    int i;
    char * pArray[]={"One","Two","Three"};
    char **p;
    p=pArray;
    for(i=0; i<3; i++, p++)
        printf("%s ", * p);
    printf("\n");
    return 0;
}
```

pArray 为指针数组，其中每个数组元素均为指针，指向对应字符串的首地址。p 为一个指向指针的指针变量。语句 p=pArray;使 p 指向数组元素 pArray[0]，如图 8-14 所示。

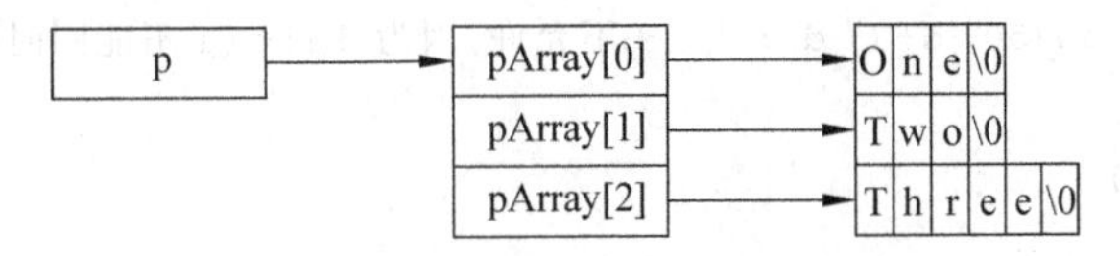

图 8-14 指向指针的指针内存示意图

* p 为 pArray[0]的内容。因为 pArray[0]中存放的是字符串"One"的首地址,在输出字符串时可以直接使用语句 printf("%s ", * p)。

8.10 内存访问控制

为了更加安全地访问内存,C 语言使用类型限定符(type qualifier)约束变量的访问权限。除第 2 章已经提到的 const 以外,C99 标准中还给出 volatile 和 restrict 两个限定符。其中,volatile 用于告知编译器,该变量除可被自身程序改变外,还可以被其他程序改变;restrict 用于告知编译器,指向对象已经被指针所引用,不能通过除该指针外所有其他直接或间接方式修改该对象的内容。

例 8-17 volatile 和 restrict 限定符使用示例(部分代码)。

```
#include <stdio.h>
extern const volatile int real_time_clock;
static void volatile_demo(void)
{
    int begin, end;
    begin=real_time_clock;
    …                                   /* 这里还有其他代码 */
    end=real_time_clock;    /* real_time_clock 在其他程序中被修改 */
    printf("begin=%d,end=%d\n", begin, end);
}
/* 注意: 只有支持 C99 的编译器才能使用 restrict 限定符 */
void restrict_fun(int n, int * restrict p, int * restrict q)
{
    while (n >0)
    {
        * p++= * q++;
        n--;
    }
}
void restrict_demo(void)
{
    extern int d[100];
    restrict_fun(50, d+50, d);  /* 正常 */
    restrict_fun(50, d+1, d);   /* 不允许,因为 d 和 d+1 不能同时被指针 p 和 q 访问 */
}
int main(void)
{
    while (1)
    {
```

```
        volatile_demo();
        restrict_demo();
    }
    return 0;
}
```

程序中,volatile 限定符声明的变量可以在其他程序中修改,例如 real_time_clock 可以是实时系统时间。尽管在 volatile_demo 函数中没有对 real_time_clock 进行修改,但是两次读取的结果可能不同。在 restrict_demo 函数中,第一次调用 restrict_fun 函数将数组 d 的后 50 个元素传送到前 50 个元素,指针 p 和 q 访问的区域相互独立,没有交叉,可以正常执行。而第二次调用 restrict_fun 函数时,将数组的前 50 个元素依次前移 1 个位置,指针 q 要访问指针 p 访问过的内存,在 restrict 限定词下不被允许。

8.11 案 例

在 C 程序运行时,操作系统会按照要求为程序中的变量分配内存。可以用来保存程序变量的内存有以下 3 个区域:

(1) 全局(静态)存储区。存放全局变量和静态变量。程序运行结束时自动释放,未初始化的全局变量和静态变量默认为 0。

(2) 栈(stack)。存放函数调用过程中的各种参数、局部变量、返回值以及函数返回地址。栈由编译器进行管理,自动分配和释放,初始大小与编译器有关。

(3) 堆(heap)。用于程序动态申请分配和释放空间。C 语言调用 malloc 函数和 free 函数申请和释放动态内存。正常情况下,程序员申请的空间在使用结束后应该释放,若程序员没有释放空间,则程序结束时系统自动回收。

在这 3 个内存区域中,全局静态存储区和栈区域的空间相对较小,当声明一个占用空间较大的变量(例如百万级的大数组)时,编译器会提示空间不足的错误。这种情况下,程序员可以通过动态内存申请的方式在堆区域为该变量申请存储空间。

问题陈述:第 7 章将 R 条评分记录保存于 R 行 3 列的二维数组中,有利于减小内存占用。但是使用数组保存信息,必须事先指定数组长度,程序运行过程中数组长度不可改变。由于评分记录随时都会变化,难以确定合适的数组大小。因此,考虑将评分记录以动态内存分配方式保存于堆区域,随着记录数的不断增加,既可以直接申请足够大的内存区,也可以根据实际记录数申请相应大小的空间。本章仍然将少量的测试评分记录以全局变量形式保存在静态存储区中,通过新增评分记录加载函数将这些评分记录转移到堆内存区,并以指针形式指向这一内存区域。评分记录加载函数返回实际加载的记录数。为减少函数间的参数传递,将申请的内存地址指针及记录数保存在全局变量中。另外,在第 7 章计算任意两个用户相似度的基础上,确定与指定目标用户相似度最大的用户。编写最大相似度函数,其功能是在所有用户中找到与某个用户相似度最大的用户的 ID。函数之间的调用关系如图 8-15 所示。

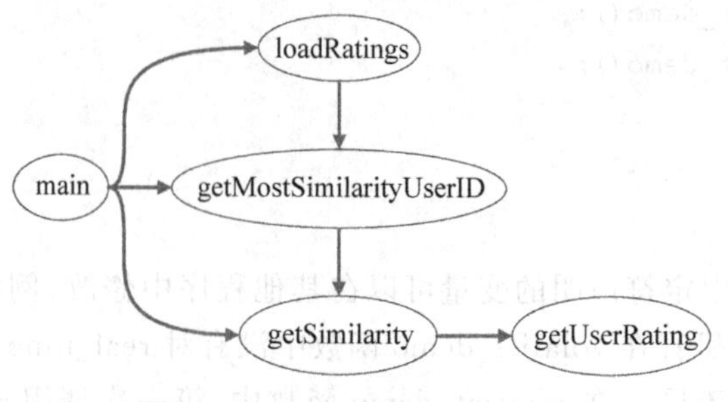

图 8-15　函数调用关系

问题的输入：

(1) 已知的以评分记录形式保存在二维数组中的 10 个用户对 10 部影片的评分数据(假设用户 ID 依次为 1～10,影片 ID 依次为 1～10)。

(2) 从键盘读取的指定用户 ID。

问题的输出：

指定用户与其他用户的相似度以及具有最大相似度的目标用户 ID。

算法描述：

(1) 算法描述 1(主程序)：

Step1：声明变量 user_id1、user_id2 以及相似度结果变量 similarity。

Step2：输入提示信息,并读入用户 1 的 ID。

Step3：为评分记录数据动态分配内存,并加载评分记录。

Step4：调用最大相似度查询函数计算具有最大相似度的目标用户。

Step5：再次计算指定用户 1 与目标用户 2 的相似度。

Step6：输出相似度结果。

Step7：释放内存。

(2) 算法描述 2(最大相似度查询函数)：

Step1：声明浮点型变量 max、similarity 和整型变量 mostUserID,并初始化当前最大值,max＝0。

Step2：对每一个除自身外的其他用户(用户 i)执行以下操作。

Step2.1：调用相似度计算函数计算指定用户与用户 i 的相似度 similarity。

Step2.2：如果当前最大值 max 小于 similarity,则更新 max,并记录 mostUserID＝i。

Step3：返回 mostUserID。

(3) 算法描述 3(相似度计算函数)：同第 7 章案例中的算法描述 2。

(4) 算法描述 4(用户评分查询函数)：同第 7 章案例中的算法描述 3。

源程序代码：

```
/* Author:"程序设计基础(C)"课程组
 * Description: 根据给定的评分记录找到与指定用户相似度最高的用户 */
#include <stdio.h>
#include <stdlib.h>
```

```
#include <math.h>
int getUserRating(long userid,long movieid);        /* 声明用户评分查询函数原型 */
float getSimilarity(long userid1,long userid2); /* 声明相似度计算函数原型 */
long getMostSimilarityUserID(long userid);        /* 声明最大相似度计算函数原型 */
long loadRatings();                                /* 声明评分记录载入函数原型 */
/* 实际数据来自外部文件。暂时将 20 条评分记录以数组形式保存在全局变量中,虽然评分值为
   int 型,但由于数组元素类型相同的限制,都统一为 long 型,在后续章节中将恢复 int 型 */
long user_ratings_record[50][3]={
    {1,1,10},{1,2,10},{1,3,9},{1,5,10},{1,6,7},{2,1,9},{2,2,8},{2,7,8},{2,8,
    8},{2,10,8},
    {3,3,7},{3,4,8},{3,6,7},{3,7,7},{3,8,6},{4,1,7},{4,2,8},{4,4,7},{4,9,8},
    {4,10,7},
    };     /* 每条评分记录由 3 个数据构成,依次是用户 ID、影片 ID、评分 */
long* p_ratings;                      /* 声明指针变量,用于指向动态内存区的评分记录 */
long ratingCount;                     /* 声明整型变量,用于保存评分记录数 */
int main()
{
    long user_id,user_id2;
    float similarity;
    printf("please input user id(1~10):");
    scanf("%ld",&user_id);
    p_ratings=malloc(100 * 3 * sizeof(int));  /* 申请足够大的内存空间 */
    ratingCount=loadRatings();     /* 调用函数将外部数据(来自全局变量)装入动态申请
                                      的内存区 */
    user_id2=getMostSimilarityUserID(user_id);  /* 调用函数找到与指定用户最相
                                                   似的目标用户 */
    similarity=getSimilarity(user_id,user_id2);  /* 重新计算指定用户和目标用
                                                    户之间的相似度 */
    printf("The most similar user is %ld,and the similarity is %f",user_id2,
    similarity);
    free(p_ratings);                  /* 释放占用的动态内存 */
    return 0;
}
long loadRatings()
{
    long i;
    int j;
    long count=50;
    for (i=0;i <count;i++)
    {
        for (j=0;j <3;j++)
        {
            * (p_ratings+3 * i+j)=user_ratings_record [i][j];
```

```
        }
    }
    /* 返回记录数(后续章节由文件读取记录的情况下,实际记录数是事先不可知的) */
    return count;
}
int getUserRating(long userid,long movieid)
{   /* 与第 7 章有所不同,由于评分记录不在数组中而在动态内存里,因而采用指针访问更加适宜 */
    long i;
    int rating=0;                          /* 初始化评分为 0 */
    for (i=0;i <ratingCount;i++)
    {                                      /* 在所有评分记录中逐一比对 */
      if (*(p_ratings+3 * i)==userid&&*(p_ratings+3 * i+1)==movieid)
      {  /* 如果用户 ID 和影片 ID 同时匹配 */
        rating=*(p_ratings+3 * i+2);      /* 获取对应记录的评分 */
        break;
      }
    }
    return rating;                         /* 评分为 0 或者未评分都返回 */
}
float getSimilarity(long userid1,long userid2)
{ …   /* 略,与第 7 章案例 getSimilarity 函数相同 */
}
long getMostSimilarityUserID(long userid)
{
    long i;
    float max=0;                           /* 初始化最大相似度为 0 */
    long mostUserID;
    float similarity;
    printf("The similarity between user %d and others:\n",userid);
    for (i=1;i <=10;i++)
    {  /* 对于 10 个用户逐个处理 */
      if (i !=userid)                      /* 排除自身 */
      {
          similarity=getSimilarity(userid,i);     /* 调用相似度计算函数逐个计
                                                      算相似度 */
        if (max <similarity)
        {  /* 如果当前最大相似度比新计算所得相似度小 */
          max=similarity;                  /* 更新最大相似度 */
          mostUserID=i;                    /* 同时保存该相似度对应的目标用户 */
        }
      }
    }
    return mostUserID;
}
```

练　习　题

1. 请说明以下函数定义的含义以及它们之间的区别。

(1) int f1(int p)

{return p++;}

(2) int f2(int *p)

{return *(p++);}

(3) int f3(int *p)

{return (*p)++;}

(4) int* f4(int *p)

{return p++;}

2. 编写程序,定义指针 pa 和 pb,分别指向 int 型变量 a 和 b。通过 pa 和 pb 完成下列操作:(1)输入变量 a 和 b 的值;(2)输出 a 和 b 的和、差、积、商。

3. 编写函数 void multiplyArray(int *a, int m),其功能是将 int 型数组中的每个元素都乘以 m,结果仍然保存在原数组中。要求在主函数中初始化原始数组,调用 multiplyArray()函数后,在主函数中输出处理后的结果。

4. 编写程序,实现如下函数调用。函数 getdata 的功能是从键盘输入数据,函数 reverse 的功能是将数据逆序存放,函数 showdata 的功能是输出数据。3 个函数的定义形式及主函数的调用形式如下:

```
void getdata(int *a,int num);
void reverse(int *a,int num);
void showdata(int *a,int num);
void main()
{
    int a[10];
    getdata(a,10);
    reverse(a,10);
    showdata(a,10);
}
```

5. 编写函数 int max(int a[],int n,int *p),其功能是查找数组 a 中最大值的元素及其所在位置,最大值由函数返回,位置由指针 p 返回;编写函数 int min(int a[],int n,int *p),其功能是查找数组 a 中最小值的元素及其所在位置,最小值由函数返回,位置由指针 p 返回;编写程序,在主函数中初始化一维数组 a[10],调用上述函数后输出最大值、最小值以及它们的位置。

6. 编写函数 void myitoa(int n,char *str),其功能是将一个整数转换为对应的字符串。编写程序,在主函数中输入一个整数 n,调用 myitoa 函数后,输出对应的字符串(例如，输入整数 123，输出字符串"123"）。

7. 编写函数 void rotateArray(int *a,int m, int n)，其功能是将包含 m 个元素的整型数组 a 中的元素顺序移动，使其前面各数顺序向后移 n 个位置，最后 n 个数变成最前面的 n 个数。例如，原数组中的数据为 1,2,3,4,5,6,7,8,9,0，顺序移动 3 个位置的结果是 8,9,0,1,2,3,4,5,6,7。

8. 编写函数 void fun(int a[][],int n,int m,int *odd,int *even)，其功能是计算二维数组 a[n][m]元素中的所有奇数之和与所有偶数之和。利用指针 odd 返回奇数之和，利用指针 even 返回偶数之和。编写程序，在主函数中初始化二维数组 a[5][6]，调用函数 fun 后输出数组 a 及计算结果。

9. 编写函数 int StrCount(char *str1,char *str2)，其功能是统计字符串 str2 在 str1 中出现的次数，返回该数值。要求：在主函数中输入 str1 和 str2，调用函数 StrCount (str1,str2)后输出结果（例如，输入 str1 为"howareyouareGGare"，str2 为"are"，调用函数 StrCount 后的函数返回值为 3，输出结果为 3）。

10. 编写函数 char* strToS(char *str)，其功能是根据输入的字符串自动生成该串的缩写词。缩写规则如下：

(1) 取每个单词的第一个字母生成缩写词。

(2) 无论原输入如何，生成后的缩写词要求大写。

(3) 数字以及不多于 3 个字母的单词（如 of、and 等）不参与生成缩写词。

(4) 无法生成缩写词时输出提示信息。

要求：在主函数中输入字符串 str，调用 strToS 函数，输出处理结果。

第9章

复杂数据类型与结构体

9.1 概　　述

通过声明某种数据类型的变量，可以描述某一事物（概念）某一方面的特征，变量值是其特征的具体度量。然而，越是抽象和复杂的事物往往越具有多个方面的特征。例如，为了描述教育领域的学生群体，需要定义学号、姓名、性别、年龄、成绩等多个特征。利用前面的知识，则需要声明多个变量或数组描述这些特征。例如：

```
char id[8];                          /* 定义 char 型数组表示学号 */
char name[8];                        /* 定义 char 型数组表示姓名 */
int age;                             /* 声明 int 型变量表示年龄 */
char sex;                            /* 声明 char 型变量表示性别 */
…
```

对上述变量或数组赋予具体数值，就实现了对一个特定学生的描述。要描述另外一个学生，则需要对变量和数组重新赋值。如果要在一个函数内部同时描述这两个学生的信息，则需要声明不同的变量名和数组名分别存储这两个学生的信息。此外，虽然是学生对象的不同特征，但 id、name 以及 sex、age 逻辑上同属于一个对象，应该作为一个整体处理。但是，由于它们需要分别进行声明和定义，从存储角度并不能实现整体的存储和操作。

C 语言中引入结构体（struct）类型，对描述对象的一个或多个特征变量进行封装。例如：

```
/* 描述学生信息的结构体 */
struct student                       /* 结构体类型定义 */
{
    char id[8];                      /* 结构体成员定义 */
    char name[8];
    int age;
    char sex;
};
```

struct student 类型中包含描述学生特征的集合,每一个特征称为结构体的一个成员。利用已经完成定义的结构体类型所声明的变量称为结构体变量。例如:

```
struct student stu1,stu2;            /*声明 struct student 类型的变量 stu1、stu2*/
```

通过为结构体变量成员赋值,达到描述一个具体学生信息的目的。例如:

```
strcpy(stu1.id, "16001");            /*学生学号*/
stu1.sex ='m';                       /*学生性别*/
```

以同样的方法,也可以定义 struct teacher 类型描述教师群体。例如:

```
/*描述教师信息的结构体 */
struct teacher                       /*结构体类型定义*/
{
    long id;                         /*结构体成员定义*/
    char name[10];
    …
};
```

struct student 类型和 struct teacher 类型是两个不同的结构体类型。

教师群体和学生群体还可以进一步抽象为学校成员,定义成学校成员结构体(struct member)。通常情况下,作为结构体成员,教师编号称为工号(employeeId),学生编号称为学号(studentId),两种信息的长度和类型不同。假设教师和学生两种身份不能同时存在于一个成员上,那么 employeeId 和 studentId 只能有一个被赋值。为了节省空间并保证特征描述的准确性,C 语言中引入共用体,实现成员共享同一段内存空间,即允许多个不在同一时期使用的不同类型的变量共用同一存储空间。例如:

```
struct member
{
    union                            /*共用体定义*/
    {
        long employeeId; /*employeeId 和 studentId 类型不同,但共用一段内存空间*/
        char  studentId[8];
    }id;
    char name[10];
    int  age;
    char  sex;
};
```

9.2 结构体类型

结构体类型为用户自定义数据类型,通过列举成员标识符和数据类型来说明结构(成员)的组成。C 语言要求先定义结构体类型,再声明该类型的变量。实际应用中,结构体类型的变量用于描述和处理具有多个属性的对象，例如学生、教师等。

9.2.1 结构体类型定义

一个新的结构体类型的定义必须基于基本数据类型或已有的数据类型，因此也属于构造类型。

定义格式：

```
struct 结构体类型标识符
{
    成员变量列表;
};
```

struct 为系统关键字，表示定义一个新的结构体类型；结构体类型标识符应遵循 C 语言标识符命名规则；成员变量列表是大括号"{ }"内通过分号分隔的一系列成员变量，成员变量可以是基本数据类型(如 int)、数组类型(如 char [])或指针类型(如 char *)，也可以是其他已经定义过的结构体类型。

例如：

```
struct class                    /* 定义班级的结构体类型，描述班级编号、专业、人数等信息 */
{
    char id[10];                /* 班级编号 */
    char major[20];             /* 专业 */
    int count;                  /* 人数 */
};                              /* 在"}"后一定要加分号，表示结构体类型定义结束 */
```

用户自定义新的数据类型 struct class 结构体类型，其成员变量包括 id、major 和 count，分别为 char 型数组和 int 型变量。

定义新的结构体类型时，其成员变量的类型也可以是已定义的结构体类型。例如：

```
struct point                      /* 定义结构体类型 struct point 描述三维空间坐标点 */
{
    float x;                      /* x 坐标 */
    float y;                      /* y 坐标 */
    float z;                      /* z 坐标 */
};
struct line                       /* 基于已有结构体类型 struct point 定义三维空间的直
                                     线类型 struct line */
{
    struct point startPoint;      /* 起点 */
    struct point endPoint;        /* 终点 */
};
```

结构体类型 struct line 的两个成员变量均为 struct point 类型。

定义结构体类型时，需注意以下几点：

(1) 结构体类型名由关键词 struct 和结构体类型标识符组合而成，例如 struct class、struct point、struct line 是结构体类型名，而 class、point、line 则不是结构体类型名。

(2) 结构体类型的成员变量名具有唯一性，不能同名。例如，struct class 中不能有两个 count 变量。

(3) C 语言允许定义指向相同结构体类型的指针成员，但不允许嵌套定义相同结构体类型的成员变量。例如：

```
struct point
{   …
    struct point *p1;          /*正确，成员变量的指向类型可以是自身结构体类型*/
    struct point p2;           /*错误，成员变量的类型不能是自身结构体类型*/
};
```

(4) 结构体类型的有效范围与其在源程序中的定义位置有关。如果结构体类型定义在某函数体内，则该结构体类型只在该函数内部可用；如果结构体类型定义在函数体外，则该结构体类型的有效范围是从定义位置开始到整个文件的结束。

9.2.2 结构体类型变量声明与初始化

1. 结构体变量声明

定义结构体类型后，即可声明具有该类型的结构体变量。结构体变量有 3 种声明方式。

方式 1：先定义结构体类型，后声明变量。

声明格式：

```
struct  结构体标识符  变量 1, 变量 2,…,变量 n;
```

“struct　结构体标识符”为已经定义好的结构体类型。与基本数据类型变量的声明类似，前面是类型名，后面是变量列表。例如：

```
/*已经定义的结构体类型 struct student (参见 9.1 节)*/
struct student stu1;          /*声明 struct student 类型的变量 stu1*/
```

该方式是最常见且应用最广泛的一种方式，适用于全局定义结构体类型，局部声明结构体变量。

方式 2：定义结构体类型的同时声明变量。

声明格式：

```
struct  结构体标识符
{
    成员变量列表;
```

```
} 变量 1, 变量 2,… ,变量 n;
```

定义结构体类型的同时声明该类型的变量,要注意将所有变量名放在“}”与“;”之间。该方式适合声明局部使用的结构体类型变量。

方式 3：直接声明结构体类型变量。

声明格式：

```
struct
{
    成员变量列表;
}变量 1, 变量 2,… ,变量 n;
```

定义一个省略结构体类型标识符的结构体类型,同时声明该类型的变量。由于没有结构体类型标识符,所以无法在其他场合声明变量,通常用于定义复杂的结构体类型。例如：

```
/* 定义结构体类型 struct stuRec */
struct stuRec
{
    char id[8];
    char  name[8];
    char  sex;
    struct                      /* 无结构体类型标识符的定义方式 */
    {
        int year;               /* 年 */
        int month;              /* 月 */
        int day;                /* 日 */
    } birthday;                 /* 出生日期 */
    float sEn, sCpu, sumScore;
}stu1 ;
```

定义结构体类型并不会占用存储空间,但声明了结构体类型变量,系统就会为其分配相应的存储空间。理论上,一个结构体变量所占内存空间的大小是其所有成员变量所占内存空间的总和,而实际上,系统对结构体变量所分配的内存空间要依据系统的内存对齐原则。

内存对齐原则是指为提高可移植性以及减少 CPU 读取内存的次数,系统在分配变量的地址空间时,都是以 2B(16 位 CPU)或 4B(32 位 CPU)的整数倍为起始地址进行分配,即各变量的起始地址都对齐在内存空间的偶数地址上。

按照上述原则,系统会根据各成员自身的长度或系统默认对齐字节数(32 位 CPU 的默认为 4),取字节数小的进行内存空间分配的对齐。在结构体成员对齐后,结构体变量之间也会对齐。另外,结构体所占用的内存空间大小与其不同类型的成员的声明顺序也有关。

例如 struct student 类型的变量 stu1,其成员包括 char 型数组 id[8]、char 型数组 name[8]、int 型变量 age 和 char 型变量 sex。理论上 32 位系统应为变量 stu1 分配

8＋8＋4＋1＝21B 的连续存储单元，而实际上系统为 stu1 分配 8＋8＋4＋4＝24B，其存储空间的形式如图 9-1 所示，假设 stu1 的起始地址为 0x32C80，其中 char 型变量 sex 的起始地址为 0x32C94，按照内存对齐原则，系统为其分配了 4B，但只能使用第 1 个字节存储字符，其余 3 个字节不存储数据。

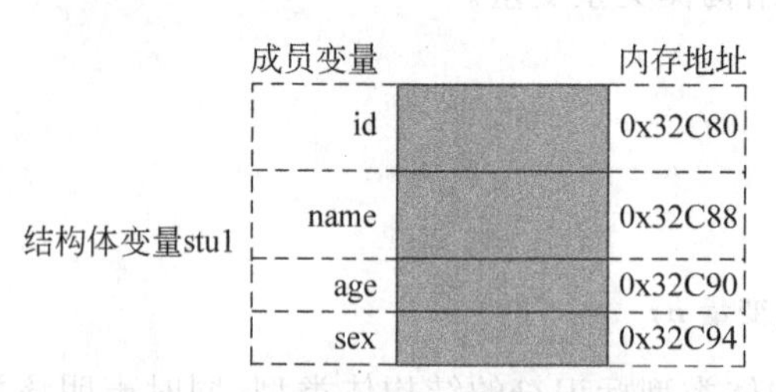

图 9-1　结构体变量 stu1 的存储

内存空间的字节数还可以通过运算符 sizeof(**结构体类型名**)计算获得。按照内存对齐原则，在 32 位系统中，变量 stu1 所占用内存空间的大小为 sizeof (struct student)＝sizeof (stu1) ＝24B。

2. 结构体变量初始化

结构体变量的初始化是指为结构体变量的成员分别赋初值，每个成员变量的初值由一组用逗号分隔的常量或常量表达式构成，并包含在一对大括号之间。与结构体变量的声明方式相对应，结构体类型变量的初始化也有 3 种方式。

方式 1：

```
结构体类型名  变量名={成员 1 的初值,成员 2 的初值,…, 成员 n 的初值};
```

初值列表中的初值顺序必须与结构成员的顺序一致。例如：

```
struct student stu1={ "16011", "李想", 18, 'f'};
                          /*声明一个 struct student 类型的变量 stu1 并对其初始化*/
```

变量 stu1 的成员按顺序被初始化，数组 id 初始化为"16011"，数组 name 初始化为"李想"，变量 age 初始化为 18，变量 sex 初始化为'f'。初始化结果如图 9-2 所示。

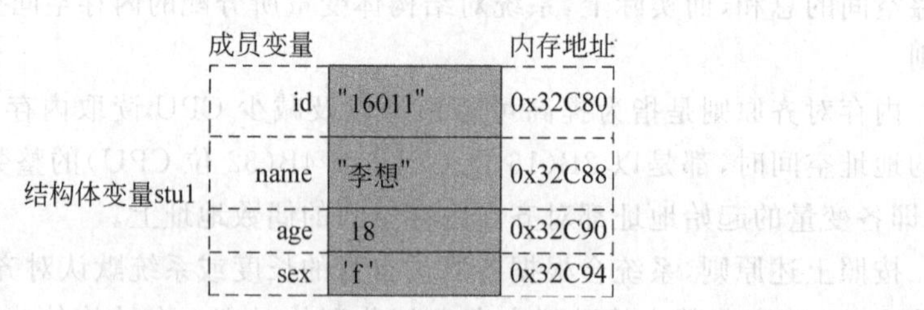

图 9-2　结构体变量的初始化结果

其他两种初始化方式如下：

方式 2

```
struct student
{
    char id[8];
    char name[8];
    int  age;
    char  sex;
} stu1 ={ "16011", "李想", 18, 'f'} ;
```

方式 3

```
struct
{
    char id[8];
    char name[8];
    int  age;
    char  sex;
}stu1 ={"16011", "李想", 18, 'f'} ;
```

结构体变量初始化时，允许只对部分成员变量初始化，但要求初始化的数据至少有一个。例如：

```
struct point
{
    float x;
    float y;
    float z;
}p1={1};                          /* 成员变量 x 被初始化为 1,y 和 z 被初始化为 0 */
```

如果是部分初始化，则没有被赋初值的成员变量被初始化为系统默认值。其中，int 型初始化为 0，char 型初始化为'\0'，float 和 double 型初始化为 0.0，char 型数组初始化为""，int 型数组初始化为{0}。

对于复杂结构体类型变量的初始化，同样遵循上述规律。例如：

```
struct  line
{
    struct point startPoint;
    struct  point  endPoint;
} line1={{0,0,0},                 /* {0,0,0}列表初始化 StartPoint */
         {100,0,0}                /* {100,0,0}列表初始化 EndPoint */
         };
```

9.2.3 结构体变量的引用

1. 结构体成员变量的引用

通过成员运算符“.”及成员变量名可以实现对结构体成员变量的引用。

引用格式：

结构体类型变量.成员变量

对于 struct student 类型的变量 stu1，其成员变量的引用方式为 stu1.id、stu1.name、stu1.sex 和 stu1.age。对结构体成员变量的操作与对一个简单变量或数组的操作类似。例如：

```
struct student stu1;
gets(stu1.id);                          /* stu1.id 为 char 型数组,通过 gets 输入 */
gets(stu1.name);                        /* stu1.name 为 char 型数组,通过 gets 输入 */
scanf("%d", &stu1.age);                 /* stu1.age 为 int 型变量,通过 scanf 读入 */
scanf("%c", &stu1.sex);                 /* stu1.sex 为 char 型变量,通过 scanf 读入 */
printf("%s %s %c %d\n", stu1.id, stu1.name, stu1.age, stu1.sex);
                                        /* 通过 printf 输出 stu1 的成员 */
```

对于复杂的结构体类型成员变量的引用需要嵌套使用成员运算符"."，从结构体变量名开始，逐层访问成员直到最内层的成员变量为止。例如：

```
/* 定义结构体类型 struct stuRec 并声明该类型的变量 stu1 */
struct date                             /* 结构体类型 struct date 用于描述日期 */
{
    int year;
    int  month;
    int  day;
};
struct stuRec                           /* struct stuRec 结构体类型描述学生 */
{
    char id[8];
    char  name[8];
    struct  date birthday;
    char  sex;
    float  sEn, sCpu, sumScore;
} stu1;
```

struct stuRec 类型的变量 stu1，其成员变量 birthday 为 struct date 结构体类型，包含 3 个 int 型成员变量 year、month、day，这 3 个成员的引用方式如下：

```
stu1.birthday.year=2000;
stu1.birthday.month=11;
stu1.birthday.day=21;
```

2. 结构体变量的引用

结构体变量支持运算符"."、&、sizeof 以及赋值运算。"."用于操作成员变量，例如 stu1. id、stu1. birthday. month 等；& 用于获取变量地址，例如 &stu1 为结构体变量地址，&stu1. id 为结构体成员变量 id 的地址等；sizeof 用于获取结构体类型变量存储空间的大小(单位为字节)，例如 sizeof(stu1) = sizeof(struct stuRec)=44B。相同类型的结构体变量之间可以通过运算符"="进行整体赋值，例如声明 struct stuRec 类型的多个变量，进行赋值操作：

```
struct stuRec stu1, stu2, stu3={"16011", "李想", 2000,11, 21, 'f', 81.5, 91, 172.5};
stu1 =stu3;                             /* 将 stu3 变量的内容赋予 stu1 变量 */
```

```
stu2.birthday =stu1.birthday;      /* 将 stu1.birthday 成员值赋予 stu2.birthday
                                      成员 */
```

例 9-1 编写程序,定义描述三维空间中点与线的结构体类型及变量,计算空间中线段的中点并输出。

```
#include <stdio.h>
…/* 将 9.2.1 节中 struct point 和 struct line 结构体类型的定义包含在此处 */
int main()
{
    struct line lineSeg ;           /* 定义 struct line 类型变量 lineSeg */
    struct point midPoint;          /* 定义 struct point 类型变量 midPoint */
    /* 输入线段起点和终点的三维空间坐标值 */
    printf("请输入线段的起点坐标 x、y、z:\n");
    scanf("%f%f%f", &lineSeg.startPoint.x, &lineSeg.startPoint.y, &lineSeg.
    startPoint.z);
    printf("请输入线段的终点坐标 x、y、z:\n");
    scanf("%f%f%f", &lineSeg.endPoint.x, &lineSeg.endPoint.y, &lineSeg.
    endPoint.z);
    /* 计算中点坐标值,保存在 midPoint 变量中 */
    midPoint.x =(lineSeg.startPoint.x +lineSeg.endPoint.x)/2;
    midPoint.y =(lineSeg.startPoint.y +lineSeg.endPoint.y)/2;
    midPoint.z =(lineSeg.startPoint.z +lineSeg.endPoint.z)/2;
    /* 输出中点坐标值 */
    printf("中点坐标为: {%.2f, %.2f, %.2f}\n", midPoint.x, midPoint.y,
    midPoint.z);
    return 0;
}
```

三维空间中的一个点可以用 x、y、z 三维坐标值描述,三维空间中的线段由两个空间点描述,三维空间线段的中点是这两个点三维坐标的中值。在程序中定义 struct point 和 struct line 结构体类型,用于描述三维空间的点和线段。其中 struct line 的成员为 struct point 类型,成员变量的输入需使用嵌套引用方式 lineSeg. startPoint. x 和 lineSeg. endPoint. x 等。

9.2.4 结构体数组

结构体数组是一组结构体类型的数据集合,每个数组元素都是相同结构体类型的变量。结构体数组的定义和引用与基本数据类型的数组相同。

1. 结构体数组的定义

结构体数组的定义也有 3 种方式。例如,定义长度为 3 的 struct student 类型数组 stu[3]。

方式 1

```
struct student
{   char id[8];
    char  name[8];
    int  age;
    char  sex;
}
struct  student  stu
[3];
```

方式 2

```
struct student
{   char id[8];
    char  name[8];
    int  age;
    char  sex;
} stu[3];
```

方式 3

```
struct
{   char id[8];
    char  name[8];
    int  age;
    char  sex;
} stu[3];
```

2. 结构体数组的存储

结构体数组的存储遵循基本数据类型数组的存储规则。系统按数组元素的个数分配存储单元，每个存储单元的大小为该结构体类型的大小。

定义 struct student 类型的数组 stu[3]，其在内存中的存储形式如图 9-3 所示（假设其存储空间的起始地址为 0x32C80）。

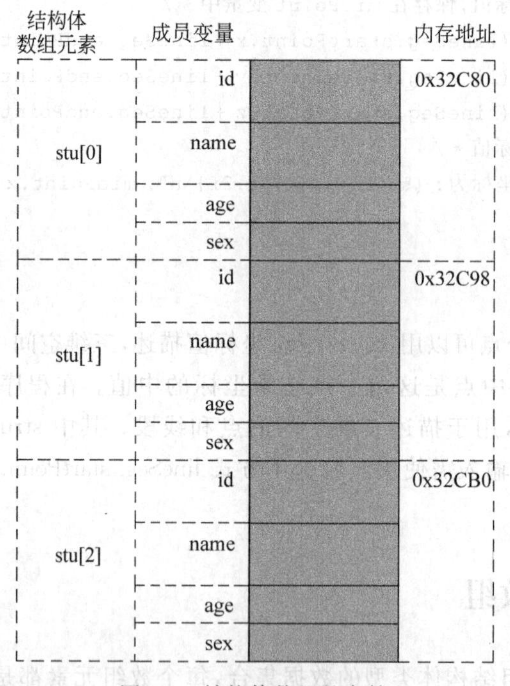

图 9-3　结构体数组的存储

一个结构体数组所占内存空间的计算公式（单位为字节）：

数组元素个数×sizeof(结构体类型)

3. 结构体数组初始化

结构体数组的初始化与基本数据类型数组的初始化方式类似，在定义结构体数组的同时为其赋初值。例如：

```
struct student stu[3]={{"16011", "李想",18,'f'},
                       {"16012", "杨海月",19,'f'},
                       {"16013", "王达",18,'m'}};
```

struct student 类型数组 stu[3]包含 stu[0]、stu[1]、stu[2]共 3 个元素，初始化中每个数组元素保存一个学生信息初值，初值的排列顺序与成员顺序一致。

结构体数组初始化时同样可以省略数组的长度，系统根据初始化数据的个数确定数组长度。例如：

```
struct keyword
{
    char word[20];
    int count;
} keywords[]={{"break", 0}, {"case", 0}, {"void", 0}};
                             /*系统自动确认结构体数组 keywords 的长度为 3*/
```

4. 结构体数组的引用

结构体数组的引用分为对数组元素的引用和对数组整体的引用。引用数组元素的实质就是对结构体类型变量成员的引用，即引用数组元素的成员变量。

引用方式：

数组名[数组下标].成员变量名

长度为 N 的数组，其元素下标取值范围为 0～N－1。例如：

```
struct student stu[3];          /*声明 struct student 类型数组 stu*/
strcpy(stu[0].name, "李想");    /*为 stu[0]的成员 name 赋值,name 是字符数组,需
                                  使用 strcpy 函数赋值*/
strcpy(stu[1].name, "杨海月");  /*为 stu[1]的成员 name 赋值*/
stu[1].age =19;                 /*为 stu[1]的成员 age 赋值*/
stu[2].sex ='m';                /*为 stu[2]的成员 sex 赋值*/
```

引用结构体数组是将其作为一个整体进行引用，这种引用的常见应用如下：

(1) 作为函数参数。将结构体数组首地址由主调函数复制给被调函数(参见 9.2.5 节)。

(2) 作为一块连续存储单元的起始地址与结构体类型指针变量配合使用(参见 9.2.6 节)。

例 9-2 利用结构体数组计算 10 个学生各自的总分。

```
#include <stdio.h>
…/*将 9.2.2 节中 struct stuRec 结构体类型的定义包含在此处*/
int main()
```

```
{
    struct stuRec stu[10];
    int i;
    printf("\n请输入10个学生的基本信息及课程成绩:\n"); /*提示信息*/
    printf("学号   姓名   英语   计算机\n");
    for(i=0; i<10; i++)
    {
        scanf("%s%s", stu[i].id, stu[i].name);          /*输入学号、姓名*/
        scanf("%f%f", &stu[i].sEn, &stu[i].sCpu);      /*输入学生英语、计算机成
                                                          绩*/
        stu[i].sumScore =stu[i].sEn +stu[i].sCpu;
                                         /*计算总分,并保存在sumScore成员中*/
    }
    printf("\n每个学生的总分如下:\n");
    for(i=0; i<10; i++)
        printf("%-8s%-8s%-.2f\n", stu[i].id, stu[i].name, stu[i].sumScore);
                                                               /*输出结果*/
    return 0;
}
```

利用9.2.2节的结构体类型struct stuRec的定义,成员变量sumScore用于保存学生的总分。利用循环结构实现学生信息的输入和总分的计算。(本例完整代码需包含9.2.2节中struct stuRec结构体类型的定义。)

9.2.5 结构体与函数

与基本类型变量或数组的参数传递类似,结构体类型变量作为函数参数时遵循单向值传递的原则,结构体类型数组作为函数参数时遵循单向地址传递的原则。也可以将函数声明为结构体类型,则其返回值为结构体类型的变量。

例9-3 编写函数sort_student,其功能是对10个学生的信息按照成绩的总分由高到低排序。编写函数search_student,其功能是查找其中的某个学生并返回该学生的信息。

```
#include <stdio.h>
#include <string.h>
#define N 10
…/*将9.2.2节中struct stuRec结构体类型的定义包含在此处*/
void input_student(struct stuRec stu[ ]);             /*函数声明*/
void sort_student(struct stuRec stu[ ]);
struct stuRec search_student(struct stuRec stu[ ], char id[ ]);
void output_student(struct stuRec stu[ ]);
int main()
{
```

```
    struct stuRec stu[N], stu_find;            /* struct stuRec 类型数组和变量 */
    char id[8];
    input_student(stu);                        /* 输入函数用于输入学生信息 */
    output_student(stu);                       /* 输出函数用于输出学生信息 */
    sort_student(stu);                         /* 排序函数对学生信息按总分由高到低
                                                  排序 */
    output_student(stu);                       /* 输出排序后的学生信息 */
    printf("\n 请输入待查找学生的学号:\n");
    scanf("%s", id);
    stu_find = search_student(stu, id);         /* 按输入的学号查找对应的学生信
息 */
    if(stu_find.id != '\0')
    {
        printf("\n 该学生总分信息如下:\n");
        printf("%-8s%-8s%-.2f\n", stu_find.id, stu_find.name, stu_find.
                sumScore);                     /* 输出结果 */
    }
    else printf("\n 没有该学生信息!\n");
    return 0;
}
void input_student(struct stuRec stu[N])       /* 输入函数 */
{
    int i ;
    printf("\n 请输入学生的基本信息及课程成绩:\n");   /* 提示信息 */
    printf("学号   姓名   英语   计算机\n");
    for(i=0; i<N; i++)
    {
        scanf("%s%s", stu[i].id, stu[i].name);     /* 输入学号、姓名 */
        scanf("%f%f", &stu[i].sEn, &stu[i].sCpu); /* 输入英语、计算机成绩 */
        stu[i].sumScore =stu[i].sEn +stu[i].sCpu;
                                       /* 计算总分,并保存在 sumScore 成员中 */
    }
}
void sort_student(struct stuRec stu[N])  /* 排序函数 */
{
    int i, j, iMax ;
    struct stuRec temp;                  /* 声明 struct stuRec 变量 temp */
    for(i=0; i<N; i++)
    {
        iMax =i;                         /* 假设最大值所在下标为 iMax */
        for(j=i+1; j<N; j++)          /* 从待排序数据中选取最大值所在下标 iMax */
        {
            if(stu[j].sumScore>stu[iMax].sumScore)
                iMax=j;
```

```
        }
        if(iMax!=i)                  /* 找到最大值,则将其交换放置于数组的第 i 个位置 */
        {
            temp=stu[i];  stu[i]=stu[iMax];  stu[iMax]=temp;
        }
    }
}
struct stuRec search_student(struct stuRec stu[N], char id[8])   /* 查找函数 */
{
    int i;
    struct stuRec nos={"\0"};                             /* 设定空的学生信息 */
    for(i=0; i<N; i++)
        if(strcmp(stu[i].id, id)==0) return stu[i];/* 找到指定学生,返回该学生结
                                                      构体 */
    return nos;                                       /* 如果没找到指定学生,则返回
                                                      空的学生信息 */
}
void output_student(struct stuRec stu[N])            /* 输出函数 */
{
    int i;
    printf("\n 每个学生的总分如下:\n");
    for(i=0; i<N; i++)
        printf("%-8s%-8s%-.2f\n", stu[i].id, stu[i].name, stu[i].sumScore);
                                                      /* 输出每个学生的信息 */
}
```

根据问题的需求,编写 4 个函数。函数 input_student(struct stuRec stu[ ])和函数 output_student(struct stuRec stu[ ])分别用于 struct stuRec 类型数组的输入和输出。函数 sort_student(struct stuRec stu[ ])用于对 struct stuRec 类型数组元素按总分 sumScore 进行由高到低的排序,由于 sumScore 是 struct stuRec 类型的一个成员,因此通过 sumScore 排序也可以使结构体中其他成员信息随之排序。函数 search_student (struct stuRec stu[ ], char id[ ])用于在 struct stuRec 类型数组中查找学号为 id 的学生信息,函数返回值类型为 struct stuRec 类型,表示如果找到相应的学号,返回该学生所在的数组元素,否则返回空的 struct stuRec 类型信息。上述 4 个函数的参数包含 sumScore 类型数组,遵循单向地址传递的原则,即将实参数组的地址传递给形参数组,两个数组占据相同的内存区域,对形参数组的排序即是对实参数组的排序。(本例完整程序需包含 9.2.2 节中 struct stuRec 结构体类型的定义。)

9.2.6 结构体类型指针

当系统为结构体类型的数组或变量在内存中分配一段存储单元后,通过数组名或取变量地址运算符(&)可获得这段连续单元的起始地址,称为结构体类型指针。声明结构

体类型的指针变量可存放对应结构体类型的指针。结构体类型指针变量在特性和使用方法上与基本数据类型的指针变量相同。

1. 结构体类型指针变量的声明与初始化

结构体类型指针变量的声明与结构体类型变量的声明方式相同(同样包含3种方式)。

常用声明格式:

结构体类型名　*结构体类型指针变量名;

结构体类型指针变量可以用于指向相同类型的结构体变量或数组。例如:

```
struct student stu={"16011", "李想", 18, 'f'} ;
struct student *ps;          /*定义结构体类型指针变量 ps */
ps = &stu;                   /*结构体类型指针变量 ps 指向相同结构体类型的变量
                               stu*/
```

结构体类型指针变量也可以在定义的同时进行初始化,例如:

```
struct student stu[3];
struct student *ps =stu;     /*结构体类型指针变量 ps 初始化时指向相同结构体类型的
                               数组 stu*/
```

2. 结构体类型指针变量的引用

结构体类型指针变量可以通过成员运算符“.”、指向运算符->和指针运算符*访问成员变量。其中,指向运算符->只能用于结构体类型指针对成员的引用。

引用格式:

(*结构体类型指针变量).成员变量
结构体类型指针变量->成员变量

上述两种引用格式等价。例如:

```
struct student stu, *ps;
ps =&stu ;                   /*将 ps 指针指向 stu 变量*/
gets(stu.id);
gets(ps ->name );            /*使用指针变量 ps 及运算符->输入 stu 成员的值*/
(*ps).age =18 ;              /*使用指针变量 ps 及运算符*和“.”引用 stu 变量成员*/
(*ps). sex ='f' ;
```

结构体类型指针变量的运算符还包括++、--、+、-,!等。例如:

```
struct student stu[3], *ps =stu;  /*指针 ps 指向数组首地址,即 stu[0]元素*/
ps++;                             /*使指针 ps 指向数组下一个元素,即 stu[1]元
                                    素*/
(++ps)->age =18;                  /*等价于 ++ps; ps->age=18;,使指针 ps 指向
```

```
                                        stu[2]元素,并将其成员 age 赋值为 18 */
++ps->age;                              /* 等价于执行++(ps->age); 将当前 ps 所
                                           指 stu[2]元素的 age 成员值+1 */
```

例 9-4 编写程序,应用结构体类型指针变量实现结构体数组的输入输出。

```
#include <stdio.h>
…/* 将 9.2.2 节中 struct stuRec 结构体类型的定义包含在此处 */
void input_student(struct stuRec *ps);  /* 函数声明 */
int main()
{
    struct stuRec stu[3], *ps =stu;
    input_student(ps);                      /* 用于输入学生信息,参数为指针 */
    printf("输出学生信息:\n");
    for( ps =stu; ps <stu +3 ; ps ++)       /* 循环地修改 ps 的指向 */
        printf("%-8s%-8s%-.2f\n", ps->id, ps->name, ps->sumScore);
                                            /* 输出结果 */
    return 0;
}
void input_student(struct stuRec *ps)
{
    int i ;
    printf("请输入学生信息:\n");
    for(i =0 ; i <3 ; i++)
    {
        scanf("%s%s", (ps +i)->id, (ps +i)->name );
        scanf("%f%f", &(ps +i)->sEn, &(ps +i)->sCpu) ;
        (ps +i)->sumScore =(ps +i)->sEn +(ps +i)->sCpu;
    }
}
```

函数 input_student(struct stuRec *ps)的参数 ps 为结构体类型指针,实参指针指向学生结构体数组,实现结构体数组元素中各成员的输入。主函数 main 中通过结构体类型指针 ps 实现数组元素部分成员的输出。两个函数都利用结构体类型指针实现相关操作,但 input_student 函数中 ps 始终指向结构体数组的首地址 stu,循环体通过循环变量 i 以及 ps + i 顺序访问相应的 stu[i]元素,main 函数中则通过 ps++ 不断修改 ps 的指向访问数组各元素。(本例完整程序需包含 9.2.2 节中 struct stuRec 结构体类型的定义。)

C 语言允许结构体类型的成员中含有指向相同结构体类型的指针。例如:

```
struct link
{
    int data;
    struct link *p_link;   /* 成员 p_link 用于指向 struct link 结构体类型的变量 */
};
```

这种结构体类型称为自引用结构，可以实现链表等动态数据结构。

9.3 共 用 体

共用体(union)同样是用户自定义数据类型。共用体类型的定义、变量声明及引用方式与结构体类型类似，不同的是共用体可以将不同类型的变量存放在同一内存区域内。

1. 共用体类型的定义

定义格式：

```
union  共用体标识符
{
    成员变量列表;
};
```

union 为系统关键字。共用体类型同样由一个或多个成员变量组成，成员变量允许使用不同的数据类型。例如：

```
union variant                                    /* union 为系统关键字 */
{
    int iVal;
    double dVal;
};
```

共用体类型名为 union variant，两个成员变量分别为 int 型成员 iVal 和 double 型成员 dVal。

2. 共用体变量的声明

共用体遵循“先定义后使用”的原则，在定义共用体类型后，就可以声明该类型的变量。共用体类型变量也采用 3 种声明方式。

声明格式(常用)：

```
union 共用体标识符  变量列表;
```

例如：

```
union variant varData;
```

其他声明方式可参考结构体类型变量的声明。声明 union variant 类型的变量 varData，系统将为变量 varData 按最大成员分配 8B 的存储空间，如图 9-4 所示。

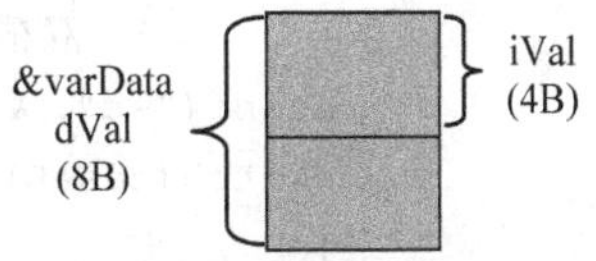

&varData dVal (8B) | iVal (4B)

图 9-4 共用体变量存储形式

各个成员变量共用同一段内存空间。当存储浮点类型数据时，dVal 占用全部存储空间；存储整型数据时，iVal 占用一部分存储空间，其他空间闲置不用。

一个共用体变量的存储单元可以存储不同类型的数据，系统按最大成员（占用内存字节最多的成员）的数据类型分配存储单元。所有的成员变量占用同一段内存空间，根据当前引用的成员变量，存储与其相关的数据，即只能存储当前所引用成员的数据。

3. 共用体变量的赋值和引用

共用体变量的引用与结构体变量的引用规则相同，分为对共用体变量本身的引用和对共用体成员变量的引用。

引用格式：

```
共用体变量.成员变量
共用体指针变量->成员变量
```

例如：

```
union variant varData, *pv;   /*声明 union variant 类型变量 varData 和指针变量
                                 *pv */
pv=&varData;                  /*pv 指向 varData */
varData.iVal=100;             /*通过成员引用为 varData 变量成员 iVal 赋值 100 */
pv->dVal=92.5;                /*通过指针引用为 varData 变量成员 dVal 赋值 92.5 */
```

例 9-5 编写程序，定义共用体类型 union variant，包含多个基本数据类型。将输入相应数据类型（1—整数，2—单精度浮点数，3—双精度浮点数，4—字符串，0—结束）的数据存储到共用体成员变量中。

```
#include<stdio.h>
union variant
{
   int iVal;                     /*int 型数据*/
   float  fVal;                  /*float 型数据*/
   double  dVal;                 /*double 型数据*/
   char  sVal[10];               /*字符数组*/
};                               /*共用体类型,包含多个基本类型成员*/
int main()
{
   union variant varData;
   int caseD;
   do
   {
      printf("请输入数据的类型,然后输入该类型的数据(1—整数, 2—单精度浮点数,
            3—双精度浮点数, 4—字符串, 0—结束):\n");
      scanf("%d", &caseD);
      switch(caseD)              /*通过输入数据的类型判断输入数据的存储位置*/
      {
      case 1:
```

```
            scanf("%d", &(varData.iVal));   /* 输入整型数据,存储在共用体变量
                                               iVal 成员中 */
            printf("输入为:%d\n", varData.iVal);
            break;
        case 2:
            scanf("%f", &(varData.fVal));   /* 输入单精度浮点数据,存储在共用体
                                               变量 fVal 成员中 */
            printf("输入为:%f\n", varData.fVal);
            break;
        case 3:
            scanf("%lf", &(varData.dVal));  /* 输入双精度浮点数据,存储在共用体
                                               变量 dVal 成员中 */
            printf("输入为:%lf\n", varData.dVal);
            break;
        case 4:
            scanf("%s", varData.sVal);      /* 输入字符串,存储在共用体变量
                                               sVal 成员中 */
            printf("输入为:%s\n", varData.sVal);
            break;
        }
    }while(caseD!=0);                       /* 实现循环输入过程 */
    return 0;
}
```

9.4 枚举类型

日常生活中的很多问题所描述的状态仅为有限的几个。例如,以人为中心描述方位,可以用上、下、前、后、左、右 6 种状态,显然可以定义一组符号常量描述这 6 种方位信息。例如:

```
#define UP          1
#define DOWN        2
#define BEFORE      3
#define BACK        4
#define LEFT        5
#define RIGHT       6
```

但是,这种描述无法体现这 6 个常量的内在联系,尽管这 6 个常量为同一类型,但不能作为一个完整的逻辑整体。C 语言提供了枚举类型(enum),为具有少量可列举状态的变量定义一种新的数据类型。枚举类型同样是用户自定义类型。

1. 枚举类型的定义

枚举类型的语法格式与结构体、共用体类似。

定义格式：

enum 枚举标识符{常量列表}；

enum 为系统关键字；常量列表是该枚举类型所能列举的全部数据，每个数据称为枚举常量。枚举常量之间用逗号分隔，可以直接引用。例如：

```
enum direction{up, down, before, back, left, right};  /*定义 enum direction 枚
                                                          举类型*/
```

enum direction 类型的任何变量，其常数值都在{up，down，before，back，left，right}中。

通常情况下，系统自动为每一个枚举常量设定一个对应的整数常量值(从 0 开始)，例如 enum direction 中，up 对应整数值 0，down 对应整数值 1，以此类推，right 对应 5。也可以在定义时为枚举常量指定对应的整数常量值，常量值可以重复。例如：

```
enum direction{up=1, down=2, before=3, back=4, left=5, right=6};
```

C 语言还允许仅指定部分枚举常量所对应的整数值，但要求从左到右依次设定枚举常量所对应的整数值。例如：

```
enum direction{up=7, down=1, before, back, left, right};
```

从第一个没有设定值的枚举常量 before 开始，其整数值为前一个常量对应的整数值加 1，因此 before 的值为 2，back 的值为 3……right 的值为 5。

2. 枚举变量的声明与引用

枚举类型与基本整型类似，主要用于描述特定的集合对象。例如 int 型描述 $-2^{32}\sim 2^{31}-1$ 之间的所有整数的集合，而 enum direction{up，down，before，back，left，right}类型描述 0～5 之间的 6 个整数的集合。

例 9-6 编写程序，模拟机器人控制系统中的指令，并控制机器人在平面内的移动。

```
#include <stdio.h>
enum direction{up, down, forward, back, left, right};
void move(enum direction command, int *px, int *py);
int main()
{
    /*定义枚举类型数组，存储机器人移动命令组合*/
    enum direction commands[8] = {forward, right, forward, right, forward,
                                  right, forward, right};
    int x=0, y=0;
    int i=0;
    for (i=0; i<8; i++)
    {
        move(commands[i], &x, &y);       /*移动函数，机器人 x 和 y 坐标按命令改变*/
        printf("Position[%d] is (%d, %d) \n", i+1, x, y);  /*打印位置坐标*/
```

```
    }
    return 0;
}
void move(enum direction command, int *px, int *py)
{
    switch(command)
    {
    case left:
        (*px) = (*px) -1;
        break;                              /* 通过指针(地址)修改x坐标值 */
    case right:
        (*px) = (*px) +1;
        break;                              /* 通过指针(地址)修改x坐标值 */
    case forward:
        (*py) = (*py) +1;
        break;                              /* 通过指针(地址)修改y坐标值 */
    case back:
        (*py) = (*py) -1;
        break;                              /* 通过指针(地址)修改y坐标值 */
    }
}
```

程序运行结果如下：

```
Position[1] is (0, 1)
Position[2] is (1, 1)
Position[3] is (1, 2)
Position[4] is (2, 2)
Position[5] is (2, 3)
Position[6] is (3, 3)
Position[7] is (3, 4)
Position[8] is (4, 4)
```

enum direction{up, down, before, back, left, right}类型包含了机器人可以执行的指令集合。定义 enum direction 类型数组 commands[8]保存对机器人的实际控制指令集合。函数 void move(enum direction command, int *px, int *py)用于实现机器人根据控制指令 command 进行移动，即修改由 *px 和 *py 代表的坐标值。

9.5 类型重定义

C 语言采用 int、float 和 double 等基本数据类型直接描述现实生活中的某些特征时(如学生成绩等信息)，不能反映其所代表的物理属性。由于 int、float 和 double 作为系统关键字不可修改，为了适应用户自定义数据类型名称的需求，C 语言提供关键字 typedef 实现对类型重定义。

定义格式：

```
typedef 类型名称 类型标识符;
```

typedef为系统关键字，类型名称为已知数据类型的名称，类型标识符为重新定义的类型名称。例如：

```
typedef unsigned int COUNT;            /*将unsigned int类型重新定义为COUNT*/
```

利用已定义的COUNT，即可声明COUNT类型的变量(即unsigned int类型)。例如：

```
COUNT age;                             /*声明变量age为COUNT类型*/
```

typedef的作用只是为已知数据类型创建一个新的替代名称，并没有引入新的数据类型。typedef只适于类型名称的重定义，不能用于声明变量，也不能分配存储空间。typedef的主要用法如下：

(1) 为基本数据类型定义新的类型名。

丰富数据类型中所包含的信息含义，并为代码的可移植提供方便。例如：

```
typedef unsigned int SCORE;            /*SCORE  sEn, sCpu;*/
typedef float SUM;                     /*SUM  sum1;*/
```

(2) 为自定义数据类型(结构体、公用体和枚举类型)定义简洁的类型名称。

用简短的类型名代替较长的类型名，方便程序处理。例如：

```
struct point startPoint ={10, 5, 20};  /*9.2节中定义的结构体类型struct point,
                                         变量声明及初始化形式*/
```

struct point类型为用户自定义的结构体数据类型，声明变量时需要保留关键字struct。如果利用typedef将struct point类型定义为Point类型，则可以像int等类型一样使用Point直接声明变量。新类型名必须出现在定义的末尾(“}”与“;”之间)，不能出现在struct后面。例如：

```
typedef struct
{
    double x;
    double y;
    double z;
}Point;
```

声明该类型变量的方法可简化为

```
Point startPoint;   /*startPoint变量为Point类型,有3个double型成员x、y、z*/
```

(3) 为数组定义简洁的类型名称。

C语言支持将数组作为一个新的数据类型，利用typedef为其重定义一个新名称。例如：

```
typedef int INT_ARRAY_10[10];     /*INT_ARRAY_10为新的类型名(10为数组的长度)*/
INT_ARRAY_10  a, b, c;            /*a, b, c都为整型数组(数组长度为10)*/
```

(4) 为指针定义简洁的名称。

可以为指针变量或函数指针定义新名称。例如：

```
typedef char * STRING;                 /* 定义 char * 的新类型名为 STRING */
STRING name={"李想"};
typedef int (* FUN)(int a, int b);    /* FUN 代表任意 int * 函数名(int a, int b)类
                                          型指针的新名称 */
```

使用时，typedef 与 #define 具有相似之处，但两者实质不同。typedef 构造某个数据类型的新名字，使程序更易于理解；#define 则是简单的文本替换，没有任何其他含义。

9.6 日期和时间

为便于处理日期和时间信息，C 语言提供了 struct tm 类型，用于描述与日期和时间相关的信息。

定义格式：

```
struct tm {
    int tm_sec;                          /* 秒，范围：0~59 */
    int tm_min;                          /* 分，范围：0~59 */
    int tm_hour;                         /* 小时，范围：0~23 */
    int tm_mday;                         /* 一月中的第几天，范围：1~31 */
    int tm_mon;                          /* 月份，范围：0~11 */
    int tm_year;                         /* 自 1900 年起的年数 */
    int tm_wday;                         /* 一周中的第几天，范围：0~6 */
    int tm_yday;                         /* 一年中的第几天，范围：0~365 */
    int tm_isdst;                        /* 夏令时 */
};
```

C 语言的日期和时间函数定义在函数库 time.h 中，调用函数时应包含 #include <time.h> 宏命令。常用的日期和时间函数如下：

```
time_t time(time_t * t);         /* time_t 是对 long int 类型的重定义，方便描述时间 */
struct tm * gmtime(const time_t * timep);
char * ctime(const time_t * timep);
char * asctime(const struct tm * timep);
```

time 函数将返回从公元 1970 年 1 月 1 日 UTC 时间 0 时 0 分 0 秒开始到当前时间所经过的秒数。如果函数调用成功，则返回秒数，如果参数 t 非空，则返回值还将存入参数 t 所指的内存空间。gmtime 函数用于将时间参数 timep 转换成世界标准时间的形式并返回，返回结果为 struct tm 结构体类型。ctime 和 asctime 函数都用于将参数 timep 所指信息转换成实际的日期和时间形式，并将结果以字符串形式返回。两者的区别是：asctime 函数的参数 timep 指向的是一个 struct tm 类型的变量，而 ctime 函数的参数

timep 可以指向一个整型变量。

例 9-7 编写程序,应用日期与时间函数。

```
#include <stdio.h>
#include <time.h>
#include <stdlib.h>
int main(void)
{
    time_t today;
    struct tm *p;
    time(&today);
    printf("从 1970 年 1 月 1 日 0 时 0 分 0 秒开始至今的秒数为:%d\n", today);
    p =gmtime(&today);
    printf("转换成日期格式为:%d-%d-%d\n", p->tm_year+1900, p->tm_mon+1, p->
    tm_mday);
    printf(" 当前日期的字符串格式: %s", asctime(p));
    printf(" 当前日期的字符串格式: %s\n", ctime(&today));
    return 0;
}
```

程序运行结果如下:

```
从 1970 年 1 月 1 日 0 时 0 分 0 秒开始至今的秒数为:1501159566
转换成日期格式为:2017-7-27
当前日期的字符串格式: Thu Jul 27 12:46:06 2017
当前日期的字符串格式: Thu Jul 27 20:46:06 2017
```

9.7 链　　表

C 程序利用数组描述大规模集合类型的数据(如矩阵或学生信息等)时,数组长度必须事先定义并且为固定值。但在实际应用中,数据个数往往是未知或可变的。例如保存教材满意度问卷的调查信息时,并不知道多少人可能参与问卷调查,若使用固定长度的数组存储,可能会出现两种情况:一种是数组长度定义过大,造成数据存储空间的浪费;另一种是数组长度定义过小,造成数据存储空间不足。

另外,由于数组存储需要大量连续的存储空间,同时计算机内存中可能运行着多个程序,内存空间常被分割成各种碎片,连续的存储空间资源有限。充分利用内存空间是设计程序时需要考虑的一个重要问题,C 语言提供链表结构解决上述问题。

9.7.1 链表定义

链表是一种常见的重要数据结构。链表由有序结点 $N_0, N_1, N_2, \cdots, N_m$ 组成,每个结点都包含两个部分：一是实际存储的数据，称为数据域；二是下一个结点的地址，称为指针域。链表的逻辑结构如图 9-5 所示。

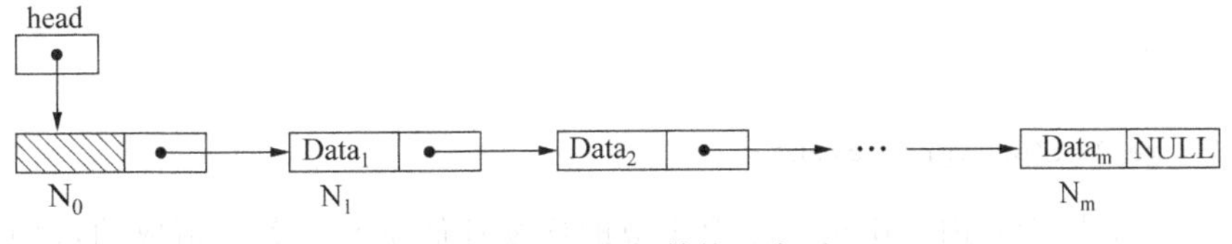

图 9-5　链表逻辑结构示意图

链表通过每个结点的指针将所有数据在逻辑上链接在一起。链表中的结点 N_0 称为头结点，头结点的指针域指向了链表的第一个结点 N_1。为方便链表中的部分操作，链表的头结点通常不存放数据，实际的数据从第一个结点开始存放。链表的最后一个结点 N_m 称为尾结点，尾结点的指针部分存放 NULL，表示空地址，也表示链表的结束。链表只是逻辑上链接在一起，实际存储时，链表通常占用的是不连续的存储空间，如图 9-6 所示。

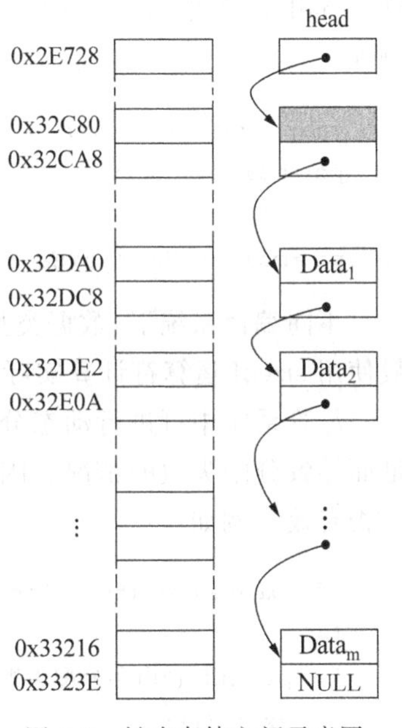

图 9-6　链表存储空间示意图

在不连续的存储空间中存放链表，为明确链表中头结点的位置，通常需要一个指针指向链表的头结点，这个指针称为头指针(head)。

通常链表中的结点以结构体类型进行定义，结点的数据域为结构体类型中的数据成员，指针域为结构体类型的指针成员。例如：

```
struct ListNode
{
    double data;
    struct ListNode * next;
};
struct ListNode * head;        /* 定义保存 double 型数据的链表结点类型及头指针 */
```

在 struct ListNode 类型的定义中，data 属于链表结点的数据成员，可以保存 double 型数据，next 属于链表结点的指针成员，用于指向下一个 struct ListNode 类型结点。声明 struct ListNode 类型指针变量 head 为链表的头指针，用于指向链表的头结点。

与数组的顺序存储结构相比，链表中的每个结点都要保存下一个结点的地址，需要的存储空间似乎更多。但链表不要求数据元素连续存储，在操作上比数组更为灵活。

9.7.2　动态内存管理函数

C 语言通过库函数实现动态内存管理，调用动态内存管理函数需要使用预编译指令 #include 包含头文件 stdlib.h。链表通常与动态内存管理函数配合使用，根据实际需求动态申请存储空间，并可以随时释放占用的存储空间。

1. 动态内存分配函数 malloc

声明格式：

```
void *malloc(unsigned size);
```

malloc 函数用于向内存申请 size 个字节的连续存储空间。若申请成功，返回一个指向该存储空间起始地址的指针；否则返回空指针 NULL。malloc 函数返回值 void * 类型表示未确定类型的指针。C 语言规定：void * 类型可以被强制转换为任何其他类型的指针。malloc 函数分配的存储空间未经过初始化，直接使用这块内存中的值没有意义。例如：

```
char *pc; int *pi;
pc =malloc (100);                 /*申请 100B 的存储空间,使用字符指针 pc 指向该空
                                     间,即该空间可以用来存储字符*/
pi =malloc (50 * sizeof(int));    /*申请 50 个整数的存储空间,使用 pi 指向该空间*/
```

不同编译系统下，数据类型所占用的存储空间大小可能不同，调用 malloc 函数时，一般使用 sizeof 运算符计算实际存储单元的大小。

尽管系统中可进行动态分配的内存空间一般都很大，但仍然会出现由于内存空间不足而导致分配失败的情况。因此在调用 malloc 函数后，需要检查其返回值，以确定指针是否有效。例如：

```
if((pi=malloc(50*sizeof(int)))==NULL)       /*检查返回指针*/
{
    printf ("内存分配失败!");
    exit (1);                                /*程序异常退出*/
}
```

2. 连续内存动态分配函数 calloc

声明格式：

```
void *calloc(unsigned n, unsigned size);
```

calloc 函数用于申请 n 个连续的存储空间，每个存储空间的长度为 size 个字节，并且将所分配的内存空间初始化为零。若申请成功，则返回指向该内存空间起始地址的指针；否则返回空指针 NULL。例如：

```
int *pi;
if((pi=calloc(50, sizeof(int)))==NULL)      /*分配存储 50 个整数的内存空间,并检
                                               查返回指针*/
{
    printf ("内存分配失败!");
```

```
    exit (1);
}
```

3. 内存分配调整函数 realloc

声明格式：

void * realloc(void * ptr, unsigned size);

realloc 用于变更已分配内存空间的大小。realloc 可以将指针 ptr 所指向的内存空间扩展或者缩小为 size 大小的空间。如果变更成功，则返回调整后的内存空间首地址。对于内存扩展，原有内存空间中的内容不变，新增内存空间的内容清零；对于内存缩小，被缩小的那一部分内存空间的内容会丢失，其他不变。例如：

```
int *p = (int *) malloc (sizeof(int) * 10);   /* 用 malloc 申请存储空间，可以存放
                                                 10 个整数 */
…
p = (int *) realloc (p, sizeof(int) * 15);    /* 原有空间不足，扩展至存放 15 个整数
                                                 的空间 */
…
p = (int *) realloc (p, sizeof(int) * 5);     /* 缩小至存放 5 个整数的空间 */
```

4. 动态内存释放函数 free

声明格式：

void free(void * ptr);

free 函数用来释放由动态分配函数所申请的内存空间。参数 ptr 指向将被释放的内存空间首地址。如果 ptr 为空指针(NULL)，则 free 函数什么都不做。为保证动态内存空间的有效利用，在某个动态内存空间不再使用时，应及时将其释放。例如：

```
int *p = (int *) malloc(4);                 /* 申请 4B 的存储空间，可存放一个整数 */
*p =100;
…
free(p);                                    /* 释放 p 所指的内存空间 */
p=NULL;
```

需要注意的是，在动态内存空间被释放后，不允许通过该指针去访问已经释放的区域。动态内存分配适用于所有类型的数据，常用于动态数组操作。

例 9-8 编写程序，利用动态内存分配函数实现二维动态数组的创建(以列表形式显示 1～10 的 n 次幂)。

```
#include <stdlib.h>
#include <stdio.h>
int pwr(int a, int b)                       /* 求 a 的 b 次方 */
{
```

```
    int t =1, i;
    for (i=1; i<=b; i++)
        t =t * a;
    return t;
}
int main()
{
    int (*iPtr)[10];                                    /*数组指针 iPtr*/
    int i, j, n;
    scanf("%d",&n);                                     /*输入 n 值*/
    /*申请 n 行 10 列二维动态数组的存储空间*/
    iPtr =malloc (n * sizeof(int)*10);
    if (!iPtr)                                          /*检查指针是否为空*/
    {
        printf("内存分配失败");
        exit(1);
    }
    for (i=0; i<n; i++)
        printf(" %5d 次幂", i+1);
    for (j=0; j<10; j++)
        for (i=0; i<n; i++)
            iPtr[i][j] =pwr(j+1, i+1);                  /*计算 1~10 的 n 次幂*/
    printf("\n");
    for (j=0; j<10; j++)
    {
        for (i=0; i<n; i++)
            printf("%10d", iPtr[i][j]);                 /*显示输出*/
        printf("\n");
    }
    free(iPtr);                                         /*释放*/
    return 0;
}
```

程序的运行结果如下：

```
5
   1次幂     2次幂     3次幂     4次幂     5次幂
     1         1         1         1         1
     2         4         8        16        32
     3         9        27        81       243
     4        16        64       256      1024
     5        25       125       625      3125
     6        36       216      1296      7776
     7        49       343      2401     16807
     8        64       512      4096     32768
     9        81       729      6561     59049
    10       100      1000     10000    100000
```

C 程序中可以利用 malloc 函数在程序执行期间创建动态数组，并返回动态数组的首地址，例如：

```
int *a, n=100;
a=malloc(n* sizeof(int));          /* 申请能够存储 100 个整数的动态数组 */
```

可以将 malloc 所创建的 100 个整数的内存空间看成一个数组，指针变量 a 即动态数组名，指向动态数组的首地址，进而可以像数组一样操作。

9.7.3 链表的基本操作

链表无须事先申请存储空间或定义长度，在程序执行过程中可根据需要通过内存分配函数动态申请存储空间，一个结点接着一个结点从无到有地建立。根据需要动态申请内存，链表的长度没有限制。由于各结点的物理地址并不连续，所以需要通过指针进行顺序访问。动态链表的基本操作包括定义结点类型、创建链表、遍历链表、链表排序、插入结点、删除结点等。

1. 定义结点类型

结点的数据成员可以是各种类型的数据。例如：

```
typedef struct stuNode              /* 定义保存学生信息的结点类型 */
{
    char id[8];                     /* 链表中的数据域,保存学号信息 */
    char  name[8];                  /* 链表中的数据域,保存姓名信息 */
    float  sEn, sCpu;               /* 链表中的数据域,保存成绩信息 */
    struct stuNode *next;           /* 链表中的指针域,用于指向下一个学生结点 */
} stuNode, * stuNodeP;              /* 重定义为两个新类型,分别是结构体类型 stuNode
                                       和结构体指针类型 stuNodeP */
stuNodeP headStu;                   /* 定义 stuNodeP 类型的指针 headStu,可以作为链
                                       表的头指针 */
```

2. 创建链表

在定义好链表的结点类型后，就可以按相应类型创建链表，基本过程是：①利用 malloc 函数申请内存空间用于创建头结点 N_0，将头结点 N_0 的地址保存在头指针 head 中；②再次利用 malloc 函数申请内存空间用于创建下一个结点 N_1，保存 N_1 数据域的信息，将头结点 N_0 的指针域修改为结点 N_1 的地址；③重复步骤②的操作，创建链表中的其他结点，最后将尾结点的指针域设为 NULL。例如：

```
/* 定义函数创建用于保存 n 个学生信息的链表,函数返回值为链表的头指针 */
#define LEN sizeof(stuNode)         /* 宏定义 LEN 为 sizeof(stuNode) */
stuNodeP Create_StuList (int n)
{
    int i;
    stuNodeP headStu;               /* 定义头指针变量 */
    stuNodeP  p0, p1;               /* 定义头结点和其他结点指针变量 */
```

```
    headStu =p0 =(stuNode *)malloc(LEN);  /* 创建头结点,并将其地址保存在头指针
                                             中 */
    for(i =1; i <=n; i ++)
    {
        p1 =(stuNode *)malloc(LEN);           /* 创建新结点 */
        scanf("%s%s", p1->id, p1->name);      /* 输入新结点数据域的信息 */
        scanf("%f%f", &p1->sEn, &p1->sCpu) ;
        p0->next =p1;                         /* 使前一个结点的指针域指向新结点 */
        p0 =p1;                               /* 将新结点作为前一个结点,继续循环 */
    }
    p1->next =NULL;                           /* 将尾结点的指针域设为 NULL */
    return headStu;                           /* 函数返回头指针 */
}
```

3. 遍历链表

遍历链表的基本过程是：首先获得头指针；其次根据头指针获得头结点，根据头结点的指针域获得下一个结点，读取结点数据，以此类推，访问所有结点，直到结点的指针域NULL为止。例如：

```
void ListStu (stuNodeP headStu)         /* 定义函数对 n 个学生信息链表的遍历过程 */
{
    int num;
    stuNode *p;
    p =headStu->next;                   /* 通过头指针获得头结点 */
    while(p !=NULL)
    {
        printf("%d:%s %s %.1f %.1f\n", ++num, p->id, p->name, p->sEn, p->
             sCpu);                     /* 输出结点数据 */
        p =p->next;                     /* 获得下一个结点的地址 */
    }
}
```

4. 链表排序

如果对学生链表中的结点按每个结点的学号从小到大排序，可采用简单选择排序的方法，基本过程是：①从链表的结点中查找出学号最小的结点，将其数据交换至链表的第一个结点处；②重复步骤①，从待排序的结点中查找学号最小的结点，将其数据交换至链表相应位置，直到没有待排序结点为止。例如：

```
stuNodeP Sort_StuList (stuNodeP headStu)   /* 定义函数实现 n 个学生按学号从小到大
                                              排序 */
{
    stuNodeP p, q, min;
```

```
    char tid[8], tname[8];
    float tsEn, tsCpu;
    for(p =headStu->next; p->next !=NULL; p =p->next)
    {
        min =p;                               /* 假设当前结点 p 的学号最小 */
        for(q =p->next; q; q =q->next)        /* 从待排序结点中选取学号最小的结点 */
            if(strcmp(q->id, min->id)<0)      /* 使用 strcmp 对学号进行比较 */
                min =q;
        if(min!=p)                            /* 找到学号最小的结点,将其数据域与当
                                                 前结点进行交换 */
        {
            strcpy(tid, p->id);  strcpy(p->id, min->id);
            strcpy(min->id, tid);  strcpy(tname, p->name);
            strcpy(p->name, min->name);  strcpy(min->name, tname);
            tsEn =p->sEn;  p->sEn=min->sEn;  min->sEn =tsEn;
            tsCpu =p->sCpu;  p->sCpu=min->sCpu;  min->sCpu =tsCpu;
        }
    }
    return headStu;
}
```

交换过程中只需要交换结点数据域的信息,其指针域的内容不进行交换,即链表的整体逻辑结构不变。

5. 在有序链表中插入结点

假设学生链表中的信息已按学号顺序由小到大排序,插入新结点后仍要保持链表有序,基本过程是:①在已排序的链表中,通过比较学号找到结点的插入位置,将此位置的原结点定义为当前结点;②创建新结点 newStuNode;③用 newStuNode 结点的指针域 next 存储当前结点的指针域 next 的值;④用当前结点的指针域 next 存储新创建结点 newStuNode 的地址。

例如:

```
stuNodeP Insert_StuNode(stuNodeP headStu, char newId[8])
                                        /* 定义函数实现在有序链表中插入新结点 */
{
    stuNodeP p =headStu, q =headStu->next;   /* q 为 p 的下一个结点 */
    stuNodeP newStuNode;
    while((strcmp(q->id, newId) <0) && (q->next !=NULL))
                                             /* 寻找新结点的插入位置 */
    {
        p =p->next;                          /* 插入位置在 p 和 q 之间 */
        q =q->next;
    }
```

```
    newStuNode = (stuNode * ) malloc (sizeof(LEN));
                                            /* 创建新结点并插入此结点 */
    strcpy(newStuNode->id, newId);
    scanf("%s%f%f", newStuNode->name, &newStuNode->sEn, &newStuNode->sCpu);
    if(strcmp(q->id, newId) <0) p=q;        /* 新结点插入位置在尾结点 q 之后 */
    newStuNode ->next =p->next;
    p->next =newStuNode;
    return headStu;
}
```

6. 删除指定结点

删除指定结点的基本过程是：①找到待删除结点 p，并保存 p 的前一个结点 lp；②将前一个结点 lp 的 next 域设置为结点 p 的下一结点；③释放结点 p 的存储空间。

例如：

```
stuNodeP Delete_StuNode(stuNodeP headStu, char delId[8])
                                            /* 定义函数实现删除指定结点 */
{
    stuNodeP lp, p;
    lp =headStu;
    p =lp->next;                            /* lp 为 p 的前一个结点 */
    while((strcmp(p->id, delId) !=0)&&( p->next !=NULL))
                                            /* 在链表中查找待删除结点 p */
    {
        lp =p;
        p =p->next;
    }
    if((strcmp(p->id, delId)==0)            /* 如果找到待删除结点 p */
    {
        lp->next =p->next;                  /* 将前一个结点 lp 的 next 域设置为 p
                                               的下一个结点 */
        free(p);                            /* 释放被删除结点所占据的存储空间 */
    }
    else
        printf("没找到该学生,无法删除!\n");   /* 没找到指定结点 */
    return headStu;
}
```

当需要利用链表处理学生信息时，可以在主函数 main 中分别调用 Create_StuList 函数实现学生链表的生成，调用 Sort_StuList 函数实现链表中结点的排序，ListStu 函数用于结点中信息的遍历输出，Insert_StuNode 函数实现结点插入，Delete_StuNode 函数实现对指定结点的删除。例如：

```
#include <stdio.h>                    /* 创建学生信息链表,实现结点的排序、查找、删除以及
                                         输出信息 */
```

```
#include <stdlib.h>
#include <string.h>
#define N 10
int main( )
{
    stuNodeP head ;
    char id[8];
    head =Create_StuList(N) ;    /* 创建函数,创建有 N 个结点的链表,返回其头指针 */
    head =Sort_StuList(head);    /* 排序函数,对链表按学号由小到大排序 */
    ListStu(head) ;              /* 输出函数,输出链表中各结点的数据 */
    printf("请输入要插入学生的信息:\n");
    scanf("%s", id);
    head =Insert_StuNode(head, id); /* 插入函数,插入新结点后,链表仍然是有序的 */
    ListStu(head) ;
    printf("请输入要删除学生的 id 信息:\n");
    scanf("%s", id);
    head= Delete_StuNode(head, id);  /* 删除函数,删除指定结点 */
    ListStu(head);
    return 0;
}
```

9.8 结构体新特性

C99 标准在结构体部分增加了动态数组成员及指定成员初始化等特性。

1. 动态数组成员

C99 中允许结构体的最后一个成员是长度未知的数组,称为动态数组成员。结构体中动态数组成员之前至少要包含一个其他成员。例如:

```
typedef struct
{
    char id[8];
    char name[8];
    float s[ ];              /* 动态数组成员,可以用于保存学生多门课程成绩 */
} Student;
```

注意,结构体的大小不包含动态数组成员的大小。计算 sizeof(Student)则只计算其前两个成员所占空间的大小,并不包含 float 型动态数组的大小。

利用 malloc 函数可以为含有动态数组成员的结构体变量动态地分配内存空间,所分配的内存空间一般应大于结构体的大小。例如:

```
Student *p;                 /* 声明 Student 类型指针变量 */
```

```
int n;
printf ("请输入课程数:");
scanf ("%d", &n);
p = (Student * ) malloc (sizeof (Student) +n * sizeof (float));
                        /* 利用 n * sizeof (float)为动态数组 s 分配 n 个 float 大
                           小的存储空间,可以用于保存一个学生的 n 门课程成绩 */
```

2. 指定成员初始化

可以通过具体成员名对指定成员进行初始化赋值。例如：

```
typedef struct
{
    char id[8];
    char name[8];
    float sEn, sCpu;
} student;
student stu1 = {.sEn = 90.5, .sCpu = 87, .id = "16021"};
```

如果是结构体数组,可以采用下列方式进行指定初始化。例如：

```
student stu[3] = { [1].id = "16011", [2].id = "16012"};
```

对指定成员进行初始化时,可以在不知道结构体成员顺序的情况下完成,这对于预先定义的结构体类型或由第三方定义的结构体类型非常有用。

3. 匿名成员

可以在结构体定义中声明未标明标识符的结构体或共用体,被称为匿名结构体或匿名共用体,对匿名成员可以像其他成员一样直接引用,以此简化对结构体类型的定义和引用。例如：

```
#include<stdio.h>
struct num
{
    int k;
    union                          /* 匿名共用体 */
    {
        struct                     /* 匿名结构体 */
        {
            int i, j;
        };
        struct
        {
            long m, n;
        }w;
```

```
    };
};
int main( )
{
    struct num n1;
    n1.k =10;
    n1.i =5;                     /* 对匿名结构体成员的引用与普通成员相同 */
    n1.w.n =12;
    printf("%d, %d, %ld\n", n1.k, n1.i, n1.w.n);
    return 0;
}
```

4. 函数指针成员

结构体中的成员也可以是函数指针成员。例如：

```
#include <stdio.h>
struct num
{
    int m, n;
    int (* fun)(int, int);    /* 函数指针成员 */
};
int add(int m, int n)         /* 定义 add 函数 */
{
    return m +n;
}
int mul(int m, int n)         /* 定义 mul 函数 */
{
    return m * n;
}
int main()
{
    struct num num1;
    num1.m =10, num1.n =6;
    num1.fun =add;                  /* 对结构体函数指针成员赋值,使其指向 add 函数 */
    printf("%d\n", num1.fun(num1.m, num1.n));    /* 调用函数输出结果 */
    num1.fun =mul;                  /* 对结构体函数指针成员赋值,使其指向 mul 函数 */
    printf("%d\n", num1.fun(num1.m, num1.n));    /* 调用函数输出结果 */
    return 0;
}
```

9.9 案　　例

问题陈述：基于协同过滤的基本思想，如果两个用户拥有较高的相似度，则可以将最高相似度用户的高评分电影推荐给目标用户。影片的推荐结果应该包括影片名、发行年份、影片类别等基本信息。通过定义 movie 结构体可以将不同类型的影片相关信息统一管理。类似地,前面章节利用数组保存评分记录,使得评分值“被迫”采用字节数更多的 long 型,造成内存资源的浪费。因此,定义 rating 结构体描述用户评分信息。通过对比相似度最高的两个用户的影片评分记录,建立推荐影片候选列表的标准:

(1) 影片来自与用户 u 具有最高相似度的用户 i 所评分的影片列表。

(2) 用户 i 对该影片的评分在 6 分以上。在建立推荐影片候选列表的基础上,从中随机选取一个影片推荐给用户 u,推荐时输出详细的影片信息。

本章案例新增两个函数:

(1) 生成推荐影片列表函数,其功能是按照既定的标准选择符合条件的影片建立推荐候选影片列表。函数的参数有 3 个,指向 movie 结构体的指针保存了生成的候选列表的地址,另外两个参数是两个目标用户的 ID。

(2) 查询影片详细信息函数,其功能是根据影片 ID 查询得到影片的完整信息。

函数之间的调用关系如图 9-7 所示。

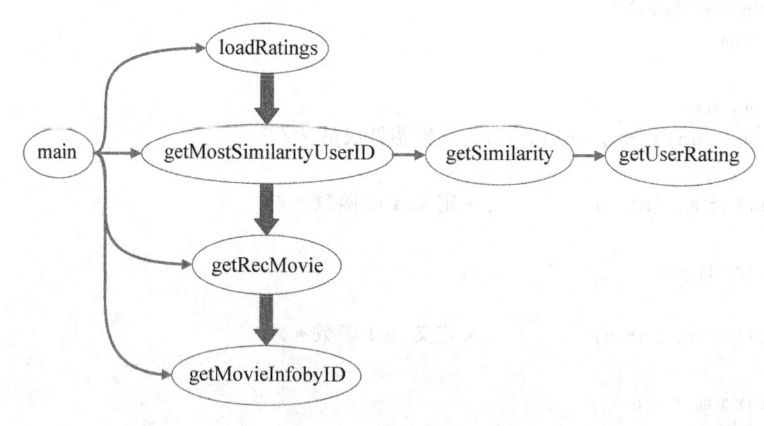

图 9-7 函数调用关系

问题的输入:

(1) 已知的以评分记录形式保存在二维数组中的 10 个用户对 10 部影片的评分数据(假设用户 ID 依次为 1～10,影片 ID 依次为 1～10)。

(2) 指定用户 ID。

问题的输出: 符合条件的推荐影片信息。

算法描述:

(1) 算法描述 1(主程序):

Step1: 声明变量 user_id1、user_id2 以及相似度结果变量 similarity。

Step2: 输入提示信息,并读入用户 1 的 ID。

Step3: 为评分记录数据动态分配内存,并加载评分记录。

Step4: 调用最大相似度查询函数计算具有最大相似度的目标用户。

Step5: 查询满足条件的推荐影片候选列表。

Step6: 如果满足条件的影片数大于 0,则随机选取一个影片输出,否则输出无结果信息。

Step7：释放动态内存空间。

(2) 算法描述 2(最大相似度查询函数)：同第 8 章案例的算法描述 2。

(3) 算法描述 3(相似度计算函数)：同第 7 章案例的算法描述 2。

(4) 算法描述 4(用户评分查询函数)：同第 7 章案例的算法描述 3。

(5) 算法描述 5(生成推荐影片列表函数)：

Step1：对于每一部影片执行以下操作。

Step1.1：调用用户评分查询函数获取用户 1 对该影片的评分。

Step1.2：调用用户评分查询函数获取用户 2 对该影片的评分。

Step1.3：如果用户 1 未评分且用户 2 评分高于 6 分，则加入候选列表，记录数加 1。

Step2：返回记录数。

(6) 算法描述 6(查询影片详细信息函数)：

Step1：对于影片库中的每一部影片执行以下操作。

Step1.1：如果指定影片 ID 与影片库中的影片 ID 一致，返回影片记录结构体。

Step2：退出。

源程序代码：

```
/* Author:"程序设计基础(C)"课程组
* Description:根据最高相似度,给出推荐影片信息 */
#include <stdio.h>
#include <stdlib.h>
#include <math.h>
struct movie                                            /* 定义影片信息结构体 */
{   /* 为了和原始影片数据保持一致,影片结构体包含影片 ID、影片名和影片类别 3 个数据项 */
    long id;                                            /* 影片 ID */
    char *title_year;                                   /* 影片名 */
    char *genre;                                        /* 影片类别 */
};
struct rating                                           /* 定义评分记录结构体 */
{   /* 为了和原始影片数据保持一致,评分记录结构体包含用户 ID、影片 ID 和评分值 3 个数据项 */
    long userid;                                        /* 用户 ID */
    long movieid;                                       /* 影片 ID */
    int userrating;                                     /* 评分值 */
};
struct movie moviesList[10] ={                          /* 声明 10 部影片的结构体数组 */
    { 1,"Harry Potter and the Deathly Hallows: Part 2 (2011)","Adventure|Drama|
Fantasy" },
    { 2,"Star Wars (1977)","Action|Adventure|Fantasy" },
    { 3,"American Beauty (1999)","Drama|Romance " },
```

```
    { 4,"Zootopia (2016)","Animation|Adventure|Comedy " },
    { 5,"The Shawshank Redemption (1994)","Crime|Drama" },
    { 6,"The Matrix (1999)","Action|Sci-Fi" },
    { 7,"The Silence of the Lambs (1991)","Crime|Drama|Thriller" },
    { 8,"Saving Private Ryan (1998)","Action|Drama|War" },
    { 9,"Back to the Future (1985)","Adventure|Comedy|Sci-Fi" },
    { 10,"The Lion King (1994)","Animation|Adventure|Drama" }
};
int getUserRating(long userid, long movieid);    /* 声明用户评分查询函数原型 */
float getSimilarity(long userid1, long userid2); /* 声明相似度计算函数原型 */
long getMostSimilarityUserID(long userid);
                                                 /* 声明最大相似度计算函数原型 */
long loadRatings();                              /* 声明评分记录载入函数原型 */
int getRecMovie(struct movie * p_Movie, long userid1, long userid2);
                                                 /* 声明生成推荐影片列表函数原型 */
struct movie getMovieInfobyID(long movieid); /* 声明查询影片详细信息函数原型 */
/* 实际数据来自外部文件。暂时将 20 条评分记录以结构体数组形式保存在全局变量 */
struct rating user_ratings_record [20]={
    /* 每条评分记录由 3 个数据构成,依次是用户 ID、影片 ID 和评分 */
    { 1,1,10 },{ 1,2,10 },{ 1,3,9 },{ 1,5,10 },{ 1,6,7 },{ 2,1,9 },{ 2,2,8 },
    { 2,7,8 },{ 2,8,8 },{ 2,10,8 },{ 3,3,7 },{ 3,4,8 },{ 3,6,7 },{ 3,7,7 },
    { 3,8,6 },{ 4,1,7 },{ 4,2,8 },{ 4,4,7 },{ 4,9,8 },{ 4,10,7 }
};
struct rating *p_ratings;          /* 声明指针变量,用于指向动态内存区的评分记录 */
long ratingCount;                  /* 声明整型变量,用于保存评分记录数 */
int main()
{
    long user_id, user_id2;
    float similarity;
    long count;
    int rnd;
    struct movie recMovieList[10];
    struct movie recMovie;
    printf("please input user id(1~10):");
    scanf("%ld", &user_id);
    p_ratings =malloc(100 * sizeof(struct rating));  /* 申请足够大的内存空间 */
    ratingCount =loadRatings(); /* 调用评分记录加载函数将数据加载至动态内存区 */
    user_id2 =getMostSimilarityUserID(user_id);
                                /* 调用最大相似函数找到与指定用户最相似的目标用户 */
    count =getRecMovie(recMovieList, user_id, user_id2);
                                /* 调用影片推荐列表函数获得推荐候选列表 */
    if (count >0)
    {
        srand(time(NULL));    /* 更新随机数种子 */
```

```
        rnd =rand() %count;                              /* 生成新的随机数 */
        recMovie =getMovieInfobyID(recMovieList[rnd].id);
                                                  /* 从推荐候选列表中随机选择一部影片 */
        printf("The recommended movie:\n");              /* 输出提示信息 */
        printf("id:%d, Title:%s, Genre:%s\n", recMovie.id, recMovie.title_
        year, recMovie.genre);
    }
    else
    {
        printf("Sorry!");
    }
    free(p_ratings);                                     /* 释放占用的动态内存空间 */
    return 0;
}
long loadRatings()
{
    long i;
    long count =50;
    for (i =0;i <count;i++)
        * (p_ratings +i) =user_ratings_record[i];  /* 可以将评分记录整体传递,不
                                                      再需要逐项操作 */
    return count;  /* 返回记录数(注:在后续章节从文件读取记录的情况下,实际记录数事
                      先不可知) */
}
int getUserRating(long userid, long movieid)
{
    long i;
    int rating =0;                                       /* 初始化评分为 0 */
    for (i =0;i <ratingCount;i++)
    {   /* 在所有评分记录中逐一比对,采用结构体的"."操作访问成员 */
        if (p_ratings[i].userid ==userid&&p_ratings[i].movieid ==movieid)
        {   /* 如果用户 ID 和影片 ID 同时匹配 */
            rating =p_ratings[i].userrating;      /* 获取对应记录的评分 */
            break;
        }
    }
    return rating;                                /* 评分为 0 或者未评分都返回 0 */
}
float getSimilarity(long userid1, long userid2)
{  …/* 略,代码同第 8 章 */
}
long getMostSimilarityUserID(long userid)
{  …/* 略,代码同第 8 章 */
}
```

```
int getRecMovie(struct movie * p_Movie, long userid1, long userid2)
                                                /* 生成推荐影片列表函数 */
{
    long i;
    int j =0;
    int rating1, rating2;
    for (i =1;i <=10;i++)
    {
        rating1 =getUserRating(userid1, i);     /* 查询用户 1 对该影片的评分 */
        rating2 =getUserRating(userid2, i);     /* 查询用户 2 对该影片的评分 */
        if ((rating1 ==0) && (rating2 >=6))
        {   /* 如果用户 1 未评分,用户 2 评分在 6 分以上,则加入列表 */
            p_Movie[j].id =i;
            j++;                                /* 推荐影片候选数加 1 */
        }
    }
    return j;                                   /* 返回推荐影片数量 */
}
struct movie getMovieInfobyID(long movieid)     /* 查询影片详细信息函数 */
{
    long i;
    for (i =0;i <10;i++)
    {   /* 在全部 10 部影片中逐一比对 */
        if (movieid ==moviesList[i].id)         /* 如果影片 ID 与影片列表中的 ID
                                                   一致,则找到该影片 */
        {   /* 根据影片 ID 在原始影片数组中找到影片信息 */
            return moviesList[i];               /* 返回完整的影片结构体 */
        }
    }
}
```

练 习 题

1. 举例说明结构体类型定义和结构体类型变量声明的区别。

2. 举例说明结构体变量引用时成员运算符(.)与指向运算符(—>)的区别。

3. 举例说明结构体和共用体的主要区别。是否能够将一个结构体类型作为一个共用体的成员类型?反之,是否能够将一个共用体类型作为一个结构体的成员类型?

4. 编写程序,定义教师信息的结构体类型,成员包括工资卡号、姓名、性别、出生年月(年/月)、婚姻状态(未婚/已婚/离异,采用共用体类型表示)以及工作部门等。输入教师信息并输出。

5. 编写程序,定义日期结构体,成员包含年、月、日。从键盘输入两个日期,计算两个日期的差值，包括年份差值、月份差值和日差值。

6. 编写程序，定义结构体类型描述学生的基本信息（包括学号、姓名、成绩），输入5名学生的学号、姓名及成绩，计算其平均成绩，并输出高于平均成绩的学生信息。

7. 编写程序，初始化10名学生的基本信息，包括学号、姓名、三科（高数、英语、程序设计）成绩，分别计算每名学生的总分，并按个人总分对学生降序排序，输出排序后的学生信息。

8. 编写程序，模拟跳水比赛的评分系统。评分规则如下：有7名评委对选手打分，去掉最高分和最低分，计算其余5个评委的平均分作为选手的最终成绩。定义结构体类型描述选手的基本信息（包括编号、姓名、国籍、7位评委的评分）。设有10位选手参加比赛，输出前3名选手的编号、姓名、国籍及最后得分。

9. 编写函数 int *DefineArray(int n)，其功能是利用内存分配函数动态创建n个整数数据的动态数组；编写函数 void FreeArray(int *p)，其功能是释放p指向的存储空间。要求：在主调函数中，从键盘读入学生个数n，调用函数 DefineArray 分配存储空间，保存从键盘读入的n个学生的成绩，计算这些成绩的平均值并输出，调用函数 FreeArray 释放存储空间。

10. 编写程序，设有n个人围坐一圈，现从第s个人开始报数，报到m的人出列，然后从出列的下一个人重新开始报数，报到m的人出列……如此反复，直至所有的人都出列。利用链表实现：对于任意给定的n、s和m（s＜n，m＜n），输出按出列顺序得到的列表。

第10章

泛化编程与预编译

10.1 概　　述

程序设计过程中需要考虑的一个重要问题是代码的可移植性和可重用性问题，例如将微型机上开发的程序移植到大型计算机上，实现同一套代码不加修改或稍加修改就可以移植到多种不同的计算机系统中运行。为解决此类问题，C语言引入预编译指令，用于规范和统一不同编译器的指令集合。通过预编译指令，控制编译器对不同的代码段进行编译处理，从而生成满足不同计算机系统要求的源程序。

在编译器对源程序进行编译之前，首先执行程序中包含的预处理指令，并在处理过程中删除这些指令，从而产生一个新的不再包含预处理指令的C源程序，其后编译器再对该程序代码进行检查，并将程序编译为目标代码。

ANSI C中主要定义了3类预编译处理指令：

(1) ＃define与＃undef。

(2) ＃include。

(3) ＃if…＃endif和＃if…＃else…＃endif。

预编译指令由符号＃开始，可以出现在源程序的任意位置，但一般将预编译指令放置于C源程序文件的开头，其作用范围是从出现的位置直到文件尾。

10.2 ＃define指令

＃define指令用于宏定义，分为不带参数的宏定义和带参数的宏定义。

10.2.1 不带参数的宏定义

不带参数的宏定义通常用于定义程序中使用的符号常量。

指令格式：

```
#define 符号常量名  替换文本
```

符号常量名也称为宏名，习惯用大写字母表示；替换文本可以是C语言允许的标识符、关键字、数值、字符、字符串、运算符以及语句等。通过预编译处理，程序中所有的符号常量名都被替换文本所替换，该过程称为宏展开。

例10-1 编写程序，计算圆的面积(利用#define指令定义PI值)。

```
#define PI 3.14160
#include <stdio.h>
int main()
{
    float r, area ;
    r =3.6 ;
    area =PI * r * r ;
    printf("PI=%f, Area=%f \n", PI, area) ;
    return 0;
}
```

使用宏定义将3.14160定义为符号常量PI，在可执行语句中出现PI的位置上都使用3.14160进行替换。

使用不带参数的宏定义要注意以下几点：

(1) 字符串中与符号常量名相同的字符串不进行替换。

例10-1中printf函数调用语句中双引号括起的"PI=%f,Area=%f\n"中的PI是普通字符而不是符号常量，不进行替换，程序的输出结果为

```
PI=3.141600, Area=40.715134
```

(2) 宏定义只是一种简单的字符替代，不进行语法检查。

若将例10-1宏定义中的0错写成英文字母o，预编译处理阶段编译系统不会报错；当执行语句area=PI*r*r时，将被替换为area=3.1416o*3.6*3.6，此时编译系统才会报告语法错误。

(3) 每条宏定义必须单独占一行。

由于宏定义不是C语句，末尾不需要加语句结束符“;”，否则所加的“;”将被看作替换文本的一部分。同样，不要在宏定义中放置任何多余符号，这些符号也会被作为替换文本的组成部分。例如：

```
#define PI =3.14160                    /*将PI定义为一组替换文本"=3.14160"*/
```

(4) 宏不可以被多次定义，但宏定义可以引用已经定义的宏。例如：

```
#define R 2.0
#define PI 3.1415926
#define AREA PI*R*R                    /*引用宏R、PI*/
#include <stdio.h>
int main()
{
    printf("R=%f, Area=%f\n", R, AREA);
```

```
    return 0;
}
```

经过宏展开后，printf 函数的输出项 AREA 被展开为 3.1415926 * 2.0 * 2.0。

(5) 宏定义与变量声明不同，宏定义只作字符替换，不分配存储空间。虽然定义的符号常量使用标识符表示，但在程序执行过程中，符号常量的值不能被修改。变量经过声明后需要为其分配存储空间，其值可以随时改变。

(6) 使用＃undef 指令取消宏定义，宏定义的作用范围是从第一次定义位置开始到＃undef 指令结束，如果没有对应的＃undef 指令，则到文件结束。

指令格式：

```
#undef  符号常量名
```

修改例 10-1：

```
#define PI 3.14160                                  /* 宏定义 PI */
#include <stdio.h>
int main()
{
    float r, area ;
    r =3.6 ;
    area =PI * r * r ;
    #undef PI                                       /* 取消宏定义 PI */
    printf("PI=%f, Area=%f \n", PI, area) ;         /* 编译有错误 */
    return 0;
}
```

由于在调用 printf 函数语句前，符号常量 PI 的定义已被取消。因此系统进行编译时将出现类似于下面的错误提示：

```
error: 'PI': undeclared identifier              /* 表示语句中出现的 PI 没有被定义 */
```

使用宏定义可以减少程序中重复书写某些字符串的工作量，提高程序的可读性，程序也会易于修改。例如，在例 10-1 中只需要修改宏定义即可修改 PI 值。

10.2.2 带参数的宏定义

宏定义可以带参数，这些参数相当于实际参数的占位符。

指令格式：

```
#define  宏名(形参列表)  宏体
```

形参列表是由逗号分隔的宏的参数，这些参数根据需要可以多次出现在宏体中进行引用。带参数的宏定义不仅要进行字符串替换，还要进行参数替换。例如：

```
#define SUM(a,b) a+b
```

编译阶段，先将语句 s=SUM(5, 3)展开为 s=5+3，然后编译成为可执行代码。

使用带参数的宏定义要注意以下几点：

(1) 宏定义时宏名与后面的括号之间没有空格。如果宏名后出现空格，该宏将会被认为是一个不带参数的宏，空格后的所有字符都看成是宏体。例如：

```
#define SUM (a,b) a+b      /* 预编译器认为 SUM 是一个宏名," (a,b)a+b" 是一个宏体 */
```

(2) 应该使用括号将带运算符的宏体和形参括起来。由于预编译处理时将程序中每次出现的宏都原样替换为对应的宏体，省略括号将无法保证预编译器将宏体和参数视为完整的表达式，从而可能导致错误。例如：

```
/* 将 a+b 的值作为圆的半径,修改例 10-1 */
#define PI 3.14159
#define Area(r) PI * r * r
#include <stdio.h>
int main()
{
    float a, b, area ;
    a =3.0 ; b =1.2 ;
    area =Area(a+b);                          /* r 为 a+b 的结果值 */
    printf("Area=%f \n", area) ;
    return 0;
}
```

在进行宏名及参数替换后，语句 area=Area(a+b);将被原样展开为

```
area=3.14159 * 3.0+1.2 * 3.0+1.2;             /* 与要求的计算过程不相符 */
```

如果将宏定义修改为

```
#define Area(r) PI * (r) * (r)                /* 利用括号 */
```

则对应语句展开后为

```
Area =3.14159 * (3.0+1.2) * (3.0+1.2);
```

带参数宏定义的展开过程与函数调用过程在语法上相似，但基本原理不同，两种处理方式最终的运行结果也有所差异。例如，以下分别定义 Mul 函数和带参数的宏 Mul 实现两个数的乘法操作：

定义 Mul 函数方式：

```
double Mul(int a, int b)
{
    return a * b;
}
```

定义带参数宏方式：

```
#define Mul(a,b) a * b
```

假设在main函数中具有相同方式的调用语句：

```
#include <stdio.h>
int main()
{
    double a, b, c, d;
    a=3;  b=2;
    c=Mul(a, 2);
    d=Mul(b+1, 2);
    printf("c=%f, d=%f\n", c, d);
    return 0;
}
```

当采用函数处理方式时，Mul(int a, int b)函数实现a * b。语句c＝Mul(a,2);接收实参数据3和2,相当于执行c＝a * 2＝3 * 2;语句d＝Mul(b＋1, 2);接收实参数据为2＋1和2,相当于执行c＝(b＋1) * 2＝3 * 2。程序运行结果：

```
c=6.000000, d=6.000000
```

当采用宏定义处理方式时，系统将程序中出现宏名的地方用宏体替换，语句c＝Mul(a, 2);将被替换为c＝a * 2;,语句d＝Mul(b＋1, 2);将被替换为c＝b＋1 * 2;。程序运行结果：

```
c=6.000000, d=4.000000
```

宏定义还可以包含多条语句。例如：

```
#define PI 3.14
#define CIR(R, L, S, V) L=2*PI*R; S=PI*R*R; V=4.0/3.0*PI*R*R*R;
#include <stdio.h>
int main()
{
    float r, l, s, v;
    scanf("%f", &r);
    CIR(r, l, s, v)     /*宏展开后相当于l=2*PI*r; s=PI*r*r; v=4.0/3.0*PI*r
                          *r*r; 3个表达式赋值语句*/
    printf("r=%6.2f, L=%6.2f, S=%6.2f, V=%6.2f\n", r, l, s, v);
    return 0;
}
```

带参数的宏定义与函数的主要区别如下：

(1) 宏定义在编译时进行处理，宏展开时不分配存储空间，展开过程也只占用编译时间，不占用运行时间；函数在程序运行阶段被调用，系统将分配临时的存储空间，函数调用将占用程序执行时间。

(2) 宏展开只是进行对应字符替换；函数调用时，先计算出实参表达式的值，再代入形参。

(3) 宏定义不存在类型问题，宏名无类型，其参数也无类型。只要预编译处理后的程序合法，宏可以接受任何类型的参数。例如，使用宏 Mul(a,b)计算两个数据的乘积，数据的类型可以是 int、long、float 以及 double 等。函数的形参和实参则必须进行类型声明，并且对应位置的形参和实参类型必须一致。

(4) 宏展开过程会使源程序代码增加；函数调用不会使源程序变长，编译后源程序代码长度已确定。

10.3 ＃include 指令

＃include 指令用于实现文件包含操作。文件包含是指将一个源程序文件的全部内容插入到当前源程序文件中。

＃include 指令有两种格式：

#include <文件名>　或　#include "文件名"

＃include 指令的作用是：在编译预处理时，将文件名所指的源程序文件的全部内容复制并插入到＃include 指令处，然后进行编译处理，文件名可以包含文件路径。例如，在C语言源程序文件中使用数学库，需要加入指令

```
#include <math.h>   或   #include "math.h"
```

两种指令使用方法的区别在于：使用＃include ＜math.h＞指令时，系统在编译器系统指定的头文件目录中查找 math.h 文件；使用＃include "math.h"指令时，系统首先在当前源程序文件所在的目录下寻找 math.h 文件，如果找不到，再在编译器系统指定的头文件目录中查找 math.h 文件。对于系统所提供的库函数，使用＃include ＜文件名＞方式搜索速度比较快；对于用户自定义的头文件，则使用＃include "文件名"方式搜索速度比较快。

例 10-2　编写程序，编写计算两个数的最大值和最小值的程序，利用＃include 指令实现源程序文件的组织。

file1.c

```
#include <stdio.h>
#include  "file2.c"
#include  "file3.c"
int main()
{
    int x, y, s1, s2 ;
    scanf("%d%d", &x, &y) ;
    s1 =max(x, y) ;
    s2 =min(x, y) ;
    printf("max=%d, min =%d\n", s1, s2) ;
    return 0;
}
```

file2.c

```
int max(int a, int b)
{
    return(a>b?a: b) ;
}
```

file3.c

```
int min (int a, int b)
{
    return(a<b?a: b) ;
}
```

main 函数存放于文件 file1.c 中，其中除调用标准输入输出函数实现数据的读入和计算结果的输出外，还调用 max 函数计算最大值，调用 min 函数计算最小值，max 函数存储于源程序文件 file2.c 中，min 函数存储于源程序文件 file3.c 中。

编译 file1.c 时，系统根据 #include "file2.c" 和 #include "file3.c" 指令将 file2.c 和 file3.c 文件的内容复制到当前位置，如图 10-1 所示。

```
文件stdio.h的内容

int max (int a , int b)
{  return n(a>b? a : b) ; }

int min (int a , int b)
{  return n(a<b? a : b) ; }

void main ( )
{  int x , y, s1 , s2 ;
   scanf("%d%d", &x , &y ) ;
   s1 = max ( x , y ) ;
   s2 = min ( x , y ) ;
   printf("max=%d, min =%d\n", s1 , s2) ;
}
```

图 10-1　文件包含示意图

一条 #include 指令只能包含一个文件。如果要包含 n 个文件则需要使用 n 条 #include 指令，且一条指令占一行。例如，file1.c 中要包含 stdio.h、file2.c 以及 file3.c，需要使用 3 条 #include 指令分别定义。文件包含可以嵌套使用，例如 file1.c 包含 file2.c，file2.c 还可以继续包含其他文件。但在进行文件包含时，被包含的文件中绝对不能有 main 函数。被包含文件中如果有全局变量，该全局变量只在其所在的文件中有效而不是在全部文件中有效。

程序设计时通常将符号常量、全局变量、函数声明包含在头文件(.h 文件)中，将对应的定义放在.c 文件中，使用时只需在源文件中包含对应文件。下面是常用数学库头文件 math.h 中的部分示例代码：

```
/*
 * math.h
 * This file has no copyright assigned and is placed in the Public Domain.
 * This file is a part of the mingw-runtime package.
 * No warranty is given; refer to the file DISCLAIMER within the package.
 *
 * Mathematical functions.
 *
 */
double __cdecl sin (double);                    /* __cdecl 为系统中的保留字 */
double __cdecl cos (double);
double __cdecl tan (double);
double __cdecl sinh (double);
```

```
double __cdecl cosh (double);
double __cdecl tanh (double);
…
```

10.4 条件编译

正常情况下，源程序中所有的代码行都将参与编译。如果希望部分代码只在满足一定条件时才参与编译，则可以借助于条件编译指令。条件编译根据指定条件控制不同代码段的编译。

10.4.1 #ifdef … #else … #endif

#ifdef … #else … #endif 是一种典型的条件编译指令，用于测试一个宏是否已经定义。

指令格式：

```
#ifdef  标识符
    程序段 1
#else
    程序段 2
#endif
```

该指令与 if…else…语句类似，如果指定的标识符代表的宏已经被#define 定义，则在编译阶段只编译程序段 1，否则只编译程序段 2。编译指令中#else 部分也可以省略。

使用条件编译可以避免反复修改源程序，提高 C 语言源程序的通用性。由于不同计算机系统处理整数时存在一定的差异，比如 16 位系统中使用 2 个字节存放一个整数，32 位系统以后则使用 4 个字节存放一个整数。为了保证同一程序在上述两种系统具有相同的语义，可以对程序的数据类型进行以下处理。

```
#ifdef  __WIN32
    typedef int INT;                    /*指令行 1,重定义 int 为 INT*/
#else
    typedef long INT;                   /*指令行 2,重定义 long 为 INT*/
#endif
```

该指令表示如果__WIN32 已经被定义，编译指令行 1，否则编译指令行 2。

10.4.2 #ifndef … #else … #endif

#ifndef 指令用于实现宏没有被定义下的条件编译。

指令格式：

```
#ifndef 标识符
    程序段 1
#else
    程序段 2
#endif
```

其作用是：如果指定标识符代表的宏未被定义过，则编译程序段 1；否则，编译程序段 2。

＃ifndef 形式与＃ifdef 形式类似，但与＃ifdef 的作用相反。＃ifndef 等价于＃if!defined。

10.4.3 ＃if … ＃else …＃endif

＃if 条件编译指令用于根据常量表达式的结果确定编译过程。

指令格式：

```
#if 表达式
    程序段 1
#else
    程序段 2
#endif
```

使用＃if 条件编译时应先定义表达式，对于没有定义过的表达式，＃if 将其当作值为 0。处理＃if 指令时，计算表达式，如果表达式的值非 0(为真)，则编译程序段 1；否则，编译程序段 2。

也可以采用＃if…＃elif…＃endif 方式进行条件编译。

指令格式：

```
#if 表达式 1
   程序段 1
#elif 表达式 2
   程序段 2
⋮
#else
   程序段 n
#endif
```

＃elif 后面要求有测试表达式，＃if…＃elif…＃endif 的用法类似于多分支判断语句 if…else if。在＃if 和＃endif 之间可以有多个＃elif 指令，但最多只能有一个＃else 指令。

例 10-3 编写程序，输入一行字母，设置条件编译指令，使之能将字母全部以大写输出，或全部以小写输出。

```
#define LETTER 1                           /*定义常量表达式*/
int main()
```

```
{
    char str[20]="C Language", c;
    int i=0;
    while((c=str[i])!='\0')
    {
        i++;
        #if LETTER                          /* LETTER为1时,小写字母转换为大写字母 */
        if (c>='a'&&c<='z')
            c=c-32;
        #else                               /* LETTER为0时,大写字母转换为小写字母 */
        if (c>='A'&&c<='Z')
            c=c+32;
        #endif
        printf("%c", c);
    }
    return 0;
}
```

由于LETTER为1,所以只编译#if和#else之间的代码段,放弃对#else与#endif之间的代码段的处理。

例 10-4 编写程序,利用宏定义实现支持不同数据类型的两个数交换(简单泛型编程)。

```
#include <stdio.h>
#define SWAP(x, y, T)  { T t =x; x =y; y =t; }
int main()
{
    int a =1, b =2;
    float x =1.0f, y =2.0f;
    int *pa =&a;
    int *pb =&b;
    printf("交换前:\n");
    printf("a =%d, b =%d\n", a, b);
    printf("x =%f, y =%f\n", x, y);
    printf("pa =%p, pb =%p\n", pa, pb);
    SWAP(a, b, int);                    /*swap int型*/
    SWAP(x, y, float);                  /*swap float型*/
    SWAP(pa, pb, int*);                 /*swap pointer型*/
    printf("交换后:\n");
    printf("a =%d, b =%d\n", a, b);
    printf("x =%f, y =%f\n", x, y);
    printf("pa =%p, pb =%p\n", pa, pb);
    return 0;
}
```

例 10-5 编写程序,支持整数、实数的泛型顺序查找。在已知的 n 个同类型数据中检查某个数据是否存在。若存在,输出其位置,否则,输出-1。

```
#include <stdio.h>
#define FIND(A,n,x,r) \
{                     \
    int i;            \
    for(i=0;i<n;i++)  \
        if(A[i]==x)   \
            break;    \
    r=i>=n?-1:i;      \
}
int main()
{
    int s;
    int A[] ={ -2,3,5,6,8,12,32,56,85,95};
    float B[] ={1.5, 2.3, 3.5, 6.4, 8.9, 7.8, 9.3, 3.7, 5.9, 4.2};
    FIND(A, 10, 3, s);
    if (s !=-1)
        printf("找到整数,下标位置为%d\n", s);
    else
        printf("未找到!\n");
    FIND(B, 10, 3.0, s);
    if (s !=-1)
        printf("找到实型数据,下标位置为%d\n", s);
    else
        printf("未找到!\n");
    return 0;
}
```

程序中,如果#define 指令行过长而导致可读性较差时,可以进行分行描述(\表示行连接符)。

10.5 其他指令

ANSI C 中除了定义上述常用预编译指令之外,还定义了其他预编译指令。

1. #error

#error 指令的主要作用是输出编译错误信息 token-sequence,方便程序员检查程序中出现的错误。

指令格式:

```
#error token-sequence
```

token-sequence 是一个字符序列，当遇到＃error 指令时，将显示字符序列代表的出错信息。例如：

```
#include <stdio.h>
int main()
{
    #define CONST_NAME1 "CONST_NAME1"
    printf("%s\n", CONST_NAME1);
    #undef CONST_NAME1
    #ifndef CONST_NAME1
    #error No defined Constant Symbol CONST_NAME1
    #endif
    return 0;
}
```

编译时将输出如下错误信息：

```
error: #error:  No defined Constant Symbol CONST_NAME1
```

＃error 通常与条件编译一起用于检测正常编译过程中不应该出现的现象。如果＃error 被处理，预示着出现了一个非常严重的程序错误，大多数编译器会立即终止编译而不再查找其他错误。

2. ＃pragma

＃pragma 指令的作用是触发所定义的动作。

指令格式：

```
#pragma token-sequence
```

token-sequence 是一个字符序列，表示编译器需要执行的指令。如果 token-sequence 存在，则触发相应的动作，否则忽略。例如，在 Visual C++ 中利用＃pragma once 防止同一段代码被包含多次。如果＃pragma 包含无法识别的指令，编译器将忽略这些＃pragma，并不产生出错信息。

3. ＃line

＃line 指令主要用于强制编译器按指定的行号对源程序的代码重新编号。

指令格式：

```
#line constant
```

＃line 有两种定义形式：＃line constant 指令用来使其后的源代码从指定的行号 constant 开始重新编号；＃line constant "filename"指令需要同时指出行号和文件，＃line 后面的 constant 会被认为来自文件 filename，行号由 constant 开始。调试程序时，可以以

此规定输出错误代码的准确位置。例如(假设C源程序文件名为test.c):

```
#include <stdio.h>                    /* 程序代码第一行 */
int main()
{
    #define CONST_NAME1 "CONST_NAME1"
    printf("%s\n", CONST_NAME1);
    #undef CONST_NAME1
    printf("%s\n",CONST_NAME1);
    return 0;
}
```

编译时输出以下错误信息:

```
test.c(7): error: 'CONST_NAME1': undeclared identifier
                                  /* 源程序 test.c 文件的第 7 行有编译错误 */
```

如果将程序修改为

```
#include <stdio.h>
#line 10
int main()                            /* 函数头 main 所在的行被认为是第 10 行 */
{
    #define CONST_NAME1 "CONST_NAME1"
    printf("%s\n", CONST_NAME1);
    #undef CONST_NAME1
    printf("%s\n",CONST_NAME1);
    return 0;
}
```

编译时输出以下错误信息:

```
test.c(15): error: 'CONST_NAME1': undeclared identifier
```

如果将#line 10 改写为#line 10 "Hello.c",表示当前文件名被认为是Hello.c,编译时输出以下错误信息:

```
Hello.c(15): error:  'CONST_NAME1': undeclared identifier
```

4. #和##运算符

ANSI C中为预编译指令定义了#和##两个运算符,#和##在预编译处理时被执行。运算符#用于实现文本替换;运算符##用于连接两个标识串,如果其中一个标识串是宏参数,则连接发生在形参被相应的实参替换之后。例如:

```
#include <stdio.h>
#define HI(m) printf("Hi, " #m "!\n");
#define CONNECT(x, y) x##y
```

```
int main()
{
    int a1, a2, a3;
    HI(China);              /* 利用#x对 x 进行文本替换,程序输出结果为"Hi, China!" */
    CONNECT(a, 1)=0;        /* 首先使用 a 与 1 替换 x 和 y,然后 a 与 1 连接成一个标识串。
                               CONNECT(a,1)被翻译为 a1,语句相当于 a1=0; */
    CONNECT(a, 2)=12;       /* 采用同样方法,CONNECT(a,2)被翻译为 a2,语句相当于 a2=
                              12; */
    a3=4;
    printf("a1=%d, a2=%d, a3=%d", a1, a2, a3);
                            /* 程序输出结果为:a1=0, a2=12, a3=4 */
    return 0;
}
```

10.6 预定义宏

ANSI C 中预定义了用于提供编译信息的宏。自定义的符号常量不能与这些宏同名。常见的宏如表 10-1 所示。

表 10-1 预定义的宏

宏	说　明
__LINE__	当前源代码的行号,为整型常量
__FILE__	当前编译程序文件的名称,为字符串
__DATE__	编译程序文件日期,为字符串("MM DD YYYY"形式,如"Jan 19 2017")
__TIME__	编译程序文件时间,为字符串("hh:mm:ss"形式,如"08:30:23")
__STDC__	ANSI C 标志,整型常量 1,说明此程序兼容 ANSI C 标准
__STDC_ISO_10646__	定义符合 ISO/IEC 10646 标准的 yyyymmL 格式的整数常量,例如 199712L
__STDC_UTF_16__	采用 UTF-16 编码 char16_t 类型
__STDC_UTF_32__	采用 UTF-32 编码 char32_t 类型
__STDC_NO_COMPLEX__	表明程序不支持复数类型或 complex. h 头文件
__STDC_NO_THREADS__	表明程序不支持 threads. h 头文件

10.7 异常处理

用户的输入错误或者程序的逻辑结构存在问题,都将造成程序运行结果出现错误,严重时会造成系统宕机,通常这类问题被定义为异常。C 语言本身没有提供异常处理捕获机制，需要通过提高程序容错能力来保证程序的稳定性。

一种典型的异常行为是用户输入非法数据造成程序的异常。例如，进行整数运算 c=a/b 时，如果 b=0 将造成严重的错误。因此，在执行 a/b 前，增加输入数据的校验语句可以防止错误发生。

例 10-6 编写程序，实现两个 int 型数据的除法运算。

```
#include <stdio.h>
int main()
{
    int a,b,c;
    scanf("%d%d",&a,&b);
    if(b==0)                          /* 输入数据校验 */
    {
        printf("输入错误,除数不能为 0");
        return -1;
    }
    c=a/b;
    printf("c=%d",c);
    return 0;
}
```

输入数据校验代码对程序的主要逻辑结构没有贡献。为简化此类校验操作，C 语言引入"断言"的概念，并在头文件 assert.h 中定义宏 assert 用于断言操作。断言是指假定当前的结论正确，如果不正确，则程序停止并输出错误信息以备修改程序之用。利用断言修改例 10-6：

```
#include <stdio.h>
#include <assert.h>
int main()
{
    int a,b,c;
    scanf("%d%d",&a,&b);
    assert(b!=0);                     /* 断言 b!=0 */
    c=a/b;
    printf("c=%d",c);
    return 0;
}
```

如果运行时输入"10 0"，即 b=0，则将中断程序运行，输出包含出错代码所在行数的错误信息：

```
Assertion failed: b!=0,file D:\c11 thrd1\main.c,line 9
```

断言不仅用于输入数据的检查，还广泛用于指针变量的检查。例如检查当前文件指针是否有效：

```
FILE *fp=NULL;
fp=fopen("c:\\a.txt","r");
assert(fp!=NULL);                    /*如果 fp=NULL,则直接输出错误信息*/
```

在实际的程序设计中,通常假定当前的参数在一定的范围内使用,以此为基础的程序才有意义。断言操作用于检查该假设前提,如果假设前提不存在,则立刻中断程序运行并输出错误的信息内容和所在行数,方便程序修改。

10.8 程序移植

随着64位硬件平台的普及,越来越多的程序面临从32位平台向64位平台移植的问题。64位平台能充分利用其64位硬件的性能,使得某些应用程序从中得到性能的改善。32位环境使用ILP32数据模型,int型、long型和指针型都是32位。64位环境使用LP64数据模型,int型仍然是32位,但是long型和指针型为64位。表10-2是两种环境下常见数据类型的大小。

表10-2 ILP32数据模型与LP64数据模型常见数据类型的字节数

数据类型	ILP32	LP64
char	1	1
short	2	2
int	4	4
long	4	8
long long	8	8
float	4	4
double	8	8
long double	16	16
pointer	4	8

程序从32位平台向64位平台移植时,首要规则是注意数据类型在长度上的变化,特别是指针类型。例如,共用体中混有不同长度的数据类型这种情况,如果单独使用共用体中定义的成员,一般不会出现问题,但是在几种类型混用的复杂操作中极有可能出现问题。例如:

```
#include <stdio.h>
int main()
{
    int a =-3;
    unsigned int b =2;
    int array[5] ={ 1, 2, 3, 4, 5 };
    int *p =array +3;
    p =p + (a +b);                  /*64位系统中该指针无效*/
    printf("%i\n", *p);             /*访问冲突*/
```

```
}
```

在执行语句p=p+(a+b);时,a+b结果为0xFFFFFFFF;该值在32位系统中是-1,而在64位系统中则为4 294 967 295。之后指针p与0xFFFFFFFF相加。在64位系统中,指针p最终超过数组大小,通过*p访问内存造成访问冲突而出错。

为保证平台的通用性,尽量要考虑到不同平台中数据类型的差异。程序中尽量不要使用long型数据。可以使用固定大小的数据类型宏定义。例如:

```
typedef signed char int8_t
typedef short int int16_t;
typedef int int32_t;
#if __WORDSIZE ==64
typedef long int int64_t;
#else __extension__
typedef long long int int64_t;
#endif
```

10.9 案 例

问题陈述:申请动态内存空间时,如果不能确定申请空间的大小,则需要事先申请足够大的空间。当需要修改申请空间的大小时,必须修改程序中每一处malloc函数所指定的空间数量参数。为避免重复操作、遗漏等问题,可以利用宏定义规定最大空间的大小。此外,考虑到影片数量、用户数量以及评分记录数的持续增加,一般建议使用long型保存影片ID和用户ID。由于long型在32位系统和64位系统中字长不一致,因而采用预编译指令以保证程序的兼容性。采用typedef对结构体类型进行重定义。本章主要内容是增强代码的兼容性,简化代码的书写。程序功能和涉及的函数调用参见第9章。

输入和输出:同第9章案例中问题的输入和输出。

算法描述:所有算法同第九章案例。

源程序代码(与泛化编程相关的部分代码参见教材电子资源):

```
/*Author:"程序设计基础(C)"课程组
 * Description:宏定义设置影片数量,用户数,评分记录数,根据最高相似度,给出推荐影片
 信息*/
#include <stdio.h>
#include <stdlib.h>
#include <math.h>
#define MAX_MOVIE_COUNT 1000            /*引入宏定义*/
#define MAX_USER_COUNT 1000
#define MAX_RATINGS_COUNT 10000
#if __WORDSIZE ==64
typedef long int int64_t;              /*重定义数据类型*/
```

```
#else __extension__
typedef long long int int64_t;
#endif
typedef struct                               /*重定义结构体类型 movie*/
{
    int64_t id;
    char title_year[150];
    char genre[80];
}movie;
typedef struct                               /*重定义结构体类型 rating*/
{
    int64_t userid;
    int64_t movieid;
    int userrating;
}rating;
movie moviesList[MAX_MOVIE_COUNT] ={  /*初始影片结构体数组*/
    { 1,"Harry Potter and the Deathly Hallows: Part 2 (2011)","Adventure|Drama|
    Fantasy" },
    { 2,"Star Wars (1977)","Action|Adventure|Fantasy" },
    { 3,"American Beauty (1999)","Drama|Romance " },
    { 4,"Zootopia (2016)","Animation|Adventure|Comedy " },
    { 5,"The Shawshank Redemption (1994)","Crime|Drama" },
    { 6,"The Matrix (1999)","Action|Sci-Fi" },
    { 7,"The Silence of the Lambs (1991)","Crime|Drama|Thriller" },
    { 8,"Saving Private Ryan (1998)","Action|Drama|War" },
    { 9,"Back to the Future (1985)","Adventure|Comedy|Sci-Fi" },
    { 10,"The Lion King (1994)","Animation|Adventure|Drama" }
};
rating user_ratings_record [MAX_RATINGS_COUNT] =
{   /*每条评分记录由3个数据构成,依次是用户ID、影片ID和评分*/
    { 1,1,10 },{ 1,2,10 },{ 1,3,9 },{ 1,5,10 },{ 1, 6,7 },{ 2, 1,9 },{ 2,2, 8 },
    { 2,7, 8 },{ 2,8,8 },{ 2,10,8 },{ 3,3, 7 },{ 3,4, 8 },{ 3,6,7 },{ 3,7, 7 },
    { 3, 8,6 },{ 4, 1,7 },{ 4,2, 8 },{ 4,4, 7 },{ 4,9,8 },{ 4,10,7 },
};
int64_t loadRatings();       /*声明评分记录载入函数原型*/
rating* p_ratings;           /*声明指针变量,用于指向动态内存区的评分记录*/
int64_t ratingCount;         /*声明整型变量,用于保存评分记录数*/
int main()
{
    int64_t user_id, user_id2;
    float similarity;
    int count;
    int rnd;
    movie recMovieList[MAX_MOVIE_COUNT];         /*申请足够大的内存空间*/
```

```
    movie recMovie;
    printf("please input user id(1-10):");
    scanf("%I64d", &user_id);
    p_ratings =malloc(MAX_RATINGS_COUNT * sizeof(rating));
                                            /* 申请足够大的内存空间 */
    ratingCount =loadRatings();
    /* 调用评分记录加载函数将数据加载至动态内存区 */
    user_id2 =getMostSimilarityUserID(user_id);
                                            /* 调用最大相似函数找到与指定用户最相似的目标用户 */
    count =getRecMovie(recMovieList, user_id, user_id2);
                                            /* 调用影片推荐列表函数获得推荐候选列表 */
    if (count >0)
    {
        srand(time(NULL));      /* 更新随机数种子 */
        rnd =rand() %count;     /* 生成新的随机数 */
        recMovie =getMovieInfobyID(recMovieList[rnd].id);
                                            /* 从推荐候选列表中随机选择一部影片 */
        printf("The recommended movie:\n");         /* 输出提示信息 */
        printf("id:%I64d, Title:%s, Genre:%s\n", recMovie.id, recMovie.title
        _year, recMovie.genre);
    }
    else
    {
        printf("Sorry!");
    }
    free(p_ratings);            /* 释放占用的动态内存 */
    return 0;
}
```

练　习　题

1. 举例说明宏和函数的区别。

2. 实现获取两个数值中较小数值的以下两种宏定义形式中哪一种形式更好？举例说明选择原因。

```
#define min(a,b) ((a)< (b)? (a):(b))
#define min(a,b) a<b?a:b
```

3. 定义符号常量 MY_DOS、MY_WIN32 和 INT32 常量。如果在程序中出现了 MY_DOS，则 INT32 代表 long；如果出现了 MY_WIN32，则 INT32 代表 int。编写与之对应的代码段。

4. 简单说明下面程序的处理过程。

```
#include "mydef.h"
#define M2 N*2
int main()
{
    int x;
    x=M1+M2;
    printf("x=%d\n",x);
    return 0;
}
```

程序中头文件 mydef. h 的内容是：

```
#define N 10
#define M1 N*2
```

5. 编写程序，利用带参数宏定义方式实现两个数的四则运算。

6. 编写程序，分别利用函数方式和带参数的宏定义方式实现从 3 个整数中找出最大数并输出。

7. 编写程序，定义带参数的宏，实现两个参数的互换。要求输入两个整数作为宏的实参，输出交换后的两个整数。

8. 编写程序，定义一个文件 format. h，其中包含实现整数、实数、字符串的输出格式。使用 #include "format. h"指令包含该文件，并使用其中的定义实现输出。

9. 编写程序，实现简单泛型宏 LCOUNT(a,n,s,c)，其功能是统计长度为 n 的数组 a 中大于 s 的元素个数，结果保存在 c 中。要求在主函数中分别用 LCOUNT(a,n,s,c)实现对 int 型数组、float 型数组以及 char 型数组的统计并输出。

10. 编写程序，实现将字符串的大写字母转换成小写字母功能。利用条件编译实现程序的调试信息输出功能。当条件 DEBUG 标记成立时，处理到每个大写字母时在屏幕上输出信息："当前检测到第 i 个大写字母 x"(i 为累计的大写字母个数，x 为处理的对应字母)。

第11章

数据存储与文件

11.1 概　　述

计算机工作时,通过输入设备获取程序和数据并存储于内存,CPU从内存中读取程序指令和数据并自动执行,再将运算结果通过输出设备进行输出。结果输出时可以在显示器上显示,也可以打印输出,还可以输出在外存储器中实现永久性存储。前面章节学习了从常用输入设备(键盘)获得指令和数据,以及通过常用输出设备(显示器)输出结果的方法。随着计算机的关闭,内存、键盘、显示器等设备上的所有信息都将消失。从磁盘、磁带等磁存储设备到光盘、U盘等存储设备,以及当前方兴未艾的生物存储技术,信息的永久存储一直是计算机发展过程中的一个重要技术领域。鉴于磁盘依然是当今计算机系统中最重要的存储设备,本章重点说明如何实现磁盘的读写。

为方便信息的管理,计算机领域借鉴文书领域的相关概念定义了文件。文件是一组二进制信息的集合。文件所包含的信息严格复制内存中的二进制信息,称为二进制文件。内存中的二进制信息转码为可见的字符形式存储于文件,称为文本文件。例如,按照补码形式,整数1在内存中以二进制数0000 0000 0000 0000 0000 0000 0000 0001形式存储,占用4B。采用二进制文件存储整数1,文件中对应的二进制信息为0000 0000 0000 0000 0000 0000 0000 0001。采用文本文件存储整数1,需将此整数逐位转换为字符'1',其在文本文件中的二进制信息为0011 0001。

C语言将文件看作是文本形式或二进制形式的"数据流",分别对应文本文件的读写方式和二进制文件的读写方式。按存取方式进行划分,文件还可以分为随机文件和顺序文件。

程序设计中,对文件进行操作,一定要注意操作顺序。操作文件之前必须先打开文件,并根据打开方式进行相应的操作,完成操作后一定要关闭文件,以保证信息的完整。ANSI C中规定通过文件处理函数实现对文件的操作,文件处理函数的原型定义在stdio.h中,调用文件处理函数时,需要使用预编译指令#include包含头文件stdio.h。常见的文件处理函数包括文件打开与关闭函数、文件读写函数、文件定位函数以及文件状态跟踪函数等。

11.2 文本文件与二进制文件

11.2.1 文本文件

文本文件是指存储的信息直接以字符形式进行存储的文件。例如,以文本文件形式存储 20161052,每个数字都被当作一个字符进行存储,假设存储区起始地址为 0x32C80,如图 11-1 所示,共需要 8 个字节,分别用于存储各数字字符的 ASCII 码值。

虽然占用的存储空间相对较多,且需要一定的时间进行字符形式与二进制形式的转换,在输入输出效率上相对较低,但文本文件在操作上便于查看和编辑。例如 C 语言源程序就是以文本文件形式存储。

11.2.2 二进制文件

二进制文件是指存储的信息严格按其在内存中的存储形式保存的文件。例如,在二进制文件中存储 20161052,即 20161052 的二进制形式,假设存储区起始地址为 0x32C80,存储形式如图 11-2 所示,存储 20161052 只需要 4 个字节。

二进制文件占用存储空间相对较小,且输入输出速度相对较快,但是内容无法直接读懂。

0x32C80	0011 0010	'2'
0x32C81	0011 0000	'0'
0x32C82	0011 0001	'1'
0x32C83	0011 0110	'6'
0x32C84	0011 0001	'1'
0x32C85	0011 0000	'0'
0x32C86	0011 0101	'5'
0x32C87	0011 0010	'2'

图 11-1 文本文件的存储示例

0x32C80	0000 0001	20161052
0x32C81	0011 0011	
0x32C82	1010 0010	
0x32C83	0001 1100	

图 11-2 二进制文件的存储示例

例 11-1 编写程序,分别以文本和二进制文件的形式在屏幕上输出学生学号信息 20161052。

```
#include <stdio.h>
#include <stdlib.h>
int main ()
{
    int num =20161052;   /* 整型数据 */
    char str[10];
    itoa(num, str, 10); /* 将 num 中的整型数据按 10 进制转换为字符串并存储在 str 中 */
```

```
    printf("数字形式:%d,字符串形式:%s.\n", num, str);
    return 0;
}
```

程序中使用itoa函数将数值型数据转换为字符串,数值数据可以是二、八、十或十六进制等。从程序运行结果角度而言,文本文件和二进制文件形式输出结果完全相同,但在程序内部两种方式的实现机制不同:文本文件形式以字符串存储20161052,需占用8个字节;二进制文件形式以整型变量存储20161052,需占用4个字节。因此,采用字符串和整型变量存储数据,都可以达到相同的目的,但数据的存储和处理方式不同。

11.3 文件类型

读取文件需要有一定的信息,包括文件当前的读写位置、与文件对应的内存缓冲区地址以及文件标识等,这些信息存放在"文件信息区"中。"文件信息区"由系统定义的结构体类型FILE描述,其定义描述在头文件stdio.h中。不同的编译系统对FILE类型的定义略有不同,VC++ 6.0对FILE类型的定义如下:

```
struct _iobuf
{
    char  *_ptr;                    /*文件输入的下一个位置*/
    int  _cnt;                      /*当前缓冲区的相对位置*/
    char  *_base;                   /*文件的起始位置*/
    int  _flag;                     /*文件标志*/
    int  _file;                     /*文件的有效性验证*/
    int  _charbuf;                  /*检查缓冲区状态,如果无缓冲区则不读取*/
    int  _bufsiz;                   /*缓冲区大小*/
    char  *_tmpfname;               /*临时文件名*/
};
typedef struct _iobuf FILE;
```

实际编写程序的过程并不关心结构体类型FILE的具体定义,只需要通过声明FILE类型指针指向要读写的文件。

声明格式:

```
FILE *fp;
```

fp被声明为FILE类型的指针变量,通过fp即可找到存放在某个文件信息区的文件结构体变量,然后按结构体变量提供的信息找到对应文件,执行对文件的操作。习惯上把FILE类型的指针变量称为文件指针。

文件可以看作是一组字符或二进制数据的集合,也称为"数据流"。"数据流"的结束标志为-1。C语言定义符号常量EOF表示文件结束标志。EOF的定义包含在头文件stdio.h中。定义形式为

```
#define EOF (-1)                    /* 文件的结束标志 */
```

由于 FILE 为结构体类型，因此 FILE 类型的变量之间不能简单进行赋值运算。为提高运行效率，文件处理函数基本上都以 FILE 类型的指针变量作为函数的形式参数或返回值。

11.4 文件打开与关闭

对文件进行读写操作时，要遵守“先打开，再读写，最后关闭”的原则。打开文件的实质是建立描述文件相关信息的“文件信息区”，并使文件指针指向该区域以便进行读写操作。关闭文件则是断开指针与文件之间的联系，即禁止对该文件进行再操作。

11.4.1 文件打开

1. fopen 函数

C 语言中，文件的打开操作通过 fopen 函数实现。

函数声明格式：

```
FILE *fopen(const char *path, const char *mode);
```

path 指向用字符串描述的文件名，文件名中可以包含关于文件的位置信息，例如驱动器号或路径；mode 指向用字符串描述的文件打开模式，用来说明将要对该文件执行的操作类型。例如，字符串"r"表示文件为只读模式，即只能从文件中读出数据，不能写入数据。

如果 fopen 函数成功打开文件，则返回描述文件的 File 类型文件指针，用于后续的文件操作；如果 fopen 无法打开文件或打开文件出错，则返回空指针(NULL)。例如：

```
FILE *fp;
fp =fopen ("test.txt", "r" );    /*以只读的方式打开当前目录下的文件 test.txt */
```

如果打开 test.txt 文件成功，文件指针 fp 将指向文件 test.txt，否则 fp 为空(NULL)。

在函数调用中，文件名称一般要求为文件全名。文件全名由文件所在目录加文件名构成。假设 file.c 文件存储在 D 盘 data 目录中，则文件的全名为 d:\data\file.c。若以只读方式打开该文件，则函数调用语句为

```
fp =fopen ("d:\\data\\file.c", "r");         /* '\\'为转义字符,表示字符'\' */
```

fopen 函数允许省略文件所在的目录，此时文件的目录为当前可执行程序所在目录。例如，函数调用语句 fp=("file.dat","w")；的含义是：在当前可执行程序所在目录下以只写方式打开文件 file.dat，并使 fp 指向该文件。

文件打开方式有以下几种模式：

(1) 只读模式"r"或"rb"。只能从文件读数据，即只能使用读数据类的文件处理函数，要求文件必须已经存在。如果文件不存在，则打开失败。

(2) 只写模式"w"或"wb"。只能向文件写数据，即只能使用写数据类的文件处理函数，文件既可以存在，也可以不存在。如果文件已经存在，则删除原文件的全部数据，准备写入新的数据；如果文件不存在，则创建一个新文件，准备写入数据。

(3) 追加模式"a"或"ab"。一种特殊的写模式。如果文件已经存在，不删除原文件数据，准备从文件的尾部开始追加新的数据；如果文件不存在，则建立一个新文件，并准备写入数据。

(4) 读写模式。既可以向文件写数据，又可以从文件中读数据。

文件的打开方式不仅依赖于将要对文件采取的操作类型，还取决于文件中的数据是文本形式还是二进制形式。文本文件支持的读写模式如表 11-1 所示，二进制文件支持的读写模式如表 11-2 所示。

表 11-1　文本文件的读写模式

char *mode	含义	如果文件存在	如果文件不存在
r	只读	仅允许从文件读数据	打开失败
w	只写	仅允许向文件写数据(清空)	创建新文件
a	追加	仅允许从文件尾部追加数据	创建新文件
r+	读写	允许读写数据到文件(从文件头开始)	打开失败
w+	读写	允许读写数据到文件(清空)	创建新文件
a+	读写	允许读写数据到文件(追加)	创建新文件

表 11-2　二进制文件的读写模式

char *mode	含义	如果文件存在	如果文件不存在
rb	只读	仅允许从文件读数据	打开失败
wb	只写	仅允许向文件写数据(清空)	创建新文件
ab	追加	仅允许从文件尾部追加数据	创建新文件
rb+	读写	允许读写数据到文件(从文件头开始)	打开失败
wb+	读写	允许读写数据到文件(清空)	创建新文件
ab+	读写	允许读写数据到文件(追加)	创建新文件

C11 标准中 fopen 函数的打开模式中增加了以"x"为结尾的模式，在该模式下，如果文件已经存在或者无法创建(例如，路径不正确)都会导致打开失败，否则文件以独占(不共享)模式被创建并打开，C11 新增读写模式如表 11-3 所示。

表 11-3　C11 新增读写模式

char *mode	含义	如果文件存在	如果文件不存在
wx	只写	打开失败	创建并打开一个文本文件
wbx	只写	打开失败	创建并打开一个二进制文件

续表

char * mode	含义	如果文件存在	如果文件不存在
w+x	读写	打开失败	创建并打开一个文本文件
wb+x/w+bx	读写	打开失败	创建并打开一个二进制文件

打开文件时，因选用的读写模式不正确或文件不存在等原因，可能造成文件打开失败。为保证后续文件操作的正确执行，通常在执行文件打开操作时判断文件打开是否成功。例如：

```
if ((fp =fopen("file.c", "r")) ==NULL )
{
    printf("文件打开失败!\n");
    exit(0);                        /* 如果文件打开失败，调用 exit 函数结束程序 */
}
```

2. freopen 函数

freopen 函数用于打开重定向文件。重定向是指重新指定输入输出文件流。系统中的标准文件流主要包括 stdin、stdout 和 stderr。其中，stdin 是标准输入文件流，默认输入设备为键盘；stdout 是标准输出文件流，stderr 则是标准错误文件流，stdout 和 stderr 的默认设备是屏幕。freopen 可以将标准文件流重定向为其他文件流。

声明格式：

```
FILE * freopen(const char * path, const char * mode, FILE * stream);
```

path 用于描述重定向的输入或输出文件名；mode 用于描述文件的打开模式，与 fopen 函数中的打开模式相同，例如，r 为只读，w 为只写；stream 用于描述文件流，通常使用标准的输入输出文件流 stdin 或 stdout。

如果函数调用成功，将返回所指向的重定向文件指针，否则返回 NULL。

例 11-2 编写程序，利用 freopen 函数对文件 score. txt 中的所有数据求和，并将结果存储在输出文件 sum. txt 中。

```
#include <stdio.h>
int main()
{
    int score, sum =0;
    FILE * fin, * fout;
    fin= freopen ("score.txt", "r", stdin);      /* 对输入重定向，输入数据将从
                                                    score.txt 文件中读取 */
    if (fin ==NULL)
    {
        printf ("文件打开失败!\n");
        exit (0);
    }
```

```
    fout=freopen("sum.txt", "w",stdout);          /* 对输出重定向,输出结果将保存
                                                     在 sum.txt 文件中 */
    while (scanf ("%d", &score) !=EOF)            /* 从重定向输入文件 score.txt
                                                     中读取整型数据 */
        sum +=score;
    printf("%d\n",sum);                           /* 将运算结果存入重定向的输出文
                                                     件中 */
    fclose(fin);                                  /* 关闭输入文件 */
    fclose(fout);                                 /* 关闭输出文件 */
    return 0;
}
```

需要注意的是,该程序中要求的输入文件 score.txt 必须已经存在,否则将造成文件打开失败。

输入重定向是指将标准输入文件流 stdin 重定向为指定的文件,即输入的数据可以不来自键盘,而来自一个指定的文件。因此,输入重定向非常适合输入数据量很大的情况,用户可以将数据提前输入到文件中,再通过调用 freopen 函数从文件中读取输入数据,而不是从键盘反复输入。输出重定向则可以将输出结果从输出到屏幕重定向为输出到文件中。

11.4.2 文件关闭

文件处理的最后一步是关闭文件,目的是保证文件数据的完整性,释放与当前文件相关的内存空间。关闭文件后,不可以再对该文件进行读写操作。C 语言中,文件的关闭操作通过调用 fclose 函数实现。

声明格式:

```
int fclose(FILE *stream);
```

stream 必须是 FILE 类型的指针变量,该变量来自 fopen 或 freopen 函数的返回值。

fclose 函数用于关闭不再使用的文件,其返回值为 int 型,如果关闭文件成功,则返回值为 0,否则将返回常量 EOF(-1)。

例 11-3 编写程序,以可读写方式打开文件 a.txt,进行处理之后关闭文件,并显示打开和关闭的状态。

```
#include <stdio.h>
int main()
{
    FILE *fp;
    int nStatus;
    fp=fopen("a.txt","w+");                  /* 以可读写方式打开当前目录下的文件 */
    if(fp ==NULL)
    {
```

```
        printf("文件打开失败!\n");
        exit(0);
    }
    …                                           /*处理已打开的文件,略*/
    if((nStatus=fclose(fp))==0)                 /*关闭文件并返回状态值*/
        printf("关闭文件成功!\n");
    else
        printf("关闭文件失败!\n");
    return 0;
}
```

11.5 文件读写

文件打开后,可以通过调用文件读写函数实现对文件的读写操作。根据读写方式可以将对文件的读写操作分为单字符读写、字符串读写、格式化读写及数据块读写等。

11.5.1 单字符读写

单字符读写函数以字符(字节)为单位,每次从文件读或写一个字符。单字符读写函数包括 fputc 函数和 fgetc 函数。

1. fputc 函数

fputc 函数用于向指定文件的当前位置写入一个字符。

声明格式:

```
int fputc(int c, FILE *stream);
```

参数 c 为准备写入的字符,可以是字符常量或字符变量;stream 为 FILE 类型的指针变量。

fputc 函数返回值为 int 型数值。如果字符写入成功,则返回写入字符的 ASCII 码值;否则返回 EOF(-1)。被写入的文件可以以写、读写、追加模式打开。每写一个字符,文件内部位置指针将自动向后移动一个字节。

例 11-4 编写程序,从键盘输入字符并写入 d:\test.txt 文件,以'$'作为输入结束符。

```
#include <stdio.h>
int main()
{
    FILE *fp;                                  /*定义文件指针 fp*/
    char c;
    if((fp=fopen("d:\\test.txt","w"))==NULL)   /*以写方式打开 d:\test.txt*/
```

```
    {
        printf("文件打开失败!\n");
        exit(0);                          /*如文件打开失败,给出提示并退出程序*/
    }
    while((c=getchar())!='$')             /*循环输入字符,直到输入字符'$'为止*/
        fputc(c, fp);                     /*向文件test.txt写入字符*/
    fclose(fp);                           /*关闭文件*/
    return 0;
}
```

假设运行程序时从键盘输入"This is a test file! $",则文件 d:\test.txt 中将保存"This is a test file!"。

2. fgetc 函数

fgetc 函数用于从文件的当前位置读取一个字符。

声明格式:

```
int fgetc(FILE * stream);
```

fgetc 函数返回指定文件中的当前字符,返回值为 int 型。如果字符读取成功,则返回所读取字符的 ASCII 码值;如果遇到文件结束符或出错,则返回 EOF(−1)。

调用 fgetc 函数进行读操作的文件必须以读或读写模式打开。文件内部有一个位置指针,用来指向文件的当前位置。当文件打开时,该指针总是指向文件的第一个字节,使用 fgetc 函数后,该位置指针将自动向后移动一个字节,因此可连续使用 fgetc 函数读取多个字符。

文件指针和文件内部的位置指针不同:文件指针指向整个文件,必须在程序中进行声明才能使用,只要不重新赋值,则文件指针的值不发生变化;文件内部的位置指针由系统自动设置,用以指示文件当前的读写位置,每读写一次,该指针将自动向后移动一个位置。

例 11-5 编写程序,模拟 TYPE 命令在屏幕上显示例 11-4 中 d:\test.txt 文件的内容。

```
#include <stdio.h>
int main()
{
    FILE *fp;
    char szFileName[20];
    int c;
    printf("请输入要读取的文件名:\n");
    scanf("%s", szFileName);            /*以字符串方式读入文件名,存入字符数组中*/
    if((fp=fopen(szFileName,"r"))==NULL)          /*以只读方式打开该文件*/
    {
        printf("文件打开失败!\n");
```

```
        exit(0);
    }
    /* 循环读出指定文件中的字符并显示在屏幕上,直到文件结束(文件结束标志为 EOF) */
    while((c=fgetc(fp))!=EOF)
        putchar(c);
    fclose(fp);
    return 0;
}
```

3. 宽字符读写函数

针对文件中宽字符的读写,C99 标准提供 fgetwc 和 fputwc 等函数。fgetwc 函数用于从指定文件的当前位置读取一个宽字符,fputwc 函数用于向指定文件的当前位置写入一个宽字符 wc,如果函数执行有误,则函数返回 WEOF。WEOF 为宽字符文件的结束标志。

声明格式:

```
wint_t fgetwc(FILE * stream);
wint_t fputwc(wchar_t wc, FILE * stream);
```

例 11-6 编写程序,实现 fgetwc 和 fputwc 函数的应用。

```
#include <stdio.h>
#include <wchar.h>
int main ()
{
    FILE * fp;
    wchar_t wc;
    fp =fopen("wtext.txt","w");
    if (fp!=NULL)
    {
        for (wc =L'A' ; wc <=L'Z' ; ++wc)
            fputwc( wc, fp );                    /* fputwc 写宽字符例 */
        fclose (fp);
    }
    fp=fopen("wtext.txt","r");
    if (fp!=NULL)
    {
        while ((wc =fgetwc (fp))!=WEOF)          /* fgetwc 读宽字符例 */
            n++;
        fclose(fp);
        wprintf (L"文件含 %d 个字符\n",n);
    }
    return 0;
}
```

11.5.2 字符串读写

字符串读写函数实现在文件中进行字符串整体的读取操作。

1. fputs 函数

fputs 函数用于向文件的当前位置写字符串。fputs 函数只将字符串内容写入到指定文件,不会在字符串结尾添加结束符,即 fputs 函数向文件写信息时并不写入'\0'。

声明格式:

```
int fputs(const char * s, FILE * stream);
```

const char * s 可以是字符串常量、字符数组名或字符型指针变量。

fputs 函数的返回值为 int 型,如果写入文件成功,返回数值 0;否则返回 EOF。例如:

```
fputs("C programming", fp);      /*将字符串 C programming 写入 fp 指向的文件中*/
```

2. fgets 函数

fgets 函数用于从文件的当前位置读字符串。fgets 函数从文件中逐个读取字符,在读出 n−1 个字符、遇到换行符或文件结束标志 EOF 时结束操作,并在读出的最后一个字符后添加字符串结束标志字符'\0'。

声明格式:

```
char * fgets(char * s, int n, FILE * stream);
```

参数 s 用于指向从文件中读取的字符串,参数 n 表示最多能读取 n−1 个字符。

fgets 函数的返回值为字符型指针。如果从文件中读取字符串成功,则返回有效存储区的首地址;否则,返回 NULL。例如:

```
fgets(str, n, fp);          /*从 fp 所指的文件中读出 n-1 个字符到字符数组 str 中*/
```

fgetws 函数和 fputws 函数用于对文件中宽字符串的读写。

声明格式:

```
int fputws(const wchar_t* s, FILE* stream);
wchar_t * fgetws(wchar_t* s, int n, FILE* stream);
```

例 11-7 编写程序,将字符串" Hello World!"写入文件 hello.txt,再从该文件中读取字符串,实现字符串读写应用。

(1) ASCII 字符串在文件中的读写过程:

```
#include <stdio.h>
int main()
{
    FILE * fp;
```

```
    char inputText[20]={"Hello World!"};
    char outText[20];
    fp=fopen("d:\\hello.txt","w+");
    if(fp==NULL)
    {
        printf("文件打开失败!\n");
        exit(0);
    }
    fputs(inputText, fp);
    rewind(fp);                          /*使文件指针 fp 重新回到文件头部*/
    fgets(outText, 6, fp);               /*从文件读取 5 个字符到字符数组*/
    fclose(fp);
    printf("%s\n", outText);
    return 0;
}
```

(2) 宽字节字符串在文件中的读写过程:

```
#include <stdio.h>
int main()
{
    FILE *fp;
    wchar_t inputText[20]={L"Hello World!"};
    char outText[20];
    fp=fopen("d:\\hello.txt","w+");
    if(fp==NULL)
    {
        printf("文件打开失败!\n");
        exit(0);
    }
    fputws(inputText, fp);
    rewind(fp);                          /*使文件指针 fp 重新回到文件头部*/
    fgetws(outText, 6, fp);              /*从文件读取宽字符到字符数组*/
    fclose(fp);
    wprintf(L"%s\n", outText);
    return 0;
}
```

11.5.3 格式化读写

文件格式化读写函数 fscanf 和 fprintf 与格式化输入输出函数 scanf 和 printf 功能类似,两者的区别在于 fscanf 函数和 fprintf 函数的读写对象是磁盘文件而不是键盘和显示器。

声明格式：

```
int fprintf(FILE * stream, const char * format,…);
int fscanf(FILE * stream, const char * format,…);
```

与 printf 函数和 scanf 函数相比，fprintf 函数和 fscanf 函数的参数多一个形式参数 FILE * stream，即要读写文件的指针，其他的形式参数完全相同。例如：

```
scanf("%d", &d);              /* 从键盘中读取一个整型数据到变量 d 中 */
fscanf(stream, "%d", &d); /* 从当前打开的文件 stream 中读取一个整型数据到变量 d 中 */
```

例 11-8 编写程序，从键盘输入 3 位同学的学号、姓名、英语及计算机成绩，计算成绩总分后，将输入的信息及成绩总分写入到文本文件 students. dat 中。

```
#include <stdio.h>
int main ()
{
    FILE * fp;
    float sEn, sCpu, sTotal;
    char id[8], Name[8];
    int i;
    fp =fopen("student.txt","w+");  /* 以可读可写的方式打开文件 */
    if(fp==NULL)
    {
        printf("文件打开失败!\n");
        exit(0);
    }
    printf("学号\t 姓名\t 英语\t 计算机\n");
    for(i=0; i<3; i++)
    {   /* 用 scanf 输入数据并用 fprintf 函数写入文件 */
        scanf("%s%s%f%f", id, Name, &sEn, &sCpu);
        sTotal=sEn +sCpu;
        fprintf(fp," \n%s\t%s\t%.1f\t%.1f\t%.1f", id, Name, sEn, sCpu, sTotal);
    }
    rewind (fp);
    printf("文件中保存内容如下:\n 学号\t 姓名\t 英语\t 计算机\t 总分\n");
    while(!feof(fp))
    {   /* 从文件中读取数据并输出 */
        fscanf(fp,"%s%s%f%f%f", id, Name, &sEn, &sCpu, &sTotal);
        printf("%s\t%s\t%.2f\t%.2f\t%.2f\n", id, Name, sEn, sCpu, sTotal);
    }
    fclose (fp);
    return 0;
}
```

程序运行结果示例如下：

```
学号    姓名    英语    计算机
1601    ming    87      76.5
1602    li      85      81
1603    zhang   88.5    85.5
文件中保存内容如下:
学号    姓名    英语    计算机  总分
1601    ming    87.00   76.50   163.50
1602    li      85.00   81.00   166.00
1603    zhang   88.50   85.50   174.00
```

C 语言提供 fwscanf 和 fwprintf 函数用于宽字符的格式化读写。

声明格式：

```
int fwprintf (FILE * stream, const wchar_t * format,…);
int fwscanf (FILE * stream, const wchar_t * format,…);
```

如果例 11-8 采用宽字节字符输入输出，相应的函数调用格式如下：

```
for(i=0; i<3; i++)
{   /*用 wscanf 输入数据并用 fwprintf 函数写入文件*/
    wscanf(L"%s%s%f%f", id, Name, &sEn, &sCpu);
    sTotal=sEn +sCpu;
    fwprintf(fp,L" \n%s\t%s\t%.1f\t%.1f\t%.1f", id, Name, sEn, sCpu, sTotal);
}
wprintf(L"文件中保存内容如下:\n 学号\t 姓名\t 英语\t 计算机\t 总分\n");
while(!feof(fp))
{   /*从文件中读取数据并输出*/
    fwscanf(fp,L"%s%s%f%f%f", id, Name, &sEn, &sCpu, &sTotal);
    wprintf(L"%s\t%s\t%.2f\t%.2f\t%.2f\n", id, Name, sEn, sCpu, sTotal);
}
```

11.5.4 数据块读写

文件的数据块读写函数 fread 和 fwrite，主要用于对二进制文件的读写处理。

fwrite 函数用于将内存中指定存储区中的数据写到二进制文件中，这些被写入的数据可以是数值型数据，也可以是图像或声音数据。

声明格式：

```
size_t fwrite(const void *buffer, size_t size, size_t n, FILE *stream);
```

buffer 为数据块在内存中的首地址，可以是任何数据类型的指针变量；stream 为待写入的文件指针；size 表示数据块大小，以字节为单位；n 表示要写入文件的数据块个数。

fwrite 函数向 stream 所指向的文件写入 buffer 中存储的 n 个数据块，每个数据块的大小为 size。如果数据块成功写入，返回实际写入文件的数据块个数 n，而非字节数；如果写入错误，函数返回小于 n 的数据块个数。

fwrite 和 fprintf 函数的区别在于：fwrite 函数以二进制方式写入文件，而 fprintf 函数以文本方式写入文件。

fread 函数用于从二进制文件中读取任何类型的数据块，并存储在指定的内存中。

声明格式：

```
size_t  fread(void * buffer, size_t size, size_t n, FILE * stream);
```

buffer 是有效内存地址，一般为数组名，用于存放从文件中读取的数据块；stream 为待读取的文件指针；size 表示数据块大小，以字节为单位；n 表示要从文件中读取的数据块个数。

fread 函数从 stream 指向的文件中读出 n 个数据块，每个数据块的大小为 size，保存在 buffer 开始的内存中。如果成功执行，将返回读取的数据块个数 n；如果文件中的数据块少于 n 或出错，返回值可能小于 n。

fread 和 fwrite 函数适用于数组和结构体等自定义数据的处理，实现整体的读写，可以大幅度提高文件的读写速度。

1. 简单变量读写

fread 和 fwrite 函数可以读写单个数据。例如：

```
char c;
int n=97;
FILE * fp=fopen("data.dat","wb+");
fwrite(&n, sizeof(int), 1, fp);        /* 将整型数据 n 写入到文件 fp 中 */
fread(&c, sizeof(char), 1, fp);        /* 从文件 fp 中读取字符格式数据到变量 c 中 */
```

2. 数组读写

由于数组具有连续的存储空间，数据元素连续存放，具备数据整体读取的处理条件，使用 fread 和 fwrite 函数对数组进行整体读写非常方便。例如：

```
char szText[20];
float fArray[10] ={87, 76, 93.5, 65, 79.5, 81.5, 72, 74, 84.5, 64};
FILE * fp =fopen("data.dat","wb+");
fwrite(fArray, sizeof(float), 10, fp); /* 将 fArray 数组的元素整体写入文件 fp */
fread(szText, sizeof(char), 20, fp);    /* 从文件 fp 中读 20 个字符到 szText 数组 */
fread(fArray, sizeof(float), 5, fp);    /* 从文件 fp 中读 5 个 float 型数到数组
                                           fArray */
```

例 11-9 编写程序，从键盘读取 10 个整型数据存储到文件中，然后再从文件中读出数据并输出。

```
#include <stdio.h>
int main()
{
    FILE * fp;
```

```
    int aArray[10], bArray[10];
    int i=0 ;
    fp=fopen("d://data.dat","wb+");         /*以可读可写的二进制形式打开文件*/
    for(i=0; i<10; i++)
        scanf("%d",&aArray[i]);
    fwrite(aArray, sizeof(int), 10, fp);    /*一次性写入10个数据到文件*/
    rewind(fp);                             /*文件位置指针重新指向文件起始位置*/
    fread(bArray, sizeof(float), 10, fp);   /*一次性从文件中读取10个整数到数组*/
    for(i=0; i<10; i++)
        printf("%d ", bArray[i]);           /*显示数据*/
    fclose(fp);
    return 0;
}
```

3. 结构体变量读写

对于结构体类型变量的读写操作,可以通过对各个成员变量的读写操作实现。例如:

```
struct student
{
    char id[8];
    char name[8];
    float sEn, sCpu;
} stu;
FILE *fp;
...
fprintf(fp, "%s %s %f %f ", stu.id, stu.name, stu.sEn, stu.sCpu);
                                            /*将变量成员逐个写入文件*/
fscanf(fp, "%s%s%f%f ", stu.id, stu.name, &stu.sEn, &stu.sCpu);
                                            /*格式化读取变量成员*/
...
```

因为结构体类型变量的各成员在内存中连续存放,所以还可以使用数据块读写函数进行整体读写,修改上述代码中的读写过程:

```
fwrite(stu, sizeof(struct student), 1, fp); /*将结构体变量整体写入文件*/
fread(&stu, sizeof(struct student), 1, fp); /*从文件中整体读取结构体变量*/
```

例 11-10 编写程序,从键盘输入3个学生的相关信息,写入文件,再读出显示。

```
#include <stdio.h>
typedef struct                              /*重定义结构体类型为student类型*/
{
    char id[8];
    char name[8];
    float sEn, sCpu;
```

```
} student;
int main()
{
    int i;
    FILE * fp;
    student stu;                              /* 定义 student 类型变量 stu */
    fp=fopen("student.dat","wb+");            /* 以可写可读方式打开文件 */
    printf("读入学生信息:\n");
    for(i=0; i<3; i++)
    {
        scanf("%s%s%f%f", stu.id, stu.name, &stu.sEn, &stu.sCpu);
        fwrite(&stu, sizeof(stu), 1, fp);     /* 将学生信息整体写入文件 */
    }
    rewind(fp);                               /* 恢复文件位置指针至文件起始位置 */
    printf("读出学生信息:\n");
    for(i=0; i<3; i++)
    {
        fread(&stu, sizeof(stu), 1, fp);      /* 读取学生信息 */
        printf("%s\t%s\t%.1f\t%.1f\n", stu.id, stu.name, stu.sEn, stu.sCpu);
    }
    fclose(fp);
    return 0;
}
```

程序运行结果示例：

```
读入学生信息:
16001  LiF    87.5  92
16002  WangY  88    91.5
16003  YuX    91    95

读出学生信息:
16001  LiF    87.5  92.0
16002  WangY  88.0  91.5
16003  YuX    91.0  95.0
```

11.6 文件定位函数

打开文件时，根据打开模式可以在文件起始处或结尾处设置文件读写位置指针。顺序读写过程中，读写位置指针从文件的首部开始逐个对数据进行读写，每读写完一个数据，该指针就会自动指向下一个数据。除了顺序读写方式以外，还允许对文件进行随机读写，即根据需要读写特定位置的数据。

为了满足文件的随机读写操作，C 语言提供了确定当前文件位置指针或者改变文件位置指针的文件定位函数，如 fseek、ftell 和 rewind 函数等。

1. fseek 函数

fseek 函数用于将读写位置指针移动至需要的位置，是最重要的文件定位函数。

声明格式：

```
int fseek(FILE * stream, long offset, int whence);
```

stream 表示已打开的文件指针，offset 为偏移量，whence 为偏移基准。

读写位置的偏移基准包括文件头、文件尾和文件当前位置，其值可以用符号常量 SEEK_SET、SEEK_ END 和 SEEK_CUR 表示，如表 11-4 所示。

表 11-4 读写位置的偏移基准

读写指针起始点	符号常量	整数值	说　明
文件头	SEEK_SET	0	读写位置的偏移基准为文件头
文件当前位置	SEEK_CUR	1	读写位置的偏移基准为当前位置
文件尾	SEEK_END	2	读写位置的偏移基准为文件尾

如果 stream 指向的文件已经以二进制方式打开，fseek 函数将文件读写位置指针定位至与偏移基准相距 offset 个字节的地址。fseek 函数的返回值为 int 型，如果文件定位成功，则返回 0，否则返回非零值。

文件偏移量 offset 表示以偏移基准 whence 为基点向前或向后要移动的字节数，正数表示向后移动，负数表示向前移动。fseek 函数可读取容量最大为 2GB 的文件。例如：

```
fseek(fp, 0L, SEEK_SET);     /* 将读写位置指针定位到文件头 */
fseek(fp, 100L, SEEK_SET);   /* 将读写位置指针定位到文件头之后 100 个字节处 */
fseek(fp, 0L, SEEK_END);     /* 将读写位置指针定位到文件尾 */
fseek(fp,-1L, SEEK_END);     /* 将读写位置指针定位到文件尾之前 1 个字节处，即文件中
                                存储的最后一个字节 */
fseek(fp, 0L, SEEK_CUR);     /* 不改变当前文件位置 */
fseek(fp, -10L, SEEK_CUR);   /* 将文件位置指针定位到当前位置之前 10 个字节处 */
```

fseek 函数一般用于二进制文件。如果需要对文本文件定位，可以使用 fseek(fp, 0L, SEEK_SET)定位到文件头，使用 fseek(fp, 0L, SEEK_CUR)定位到当前位置，使用 fseek(fp, 0L, SEEK_ END)定位到文件尾，或者使用 fseek(fp, offset, SEEK_SET)定位到指定位置，其中 offset 可以通过 ftell 函数获得。

例 11-11 编写程序，向文件写入数据，并定位读取数据。

```
#include<stdio.h>
int main()
{
    FILE * fp;
    char t[20];
```

```
    char s[]="www.CLanguage.neu.cn";
    fp=fopen("tmp.dat","wb+");
    fwrite(s, strlen(s), 1, fp);   /* 向文件写入数据 */
    fseek(fp, 4L, 0);              /* 将读写位置指针从文件头部向后移动 4 个字节 */
    fread(t, 9, 1, fp);            /* 从文件当前位置读取 9 个字节到 t 数组中 */
    t[9]='\0';                     /* 指定字符串结束符 */
    printf("%s\n",t);              /* 程序运行结果显示为:CLanguage */
    fclose(fp);
    return 0;
}
```

2. rewind 函数

rewind 函数用于将文件内部的读写位置指针重新指向文件头,并清除状态标志。

声明格式:

```
void rewind(FILE * stream);
```

调用 rewind 函数几乎等价于调用 fseek(fp, 0L, SEEK_SET)函数,两者的差异在于: rewind 函数虽然没有返回值,但会为 fp 清除错误状态标志。

3. ftell 函数

ftell 函数用于获取文件读写指针的当前位置,该位置是相对于文件头部的偏移量。

声明格式:

```
long ftell(FILE * stream);
```

如果文件以二进制方式打开,ftell 函数将返回由 stream 指向的文件从文件头到文件位置指针当前值的偏移量。如果发生错误,ftell 函数将返回-1。例如:

```
long n ;
n =ftell (fp) ;
if(n==-1L)
    printf("定位错误!") ;
```

11.7 文件状态跟踪

为了跟踪文件的读写状态,检测读写操作中是否出现未知的错误,C 语言提供 feof、ferror 及 clearerr 等函数用于查看文件的读写状态。

1. feof 函数

feof 函数用于检测文件位置指针是否到达文件尾。

声明格式：

```
int feof(FILE * stream);
```

feof 函数检测到文件尾部标记 EOF 时返回非零值，否则返回 0。例如，在模拟实现 COPY 命令的程序代码中，可以调用 feof 函数检测文件读写指针是否到达文件尾。

例 11-12 编写程序，实现文件复制功能。

```
#include <stdio.h>
int main()
{
    FILE * fpFrom, * fpTo;
    char inputText[20]={"Hello World!"};
    fpFrom=fopen("from.txt","w+");
    fpTo=fopen("to.txt","w");
    fputs(inputText, fpFrom);           /* 向 from.txt 文件中写入字符串 */
    rewind(fpFrom);                     /* 恢复文件位置指针 */
    while(!feof(fpFrom))                /* 当文件读写指针没有到达文件尾时 */
        fputc(fgetc(fpFrom),fpTo);      /* 将 from.txt 文件内容复制到 to.txt 文件 */
    fclose(fpFrom);
    fclose(fpTo);
    return 0;
}
```

2. ferror 函数

ferror 用于检测文件的错误状态。ferror 函数仅反映本次文件操作的状态，只有在执行一次文件操作后，准备执行下一次文件操作前调用 ferror 函数，才能够正确反映本次操作的错误状态。

声明格式：

```
int ferror(FILE * stream)
```

ferror 函数的返回值为 0 时，说明当前的文件操作正常；否则说明文件操作失败。

3. clearerr 函数

clearerr 函数用于清除文件操作的错误状态标志。每个文件都有与之相关的两个指示器：错误指示器(error indicator)和文件尾部指示器(end-of-file indicator)，打开文件时首先清除这些指示器，然后在遇到错误时设置错误指示器，在遇到文件尾部时设置文件尾部指示器。

声明格式：

```
void clearerr(FILE * stream);
```

当文件操作出现错误时，就会将文件错误状态标志设置为非零值，此后所有对文件的操作均会失败。如果希望继续对文件进行操作，需要调用 clearerr 函数清除此错误标志后再执行后续操作。例如：

```
fp=fopen("test.txt", "w");
fgetc(fp);
if (ferror(fp))
{
    clearerr(fp);
}
```

11.8 其他文件操作函数

C 语言标准输入输出函数库还提供了其他与文件有关的函数。例如：

```
int remove(const char * filename);      /* 删除指定的文件,filename 指出文件名 */
int rename(const char * old_filename, const char * new_filename);
                                        /* 将 old_filename 所指文件名修改为 new_filename */
FILE * tmpfile(void);       /* 生成一个临时文件,以"wb+"的模式打开,并返回该临时文件
                               的指针,如果失败返回 NULL。程序结束时,该临时文件将会
                               被自动删除 */
char * tmpnam(char * s);    /* 生成一个唯一的文件名,参数 s 用来保存文件名,并返回该
                               指针,如果失败,返回 NULL */
int fflush(FILE * stream); /* 清除文件缓冲区,将缓冲区内容强制写入文件 */
```

fflush 函数通常用于处理磁盘文件，作用是清除输入输出缓冲区，一般只在写文件的时候使用。如果清空缓冲区成功，则返回 0；否则返回 EOF。

例 11-13 编写程序，实现 fflush 函数的应用。

```
#include <stdio.h>
#include <string.h>
int main()
{
    FILE * fp;
    char * s ="CLanguage ";
    int i, * n;
    fp=fopen("flush.dat", "wb");
    for(i=0; i<5; i++)
        fwrite(s, strlen(s), 1, fp);  /* 字符串 s 写入文件 */
    //fflush(fp);                      /* 清除输入输出缓冲区 */
    * n=i;                             /* 这行语句有语法错误,程序执行到此处,会出现
                                          内存访问错误 */
    fclose(fp);
    return 0;
}
```

当程序执行到语句 * n=i;时出现错误,异常退出。此时,利用 fwrite 所写的字符串很可能还在缓冲区,并没有实际写入磁盘文件,若此时查看磁盘文件 flush.dat,其中可能没有数据。而如果在 fwrite 语句之后添加语句 fflush(fp);(将程序中该语句之前的注释符//去除),则 fwrite 所写的字符串将立刻被写入文件中。即使之后的程序有错,文件 flush.dat 中也会保存该数据。fflush 函数的真正作用是立即将缓冲区中的内容输出到文件。

如果在写完文件后调用 fclose 函数关闭文件,同样可以达到将缓冲区的内容写入文件的目的,但系统开销较大。

fflush 函数的参数也可以是标准输入(stdin)或标准输出(stdout),用于清空标准输入输出缓冲区。例如:

```
#include <stdio.h>
int main()
{
    int n;
    char c;
    scanf("%d", &n);
    //fflush(stdin);                        /*清空标准输入缓冲区*/
    c =getchar();
    printf("n =%d, c =%c \n", n, c);
    return 0;
}
```

不执行 fflush(stdin)函数时的程序运行结果示例:

例 1:

```
25 A↙
n =25, c =
```

例 2:

```
25↙
n =25, c =
```

执行 fflush(stdin)函数时的程序运行结果示例:

例 1:

```
25 A↙
A
n =25, c =A
```

例 2:

```
25↙
A
n =25, c =A
```

程序中如果没有 fflush(stdin);语句,则在输入整数 25 之后,所输入的任何字符(如空格、回车符等)都将在执行 c = getchar();语句时被接收并赋给变量 c,因此,c 无法准确获得字符'A'。当程序中添加了 fflush(stdin);语句后,用户在输入数据及回车符(↙)后,其中的整型数据被存于整型变量 n 中,而其他字符(如空格、A)及回车符将被存于输入缓冲区,执行 fflush(stdin);语句后,输入缓冲区被清空,需要再输入字符才能被 getchar 接收。因此,添加 fflush(stdin);语句后,应采用例 2 中的输入模式。

11.9 案 例

问题陈述：在实际程序设计中，影片推荐系统的原始数据（包括影片信息、用户信息、评分记录等）来自外部文件，而不是事先保存在全局变量数组中。现在要改为将原始数据集保存于外部文件。其中影片信息保存于 movies.dat 文件，用户信息保存于 users.dat 文件，评分记录保存于 ratings.dat 文件①。程序需要通过读取外部文件将所需信息加载至动态内存区，再进行影片推荐。完成数据加载后，就可以按照前面章节相同的操作执行推荐计算过程。本节将影片信息、用户信息、评分记录 3 种不同信息的加载过程分别采用独立的函数完成。原始数据来自外部文件，需要对前面章节的数据加载函数 loadRatings 进行重新改写，并按照相同的方法新增影片信息加载函数 loadMovies 和用户信息加载函数 loadUsers。另外，由于用户信息也是从外部文件读取的，当为某个 ID 的用户推荐影片时，需要确认该 ID 在读取的用户列表中是否存在（对应 isUserExist 函数），其他的函数中涉及这 3 种数据操作的代码需要进行相应的调整。最终函数之间的调用关系如图 11-3 所示。

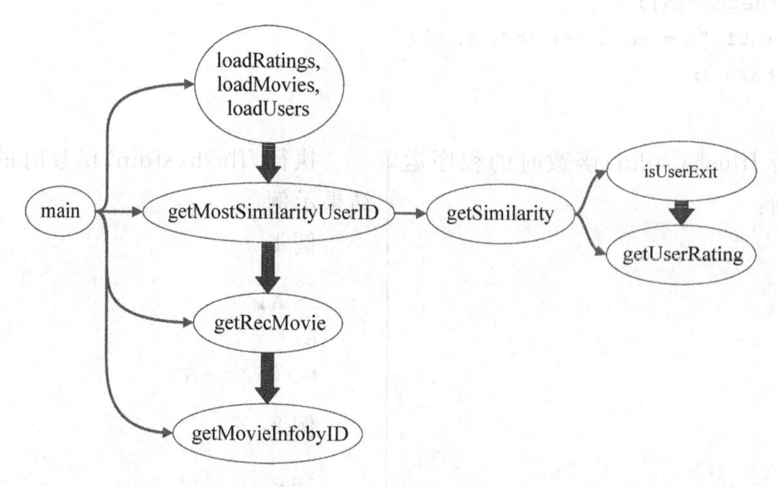

图 11-3 函数调用关系

问题的输入：

（1）保存于文件的原始影片数据、用户数据和评分数据。

（2）键盘输入的指定用户 ID。

问题的输出：符合条件的推荐影片信息。

① 原始数据集可从以下数据来源获取：MovieTweetings 数据集（https://github.com/sidooms/MovieTweetings），该数据集目前持续更新中，同时提供了不同规模的版本。具体文件格式请参看原始数据集说明文件。

算法描述：

(1) 算法描述1(主程序)：

Step1：声明变量user_id1、user_id2以及相似度结果变量similarity。

Step2：为影片信息数据动态分配内存，并读取movies.dat文件加载影片信息。

Step3：为用户信息数据动态分配内存，并读取users.dat文件加载用户信息。

Step4：为评分记录数据动态分配内存，并读取ratings.dat文件加载评分记录。

Step5：输出提示信息，并读入用户1的ID。

Step6：调用最大相似度查询函数计算具有最大相似度的目标用户。

Step7：查询满足条件的推荐影片候选列表。

Step8：如果满足条件的影片数大于0，则随机选取一个影片输出，否则输出无结果信息。

Step9：释放内存。

(2) 算法描述2(最大相似度查询函数)：同第8章案例中的算法描述2。

(3) 算法描述3(相似度计算函数)：同第7章案例中的算法描述2。

(4) 算法描述4(用户评分查询函数)：同第7章案例中的算法描述3。

(5) 算法描述5(查询推荐影片列表函数)：同第9章案例中的算法描述5。

(6) 算法描述6(查询影片详细信息函数)：同第9章案例中的算法描述6。

(7) 算法描述7(文件记录加载函数)：影片信息、用户信息、评分记录分别对应一个函数，算法一致。

Step1：声明文件指针变量*fp、字符数组变量str[]、数据记录数变量count等。

Step2：输出提示信息。

Step3：如果文件打开正常，转Step4，否则转Step5。

Step4：文件未结束时，执行Step4.1至Step4.4，文件结束时执行Step4.5。

  Step4.1：读取一行。

  Step4.2：调用strtok函数以"::"分隔符切分字符串。

  Step4.3：分配相应的数据至对应的结构体(影片结构体、评分结构体等)。

  Step4.4：记录数count加1。

  Step4.5：关闭文件，转Step6。

Step5：输出错误信息。

Step6：返回记录数。

(8) 算法描述8(验证用户ID存在性函数)：

Step1：声明isExist变量，并初始化为0。

Step2：对每一个用户执行以下步骤。

  Step2.1：如果用户ID与指定用户ID一致，则isExist=1，并中断循环。

Step3：返回isExist。

源程序代码(与文件相关的部分代码参见教材电子资源)：

```
/* Author:"程序设计基础(C)"课程组
 * Description: 从文件读取数据信息,为指定用户推荐影片 */
```

```
…/*头文件及结构体定义部分与第 10 章相同(略)*/
int64_t loadRatings(char* filename);
int64_t loadMovies(char* filename);
int64_t loadUsers(char* filename);
rating* p_ratings;
movie* p_movies;
int64_t* p_users;
int64_t ratingCount;
int64_t movieCount;
int64_t userCount;
int main()
{
    int64_t user_id, user_id2;
    float similarity;
    int count;
    int rnd;
    movie recMovieList[20];                              /*保留 20 部推荐影片*/
    movie recMovie;
    p_movies=malloc(MAX_MOVIE_COUNT * sizeof(movie));
    movieCount=loadMovies("D:\\cdata\\movies.dat");
                                                         /*从外部文件加载影片信息*/
    p_users=malloc(MAX_USER_COUNT * sizeof(int64_t));
    userCount=loadUsers("D:\\cdata\\users.dat"); /*从外部文件加载用户信息*/
    p_ratings=malloc(MAX_RATINGS_COUNT * sizeof(rating));
    ratingCount=loadRatings("D:\\cdata\\ratings.dat");
                                                     /*从外部文件加载评分记录信息*/
    printf("please input user id:");
    scanf("%I64d", &user_id);
    user_id2=getMostSimilarityUserID(user_id);/*调用最大相似度计算函数*/
    count=getRecMovie(recMovieList, user_id, user_id2);
                                                  /*查询获取待推荐影片列表及数量*/
    if (count>0)
    {
        srand(time(NULL));
        rnd=rand() %count;
        recMovie=getMovieInfobyID(recMovieList[rnd].id);
                                               /*从推荐候选影片列表中随机选择一部影片*/
        printf("The recommended movie:\n");
        printf("id:%I64d, Title:%s, Genre:%s\n", recMovie.id, recMovie.title
        _year, recMovie.genre);
    }
    else
        printf("Sorry!");
    free(p_ratings);                                     /*释放内存*/
    free(p_movies);
    free(p_users);
```

```
    return 0;
}
int64_t loadMovies(char * filename)               /* 从外部文件加载影片信息,传入参
                                                     数是影片信息文件名 */
{
    int64_t count =0;
    FILE * fp;
    char str[512];
    char * p;
    char * data[3];
    int i;
    printf("Loading movie info...\n");
    if ((fp =fopen(filename, "r")) !=NULL)
    {   /* 如果文件打开正常 */
        while (!feof(fp))                          /* 当文件未结束 */
        {
            fgets(str, 256, fp);                   /* 读取一行至 str */
            data[0] =strtok(str, "::");            /* 按照分隔符::分拆影片信息 */
            for (i =1; (p =strtok(NULL, "::")) && i<3; i++)
                data[i] =p;
            p_movies[count].id =atol(data[0]); /* 第一字段为影片 ID */
            strcpy(p_movies[count].title_year, data[1]);
                                                  /* 第二字段为影片名及发行年信息 */
            strcpy(p_movies[count].genre, data[2]);/* 第三字段为影片类别信息 */
            count++;                               /* 记录数+1 */
        }
        fclose(fp);                                /* 读取完毕,关闭文件 */
        printf("%I64d movies loaded!\n", count);
    }
    else
        printf("Loading error!\n");
    return count;
}
int64_t loadUsers(char * filename)                 /* 从外部文件加载用户信息,传入参
                                                     数是用户信息文件名 */
{   .../* 略,与 loadMovies 函数类似 */
}
int64_t loadRatings(char * filename)               /* 从外部文件加载用户信息,传入参
                                                     数是用户评分文件名 */
{   .../* 略,与 loadMovies 函数类似 */
}
int isUserExist(int64_t userid)
{
    int64_t i;
    int isExist =0;
    for (i =0;i <userCount;i++)
```

```
    {
        if (p_users[i] ==userid)
        {
            isExist =1;
            break;
        }
    }
    return isExist;
}
```

练 习 题

1. 如果有多个程序共享一个数据文件，从数据存储的角度，举例说明采用文本格式或者二进制格式哪种更好。

2. 编写程序，将已知文件 alpha. txt 中的小写字母全部转换成大写字母，再将转换后的大写字母追加到该文件中。

3. 编写程序，已知文件 data. txt 中存储了一组整数，从键盘上输入一个整数，在文件中查找该数据。如果找到，输出该数据的位置；否则输出未找到信息。

4. 编写程序，已知文件 dict. txt 中存储一段由若干个单词组成的文本，统计出该段文本中单词的数量及标点符号的数量（分隔单词的空格不算在内）。

5. 编写程序，从键盘输入文件名，并将接下来输入的数据保存在该文件中（以"#"作为输入数据的结束符）。

6. 编写程序，实现两个已知文本文件内容（每个文件中有一行字符串）的连接并将连接内容保存在一个新文件中。

7. 编写程序，定义结构体数组存放 3 名学生的学号、姓名、3 门课的成绩；从键盘输入 3 名学生的信息，计算每名学生的平均成绩，将原有学生信息和平均成绩存储在文件 stud. dat 中。

8. 编写程序，将 5 名学生的信息（学号、姓名、3 门课的成绩）存储于 stud. dat 文件中，按照平均分数从高到低进行排序，分别将结果输出到屏幕上和另一文件 studsort. dat 中。

9. 编写程序，将 5 名学生的信息（学号、姓名、3 门课成绩）以结构体方式输入（追加）到文件 stud. dat 中，对文件中的学生信息进行查找、插入、删除和修改等操作。

10. 已知二进制位图(BMP)文件的文件头部分格信息式如表 11-5 所示。

表 11-5 BMP 文件的文件头部分格式信息

偏移量	域 名	大小/B	内 容
0x00	文件标识	2	"BM"
0x02	文件大小	4	整个文件占用的字节数

续表

偏移量	域　　名	大小/B	内　　容
0x06	保留	4	必须设置为0
0x0A	Bitmap Data Offset	4	从文件开始到位图实际数据开始之间的偏移量
0x0E	Bitmap Header Size	4	位图信息头长度
0x12	Width	4	位图宽度,单位为像素
0x16	Height	4	位图高度,单位为像素
0x1A	Planes	2	位图的位面数,始终为1

编写程序,从硬盘上读取一个已存在的BMP文件,输出该文件的大小以及该位图的宽度和高度信息。

第12章

程序设计思想及范例

12.1 概　　述

从具体问题的求解算法入手,不断抽象和升华,力求建立具有普适性的算法,一直是计算机科学与技术学科的重要使命。程序设计中常见的问题包括求和/求积、遍历、迭代计算、排序/查找、递归计算、矩阵计算等。算法是解决问题的方法、思路和过程,程序则是采用特定的计算机语言(例如C语言)描述的算法,是算法的实现形式。由于人们的思维方式不同,分析解决问题的方法不同,使得每一个具体问题都有多种求解方法,对同一个问题可能设计出完全不同的算法,编写出不同的程序代码。但是算法的设计仍有一些基本规律可循。本章按照问题分析、数据要求、算法设计、代码实现等步骤介绍常见问题的算法设计与实现过程。

12.2 求和/求积问题

求和是一类累加多个数据项的问题,例如计算 $1+2+\cdots+100$。求积则是一类累乘多个数据项的问题,例如计算 100!。

当数据项较少时,可以构建算术表达式直接求解,例如 $S=a_1+a_2+\cdots+a_{10}$。当数据项较多时,例如 $S=a_1+a_2+\cdots+a_n$。无法构建简单的算术表达式,需要考虑新的求解算法。基本思想是将所有参与求和的数据项逐项累加。假设:

$S_1=a_1$

$S_2=a_1+a_2$

⋮

$S_n=a_1+a_2+\cdots+a_n$

最终 S_n 的值就是 S 的值,即 $S=S_n$,其计算过程可以归纳出如下的递推过程:

$S_1=a_1$

$S_2=S_1+a_2$

⋮

$S_n = S_{n-1} + a_n$

因此,求解过程可以构建求和递推公式:$S_n = S_{n-1} + a_n$。

从递推公式可知,求和的关键是计算第 n 项和前 n−1 项之和。

同理,求积问题,例如 $S = a_1 \times a_2 \times \cdots \times a_n$,可以转换成求积递推公式:

$S_n = S_{n-1} \times a_n$

基于求和/求积问题的分析,递推过程为顺序完成的多个计算过程,且规律明确,可以通过循环控制结构实现。下面介绍求和问题的基本算法,求积问题的算法与之类似,读者可以自行归纳。

算法描述:

Step1:声明变量 sum,代表 S_n,并赋予初始值 0;声明变量 a,代表 a_n。

Step2:检测循环条件表达式是否成立。如果成立,则执行 Step3;否则,跳转至 Step5。

Step3:计算 sum=sum+a。

Step4:修改循环条件表达式值,跳转至 Step2。

Step5:输出计算结果。

Step6:结束。

12.2.1 多项式求和

由于许多复杂的数学问题无法直接计算或准确计算其精确值,需要将相应问题的数值计算方法转化为计算机程序求解其近似解。例如,通过泰勒多项式公式计算 π 的近似值。

例 12-1 根据下面的公式计算 π,直到最后一个求和项的绝对值小于 10^{-6}。

$$\frac{\pi^2}{6} = \frac{1}{1^2} + \frac{1}{2^2} + \cdots + \frac{1}{n^2}$$

问题分析:

令 pi 代表 π,$y = \pi^2/6$,则有 y=(pi * pi)/6,从而有如下等式:

$$y = \frac{1}{1^2} + \frac{1}{2^2} + \cdots + \frac{1}{n^2}$$

计算 π 的问题转化为计算 y 的问题,在求解 y 值后,根据公式 $pi = \sqrt{y \times 6}$,即可计算出 pi 值。求解过程如下:

(1) 确定求和问题的第 n 个数据项的计算公式:$an = 1/n^2$。

(2) 确定循环条件。根据题目要求,当 an 的绝对值小于 10^{-6} 时,计算将停止,则循环条件即为 $an \geq 10^{-6}$,可以进一步将循环条件转换为 n<=1000。

(3) 确定循环体:

$an = 1/n^2$

y=y+an

n=n+1

数据要求：

问题中的常量：循环次数 n=1000。

问题的输入：无。

问题的输出：pi,double 型。

算法描述：

Step1：声明 double 型变量 pi、y、an，令 pi=0，y=0。

Step2：声明 unsigned long 型循环变量 n。

Step3：循环计算 an 及 y=y+an。

Step3.1：令循环变量 n=1。

Step3.2：判断 n<=1000 是否成立。如果成立，执行 Step3.3；否则，转至 Step3.7。

Step3.3：an=1.0/(n*n)。

Step3.4：y=y+an。

Step3.5：n=n+1。

Step3.6：跳转至 Step3.2。

Step3.7：Step3 结束。

Step4：计算 pi，pi = sqrt(6 * y)。

Step5：输出 pi，要求输出结果小数点后保留 6 位小数。

Step6：结束。

源程序代码：

```
#include <stdio.h>
#include <math.h>
int main()
{
    double pi=0;
    double y=0;
    double an;
    unsigned long n;
    for(n=1; n<=1000; n++)
    {
        an=1.0 / (n*n);                              /*思考为何不使用 1/(n*n)*/
        y=y+an;
    }
    pi=sqrt(6.0*y);
    printf("Pi=%.6f",pi);
    return 0;
}
```

12.2.2 数列求和

计算数列的前 n 项之和同样是一个求和问题。通常数列的各数据项之间隐含着某种关系，可以利用数据项之间的关系构建第 n 项的递推公式，并通过循环累加获得最终结果。

例 12-2 计算 Fibonacci 数列 1，1，2，3，5，8，13，21，34，…前 20 项之和。

问题分析：

Fibonacci 数列的各个数据项之间存在如下递推规律：

$f_1=1$

$f_2=1$

$f_3=f_1+f_2$

$\vdots$

$f_n=f_{n-1}+f_{n-2}$

可以看出，只有获得第 n－1 项和第 n－2 项，才可以计算出第 n 项。

当 n＝1，n＝2 时，$f_1=1$ 和 $f_2=1$，前两项和为 $sum=f_1+f_2$。

当 n＝3 时，$f_3=f_1+f_2$。令 f_1 存储 f_3 的值，则有 $f_1=f_1+f_2$，前 3 项和为 $sum=sum+f_1$。

当 n＝4 时，$f_4=f_3+f_2$。令 f_2 存储 f_4 的值，则有 $f_2=f_2+f_1$，前 4 项和为 $sum=sum+f_2$。

依次类推，在程序中可以利用循环求解出前 n 项之和：

```
f1=f1+f2;                                    /* 计算第 n-1 项 */
sum=sum+f1;
f2=f2+f1;                                    /* 计算第 n 项 */
sum=sum+f2;
```

由于循环一次计算 2 项，因此循环 9 次即可计算出 18 个数据项的和，加上 n＝1，2 时的两项和，正好为前 20 项之和。

数据要求：

问题中的常量：循环次数 n ＝ 9。

问题的输入：无。

问题的输出：sum，long 型。

算法描述：

Step1：声明 long 型变量 sum、f_1、f_2 及循环变量 n，令 sum＝0，$f_1=1$，$f_2=1$。

Step2：令 $sum=f_1+f_2$。

Step3：循环计算剩余 18 项的和。具体步骤如下。

　　Step3.1：令 n＝1。

　　Step3.2：n<10 是否成立？若成立，执行 Step3.3；否则，转至 Step3.9。

　　Step3.3：$f_1=f_1+f_2$。

　　Step3.4：$sum=sum+f_1$。

　　Step3.5：$f_2=f_2+f_1$。

　　Step3.6：$sum=sum+f_2$。

　　Step3.7：n＝n＋1。

Step3.8：跳转至 Step3.2。

Step3.9：Step3 结束。

Step4：输出 sum。

Step5：结束。

源程序代码：

```
#include <stdio.h>
int main()
{
    /*f1代表第n-2项,f2代表第n-1项,sum代表和*/
    long f1=1,f2=1,sum=0;
    int n=1;
    f1=1;
    f2=1;                              /*计算第一项、第二项*/
    sum=f1+f2;                         /*计算第一项与第二项之和*/
    for(n=1; n<10; n++)                /*累加剩余的18项*/
    {
        f1=f1+f2;                      /*计算第n-1项*/
        sum=sum+f1;
        f2=f2+f1;                      /*计算第n项*/
        sum=sum+f2;
    }
    printf("sum=%ld",sum);
    return 0;
}
```

12.3 遍历问题

对数据集合中的每一个数据依次进行检测的方法称为遍历(又称为穷举法)。遍历的目的是从被检测的数据集合中找到符合条件的一个或多个解,当然也可能没有满足条件的解(无解)。对于人工处理,遍历是烦琐而单调的工作,效率受制于投入的人工及时间。而反复执行简单任务恰是计算机的优势。在程序设计中,重复计算可以通过一个简洁的循环控制结构实现,从而发挥计算机运算速度快的优势。

例 12-3 百钱买百鸡是一个古典数学问题。要求花一百个铜钱买一百只鸡,其中公鸡五个铜钱一只,母鸡三个铜钱一只,雏鸡一个铜钱三只,请给出所有可能的购买方案。

问题分析：

假设公鸡、母鸡、雏鸡的数量分别用整型变量 cocks、hens、chicks 表示,则有如下方程组：

$$\begin{cases} cocks + hens + chicks = 100 \\ 5 \times cocks + 3 \times hens + chicks/3 = 100 \end{cases}$$

这是一个具有两个等式和三个未知数的不定方程组，需要增加其他约束条件才能求解。

首先要明确 cocks、hens、chicks 为正整整，其次还要明确 cocks、hens、chicks 的取值范围。由于鸡的总数为 100 只，花费钱数也为 100，因此，cocks、hens、chicks 的取值范围分别如下：

cocks 为 0～20(假设 100 元全部买公鸡，最多可买 20 只)。

hens 为 0～33(假设 100 元全部买母鸡，最多可买 33 只)。

chicks 为 0～100(假设 100 元全部买雏鸡，最多可买 100 只)。

当 cocks、hens、chicks 的取值范围确定后，就可以采用遍历方法，对 cocks、hens、chicks 取值范围内所有可能的数据项进行组合检测，从而找出满足上述方程组的所有组合结果。

首先，从 0 开始枚举 cocks 的所有可能值，当 cocks 值确定后，找出满足上述方程的一组解，算法如下：

```
for(cocks=0;cocks<=20;cocks++)
{
    Step1:找出满足两个方程的解的 hens、chicks
}
```

在此条件下，列举 hens 的各种可能值，当 cocks 和 hens 的值确定时，再找出满足两个方程的 chicks。

```
for(hens=0;hens<=33;hens++)
{
    Step1.1:找出满足两个方程的 chicks
}
```

同样，列举 chicks 的各种可能值，找出满足两个方程的解，并输出。

```
for(chicks=0;chicks <=100;chicks ++)
{
    Step1.1.1:找出满足两个方程的解，并输出
}
```

基于上述思想，建立 3 层循环嵌套遍历 cocks、hens、chicks 所有可能的组合。

由于整除运算的结果为整数，造成 cocks * 5＋hens * 3＋chicks/3 的结果会出现偏差，例如 4/3 和 5/3 的结果相同，可以将 cocks * 5＋hens * 3＋chicks/3＝＝100 修改为 cocks * 15＋hens * 9＋chicks＝＝300。

数据要求：

问题中的常量：钱总数 100，鸡总数 100。

问题的输入：无。

问题的输出：公鸡、母鸡、雏鸡的数量。

算法描述：

Step1：声明 int 型变量 cocks、hens、chicks，分别用于保存公鸡、母鸡和雏鸡的数量。

Step2：令 cocks=0。

Step3：判断 cocks<=20 是否成立。如果成立，执行 Step4；否则，跳转至 Step7。

Step4：循环遍历 hens 及 chicks，计算并输出结果具体步骤如下。

Step4.1：hens = 0。

Step4.2：判断 hens <= 33 是否成立。如果成立，执行 Step4.3；否则，跳转至 Step4.6。

Step4.3：循环遍历 chicks，计算并输出结果。具体步骤如下。

Step4.3.1：chicks = 0。

Step4.3.2：判断 chicks <= 100 是否成立。如果成立，执行 Step4.3.3；否则，跳转至 Step4.3.7。

Step4.3.3：cocks * 15+hens * 9+chicks==300 并且(cocks+hens+chicks)==100 是否成立？如果成立，执行 Step4.3.4；否则跳转至 Step4.3.5。

Step4.3.4：输出 cocks、hens、chicks。

Step4.3.5：chicks=chicks+1。

Step4.3.6：跳转至 Step4.3.2。

Step4.3.7：Step4.3 结束。

Step4.4：hens = hens +1；

Step4.5：跳转至 Step4.2。

Step4.6：Step4 结束。

Step5：cocks = cocks +1。

Step6：跳转至 Step3。

Step7：结束。

源程序代码：

```
#include <stdio.h>
int main()
{
    int cocks,hens,chicks;
    for(cocks=0;cocks<=20;cocks++)
    {
        for(hens=0;hens<=33;hens++)
        {
            for(chicks=0;chicks<=100;chicks++)
            {
                if(((cocks * 15+hens * 9+chicks)==300)&&((cocks+hens+chicks)
                ==100))
                {
                    printf("cocks=%d,hens=%d,chicks=%d\n",cocks,hens,chicks);
                }
            }
```

```
        }
    }
return 0;
}
```

例 12-4　输出 1000 以内的所有完数及其所有的因子。

问题分析：

如果一个自然数的所有因子(除其自身)之和恰好等于其自身,则称此数为完数。本问题的关键是求解一个自然数的所有因子,并计算这些因子之和。最后通过判定其因子之和是否等于其自身来判定此数是否为完数。求解自然数 n 的所有因子(除其自身)的过程,可以通过遍历 1～ n/2 的所有整数,判定其是否可以整除 n 来实现。假设 i 代表 1～n/2 的任一整数,如果有 n%i==0 成立,则 i 为 n 的因子。

数据要求：

问题中的常量：自然数 1～1000。

问题的输入：无。

问题的输出：1～1000 的所有完数。

算法描述：

Step1：声明 int 型变量 n、i、sum。

Step2：令 n=1。

Step3：判断 n<=1000 是否成立。如果成立,执行 Step4;否则,跳转至 Step9。

Step4：计算当前整数 n 的所有因子之和 sum。

　　Step4.1：令 sum=0。

　　Step4.2：令 i=1。

　　Step4.3：判断 i<=n/2 是否成立。如果成立,执行 Step4.4;否则,跳转至 Step4.8。

　　Step4.4：如果 n%i==0,执行 Step4.5;否则,跳转至 Step4.6。

　　Step4.5：令 sum=sum+i。

　　Step4.6：令 i=i+1。

　　Step4.7：跳转至 Step 4.3。

　　Step4.8：Step4 结束。

Step5：判断 sum==n 是否成立。如果成立,执行 Step6;否则,跳转至 Step7。

Step6：输出整数 n 及其所有因子。

　　Step6.1：令 i=1。

　　Step6.2：判断 i<=n/2 是否成立。如果成立,执行 Step6.3;否则,跳转至 Step6.7。

　　Step6.3：如果 n%i==0,执行 Step6.4;否则,跳转至 Step6.5。

　　Step6.4：输出 i。

　　Step6.5：令 i=i+1。

　　Step6.6：执行 Step 6.2。

Step6.7：Step6 结束。

Step7：n=n+1。

Step8：转至 Step3。

Step9：结束。

源程序代码：

```
#include <stdio.h>
int main()
{
    int n, i, sum;
    for(n=1; n<1000; n++)
    {
        /*计算所有因子之和*/
        sum=0;
        for(i=1; i<=n/2; i++)
        {
            if(n%i==0)
            {
                sum=sum+i;
            }
        }
        /*判定因子之和与当前数是否相等*/
        if(sum==n)
        {
            /*输出当前数*/
            printf("\n%d是一个完数,其因子包括:",n);
            /*输出所有的因子*/
            for(i=1; i<=n/2; i++)
            {
                if(n%i==0)printf("%d ",i);
            }
        }
    }
    return 0;
}
```

本例也可以定义函数实现完数的判定和因子输出，例如编写两个函数：

(1) int isPerfectNum(int n)：用于判断参数 n 是否为完数。如果是，函数返回 1；否则，返回 0。

(2) void printFactor(int n)：用于输出参数 n 的所有因子到屏幕，无返回值。

```
#include <stdio.h>
/*
 * 函数名:isPerfectNum
```

```
 * 功  能:判断参数是否为完数
 * 输  入:整数 n
 * 输  出:无
 * 返回值:如果是完数,返回 1;否则,返回 0 */
int isPerfectNum(int n)
{
    int i;
    int sum=0;
    for(i=1; i<=n/2; i++)
    {
        if(n%i==0)
        {
            /* i 为 n 的因子 */
            sum=sum+i;
        }
    }
    if(n==sum)
        return 1;
    else
        return 0;
}
/*
 * 函数名:printFactor
 * 功  能:输出输入整数所有的因子
 * 输  入:整数 n
 * 输  出:整数 n 的所有因子
 * 返回值:无  */
void printFactor(int n)
{
    int i;
    printf("\n%d 是一个完数,其因子包括:",n);
    for(i=1; i<=n/2; i++)
    {
        if(n%i==0)
            printf("%d ",i);
    }
}
int main()
{
    int n;
    for(n=1; n<=1000; n++)
    {
        if(isPerfectNum(n))
            printFactor(n);
```

```
    }
    return 0;
}
```

12.4 迭代问题

迭代计算是一种常见的数值计算方法。例如,通过迭代法求非线性方程的根。设有非线性方程(代数方程或超越方程)$f(x)=0$,若存在数值 α 使得 $f(\alpha)=0$,则称 α 为方程 $f(x)=0$ 的根。除极少数简单方程的根可以通过解析法求解外,大多数方程的根都需要采用数值计算方法求其近似解。

假设 $f(x)$在区间$[a,b]$连续,且 $f(a)\cdot f(b)<0$。根据连续函数的性质可知 $f(x)=0$ 在$[a,b]$上至少有一个根。若假设 $f(x)$在区间$[a,b]$上单调,那么 $f(x)=0$ 在$[a,b]$上有唯一的根,如图 12-1 所示。

二分迭代法和牛顿迭代法是两种常用的非线性方程根数值计算方法。

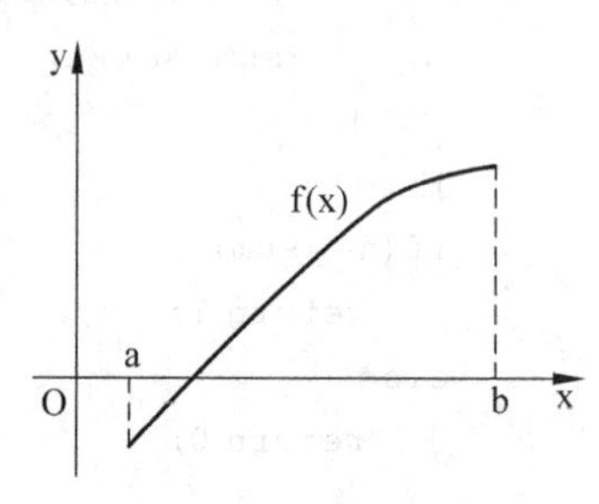

图 12-1　方程求根

12.4.1　二分迭代法

假设 δ 为一个正小数,通过二分迭代法求 $f(x)=0$ 方程根的基本思想如下:

(1) 计算区间$[a,b]$的中点 $m=(a+b)/2$,求 $f(m)$,若$|f(m)|<\delta$,则方程根 $\alpha\approx m$;否则,执行步骤(2)。

(2) 若 $f(b)\cdot f(m)>0$,则根在区间$[a_1,b_1]$,其中 $a_1=a,b_1=m$;否则,根在区间$[a_1,b_1]$,其中 $a_1=m,b_1=b$。由于采用二分法,可知 $b_1-a_1=(b-a)/2$。

(3) 对于新的含根区间重复步骤(1)和(2),直到$|b_n-a_n|<\delta$,取 $\tilde{\alpha}=(a_n+b_n)/2$ 作为 α 的近似值,其计算误差为$|\tilde{\alpha}-\alpha|<(b_n-a_n)/2=(b-a)/2^{n+1}$。其计算过程如图 12-2 所示。

二分迭代法的程序逻辑相对简单,方法可靠。其缺点是:当要求计算结果的精度较高时,所用时间比较长。

例 12-5　利用二分迭代法求解方程 $2x^3-4x^2+3x-6=0$ 的实根。

问题分析:

首先给出有根区间,在程序中用[x1, x2]表示,令 x1=-10,x2=10。由于无法确定循环执行的次数,因此使用 do…while 语句实现循环,当中点函数值小于10^{-6}时,近似认为当前有根区间的中点即为方程根。另外,可以定义函数 function 计算 $2x^3-4x^2+3x-6$。

数据要求:

问题中的常量:有根区间[-10,10]。

问题的输入:无。

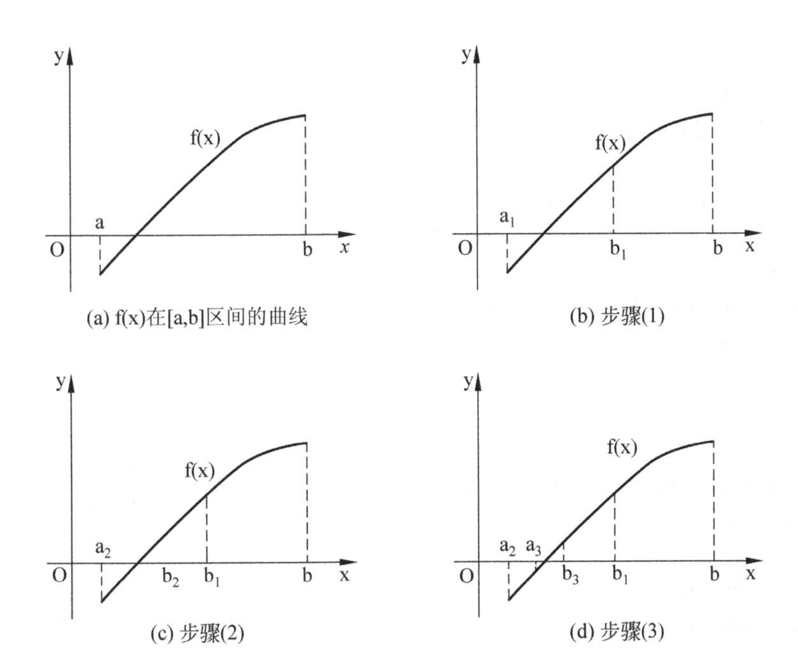

(a) f(x)在[a,b]区间的曲线　　(b) 步骤(1)

(c) 步骤(2)　　(d) 步骤(3)

图 12-2　二分迭代法求解过程示意图

问题的输出：方程根。

算法描述：

Step1：声明 double 型变量 x1、x2、x0、fx1、fx2、fx0，其中[x1, x2]为有根区间，x0 为区间中点，fx1 为 x1 的函数值，fx2 为 x2 的函数值，fx0 为 x0 的函数值。

Step2：令 x1=−10，x2=10。

Step3：调用函数 function 分别计算 fx1 和 fx2。

Step4：计算 x0=(x1+x2)/2。

Step5：调用函数 function 计算 fx0。

Step6：如果 fx0 * fx1<0 成立(x0 和 x1 不在同一方向)，执行 Step7；否则，跳转至 Step9。

Step7：令 x2=x0，fx2=fx0。

Step8：转至 Step10。

Step9：令 x1=x0，fx1=fx0。

Step10：|fx0|是否小于 1.0^{-6}？若成立，执行 Step11；否则，跳转至 Step4。

Step11：输出结果。

Step12：结束。

源程序代码：

```
#include <stdio.h>
#include <math.h>
/*
 * 函数名:function
 * 功  能:计算方程式的值
```

```
 * 输  入:double x
 * 输  出:无
 * 返回值:方程式的值
 */
double function(double x)
{
    double f;
    f=2*x*x*x-4*x*x+3*x-6;
    return f;
}
int main()
{
    double x1,x2,x0,fx1,fx2,fx0;
    x1=-10;
    x2=10;
    fx1=function(x1);
    fx2=function(x2);
    do
    {
        x0=(x1+x2)/2.0;              /*计算中点*/
        fx0=function(x0);            /*计算中点处的函数值*/
        if(fx0*fx1<0)                /*计算新的区间*/
        {
            x2=x0;
            fx2=fx0;
        }
        else
        {
            x1=x0;
            fx1=fx0;
        }
    }
    while(fabs(fx0)>=1e-6);
    printf("方程根为:%f",x0);
    return 0;
}
```

12.4.2 牛顿迭代法

假设 x_k 是 $f(x)=0$ 的一个近似根，将 $f(x)$ 在 x_k 处展开的多项式可表示为

$$f(x)=f(x_k)+f'(x_k)\cdot(x-x_k)+f''(x_k)\cdot(x-x_k)^2/2!+\cdots$$

计算前两项以近似代替 $f(x)$，则近似线性方程为 $f(x)=f(x_k)+f'(x_k)\cdot(x-x_k)=0$。假设 $f(x_k)\neq 0$，令其解为 x_{k+1}，则有

$$x_{k+1} = x_k - f(x_k)/f'(x_k)$$

此方程为 $f(x)=0$ 的牛顿迭代法求解公式，迭代过程如图 12-3 所示。

新的近似值 x_{k+1} 是点 $(x_k, f(x_k))$ 处 $y=f(x)$ 的切线 $f'(x_k)=(y-f(x))/(x-x_k)$ 与 x 轴交点的横坐标，继续取点 $(x_{k+1}, f(x_{k+1}))$，再作切线与 x 轴相交，得到 x_{k+2}……当 $f(x_{k+m}) \leqslant \delta$ 时，x_{k+m} 为近似的方程根。

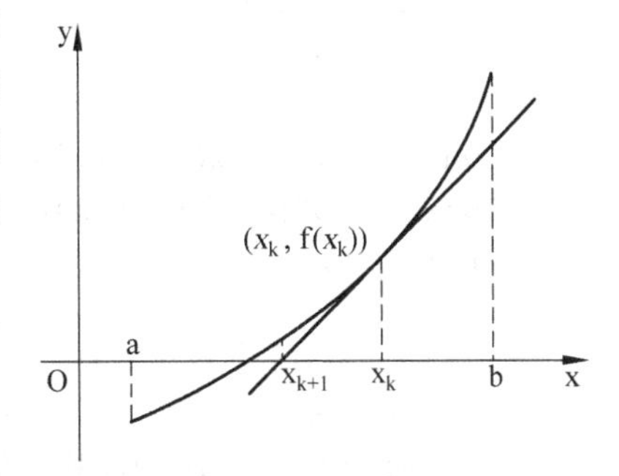

图 12-3　牛顿迭代过程

例 12-6　利用牛顿迭代法求解方程 $2x^3 - 4x^2 + 3x - 6 = 0$ 的实根。

问题分析：

首先给出方程根附近的一个参数值 x，通过迭代求得方程的根。编制函数 function(double x)计算 $2x^3 - 4x^2 + 3x - 6$ 函数值，编写函数 derivative(double x)计算 x 的导数值。

数据要求：

问题中的常量：方程根附近的参数值 x。

问题的输入：无。

问题的输出：方程的根，double 型数据。

算法描述：

Step1：声明 double 型变量 x、x0、fx、f，其中 x0 为上一次计算结果，x 为当前计算结果，fx 为 x0 的函数值，f 为 x0 的导数值。

Step2：令 x=1.5。

Step3：令 x0=x。

Step4：计算 fx=function(x0)。

Step5：计算 f=derivative(x)。

Step6：计算 x=x0−fx/f。

Step7：判断 $|x-x0|$ 是否大于 1.0^{-6}。若成立，执行 Step8；否则，跳转至 Step3。

Step8：输出 x0。

Step9：结束。

源程序代码：

```
#include <stdio.h>
#include <math.h>
double function(double x);
double derivative(double x);
int main()
{
    double x,x0,fx,f;
    x=1.5;
    do
    {
```

```
        x0=x;
        fx=function(x0);
        f=derivative(x);
        x=x0-fx/f;
    }
    while(fabs(x-x0)>=1e-6);
    printf("方程根为:%f",x0);
    return 0;
}
/*
 * 函数名:function
 * 功  能:计算 double 型数据 x 的函数值
 * 输  入:double x
 * 输  出:无
 * 返回值:x 的函数值
 */
double function(double x)
{
    double f;
    f=2*x*x*x -4*x*x +3*x -6;
    return f;
}
/*
 * 函数名:derivative
 * 功  能:计算 double 型数据 x 的导数值
 * 输  入:double x
 * 输  出:无
 * 返回值:x 的导数值
 */
double derivative(double x)
{
    double f;
    f=6*x*x-8*x+3;
    return f;
}
```

12.5 排序问题

排序是日常生活中经常会遇到的一类问题,例如各种评比活动的成绩评定、网页搜索结果的排序等。排序是指按一定的规则对给定的数据集进行重新排列。常用的排序算法包括直接插入排序、起泡排序、选择排序、快速排序等。下面介绍相对简单的直接插入排序、起泡排序、选择排序。

12.5.1 直接插入排序

直接插入排序的基本思想是：将原有的数据序列分为已排序和未排序两部分，排序开始时，以原序列的第一个数据项作为已排序序列，将剩余数据项作为未排序序列；然后依次将未排序序列的各数据项按大小顺序插入到已排序序列的适当位置，直到全部数据处理完。

例如，按从小到大顺序对数据 2、1、34、10、45、3 进行排序。假设前 3 个数据的排序结果为 1、2、34。现在需要将第 4 个数据 10 插入到当前的有序序列中。首先要确定 10 在已排序序列中的位置，之后进行插入操作。10 应插入到 2 和 34 之间并构成新的已排序序列。然后，依次将 45 和 3 插入有序序列中，完成排序过程，如图 12-4 所示。

	待排序数s[0]	s[1]	s[2]	s[3]	s[4]	s[5]	s[6]
i=1		2	1	34	10	45	3
i=2	1	1	2	34	10	45	3
i=3	34	1	2	34	10	45	3
i=4	10	1	2	10	34	45	3
i=5	45	1	2	10	34	45	3
i=6	3	1	2	3	10	34	45

图 12-4 直接插入排序过程

对于直接插入排序，第 i 次的插入操作为在已排序序列 s[1]～s[i－1]中插入一个待排序数 s[0]，形成含有 i 个数据的已排序序列 s[1]～s[i]。

例 12-7 利用直接插入排序算法将数据 2、1、34、10、45、3 按从小到大的顺序排列，并输出排序结果。

数据要求：

问题中的常量：无。

问题的输入：包含 n 个整数的数组 s[n+1]。

问题的输出：排序结果存储于 s[1]，s[2]，…，s[N]。

算法描述：

Step1：初始化数组 s[n+1]，其中 s[0]可初始化为 0，s[1]～s[n]为待排序数据。

Step2：声明整型变量 i，j，令 i＝1。

Step3：判断 i<＝n 是否成立。如果成立，执行 Step4；否则，跳转至 Step10。

Step4：如果 s[i]<s[i－1]成立，则转至 Step5，否则，转至 Step8。

Step5：将 s[i]复制到临时区，即令 s[0]＝s[i]。

Step6：找到 s[i]在序列 s[1]，s[2]，…，s[i－1]中的位置，同时向后移动数据，为 s[i]空出位置。具体步骤如下。

Step6.1：令 j＝i－1。

Step6.2：判断 s[0]<s[j]是否成立。如果成立，执行 Step6.3；否则转至 Step6.6。

Step6.3：令 s[j+1]=s[j]。

Step6.4：令 j=j-1。

Step6.5：跳转至 Step6.2。

Step6.6：Step6 结束。

Step7：将 s[i]复制到其在序列中的位置，即 s[j+1]=s[0]。

Step8：i++。

Step9：跳转至 Step3。

Step10：结束。

源程序代码：

```
/*
 * 函数名:insertSort
 * 功  能:对整型数组元素从小到大排序(下标从 1 开始)
 * 输  入:int s[],整型数组
 *         int n,数组内的有效数据长度
 * 输  出:int s[],有序整型数组
 * 返回值:无
 */
void insertSort(int s[], int n)
{
    int i,j;
    for(i=2; i<=n; i++)
    {
        if(s[i]<s[i-1])
        {
            s[0]=s[i];                          /*复制到临时区*/
            for(j=i-1; s[0]<s[j]; j--)          /*记录后移*/
                s[j+1]=s[j];
            s[j+1]=s[0];                        /*插入到正确的位置*/
        }
    }
}
int main()
{
    int s[7]={0,2,1,34,10,45,3};
    int i=0;
    insertSort(s, 6);
    for(i=1; i<7; i++)
    {
        printf("%3d", s[i]);
    }
    return 0;
}
```

12.5.2 起泡排序

起泡排序实现升序排列的基本思想是：首先比较第一个数据项与第二个数据项，若为逆序，两者进行一次交换；然后比较第二个数据项和第三个数据项，若为逆序，再进行一次交换……直到第 n－1 个数据项与第 n 个数据项比较完成。上述过程称为第一轮起泡排序过程，其结果使得最大的数据项被放在第 n 个位置上。接下来，对第一个数据项至第 n－1 个数据项进行第二轮起泡排序，将次大的数据项放在第 n－1 个位置上。以此类推，进行后续的起泡排序过程，直到没有数据交换为止。

例如，按从小到大的顺序对数据 2、1、34、10、45、3 进行排序。首先比较 2 和 1，由于 2＞1，所以交换 2 和 1 位置；再比较 2 和 34，由于 2＜34，所以两者位置不变；比较 34 与 10，两者交换位置；比较 34 与 45，两者位置不变；比较 45 和 3，两者交换位置。至此，第一轮排序结束，最大的数 45 被排在最后一个位置。以此类推，进行后续排序，过程如图 12-5 所示。

	s[0]	s[1]	s[2]	s[3]	s[4]	s[5]
原始数据	2	1	34	10	45	3
第一轮起泡排序结果	1	2	10	34	3	45
第二轮起泡排序结果	1	2	10	3	34	45
第三轮起泡排序结果	1	2	3	10	34	45

图 12-5 起泡排序过程

由于在算法中小的数据项如水中的气泡一样向上浮动，大的数据项如石头一样沉入水底，因此这种算法被形象地称为起泡排序。

例 12-8 利用起泡排序算法将数据 2、1、34、10、45、3 按从小到大的顺序排列，并输出排序结果。

数据要求：

问题中的常量：无。

问题的输入：包含 n 个整数的序列 s[0],s[1],…,s[n－1]。

问题的输出：有序的整数序列 s[0], s[1],…,s[n－1]。

算法描述：

Step1：初始化待排序数组 s[n]。

Step2：声明整型变量 i、j、t，令 i＝0。

Step3：判断 i＜n－1 是否成立。若成立，转至 Step4；否则，转至 Step7。

Step4：第 i 轮起泡法排序。具体步骤如下。

Step4.1：令 j＝0。

Step4.2：判断 j＜n－i－1 是否成立。如果成立，执行 Step4.3；否则，转至 Step4.7。

Step4.3：判断 s[j]＞s[j＋1]成立。如果成立，执行 Step4.4；否则，转至

Step4.5。

Step4.4：交换 s[j]与 s[j+1]。

Step4.5：j++。

Step4.6：跳转至 Step4.3。

Step4.7：Step4 结束。

Step5：i++。

Step6：跳转至 Step3。

Step7：结束。

源程序代码：

```
#include<stdio.h>
/*
 * 函数名:bubbleSort
 * 功  能:对整型数组元素从小到大排序
 * 输  入:int s[],整型数组
 *         int n,数组内的有效数据长度
 * 输  出:int s[],有序整型数组
 * 返回值:无
 */
void bubbleSort(int s[], int n)
{
    int i,j,t;
    for(i=0; i<n-1; i++)
    {
        /*第 i 轮起泡排序*/
        for(j=0; j<n-i-1; j++)
        {
            if(s[j]>s[j+1])
            {
                /*交换两个元素的位置*/
                t=s[j];
                s[j]=s[j+1];
                s[j+1]=t;
            }
        }
    }
}
int main()
{
    int s[6]={2,1,34,10,45,3};
    int i=0;
    bubbleSort(s,6);
    for(i=0; i<6; i++)
```

```
    {
        printf("%3d", s[i]);
    }
    return 0;
}
```

12.5.3 选择排序

选择排序实现升序排列的基本思想是：先从待排序的数据序列中选择最小数据项，将其交换至序列的第一个位置上；再从剩余的待排序序列中选择最小数据项，将其交换至序列的第二个位置上；以此类推，直到所有数据项都排好序。即第 i(i =1,2,…,n−1)次排序就是在 n−i+1 个数据项中选取最小的数据项，将其交换至序列的第 i 个位置。例如，对数据序列 2、1、34、10、45、3 进行升序排序的过程如图 12-6 所示。

	s[0]	s[1]	s[2]	s[3]	s[4]	s[5]
原始数据	2	1	34	10	45	3
第一次排序结果	1	2	34	10	45	3
第二次排序结果	1	2	34	10	45	3
第三次排序结果	1	2	3	10	45	34

图 12-6　选择排序过程

例 12-9　利用选择排序将数据 2、1、34、10、45、3 按从小到大的顺序排列，并输出排序结果。

数据要求：

问题中的常量：无。

问题的输入：包含 n 个整数的序列 s[0],s[1],…,s[n−1]。

问题的输出：有序的整数序列 s[0],s[1],…,s[n−1]。

算法描述：

Step1：初始化待排序数组 s[n]，声明整型变量 i、j、t、k，令 i=0。

Step2：判断 i<n 是否成立。如果成立，执行 Step3；否则，跳转至 Step6。

Step3：k=i。

Step4：通过循环从 s[i+1]～s[n−1]中找到最小的数据项 s[k]。具体步骤如下。

Step4.1：令 j=i+1。

Step4.2：判断 j<n 是否成立。如果成立，执行 Step4.3；否则，跳转至 Step4.7。

Step4.3：判断 s[j]<s[k]是否成立。如果成立，执行 Step4.4；否则，跳转至 Step4.5。

Step4.4：k=j。

Step4.5：j=j+1。

Step4.6：跳转至 Step4.2。

Step4.7：Step4 结束。

Step5：如果 k != i，则交换 s[k]与 s[i]。

Step6：i=i+1。

Step7：跳转至 Step2。

Step8：结束。

源程序代码：

```
#include<stdio.h>
/*
 * 函数名:selectSort
 * 功  能:对整型数组元素从小到大排序(下标从 0 开始)
 * 输  入:int s[],整型数组
 *        int n,数组内的有效数据长度
 * 输  出:int s[],有序整型数组
 * 返回值:无
 */
void selectSort(int s[],int n)
{
    int i,j,t,k;
    for(i=0; i<n-1; i++)
    {
        k=i;
        for(j=i+1; j<n; j++)
        {
            if(s[j]<s[k])
                k=j;
        }
        if(k !=i)
        {
            t=s[k];
            s[k]=s[i];
            s[i]=t;
        }
    }
}
int main()
{
    int s[6]={2,1,34,10,45,3};
    int i=0;
    selectSort(s, 6);
    for(i=0; i<6; i++)
        printf("%3d", s[i]);
    return 0;
}
```

12.6 查找问题

查找是指在数据集合中寻找特定的数据项，例如从考试成绩中查找分数最高的学生等。最基本的查找算法包括顺序查找与二分查找。

12.6.1 顺序查找

顺序查找算法的基本思想是：从数据序列的第一个数据项开始，与待查找的给定数据项逐个进行比较。若数据序列中的某个数据项与给定数据项相等，则查找成功；反之，则查找失败，表明该数据序列中没有所要查找的数据项。

例 12-10 利用顺序查找算法在数据序列－2,3,5,6,8,12,32,56,85,95,101 中查找 6。若找到，输出其下标位置；否则，输出－1。

数据要求：

问题中的常量：无。

问题的输入：包含 n 整数的序列 s[0],s[1],…,s[n－1]；
数组长度 n；
准备查找的数据项 data。

问题的输出：data 在整数序列中的下标位置 i 或－1。

算法描述：

Step1：初始化数组序列 s[n]，声明整型变量 i,j。

Step2：令 j＝0,i＝－1。

Step3：判断 j＜n 是否成立。如果成立，执行 Step4；否则，跳转至 Step7。

Step4：判断 s[j]＝＝data 是否成立。如果成立，令 i＝j 后，跳转 Step7；否则，执行至 Step5。

Step5：令 j＝j＋1。

Step6：跳转至 Step3。

Step7：输出 i。

Step8：结束。

源程序代码：

```
#include <stdio.h>
/*
 * 函数名:searchBySequence
 * 功  能:在整数数列中从前向后查找数据 data 第一次出现的位置
 * 输  入:int data,待查找的数据
 *        int s[],整型数组
 *        int n,数组的有效数据长度
```

```
 * 输  出:无
 * 返回值:找到,返回 data 的下标位置;否则,返回-1
 */
int searchBySequence(int data, int s[], int n)
{
    int i=-1, j=0;
    for(j=0; i<n; j++)
    {
        if(s[j]==data)
        {
            i=j;
            break;
        }
    }
    return i;
}
int main()
{
    int s[]={-2,3,5,6,8,12,32,56,85,95,101};
    int i, data=6;
    i=searchBySequence(data, s, 11);
    printf("%3d", i);
    return 0;
}
```

12.6.2 折半查找

折半查找算法只适用于在有序序列中的数据查找,其基本思想是:首先确定数据的查找范围,然后从中间位置开始缩小查找范围。当所查找的数据项与中间位置的数据项相等时,则找到了该数据项;否则,将查找范围调整为上一次查找范围的 1/2,并在新的查找范围内重新计算中间位置。如果所查找的数据项小于中间位置的数据项,则放弃中间数据以及大于该中间数据的所有数据项;反之,则放弃中间数据以及小于该中间数据的所有数据项。例如,在数据序列-2,3,5,6,8,12,32,56,85,95,101 中查找数据 6 的折半查找过程如图 12-7 所示。

	s[0]	s[1]	s[2]	s[3]	s[4]	s[5]	s[6]	s[7]	s[8]	s[9]	s[10]
原始数据	−2	3	5	6	8	12	32	56	85	95	101
第一次查找范围	−2	3	5	6	8	12	32	56	85	95	101
第二次查找范围	−2	3	5	6	8						
第三次查找范围				6	8						

图 12-7 折半查找过程

例 12-11 利用折半查找算法在数据－2,3,5,6,8,12,32,56,85,95,101 中查找 6。若找到,输出其位置;否则,输出－1。

问题分析:

令 low＝0,high＝10。查找范围的中间位置 mid＝(low＋high)/2＝5,由于 s[mid]＝12 大于 6,如果所查找的数据存在,则必定在区间[low,mid－1]内,因此令 high＝mid－1,再次计算 mid＝(low＋high)/2＝2。由于 a[mid]＝5 小于 6,如果所查找的元素存在,则必定在区间[mid＋1,high]内,因此令 low＝mid＋1,再次计算 mid＝(low＋high)/2＝3。此时,a[mid]＝6,查找成功。

数据要求:

问题中的常量:无。

问题的输入:包含 n 个整数的序列 s[0],s[1],…,s[n－1];

数组长度 n;

准备查找的数据 data。

问题的输出:有序的整数序列 s[0],s[1],…,s[n－1]。

算法描述:

Step1:声明整型变量 low、mid、high。

Step2:令 low＝0,high＝n－1。

Step3:判断 low＜＝high 是否成立。如果成立,执行 Step 4;否则,跳转至 Step 8。

Step4:mid＝(low＋high)/2。

Step5:判断 data＝＝s[mid]是否成立。如果成立,返回 mid 为 data 的下标位置,结束;否则,转至 Step 6。

Step6:判断 data＜s[mid]是否成立。如果成立,令 high＝mid－1;否则,令 low＝mid＋1。

Step7:跳转 Step3。

Step8:返回－1,结束。

源程序代码:

```
#include <stdio.h>
/*
 * 函数名:searchByMid
 * 功  能:在整型数列中从前向后查找数据 data 第一次出现的位置
 * 输  入: int data,待查找的数据
 *          int s[],整型数组
 *          int n,数组的有效数据长度
 * 输  出:无
 * 返回值:成功查找到,返回 data 所在的下标;否则,返回-1
 */
int searchByMid(int data, int s[], int n)
{
    int low, mid, high;
```

```
    low=0;                              /*设置区间初始值*/
    high=n-1;
    while(low<=high)
    {
        mid=(low+high)/2;
        if(data==s[mid])
            return mid;                 /*找到查找的数据*/
        else if(data<s[mid])
            high=mid-1;                 /*在前半区查找*/
        else
            low=mid+1;                  /*在后半区查找*/
    }
    return -1;                          /*数组中不存在查找的数据*/
}
int main()
{
    int s[]={-2,3,5,6,8,12,32,56,85,95,101};
    int i=0;
    i=searchByMid(6, s, 11);
    printf("查找结果:%3d",i);
    return 0;
}
```

12.7 递归问题

递归是一种将复杂问题简化来求解的方法。采用递归方法解决问题时，先将问题逐步简化，但在简化的过程中保持问题的本质不变，直到问题变为最简后，求得最简问题的答案，再逐步得到原问题的解。递归算法可以比较自然地反映解决问题的过程，并便于调试程序。例如汉诺塔、树的遍历等问题可以通过递归算法进行求解。

例 12-12 汉诺(Hanoi)塔问题。有 3 个塔座 A、B、C。A 上有 64 个盘子，盘子大小不等，大盘在下，小盘在上，如图 12-8 所示。有一个和尚想把这 64 个盘子从 A 移到 C，但每次只允许移动一个盘子，并且在移动过程中，A、B、C 3 个塔座上的盘子始终保持大盘

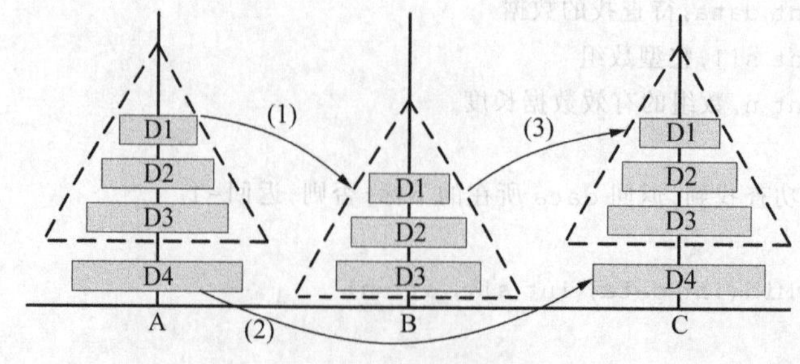

图 12-8 汉诺塔问题

在下,小盘在上。在移动过程中可以利用B,要求输出移动的步骤。

问题分析:

将n个盘子从一个塔座移动到另一个塔座,很容易推断出需要2^n-1次,那么64个盘子的移动次数为$2^{64}-1$=18 466 744 073 709 511 615次。显然,在盘子数量比较多的情况下,很难直接写出移动步骤。因此先简化问题,可以从盘子数量较少的情况开始分析:

(1) 只有1个盘子。不需要利用B,可直接将盘子从A移动到C(最简情况)。

(2) 有2个盘子。可以先将盘子D2上的盘子D1移动到B,再将盘子D2从A移动到C,最后将盘子D1移动到C。这说明:可以借助B将两个盘子从A移动到C。

(3) 有3个盘子。根据两个盘子的结论,可以借助C将盘子D3上的2个盘子从A移动到B;再将盘子D3从A移动到C,A变成空塔座;最后,可以借助A将B上的2个盘子移动到C。这说明:可以借助一个空塔座,将三个盘子从一个座移动到另一个座。

(4) 有4个盘子。首先,借助C将盘子D4上的3个盘子从A移动到B(图12-8中的步骤(1));再将盘子D4从A移动到C,A变成空塔座(图12-8中的步骤(2));最后,借助A将B上的3个盘子移动到C(图12-8中的步骤(3))。

上述思路可以一直扩展到64个盘子的情况。可以借助空塔座C将盘子D64上的63个盘子从A移动到B;再将盘子D64移动到C,A变成空塔座;最后,借助A将B上的63个盘子移动到C。

由此可归纳出如下的递归公式:

$$\text{Hanoi}(n,A,B,C)=\begin{cases}\text{Move}(A,C) & n=1\\ \text{Hanoi}(n-1,A,C,B) & \\ \text{Move}(A,C) & n>1\\ \text{Hanoi}(n-1,B,A,C) & \end{cases}$$

其中,Hanoi函数的第一个参数表示盘子的数量,第二个参数表示源座,第三个参数表示借用的空座,第四个参数表示目标座。例如,Hanoi(n-1,A,C,B)表示借助C把n-1个盘子从A移动到B。Move函数的功能是将源座最上面的一个盘子移动到目标座上,其中第一个参数表示源座,第二个参数表示目标座。

数据要求:

问题中的常量:无。

问题的输入:盘子数量n、源座A、借用的空座B、目标座C。

问题的输出:盘子移动过程。

算法描述:

Step1:判断n=1是否成立。如果成立,将盘子从A移动到C,转至Step5;否则,执行Step2。

Step2:借助C,将n-1个盘子从A移动到B。

Step3:将剩余的一个盘子从A移动到C。

Step4:借助A将B上的n-1个盘子移动到C。

Step5:结束。

源程序代码：

```
#include <stdio.h>
void move(char chSour, char chDest);
void hanoi(int n, char chA, char chB, char chC);
int main()
{
    int n;
    printf("\n请输入盘子的数量:");
    scanf("%d",&n);
    printf("\n将%d个盘子从A移动到C的过程为:\n",n);
    hanoi(n,'A','B','C');                    /*调用函数计算,并打印输出结果*/
    return 0;
}
/*
 * 函数名:move
 * 功  能:将一个盘子从源座移动到目标座
 * 输  入:char chSour(源座)
 *        char chDest(目标座)
 * 输  出:无
 * 返回值:无
 */
void move(char chSour, char chDest)
{
    printf("\t\t %c ->%c",chSour, chDest);   /*打印移动步骤*/
}
/*
 * 函数名:hanoi
 * 功  能:借助于chB将n个盘子从源座chA移动到目标座chC
 * 输  入:char chA,源座
 *        char chB,借用的空座
 *        char chC,目标座
 * 输  出:无
 * 返回值:无
 */
void hanoi(int n, char chA, char chB, char chC)
{
    if(n==1)                                 /*盘子数量为1,打印结果后不再递归*/
        move(chA,chC);
    else                                     /*盘子数量大于1,继续进行递归过程*/
    {
        hanoi(n-1,chA,chC,chB);
        move(chA,chC);
        hanoi(n-1,chB,chA,chC);
```

```
    }
}
```

12.8 矩阵运算

矩阵运算是数学中的一种基本运算。在C语言程序设计中,通常用数组来处理矩阵,因此,矩阵运算实质是对数组的操作。

12.8.1 矩阵加/减运算

矩阵加/减运算仅适用于同维数的矩阵(即两个矩阵的行数、列数相同),运算的实质是将矩阵对应位置上的元素进行相应的加/减运算。假设矩阵A和B均为M×N矩阵,令C=A-B,则其计算过程为:C[i][j]=A[i][j]-B[i][j],其中i的取值范围为[0,M-1],j的取值范围为[0,N-1]。

算法描述:

Step1:声明数组A[M][N]、B[M][N]、C[M][N]。

Step2:声明循环变量i,j,令i=0,j=0。

Step3:判断i<M是否成立。如果成立,执行Step4;否则,转至Step10。

Step4:判断j<N是否成立。如果成立,执行Step5;否则,转至Step8。

Step5:令C[i][j]=A[i][j]-B[i][j]。

Step6:j=j+1。

Step7:转至Step4。

Step8:i=i+1。

Step9:转至Step3。

Step10:结束。

程序代码:

```
void MatrixAdd(int A[M][N],int B[M][N],int C[M][N])
{
    int i=0,j=0;
    for(i=0; i<M; i++)
    {
        for(j=0; j<N; j++)
        {
            C[i][j]=A[i][j]-B[i][j];
        }
    }
}
```

12.8.2 矩阵乘法

矩阵乘法主要实现 M×N 矩阵 A 和 N×P 矩阵 B 的乘法，其结果为 M×P 矩阵 C。矩阵乘法计算公式为

$$C[i][j] = \sum_{k=0}^{N-1} A[i][k] \times B[k][j]$$

公式展开后为

$$C[i][j]=A[i][0]\times B[0][j]+A[i][1]\times B[1][j]+\cdots +A[i][k]\times B[k][j]$$

其中 k 的取值范围为[0,N－1]，i 的取值范围为[0,M－1]，j 的取值范围为[0,P－1]。

例 12-13 编写一个实现矩阵乘法的通用函数，该函数可以实现 M×N 矩阵和 N×P 矩阵相乘，其中 M、N、P 均小于 10，且矩阵元素为整型数据。

问题分析：

使用 int 型的二维数组存储矩阵，数组的行和列小于符号常量 MAX。

定义函数实现矩阵乘法：

```
void MatrixMutiply( long A[MAX][MAX],long B[MAX][MAX],long C[MAX][MAX],int m,
int n,int p)
```

其中，数组 A 和数组 B 分别表示输入的 m×n 矩阵和 n×p 矩阵，数组 C 为输出的 m×p 矩阵。由于在 C 语言程序中，数组的长度不能为变量，需要声明相对大一些的二维数组，即确保 m、n、p 均小于 MAX。

数据要求：

问题中的常量：MAX，矩阵的最大行数和最大列数。

问题的输入：矩阵 A，矩阵 B，n，m，p。

问题的输出：矩阵 C。

算法描述：

Step1：声明数组 A[MAX][MAX]、B[MAX][MAX]、C[MAX][MAX]。

Step2：声明循环变量 i、j、k，令 i＝0，j＝0，k＝0。

Step3：判断 i<m 是否成立。如果成立，执行 Step4；否则，跳转至 Step10。

Step4：判断 j<p 是否成立。如果成立，执行 Step5；否则，跳转至 Step8。

Step5：利用循环计算 A 矩阵第 i 行元素与矩阵 B 第 j 列对应元素的乘积之和。

  Step5.1：令 iSum＝0。

  Step5.2：判断 k<n 是否成立。如果成立，执行 Step5.3；否则，跳转至 Step5.7。

  Step5.3：iSum＝iSum＋A[i][k] * B[k][j]。

  Step5.4：k＝k＋1。

  Step5.5：跳转至 Step5.2。

  Step5.6：令 C[i][j]＝iSum。

  Step5.7：Step5 结束。

Step6：j=j+1。

Step7：跳转至 Step4。

Step8：i=i+1。

Step9：跳转至 Step3。

Step10：结束。

源程序代码：

```
#include <stdio.h>
#define MAX 10
void MatrixMutiply(
    long A[][MAX],
    long B[][MAX],
    long C[][MAX],
    int m,int n,int p)
{
    int i,j,k;
    long iSum;
    /*循环计算结果矩阵(M×P)的每个元素*/
    for(i=0; i<m; i++)
        for(j=0; j<p; j++)
        {
            /*计算结果矩阵元素 a*/
            iSum=0;
            for(k=0; k<n; k++)
                iSum+=A[i][k]*B[k][j];
            C[i][j]=iSum;
        }
}
int main()
{
    long A[MAX][MAX],B[MAX][MAX], C[MAX][MAX];
    int i,j,m,n,p;
    /*输入两个矩阵的行列数 M、N、P*/
    printf("\n 请输入矩阵 A(M×N)和矩阵 B(N×P)的行列数 M、N、P:\n");
    scanf("%d%d%d",&m, &n, &p);
    /*输入矩阵 A 的每个元素*/
    printf("\n 请输入矩阵 A(%d*%d):\n",m,n);
    for(i=0; i<m; i++)
        for(j=0; j<n; j++)
            scanf("%ld",&A[i][j]);
    /*输入矩阵 B 的每个元素*/
    printf("\n 请输入矩阵 B(%d*%d):\n",n,p);
    for(i=0; i<n; i++)
        for(j=0; j<p; j++)
```

```
            scanf("%ld",&B[i][j]);
    /*调用函数进行乘法运算,结果放在矩阵C中*/
    MatrixMutiply(A, B, C, m, n, p);
    /*输出结果矩阵C*/
    printf("\n矩阵相乘的结果C为:\n");
    for(i=0; i<m; i++)
    {
        for(j=0; j<p; j++)
            printf("%ld ",C[i][j]);
        printf("\n");
    }
    return 0;
}
```

12.8.3 矩阵转置

矩阵转置是指将矩阵A[m][n]的行列互换,即将矩阵第i行的元素变为第i列的元素。

例12-14 编写函数实现m×n矩阵转置(设m、n均小于10,矩阵中的元素为整数)。

问题分析:

定义int型数组A[MAX][MAX]存储m×n矩阵,数组B[MAX][MAX]存储矩阵的转置(n×m矩阵),数组的行和列不超过MAX。定义void MatrixTranspose(long A[MAX][MAX], long B[MAX][MAX], int m, int n)函数实现矩阵转置, m为矩阵A的实际行数,n为矩阵A的实际列数。

数据要求:

问题中的常量: MAX(矩阵的最大行数和最大列数)。

问题的输入: 矩阵A、行数m、列数n。

问题的输出: 矩阵B。

算法描述:

Step1: 声明数组A[MAX][MAX],B[MAX][MAX]。

Step2: 声明循环变量i、j,令i=0,j=0;声明临时变量temp。

Step3: 判断i<m是否成立。如果成立,执行Step4;否则,跳转至Step10。

Step4: 判断j<n是否成立。如果成立,执行Step5;否则,跳转至Step8。

Step5: 执行B[j][i]=A[i][j],实现矩阵转置。

Step6: j=j+1。

Step7: 跳转至Step4。

Step8: i=i+1。

Step9: 跳转至Step3。

Step10: 结束。

源程序代码：

```
#include <stdio.h>
#define MAX 10
void MatrixTranspose(long A[MAX][MAX], long B[MAX][MAX],int m, int n)
{
    int i,j;
    /*矩阵转置 */
    for(i=0; i<m; i++)
        for(j=0; j<n; j++)
            B[j][i]=A[i][j];
}
int main()
{
    long A[MAX][MAX], B[MAX][MAX];
    int i,j, m, n;
    /*输入矩阵的行列数*/
    printf("请输入矩阵 A 的行列数 M、N:\n");
    scanf("%d%d",&m, &n);
    /*输入矩阵的每个元素*/
    printf("\n 请输入矩阵 A(%d*%d):\n", m, n);
    for(i=0; i<m; i++)
        for(j=0; j<n; j++)
            scanf("%ld",&A[i][j]);
    MatrixTranspose(A, B, m, n);
    /*输出结果*/
    printf("\n 矩阵转置结果 B(%d*%d):\n", n,m);
    for(i=0; i<n; i++)
    {
        for(j=0; j<m; j++)
            printf("%ld ", B[i][j]);
        printf("\n");
    }
    return 0;
}
```

练 习 题

1. 编写程序，计算下列算式的值，直到最后一项值小于 10^{-6} 时为止，输出计算结果。

$$c=1+1/x+1/x^2+\cdots+1/x^n$$

2. 编写程序，利用二分法求解方程 $2x^3-4x^2+x-2=0$ 的实根，要求精确到两位小数。

3. 编写程序，利用牛顿迭代法求解方程 $\cos(x)-x=0$ 在 $x=0$ 附近的一个实根。

4. 编写程序，计算 1000 以内所有的回文素数（回文数的定义：从左向右读和从右向左读完全相等的数字，例如121、232）。

5. 编写函数 int fun(int x)，其功能是判断整数 x 是否是同构数。若是同构数，函数返回该数；否则返回 0。要求主函数输入 n，调用函数 fun 后输出 1～n 中的所有同构数（例如，25 的平方是 625，且 25 出现在 625 右侧，则 25 是一个同构数）。

6. 编写程序，对一组数据{1，−20，31，14，29，7，−1，−4，−12，16}进行处理，将正数放在数组左侧，负数放在数组右侧。要求初始化数组，输出原始数组和处理后的数组。

7. 编写程序，计算 m 和 n 的组合数，其中 m、n 由键盘输入。组合的基本性质如下：

(1) C(m，n)＝C(n−m，n)。

(2) C(m，n＋1)＝C(m，n)＋C(m−1，n)。

其中的公式(2)是一个递归公式，直到满足 C(1，n)＝n 为止。

8. 编写函数 void sort(char *s)，其功能是对字符串 s 按 ASCII 码值升序排列；编写函数 void merge(char *s1，char *s2，char *s)，其功能是合并字符串 s1、s2 到 s 中，在合并后的字符串中，相同字符仅保留 1 个，并按 ASCII 码值升序排列。要求：在主函数中初始化两个字符串 s1、s2，调用上述函数后输出合并后的字符串 s。

9. 从起泡法和选择法中任选一种算法，对整数集合{10, 30, 100, 12, 53, 24, 65}中的元素按照降序排列。

10. 图像识别通常先将图像分为像素并二值化（即用一个 M×N 的像素矩阵表示图像，矩阵中只有 0 和 1 两个值，0 表示白色像素，1 表示黑色像素）。编写程序，判断一个正方形图像（像素数为 10×10）中是否存在一条直线。

第13章

面向对象与C++基础

13.1 概　　述

生活中的每个个体依据自身特征分属于不同的群体(例如由学生个体组成的学生群体和由教师个体组成的教师群体),群体可以抽象为类,隶属群体的个体称为对象。学生群体具有区别于教师群体的鲜明特征,每一个学生都是一个具体对象,这些对象在属性值上不尽相同。例如,每个学生都有各不相同的学号。

面向对象程序设计的基本思路是:通过类抽象描述群体特征,通过对象描述鲜活的个体,并通过个体交互行为描述各项活动,全部个体共同完成问题的求解。可以从两个不同的方面对某一群体进行描述:属性和方法。群体所具有的特征称为属性,一般通过变量描述,被命名为成员变量。群体所具备的能力(功能)称为方法,一般通过函数描述,被命名为成员函数。属于同一个群体的对象为同类对象,同类对象具有相同的属性和方法,但是在具体的属性值上会有所不同。个体之间的交互则通过对象之间的成员函数调用实现。

要理解和掌握面向对象程序设计方法,首先应了解结构化的程序设计方法,理解功能分解与重用过程的重要性,掌握模块化的基本设计过程。以此为基础,学习类与对象的概念,通过C++语言学习面向对象程序设计的主要步骤。

13.1.1 结构化程序设计

结构化程序设计方法将问题或任务分解为一系列相对独立的功能模块,模块之间通过预先定义的接口进行组合,并按照一定的逻辑顺序调用各个模块,进而实现完整的功能。

按照结构化程序设计思想设计C语言程序时,首先按照功能分解,定义主模块(main函数)及各级子模块的具体任务,并通过函数实现各级模块。其次,在主模块中按照一定逻辑顺序调用子模块,主模块所有语句执行完成时程序结束,问题也求解完成。

为了提高程序质量,减小程序规模,需要尽量提高代码的可重用性,一个重要方式是建立通用的公共模块,例如库函数。函数库本身就是基础功能模块的集合。函数库头文件中包含公共模块的函数声明，函数声明中的参数说明是对接口参数的定义。例如 double sqrt(double x)函数提供一个参数 x 用于接收 double 型数据作为模块的输入，通过返回 double 型数据的计算结果作为模块的输出。该函数可以广泛应用于对实数求解平方根的问题，而程序员不需要关心 sqrt 函数的实现原理。此外，由于要通过函数参数实现模块之间的信息传递，因此需要定义相应的功能接口。定义函数时需要按照“最少信息”传递原则，即尽可能少地定义函数参数。

在结构化程序设计中实现模块的分解和重用以及最少化参数传递，必须考虑封装、重用和维护等问题：

(1) 封装。封装是指将程序分解为模块，调用者不再需要了解模块具体的实现算法，只需知道模块可以完成的实际功能和参数的意义以及如何调用该模块完成其功能。封闭可以方便大型程序的建构和人员的分工协作。

(2) 重用。模块化的代码可以被重复使用。例如，为某个项目编写的数据输入输出函数可能在本项目中会多次被调用，也可能在其他项目中使用。代码重用可以减小编码工作量。重用的代码一般都经历了多次测试，代码的质量有保证。

(3) 维护。模块化的代码容易维护。一方面，只要不更改模块所提供的功能(包括调用方式和返回结果)，对模块本身的更改就不会影响对该模块的调用。另一方面，只要各个模块能够保证正确运行，在确保对各个模块进行正确调用的基础上就能够保证系统正确运行，从而方便了系统的功能扩展和升级。例如，随着计算机硬件和操作系统的升级，printf 函数的具体实现过程经历了很多变化，但是其调用方式并未发生改变，从而保证 40 年前编写的代码在今天依然可以执行。

为了保证模块的独立性，实现模块的重用，在模块设计中需要尽量减少模块与模块之间的依赖关系。结构化程序设计一般遵循如下原则：

(1) 高内聚性。模块内部各个元素之间的关系应该密不可分。紧密的设计会使模块只包含高度相关的功能，令模块更加简单，易于使用。

(2) 低耦合性。模块之间的关系应该尽可能松散。松散的连接可以使模块的独立性增强，令模块易于复用，便于维护。

实际应用中，只有积累更多的理论知识和实际经验，才能实现针对不同应用场景的高内聚性和低耦合性的平衡。

13.1.2 模块封装与访问控制

模块封装可以避免模块内部的数据和指令被其他模块直接访问。C 程序的函数很好地实现了模块封装，除了函数输入的参数和输出的返回值外，函数内部声明的变量和编写的语句都不能被其他函数访问。C 语言中引入全局变量以提高函数之间的参数传递效率，但是使用全局变量不利于实现高内聚性。另外，由于 C 语言中的函数地位完全平等(除 main 函数外)，彼此之间可以相互调用。当按照功能分解的思路将功能模块分解为多个子模块时，这些子模块同样可以相互调用。考虑到高内聚的原则，实现子模块的函数不应该对外公开。如果不恰当地调用这些函数可能导致错误的结果。例如，模块开发人员正在设计一款需要付费才能被调用的模块。正式收费之前这个模块可以被免费调用100次以便设计模块的人员能够评估模块功能。于是开发人员设计了一个计数器函数完成计数工作，代码如下：

```
int times_called =0;
int called()
{
    if (++times_called >100)
    {
        printf("您已经调用本模块超过 100 次,请付费。");
    }
    else
    {
        printf("您还可以免费调用本模块%d 次。", 100 -times_called);
    }
    return times_called;
}
```

显然，开发人员不希望其他人调用called函数，否则就会导致计数出错。因此有必要隐藏called函数，以防止模块使用者错误地调用called函数。C语言通过引入static关键字解决全局变量和函数的访问控制问题。将一个变量或函数声明为static类型可以确保该变量或函数只能在其所在的文件中被调用，来自其他文件的函数调用请求将被禁止。例如：

```
/* static 声明 called 函数和 times_called 变量,防止使用者错误地调用模块和变量 */
static int times_called =0;
static int called()
{
    ...
}
```

然而，采用static书写代码的方式并不十分直观，其含义也不易领会。在C语言程序设计中，更多的时候会使用预定义宏的形式进行更直观的描述。例如：

```
#define PUBLIC extern
#define PRIVATE static
PRIVATE int times_called =0;          /* 变量 times_called 不可以被外部函数调用 */
PRIVATE int called()                  /* 函数 called 不可以被外部函数调用 */
{
    ...
}
PUBLIC int do_something()             /* 函数 do_something 可以被外部函数调用 */
{
    ...
}
```

13.2 面向对象程序设计

面向对象程序设计力求通过对象及其交互行为描述客观世界。假设学生A想送一本书给他的好友B，由于距离太远，A不能亲自将书送给B。于是A通过商务网站，提交了送给B的书名和B的联系方式(电话、地址)，并通过网上银行支付购书款给该网站，网站管理员在收到上述信息后，马上配货并向与B同一个城市的配送站发送一条送货信息，配送站指定一名送货员将书尽快送到B手中。在这个例子中，解决问题的方法是A找到一个合适的代理(商务网站)并告之诉求，代理(商务网站)选择某种方式(一系列操作或某种算法)完成A的要求。A不必了解网站使用什么方法完成任务，事实上使用代理的人也不关心完成任务的细节，这些细节通常是隐蔽的。这里，A和商务网站管理员是需要交互的对象，即面向对象程序设计中"对象"的概念。他们很自然地分成学生类和管理员类两个不同的类别。对象之间通过发送的信息(消息)实现交互，A向商务网站提出要求，此要求导致商务网站管理员的另一项要求，也可能是更多的要求，直到最终将书送到B手中。

为了方便地描述对象具有的属性和能力，面向对象程序设计中引入"类"的概念。面向对象程序设计强调的是对象，隐藏对象实现的细节。面向对象程序设计具有以下重要特点：

(1) 直接地描述客观世界中存在的对象及其相互关系，强调任何事物都是一个对象，直接对客观事物本身进行抽象，将人类的思维方式与表达方式直接应用到程序设计中。

(2) 将客观事物看作具有属性和行为的对象，通过对客观事物进行抽象，寻找同一类对象的共同属性(静态特征)和能力(动态特征)，并在此基础上定义类。

(3) 将数据和对数据的操作封装在一起，使对象以外的事物不能随意获取对象的内部数据，提高数据的安全性和隐蔽性，同时降低软件开发过程中排错的难度。

(4) 通过类的继承与派生机制以及多态性特征，提高了软件代码的可重用性，大大缩减了软件开发的相关费用及软件开发周期，有效地提高了软件产品的质量。

13.3 类与对象

与结构化程序设计中的结构体类似，面向对象程序设计中的类同样代表一种数据类型。类定义是对一组具有共同属性和能力的对象的抽象描述。在定义类的基础上，便可以创建类的具体实例——对象。

13.3.1 类

类用来描述一组对象所具有的共同属性和能力。其中，属性通过声明成员变量方式实现，能力通过定义成员函数方式实现。例如第1～11章的案例——影片推荐系统，包括了影片管理（录入影片/查询影片/修改影片/删除影片）、用户管理（录入用户/查询用户/修改用户/删除用户）、影片推荐等功能。显然，该系统中的用户是一类对象，需要建立一个用户类。影片是另一类对象，需要建立一个影片类。类定义描述如图13-1所示。

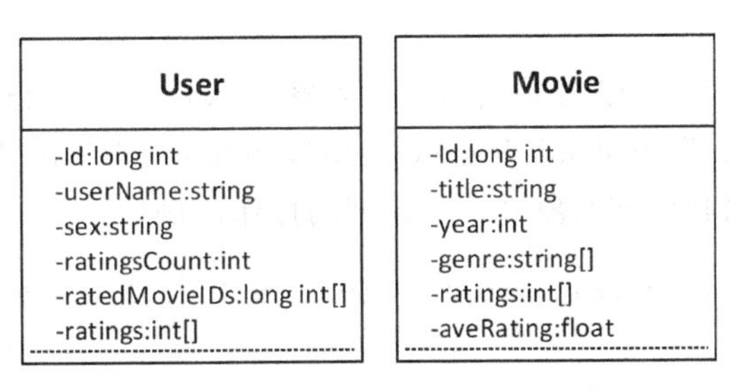

图13-1　用户类和影片类定义示例

图13-1中的第一行填写类名称，第二行填写类成员变量及成员函数。用户类的成员变量包括用户ID、用户名称、所评影片数、所评影片列表及相应评分等。影片类的成员变量包括影片ID、影片名、发行年份、影片类别、综合评分等，也可以包含更多的属性信息，如演职员列表、影片简介等。其中，用户名称、影片名等属性是字符串；用户所评影片数是整型变量；用户ID和影片ID属性是长整型变量；影片的综合评分是单精度实型变量；影片类别是字符串数组。用户和影片都具有保存、删除等功能。功能作为群体具备的能力称为方法，以函数形式描述，被命名为成员函数，如图13-2所示。

User	Movie
-Id:long int -userName:String -sex:String -ratingsCount:int -ratedMovieIDs:long int[] -ratings:int[]	-Id:long int -title:String -year:int -genre:String[] -ratings:int[] -aveRating:float
-save():void -delete():void	-save():void -delete():void

图13-2　带有方法的用户类和影片类定义示例

新建一个用户并提供用户的基本信息后，只需要调用其成员函数save便可以将用户信息保存起来。而如果注销某个用户，只需调用其成员函数delete即可。

类定义中还有两个特殊的成员函数：构造函数和析构函数。构造函数用于创建对象时进行一些初始化的操作，确保所有的属性都有一个合理的初始值；析构函数用于不再使用对象时释放所占用的资源，例如关闭该对象打开的文件或者网络连接等。大多数面向对象的程序设计语言会自动生成默认的构造函数和析构函数，但是成员函数必须由设计人员自行编写。

13.3.2 对象

对象是类的一个实例，例如影片 *The Shawshank Redemption*[①] 是影片类的一个实例。创建一个对象的过程称为类的**实例化**。对象和类的关系类似于结构体变量和结构体类型之间的关系。

假设已经存在影片类以及一个影片对象 mov1。mov1 已经被赋予信息：id：11274025，title："The Shawshank Redemption"，genes：["Crime","Drama"]，ratings：[8，9，9]。于是，可以利用该对象进行一系列的操作。例如：

```
mov1.aveRating = (mov1.ratings[0] +mov1. ratings[1] +mov1. ratings[2]) / 3.0;
                                                              //计算影片平均分
mov1.save();                                                  //保存更新的影片信息
```

对象操作时应该注意以下问题：

(1) 对象名作为对象的标识，用一个变量名表示，程序设计过程中可以使用对象名操作一个对象。

(2) 大多数面向对象语言都采用运算符"."访问对象的成员变量和成员函数。此外，C++ 语言还提供了运算符"->"访问对象的成员变量。

(3) 创建一个对象的过程依赖于具体的程序设计语言，需要了解具体程序设计语言的实现。

13.3.3 类在 C++ 中的实现

C++ 语言是在 C 语言基础上发展的程序设计语言。C++ 兼容了 C 语言的全部语法，并扩展了必要的语法规则以支持面向对象程序设计的设计思想。

C++ 支持类的定义，其语法规则源于 C 语言中结构体的定义。事实上，在没有成员函数的情况下，定义一个类和定义一个结构体完全相同。例如：

```
//定义一个没有成员函数的用户类(User)
struct User
{
    long int Id;
    string userName;
    string sex;
    int ratingsCount;
    long int ratedMovieIDs[10];
    int ratings[10];
};
```

```
//定义一个没有成员函数的影片类(Movie)
struct Movie
{
    long int Id;
    string title;
    int year;
    string genre[10];
    int ratings[100];
    float aveRating;
};
```

① 影片中文名为《肖申克的救赎》，IMDB 排名第一名(2017.03)

C++语言除支持使用关键字 struct 定义类外，还引入新的关键字 class 用于类的定义。关键字 struct 和 class 在定义类上的区别在于：利用 struct 定义的类，其所有对象都可以没有任何限制地通过运算符“.”直接访问对象的成员变量和成员函数，用法与结构体类似。例如：

```
Movie m1;                        /* 声明对象 m1 */
m1.Id=72110891;
…
printf("%ld",m1.Id);             /* 调用 printf 函数输出成员变量 Id */
```

利用 class 定义的类，如果不做特殊说明，则无法通过运算符“.”访问对象的成员函数和成员变量，例如：

```
class Movie                      /* 修改 struct Movie 定义为 class Movie */
{
    long int Id;
    string title;
    int year;
    string genre[10];
    int ratings[100];
    float aveRating;
};
```

执行代码时，编译出错：

```
Movie m1;
m1.Id=72110891;
…
printf("%ld",m1.Id);             /* Id 不可以直接访问 */
```

为了定义实现与 struct Movie 类似的类，需要重新定义 class Movie。例如：

```
class Movie
{
public:
    long int Id;
    string title;
    int year;
    string genre[10];
    int ratings[100];
    float aveRating;
};
```

需要说明以下几点：

(1) C++语言的类定义必须以“;”结束。

(2) class 是关键字。C++中使用 class 关键字表示类的定义，Movie 为类名，是用户自定义的标识符。

(3) 大括号"{}"内为类体,类体主要由成员变量和成员函数说明组成,统称类成员。类成员分为公有成员、私有成员和受保护成员,分别由关键字 public、private 和 protected 表明。类的公有成员可以利用运算符"."或"->"直接访问;类的私有成员只能被本类的其他成员函数访问,即私有成员只能出现在所属类的成员函数中;类的保护成员则既可以被本类的其他成员函数访问,也可以被其派生类的成员函数访问。

class 定义与 struct 定义关于成员函数的主要区别在于：class 类定义可以直接给出成员函数的定义。例如：

```
class String                        //class 定义字符串类 String
{
    char str[80];
    public:
        void store_str(char * )      //定义成员函数 store_str,用于存储一个字符串
            {…}
        int length()                 //定义成员函数 length,用于计算字符串的长度
            {…}
};
```

其中,String 类由成员变量(字符数组 str[80])和成员函数(store_str、length)共同构成。关键字 public 表示 store_str 函数和 length 函数可被外部访问。String 类对字符数组 str 进行了有效隐藏,外部不可以访问 str,用户必须通过公有方法 store_str 和 length 访问 str。例如：

```
//下面的代码用于输出字符串长度
String a;
a.str="hello C!"
…
printf("%d",a.length());
```

这种定义的优点是增强了对象访问的安全性。

按照 C 语言的语法，struct 定义可以实现属性和能力的封装,也能够实现与 class String 类似的设计。但相对于 C++ 中的 class 类,结构体的设计过程则略显复杂。例如,同样是定义 String 类,采用结构体的方式实现的过程如下：

(1) 定义函数：

```
void inner_store_str(struct String * object,char * )
{
    …/ * 保存字符串,具体代码略 * /
}
int inner_length(struct String * object)
{
    …/ * 计算字符串长度,具体代码略 * /
}
```

(2) 定义结构体 struct String：

```
struct String
{
    char str[80];
    void (* store_str)(struct String* object,char* );
                                /* 定义函数的指针,可以指向 inner_store_str 函数 */
    int (* length)(struct String* object);
                                /* 定义函数的指针,可以指向 inner_length 函数 */
    struct String* this;
};
```

(3) 通过定义函数 createString 完成结构体变量初始化,实现成员变量与成员函数的绑定。

```
struct String createString()  /* 初始值设置 */
{
    struct String mystring;
    mystring.store_str =inner_store_str;
    mystring.length =inner_store_str;
    Mystring.this =&mystring;
    return mystring;
}
```

(4) 通过下面的操作实现对成员函数的访问：

```
struct String mystring;
mystring =createString();
mystring.length(&mystring);
```

在面向对象程序设计中,程序所描述的所有事物都是对象。当对象众多时,命名成为大问题。为避免类名称以及全局对象重名的问题,C++ 引入命名空间(namespace)的概念。本书仅介绍 C++ 内置的标准命名空间 std 的使用。该命名空间包含标准输入对象(即键盘)cin、标准输出对象(显示器)cout 以及数学库、字符串函数库等常用库函数。

使用标准命名空间 std 时需要在程序中加入以下语句：

```
using namespace std;
```

然后才可以直接使用 std 空间中的对象,例如 cin 和 cout。cin 和 cout 是为简化标准输入和输出操作而定义的全局对象,通过流运算符>>和 cin 对象实现标准输入,通过流运算符<<和 cout 对象实现标准输出。此外还有 endl 对象代表回车符。例如：

```
cout<<"你好"<<endl;            //输出"你好"到屏幕
int a;
cin>>a;                        //从键盘读入 a
```

如果不使用 using namespace std 指令,则需要在 std 包括的对象和函数前加入

std::。例如：

```
std::cout<<"你好"<<std::endl;        //输出"你好"到屏幕
int a;
std::cin>>a;                          //从键盘读入 a
```

为简化字符串的操作，C++ 语言定义了 string 类。如果 C++ 程序中需要使用 string，需要包含头文件<string>，并使用标准命名空间。例如：

```
#include <iostream>
#include <string>
using namespace std;
```

在 C++ 程序中定义类之后，就可以通过声明创建一个类的对象，其方式与声明结构体变量方式相同，编译系统可以像检查简单变量一样检查类对象。例如：

```
Movie m1, m2;                         //声明 Movie 类的对象 m1 和 m2
```

类名可以直接作为类型名使用，不必写成 class Movie 的形式。当声明了两个 Movie 类的对象 m1 和 m2 后，系统为每个对象(m1 和 m2)都分配存储空间，m1 和 m2 被称为 Movie 类的实例。声明后的每个对象都有自己的成员，类成员的访问方式借鉴了 C 语言结构体成员的访问方式，使用运算符"."或者"->"访问类成员。

例 13-1 编写程序，计算影片的平均分。

```
#include <iostream>
#include <string>
using namespace std;                  //C++中，string 的引用需要加入 std 命名空间
class Movie
{
   public:
      long int Id;
      string title;
      int year;
      string genre[10];
      int ratings[100];
      float aveRating;
};
int main(int argc, char * argv[])
{
   Movie m;
   m.Id =11274025;
   m.title ="The Shawshank Redemption";
   m.year =1994;
   m.genre[0] ="Crime";
   m.genre[1] ="Drama";
   m.ratings[0] =8;
```

```
    m.ratings[1] =9;
    m.ratings[2] =9;
    //计算平均分
    m.aveRating = (m.ratings[0] +m.ratings[1] +m.ratings[2]) / 3.0;
    cout <<"平均得分为:" <<m.aveRating <<endl;            //输出处理
    return 0;
}
```

但是，本例所给出的代码在严格意义上是利用 C++ 程序设计语言编写的面向结构化的程序。下面给出面向对象的 C++ 程序设计，其中 Movie() 和 Movie(int mid, string mtitle, int myear, string mgenre[], int mratings[])为构造函数。

```
#include <iostream>
#include <string>
using namespace std;                    /* C++中,string的引用需要加入 std 命名空间 */
class Movie
{
public:
    long int Id;
    string title;
    int year;
    string genre[10];
    int ratings[100];
    float aveRating;
    /* 默认构造函数 */
    Movie()
    {
        int i=0;
        Id =0;
        title ="";
        year =1990;
        for(i=0; i<10; i++)
            genre[i]="";
        for(i =0; i<100; i++)
            ratings[0]=0;
        aveRating =0;
    }
    /* 带参数的构造函数 */
    Movie(int mid, string mtitle, int myear, string mgenre[], int mratings[])
    {
        int i=0;
        Id =mid;
        title =mtitle;
        year =myear;
        for(i=0; i<10; i++)
```

```
            genre[i]=mgenre[i];
        for(i =0; i<100; i++)
            ratings[i]=mratings[i];
        aveRating =0;
    }
    /* 成员函数,计算平均分 */
    double Avg(int n)
    {
        int i =0;
        double sum =0.0;
        if(n<=0)
            return 0;
        for(i=0; i<n; i++)
        {
            sum =sum +ratings[i];
        }
        return sum/n;
    }
};
int main(int argc, char* argv[])
{
    string genre[10]={"Crime","Drama"};
    int ratings[100] ={8, 9, 9};
    Movie m(11274025,"The Shawshank Redemption",1994,genre,ratings);
    cout <<"平均得分为:" <<m.Avg(3) <<endl;  //C++的输出处理方式
    return 0;
}
```

形式上出现两个同名函数,在C语言中是不支持的。但在C++语言中,这种处理机制称为函数重载,调用时将根据参数情况决定调用哪个函数。第一个Movie函数定义没有参数的构造函数,一般称为默认构造函数。第二个Movie函数定义带参数的构造函数,根据函数参数实现对成员变量的赋值。成员函数double Avg(int n)实现平均分的计算,其中,参数n代表计算平均分时考虑前n个综合评分。

13.3.4 成员变量

面向对象程序设计引入成员变量描述类属性,可以根据需要为类定义成员变量,其基本思路与定义结构体成员变量相通。C++程序设计中,如果通过关键字struct定义一个类,则遵循C语言结构体成员变量的使用规则。例如:

```
struct Movie                /* struct 定义类 */
{
    float aveRating;        /* 仅保留 aveRating 用于举例说明,其他成员变量同前文,略 */
```

```
    Movie()                 /*默认构造函数*/
        { …/*略,参见例 13-1*/}
    Movie(int mid,string mtitle,int myear,string mgenre[],int mratings[])
                            /*带参数的构造函数*/
        { …/*略,参见例 13-1*/}
    double Avg(int n)       /*成员函数*/
        { …/*略,参见例 13-1*/}
};
Movie m, *pm=&m;            /*声明对象 m 和指针对象 pm,并通过 pm=&m 令 pm 指向 m 地址*/
```

根据C语言指针运算的基本规则,当 pm=&m 时,则 *pm 等价于 m 时。运算符"->"可以简化类似(*pm).aveRating 的运算。C++语言继承C语言的"."和"->"运算符,实现对成员变量的读写操作。例如:

```
/*采用运算符"."实现对成员变量的读写*/
m.aveRating=100;                /*写成员变量*/
printf("%d", m.aveRating);      /*读成员变量*/
                                /*指针类型变量采用运算符"->"实现对成员变量的间
                                  接读写*/
pm->aveRating=100;              /*写成员变量,与 m.aveRating=100;实现相同功能*/
printf("%d",pm->aveRating);     /*读成员变量,与 printf("%d", m.aveRating);实
                                  现相同功能*/
```

在 Movie 类的成员变量中,aveRating 用于描述影片的综合评分,是由 ratings 成员变量,即多个用户的评价,按照一定的计算规则(例如求平均值)得到的一个结果值。按照信息存储的唯一性原则,可以不必定义 aveRating 成员,使用时直接通过成员变量 ratings 计算即可。但是考虑到每次使用该数据时都要执行复杂的计算,势必造成计算资源的浪费。因此,在实际设计中,通常允许以提高计算速度为目的少量数据冗余。而这种冗余在 struct 类定义中可能会造成数据的不一致性。例如,通过"."和"->"运算符修改成员变量 ratings 的值,而不修改 aveRating 的值,就会导致评分的不一致。因此,对 struct 类中所定义的成员变量 aveRating 和 ratings 的读写操作必须严格控制。基本原则如下:

(1) 成员变量 aveRating 变量不可以通过"."和"->"运算符直接访问。

(2) 成员变量 ratings 的写操作也不可以通过"."和"->"运算符直接访问。

为了更好地实现对成员变量的访问控制,C++语言要求通过关键字 class 定义类。例如:

```
class Movie                     /*class 定义类*/
{
    int ratings[100];
    float aveRating;
    …/*其他成员变量同前文,略*/
};
```

默认情况下,利用 class 定义的 Movie 类中的所有成员变量都称为私有成员变量,不

能通过“.”和“->”运算符直接访问。例如,对上述 class Movie 中定义的成员变量进行下列访问都是失败的:

```
Movie m, * pm=&m;
m.aveRating=10;                 /* 写成员变量,失败 */
printf("%d", m.aveRating);      /* 读成员变量,失败 */
pm->aveRating=10;               /* 写成员变量,失败 */
printf("%d", pm->aveRating);    /* 读成员变量,失败 */
```

当希望 Movie 类的某些成员变量支持“.”和“->”运算符时,C++ 语言引入关键字 public、private 和 protected 对应成员变量的访问控制。关键字 public 用于控制成员变量的可访问性,关键字 private 用于控制成员变量的不可访问性。例如:

```
class Movie                     /* 调整 Movie 的定义 */
{
    int ratings[100];           /* 私有成员变量 */
    float aveRating;            /* 私有成员变量 */
public:  /* 从此行开始,到类定义结束或遇到下一个关键字 protected 或 private 之前的
            所有成员变量均可以通过“.”和“->”运算符直接访问 */
    long int Id;
    string title;
    int year;
    string genre[10];
}
```

为规范成员变量的可访问性控制,上述代码一般规范为以下代码:

```
class Movie
{
public:
    long int Id;
    string title;
    int year;
    string genre[10];
private:  /* 从此行开始,到类定义结束或遇到下一个关键字 protected 或 public 之前的
             所有成员变量都不可以通过“.”和“->”运算符直接访问 */
    int ratings[100];           /* 私有成员变量 */
    float aveRating;            /* 私有成员变量 */
}
```

13.3.5 成员函数

成员函数代表类所具备的能力。成员函数的声明和定义方式类似于 C 语言的函数,也都由函数名和函数参数构成。成员函数的声明必须在类定义中,而成员函数的定义既

可以包括在类的定义中，也可以在类定义之外。成员函数可以使用类中的所有成员变量，这些成员变量对所有成员函数而言都是可读写的全局变量。

Movie类的私有成员变量 aveRating 无法直接访问，需要定义相应的成员函数 getAveRating，用于返回其综合评分，实现对 aveRating 的读操作。getAveRating 函数具有一个 float 类型的返回值，无须定义函数参数。由于 aveRating 的值来源于私有成员变量 ratings，其写操作需要通过 ratings 的写操作实现。因此，需定义成员函数 setRatings 实现操作。成员函数 setRatings 不需要返回值，但是需要接收一个数组或指针类型作为参数。这两个成员函数声明如下：

```
class Movie
{
    …/*成员变量略，参见前文*/
    float getAveRating();
    void setRatings(int s[]);
}
```

与成员变量类似，成员函数的访问同样可以通过 public、protected 和 private 进行控制。通过 struct 定义的类，类中的所有成员函数都默认为 public 成员，可以通过其对象及“.”和“->”运算符直接调用。通过 class 定义的类，类中的所有成员函数都默认为 private 成员。因此，上面声明的成员函数 getAveRating 和 setRatings 也为 private 成员。利用“.”和“->”运算符无法直接调用。例如：

```
Movie m, *pm =&m;
printf("%d", m.getAveRating());        //失败
printf("%d", pm->getAveRating());      //失败
```

按照上述程序设计的意图，成员函数 getAveRating 和 setRatings 必须为 public 成员，需要修改成如下声明方式：

```
class Movie
{
    …/*成员变量略，参见前文*/
public:
    float getAveRating();
    void setRatings(int s[]);
};
```

成员函数的定义一般包括类内定义和类外定义两种方式。如果成员函数的函数体相对简单，或者函数的逻辑简单，并且没有大型的数组定义，建议采用类内定义方式，这种方式的函数声明与函数定义可以合并；反之，则建议采用类外定义方式。例如：

```
class Movie
{
    …/*成员变量略，参见前文*/
public:
```

```
    float getAveRating()          /* 函数体简单,采用类内定义方式 */
    {
        return aveRating;
    };
    void setRatings(int s[]);
};
```

C++ 语言允许任意不同的两个类具有名称和参数相同的成员函数,并引入"::"以区分不同类的同名成员函数定义。

```
/* setRatings 函数采用类外定义方式 */
void Movie::setRatings(int s[])
                              /*"::"为限定符,说明函数 setRatings 属于类 Movie */
{
    int i=0;
    for(i=0; i<100; i++)
        ratings[i]=s[i];
}
```

例 13-2 编写程序,定义用户类,要求其性别属性只能为"Male"和"Female"。

利用关键字 struct 定义 User 类。例如:

```
struct User
{
    …/* 其他成员变量参见 13.3.3 节 */
    string sex;
};
```

由于 struct 定义类中的所有成员变量都是 public 类型。如果存在一个 User 类的对象 u,通过赋值运算 u. sex="Female" 即可改变 sex 的值,但是赋值运算 u. sex="女"也可以正确运行。因此 struct 定义类不能满足"其性别属性只能为"Male"和 "Female""的要求。

解决的方法是:首先,修改 User 类的定义,确保无法通过"."和"->"运算符直接访问 User 类对象的 sex 成员变量。例如:

```
class User
{
    …/* 其他成员变量参见前文 */
private:
        string sex;
};
```

其次,分别定义成员函数 getSex 和 setSex 实现对 sex 成员变量的读写操作,并将 getSex 和 setSex 函数声明为 public 成员。例如:

```
class User
```

```
{
    …/* 其他成员变量参见前文 */
private:
    string sex;
public:
    string getSex()
    {
        return sex;
    }
    void setSex(string s)
    {
        /* 仅处理输入正确的信息 */
        if (s =="Male" || s =="Female")
        {
            sex =s;
        }
    }
};
```

当设定 sex 的属性值时，只能赋值"Male"或"Female"而不能出现其他字符串。假设 u 为 User 类对象，则可以通过 getSex 函数和 setSex 函数实现对成员变量 sex 的操作。例如：

```
string userSex =u.getSex();
u.setSex("Male");
```

基于上述分析，C++ 程序源代码如下：

```
#include <iostream>
#include <string>
using namespace std;
class User
{
private:
    string sex;
    int ratingsCount;
    long int ratedMovieIds[10];
    int ratings[10];
    long int Id;
    string userName;
public:
    string getSex()
    {
        return sex;
    }
    void setSex(string s)
```

```
    {
        if (s=="Male" || s=="Female")
        {
            sex =s;
        }
        else
        {
            cout<<"Sex 只能是 Male 或者 Female!\n";
        }
    }
};
int main(int argc, char* argv[])
{
    User u;
    u.setSex("Unknown");
    u.setSex("Male");
    cout<<"性别:" <<u.getSex()<<"\n";
    return 0;
}
```

13.3.6 构造函数和析构函数

构造函数和析构函数为两类特殊的成员函数。构造函数负责在声明对象时申请相应的存储空间以存储成员变量,并完成成员变量的初始化,一般称此过程为创建对象。析构函数负责在对象失效后释放成员变量占用的存储空间,一般称为销毁对象。对象失效是指超出对象的有效范围,例如在函数内部声明的对象,在函数结束后会自动失效。

如果没有定义构造函数和析构函数,编译器将自动生成默认的构造函数和析构函数。

默认的构造函数形式:

类名()

默认的析构函数形式:

~类名()

默认的构造函数和析构函数都没有参数。当类的成员变量都是基本数据类型时,系统自动生成的构造函数和析构函数即可满足程序的要求。但是当类定义中包含指针类型的成员变量时,则需要在程序中自定义构造函数和析构函数。

例如前文的 String 类,采用 char 类型数组成员变量 str,系统将自动生成默认的构造函数和析构函数,而不需要由程序员定义。但是,如果将 str 改为 char * 类型,则需要自定义构造函数和析构函数,负责内存空间的申请和释放。例如:

```
class String
{
```

```
public:
    String()
    {
        str =new char[80];      /* 或 str=(char*)malloc(80*sizeof(char)); */
    }
    ~String()
    {
        if(NULL!=str) delete [] str; /* 或 if(NULL!=str) free(str); */
    }
    void store_str(char*)  { …/*略*/ }
    int length()  { …/*略*/ }
private:
    char *str;
};
```

上面的代码中使用了C++语言的new和delete运算符，new运算符代替库函数malloc的作用，用于申请内存空间。例如：

```
str =new char[80];          /* 创建可以存储80个字符的字符类型数组 */
```

如果调用malloc函数实现，对应的语句应为

```
str=(char*)malloc(80*sizeof(char));
```

delete运算符用于销毁对象，并释放其占用的内存空间。例如：

```
delete [] str;              /* 用于删除数组 str */
```

如果使用free函数实现，对应的语句应为

```
free(str);
```

对于构造函数，C++语言建议采用更加规范的定义方式：

类名(参数列表):成员变量初始化列表

参数与函数参数定义规则相同，各个参数之间通过逗号分开。成员变量初始化列表同样采用逗号分隔多个变量的初始化表达式。变量初始化表达式的一般形式如下：

变量名(初始化参数列表)

例如：

```
String():str(NULL)          /* String类构造函数的严格定义形式 */
{
    str =  new char[80];    /* 或 str=(char*)malloc(80*sizeof(char)); */
}
/* User类的构造器定义形式 */
User():Id(0), userName(""), sex("Male"), ratingsCount(0), ratedMovieIDs
({0}), ratings({0})
```

```
{    …
}
```

其中,Id(0)是 C++ 引入的对象初始化方法,本质是调用类的构造器完成初始化,对于所有基本数据类型对象,可以直接将值传递给系统提供的默认构造函数以完成初始化。ratedMovieIDs 和 ratings 都是整型数组,需要通过{0}的方式初始化,该初始化机制与 C 语言中数组的初始化机制相同。

C++ 语言建议定义一个特殊的构造函数,实现利用已经初始化的同类对象初始化新对象。

定义格式:

类名(同类对象)

例如:

```
String(const String& b)                           /* 为 String 类定义构造函数 */
{
    if(this==&b) return;                          /* 避免用自身初始化自身 */
    if(NULL ==b.str) return;
    int n =b.length();
    this->str =new char[b.length()];
    strcpy(this->str,b.str);
}
```

其中,this 是 C++ 语言中所有对象都默认具有的一个成员变量,存储当前对象的地址。表达式 this==&b 用于判定 b 是否为当前对象自身,如果是则直接返回,以避免循环初始化。例如:

```
String a("Hi"), b("Zhao"), c("");                /* 在主函数中执行 */
String d(a);                                      /* 在主函数中执行 */
cout<<d.c_str()<<endl;                            /* 输出结果为 Hi */
```

13.3.7 函数重载

C 语言不允许在同一编译单元(一般是指一个源程序文件)内部定义同名函数,即便函数的参数不同。C++ 语言打破了该限制,只要同名函数的参数不同,就可以在同一编译单元内定义同名函数。

例 13-1 中的函数 avg 实现了一组数据的平均值计算。平均值计算作为一个操作,在逻辑上函数名称应该具有唯一性。由于参与计算的数据可能是 int 型,也可能是 double 型。按照 C 语言的规则,需要定义两个函数名不同的函数,实现不同类型数据的平均值计算。但是,C++ 程序中则可以定义两个同名函数。例如:

```
double avg(double a[],int n)
{
```

```
    …                                        /*计算过程略*/
    return 0;
}
double avg(int a[],int n)
{
    …                                        /*计算过程略*/
    return 0;
}
```

调用函数时,编译器将根据实参类型来确定调用哪个函数。例如:

```
int a[3]={1, 2, 3};
avg(a,3);                                    /*调用 double avg(int a[],int n)*/
double b[3]={1, 2, 3};
avg(b,3);                                    /*调用 double avg(double a[],int n)*/
```

因此,普通类成员函数、构造函数都可以重载。例如,在前文的 Movie 类中定义两个同名的构造函数,实现构造函数的重载:

```
class Movie
{
public:
    …                                        /*其他成员变量参见前文*/
    Movie()                                  /*不带参数的构造函数*/
    {  …                                     /*略*/
    }
    Movie(int mid, string mtitle, int myear, string mgenre[], int mratings[])
                                             /*带参数的构造函数*/
    {  …                                     /*略*/
    }
};
```

声明 Movie 类对象时,由于存在两个构造函数,可以采用两种初始化方式。

方式 1:默认初始化。例如:

```
Moive m();          /*或 Moive m;,调用默认构造函数 Movie()完成成员变量的初始化*/
```

方式 2:带参数初始化。例如:

```
string genre[10]={"Crime","Drama"};
int ratings[100] ={8, 9, 9};
Movie m(11274025, "The Shawshank Redemption", 1994, genre, ratings);
```

例 13-3 修改 String 类,令其支持以下 3 种初始化方式。

方式 1:String t()或 String t。

方式 2:String t("C++ Language")。

方式 3:String t("C++ Language", 3),其中 3 代表从第一个参数中取前 3 个字符,

如果第一个参数的字符数量不足 3,则取其全部字符。

```
class String
{
public:
    String()                    /*方式 1*/
    {
      str =new char[80];           /*或 str=(char*)malloc(80*sizeof(char)); */
    }
    String(const char *t)       /*方式 2*/
    {
        if(NULL ==t) return;
        int n =strlen(t);
        str =new char[n+1];
        for(int i=0; i<n; i++)
            str[i]=t[i];
        str[n]=0;
    }
    String(const char *t, int n)   /*方式 3*/
    {
        if(NULL ==t) return;
        str =new char[n+1];
        for(int i=0; i<n&&t[i]!=0; i++)
            str[i]=t[i];
        str[n]=0;
    }
    …/*其他成员略*/
};
```

13.3.8 运算符重载

C 和 C++ 语言为支持基本数据类型的基本运算,定义了算术运算符、关系运算符、逻辑运算符等多种运算符。例如:

```
int a, b, c;
c=(a=10) +(b=10);
```

但是,数组、结构体等数据类型则不能直接运算处理,需要编写专门的计算函数实现基本运算。例如:

```
int a[2]={1}, b[2]={2};
int c;
c=a+b;                        /*错误,C和C++语言不支持此运算。需要自定义函数完成运算*/
```

C++引入类之后,如果需要进行数组加法等基本运算,则在类定义中必须完成运算符重载，否则，C++ 将不支持这些运算。

假设希望 String 类对象支持运算符"＋"实现两个字符串的连接，但是不改变两个字符串本身，同时实现赋值运算符"＝"。例如：

```
String a("Hi"), b("Zhao"), c("");
c=a+b;                          /* 期望 c="HiZhao",而 a 和 b 保持不变 */
cout<<c<<endl;
```

为支持该操作，需要重载运算符"＋"和"＝"。例如：

```
String& operator =(const String& b)
{
    if(this ==&b)
        return *this;
    if(NULL ==b.str)return *this;
    delete [] str;
    int n =b.length();
    this->str =new char[b.length()];
    strcpy(this->str,b.str);
}

String& operator +(const String& b)
{
    int n=length();
    int m=b.length();
    char * buffer =new char [n+m+1];
    strcpy(buffer,str);
    strcpy(buffer+n,b.str);
    String s =String(buffer);
    delete [] buffer;
    return s;
}
```

例 13-4　修改 String 类，令其支持 String 类对象之间的加法运算以及 String 类对象与整数之间的加法运算。运算规则如下：

```
String a("Hi"), b("Zhao"), c("");
int n=100;
c=a+b;                          /* 期望 c="HiZhao",而 a 和 b 保持不变 */
c=a+100;                        /* 期望 c="Hi100" */
```

首先，实现 String 对象与整数的运算，整数需要转换为字符串。头文件 string.h 中的函数 sprintf 可以实现将整数转换为字符串。其次，利用字符串之间的加法运算完成此操作。

```
class String
```

```
{
public:
    String() { …/*略,参见例 13-3*/ }
    String (const char *t) { …/*略,参见例 13-3*/ }
    String (const char *t,int n) { …/*略,参见例 13-3*/ }
    String& operator=(const String& b) { …/*/略,参见例 13-3*/}
    String& operator+(const String& b) { …/*略,参见例 13-3*/ }
    ~String() { …/*略,参见 13.3.6 节*/}
    String& operator+(int x)
    {
        char xstr[32];
        sprintf(xstr,"%d", x);
        int n=strlen(str);
        int m=strlen(xstr);
        char * buffer =new char [n+m+1];
        strcpy(buffer,str);
        strcpy(buffer+n,xstr);
        String s =String(buffer);
        delete [] buffer;
        return s;
    }
    char* c_str(){return str;}
    int length()const { return strlen(str); }
private:
    char *str;
};
int main()
{
    String a("Hi"),b("Zhao"),c("");
    //期望 c="HiZhao",而 a 和 b 保持不变
    c=a+b;
    cout<<c.c_str()<<endl;
    c=a+100;                /*期望 c="Hi100"*/
    cout<<c.c_str()<<endl;
    return 0;
}
```

13.3.9 静态成员变量

按照类与对象的关系,同一个类的所有对象具有相同的成员变量,但是变量的值可能不同。在一定的应用场景中,希望维护一个所有对象都可以访问的唯一变量。C 语言中提供了全局变量,但是全局变量可以被所有函数和对象访问,即不同类的对象可以访问同一全局变量,因此不能解决此问题。C++ 语言中引入静态成员变量来解决此问题。静态

成员变量是为类对象定义的全局变量。

理论上，例 13-4 中定义的 String 类，其字符串可以无限长。但是，在具体实现中，由于要考虑计算机内存空间，一般会限制字符串的长度。如限制字符串长度不能超过 65 535 个字符，即占用的存储空间不超过 65 535B+1B(64KB)。因此，在 String 类中需要定义一个其值不可改变的成员 max_length，该成员为 const 类型。例如：

```
class String
{
public:
    const int max_length=65535;                    /* 全局变量 */
    …/* 其他代码参见例 13-4 */
};
int main()
{
    String a("Hi"),b("Zhao"),c("");
    cout<<a.max_length<<","<<b.max_length<<","<<c.max_length<<endl;
    cout<<&a.max_length<<","<<&b.max_length<<","<<&c.max_length<<endl;
                                                   /* 输出成员地址 */
}
```

输出结果：

```
65535,65535,65535
0x6afee8,0x6afee0,0x6afed8
```

从运行结果可知，max_length 作为成员变量，对象 a、b、c 各自拥有一个独立的副本，a. max_length 和 b. max_length 是两个独立的变量，只是两者值相同。定义成员变量 max_length 的本意是用于限定全部 String 对象的字符串长度，该信息只需存储一份。因此修改 max_length 为静态成员变量，加入关键字 static。例如：

```
static const int max_length=65535;
```

当再次编译程序时：

```
cout<<a.max_length<<","<<b.max_length<<","<<c.max_length<<endl;
```

上述语句正常执行，说明可以通过对象和运算符“.”和“->”访问静态成员变量。

而如果语句为

```
cout<<&a.max_length<<","<<&b.max_length<<","<<&c.max_length<<endl;
```

则提示语句存在错误，说明不可以通过此种方式获取静态变量的地址。

C++ 建议采用“类名称：：静态成员变量”方式访问静态成员变量。例如：

```
cout<<String::max_length<<endl;              /* 代码正确 */
```

修改例 13-3 中的 String 类，令其只能处理不超过 65 535 个字符的字符串。

```
String (const char * t)
{
    if(NULL ==t)return;
    int n =strlen(t);
    /*限制字符串长度*/
    n =n>max_length?max_length:n;
    str =new char[n+1];
    for(int i=0; i<n; i++)
        str[i]=t[i];
    str[n]=0;
}
String (const char * t, int n)
{
    if(NULL ==t)
        return;
    /*限制字符串长度*/
    n =n>max_length?max_length:n;
    str =new char[n+1];
    for(int i=0; i<n&&t[i]!=0; i++)
        str[i]=t[i];
    str[n]=0;
}
```

13.3.10 静态成员函数

根据成员函数的定义,静态成员函数为该类对象具有的能力,只能通过该类对象调用。如果需要调用例 13-4 中 String 类定义的成员函数 length,需要在声明 String 类对象后通过"."运算符调用。例如:

```
String a("Hi"),b("Zhao"),c("");
cout<<a.length()<<endl;
```

一般类定义包括成员变量和成员函数。如果成员函数需要使用公共函数,可以通过定义普通函数实现(即 C 语言语法规定的函数实现),但问题是这种函数与类定义没有关系。为解决该问题,也为方便管理公共函数,C++ 语言引入了静态成员函数,即在特定需求下,定义公共成员函数为静态成员函数。例如:

```
void copy(char * t,char * s)    /*在 String 类中定义公共成员函数,实现字符串复制*/
{
    if(t==s)
        return ;
    while(*t++=*s++);
}
```

该函数必须通过 String 类对象访问。例如：

```
String d(" ");
char t[100]="", s[]="Hello";
d.copy(t,s);
cout<<t<<endl;
```

如果将 copy 定义为静态成员函数。例如：

```
static void copy(char *t, char *s)          /*定义静态成员函数*/
{
    if(t==s)
        return ;
    while(*t++=*s++);
}
```

该函数依然可以通过 String 类对象访问。但访问静态成员函数还可以采用更简单的方式，C++ 语言建议非类对象可以采用“类名::静态成员函数”方式访问静态成员函数。例如：

```
String::copy(t,s);                          /*等价于 d.copy(t,s);*/
```

例 13-5 定义类 Menu，实现影片评分推荐系统的功能主菜单。

定义菜单类 Menu 显示用户菜单、接收用户输入以及输入后执行的操作。菜单类设计如图 13-3 所示。程序运行后，调用 Menu 类的 show 方法显示功能主菜单，并与用户进行交互以确定用户需要的功能。

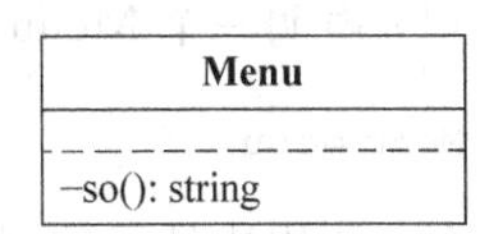

图 13-3 菜单类的设计

```
class Menu
{
public:
    string show()
    {
        while (true)
        {
            cout<<" ---------------------------\n";
            cout<<"|       影片评分与推荐系统       |\n";
            cout<<"|---------------------------|\n";
            cout<<"|          1.影片评分           |\n";
            cout<<"|                           |\n";
            cout<<"|          2.影片查询           |\n";
            cout<<"|                           |\n";
            cout<<"|          3.我的记录           |\n";
            cout<<"|                           |\n";
            cout<<"|          4.为我推荐           |\n";
            cout<<"|                           |\n";
```

```
        cout<<"|              5.退出系统          |\n";
        cout<<" ------------------------------\n";
        cout<<" 请输入选项:\n";
        string choice;
        cin>>choice;                              /*读取命令行的输入*/
        if (choice=="1" || choice=="2" || choice=="3"||choice=="4"||choice=="
5")
        {
            return choice;
        }
        else
        {
            cout<<"错误的选项,请重新输入。\n";
        }
      }
    }
};
```

Menu类封装了关于菜单的一切细节,仅提供给外部一个函数名以及一个函数返回值。例如,"1"代表评分,"2"代表查询。show方法封装了对用户输入的校验,调用Menu对象的程序可以确保Menu对象会返回正确的结果。使用Menu的基本步骤如下:

(1) 声明一个Menu类对象:

```
Menu menu;
```

(2) 调用成员函数show显示菜单,接收Menu对象show方法的返回值。

```
string choice =menu.show();
```

由于系统中菜单类Menu对象只有一个,因此可将show函数声明为静态成员函数。例如:

```
static string show()
{  …/*略,参见上文*/
}
```

调用形式为

```
string choice =Menu.show();
```

13.4 继承与多态

13.4.1 类继承

在认识现实世界时,一般会将不同对象分类管理,这是C++中引入类的最初动机。

为了厘清各类的关系，又引入了层次关系。例如猫和狗熊都属于动物类，猫属于猫科，狗熊属于熊科。虎与猫同科，猫熊(也就是熊猫)与狗熊同科。按照父类-子类关系绘制的层次如图 13-4 所示。猫科动物具有动物的所有基本特征，虎具备猫科的所有基本特征，因此可以说虎和猫都继承了猫科动物的基本特征，但是猫和虎具有不同的特征。

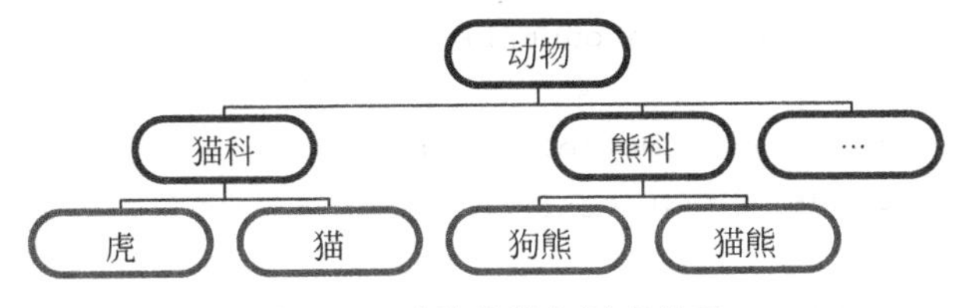

图 13-4　动物分类与层次关系

为了描述这种具有多个层次的分类体系，需要建立一种类的继承机制。继承是面向对象编程中最为重要的特性之一。继承代表了一种类型的传承和扩展，可以由已经存在的一个或多个类(一般称为父类)派生得到新的类(一般称为子类)，这种派生就是类的继承。

13.3.3 节中定义的 User 类描述了系统的所有用户。但是，针对电影提名，还需要定义一类特殊用户，假设命名为 PowerUser，这类用户不但具有基本用户的基本特征(一般性)，还具有提名影片等扩展能力(特殊性)。因此，可以在 PowerUser 类中引入新的成员变量 nomiCount(提名影片数量)和 nominatedMovieIDs(提名影片 ID 清单)以及新的成员函数 Nominate(提名)。

首先，给出 User 类的完整定义：

```
class User
{
public:
    User():Id(0), userName(""), sex("Male"), ratingsCount(0), ratedMovieIDs
    ({0}), ratings({0})
    {
    }
    /*带参数构造函数,Id为用户ID,name为用户名,sex为性别*/
     User(const int& Id, const string& name, const string &sex): Id(Id),
     userName(name), ratingsCount(0), ratedMovieIDs({0}), ratings({0})
     {
        setSex(sex);
     }
    /*评价影片,ids为影片ID清单,values为对应影片评分*/
    void ratedMovie(int ids[],int values[],int m)
    {
        for(int i=0;i<m;i++) {
              ratedMovieIDs[i]=ids[i];
        }
        ratingsCount =m;
    }
```

```
    int getId(){return Id;}
    string getUserName() { return userName;}
    string getSex() { return sex; }
    /*获得评价影片ID清单及其对应评分,ids为影片ID清单,values为对应影片评分*/
    int getRatedMovie(int ids[],int values[]) {
        for(int i=0;i<ratingsCount;i++)
            {
                ids[i]=ratedMovieIds[i];
                values[i]=ratings[i];
            }
            return ratingsCount;
    }
    void setSex(string s)
    {
        if (s=="Male" || s=="Female")  {
            sex =s;
        }
        else {
            cout<<"Sex只能是Male或者Female!\n";
        }
    }
private:
    int ratingsCount;                       /*评价数量*/
    long int ratedMovieIDs[10];             /*影片ID清单*/
    int ratings[10];                        /*影片评分清单,ratings[0]为影片
                                              ratedMovieIds[0]的评分*/
    long int Id;                            /*用户ID*/
    string userName;                        /*用户名*/
    string sex;                             /*性别*/
};
```

PowerUser类是User类的子类,具备User的所有属性,通过继承得到。例如:

```
class PowerUser: public User
{
    void Nominate(int ids[],int m){  …/*函数过程略*/}
private:
    int nomiCount =0;                      /*提名影片的数量*/
    int nominatedMovieIDs[10];             /*最多可以提名10部影片*/
};
```

继承的类同样使用class关键字。": public User"表示以公开方式继承User类;PowerUser自动拥有User类的所有属性和方法。由于PowerUser已经具有User的所有成员变量和成员,不再需要重新定义这些成员,只需要添加新的成员变量和成员函数。例如:

```
int nomiCount =0;                          /*提名影片的数量*/
```

```
int nominatedMovieIDs[10];              /* 最多可以提名 10 部影片 */
```

成员函数 Nominate 实现提名功能。例如：

```
void  Nominate(int ids[], int m)
{  …/* 函数处理过程略 */
}
```

ids 为提名影片数组，m 为提名影片数量，只需将 ids 赋值给成员变量 nominatedMovieIDs，将 m 赋值给成员变量 nomiCount。

继承得到的类和普通类的使用方法完全一致。例如：

```
PowerUser puser                         /* 声明 PowerUser 类的对象 puser */
puser.setSex("Male");                   /* 调用成员函数 setSex，修改对象的信息 */
```

类定义时，如果没有自定义构造函数，系统将自动生成构造函数。派生类也是如此，系统自动生成默认的构造函数，并自动调用父类的默认构造函数，完成对象的初始化。但是，如果父类是带参数的构造函数，则子类对象无法使用。例如：

```
PowerUser p(12, "zhang", "Male")        /* 调用错误 */
```

因此，一般建议在子类中重新定义自己的构造函数，并重载父类的所有构造函数。原因是由于子类一般会引入自己的成员变量，为了保证这些成员变量初始化，需要定义构造函数。例如：

```
PowerUser(): User(), nomiCount(0), nominatedMovieIDs({0})
                                        /* 为 PowerUser 定义构造函数 */
{   …/* 略 */
}
PowerUser(const int& Id, const string& name,const string &sex):User(Id, name,
          sex), nomiCount(0), nominatedMovieIDs ({0})
{   …/* 略 */
}
```

User(Id, name, sex)和 User()说明初始化时调用父类的构造函数。

继承可以大量复用现有代码。例如 PowerUser 类仅增加少量的代码，就使得该类对象同时具有 User 类和 PowerUser 类中定义的所有属性和方法。继承还便于代码的修改，假设需要更改用户的影评规则，只需修改 User 类 ratedMovie 函数，子类 PowerUser 将会自动得到新的 ratedMovie 方法。而对 PowerUser 的所有变更并不影响 User 类，从而具备高度的灵活性和可扩展性。

13.4.2 多态性与虚函数

当需要在当前影评系统中将用户信息输出到屏幕时，可以定义一个屏幕输出类 ScreenPrinter 专门负责该项功能，并定义静态成员函数 void print(const User& u)，在函数内部调用 User 对象的 print 方法输出对象的所有成员信息。例如：

```
class ScreenPrinter
{
public:
    static void print(const User& u){
        u.print();
    }
};
```

同时，为 User 和 PowerUser 两个类增加一个 print 成员函数输出自身的成员变量信息。例如：

```
class User
{
public:
    void print()
    {
        cout<<"Id:"<<Id<<endl;
        cout<<"userName:"<<userName<<endl;
        cout<<"sex:"<<sex<<endl;
        cout<<"ratedMovieIds:{";
        for(int i=0;i<ratingsCount-1;i++)
            cout<<ratedMovieIds[i]<<",";
        cout<<ratedMovieIds[ratingsCount-1]<<"}"<<endl;
        cout<<"ratings:{";
        for(int i=0;i<ratingsCount-1;i++)
            cout<<ratings[i]<<",";
        cout<<ratings[ratingsCount-1]<<"}"<<endl;
    }
    …/*其他成员略,参见 13.4.1 节*/
};
class PowerUser: public User
{
public:
    void print()
    {
        /*调用父类方法输出父类定义的成员变量*/
        User::print();
        /*专注输出子类成员变量*/
        cout<<"nominatedMovieIDs:{";
            for(int i=0;i<nomiCount-1;i++)
                cout<<nominatedMovieIDs[i]<<",";
            cout<<nominatedMovieIDs[nomiCount-1]<<"}"<<endl;
    }
```

```
    …/*其他成员略,参见 13.4.1 节*/
}
```

在主函数中声明多个对象,直接通过 ScreenPrinter 类实现输出。例如：

```
int main()
{
    PowerUser p(12, "zhang", "Male");
    User u(102, "John", "Male");
    ScreenPrinter::print(p);
    ScreenPrinter::print(u);
    return 0;
}
```

程序的运行结果：

```
Id:12
userName:zhang
sex:Male
ratedMovieIds:{0}
ratings:{0}
Id:102
userName:John
sex:Male
ratedMovieIds:{0}
ratings:{0}
```

可以看出,PowerUser 类扩展成员变量并没有输出。原因是 ScreenPrinter 类的成员函数 print 只能接收 User 类型对象。在将 PowerUser 类型对象 p 传给 print 时,p 被转换为 User u。因此 u. print()执行的是 User 类的 print 成员函数,从而未能输出 PowerUser 类扩展成员变量。

最直接的解决方法是利用函数重载机制,在 ScreenPrinter 类中新增一个成员函数 print。例如：

```
class ScreenPrinter
{
public:
    static void print(User& u)
    {
        u.print();
    }
    static void print(PowerUser& u)
    {
        u.print();
    }
};
```

再次执行程序，输出结果如下：

```
Id:12
userName:zhang
sex:Male
ratedMovieIds:{0}
ratings:{0}
nominatedMovieIDs:{0}
Id:102
userName:John
sex:Male
ratedMovieIds:{0}
ratings:{0}
```

但是，当子类较多时需要重载很多的 print 函数。这带来两个问题：一是每建立一个 User 类的子类，都要维护 ScreenPrinter 类，增加一个重载函数；二是所有重载函数造成代码冗余。这类问题一般被称为类的多态性，即子类有其独特于父类的行为特征，在子类对象转换为父类对象时无法访问子类的成员函数。C++ 语言引入虚函数解决多态性问题。与普通成员函数不同，虚函数在成员函数声明时添加关键字 virtual，有两种格式：

```
virtual  函数类型 函数名(函数参数);
```

或

```
virtual  函数类型 函数名(函数参数)=0;
```

一般有函数体时采用第一种格式，没有函数体时采用第二种格式，第二种格式也称为纯虚函数。

按照该思想修改 User 和 PowerUser 类的 print 函数定义。例如：

```
class User
{
public:
    virtual void print()
    {
        …/*函数体略,参见前文*/
    }
    …/*其他成员略,参见前文*/
};
class PowerUser: public User
{
public:
    virtual void print()
    {
        …/*函数体略,参见前文*/
    }
    …/*其他成员略,参见前文*/
}
```

ScreenPrinter 类依然只有一个 print 函数。例如：

```
class ScreenPrinter
{
public:
    static void print(User& u){
        u.print();
    }
};
```

当再次执行程序时，输出结果保持不变。说明当子类对象转为父类对象时，其成员变量和成员函数信息并未丢失，只是重载的成员函数指向出现问题。调用重载的普通成员函数，编译器会自动执行父类的同名函数。改为调用虚函数形式重载的成员函数，编译器将强制指向子类的同名成员函数。

13.5 案　　例

利用 C++ 语言设计影片评分推荐系统，包括影片评分、影片查询、我的记录、为我推荐等功能模块。

可以采用文件存储用户信息、影片信息、评分信息。对用户/影片/评分信息的操作就是对文件的操作。影片评分推荐系统可以被视为一个类 MovieRR。其中，由于菜单部分比较独立，设计一个单独的类 Menu。涉及用户数据的操作主要由 User 类完成，涉及影片的操作主要由 Movie 类完成。MovieRR 类将主要负责与用户进行交互以便接收用户的数据输入，以及显示数据。具体的用户/影片信息录入、查询、浏览和删除操作则由相应的 User 类和 Movie 类处理。基于这些分析，可以得到如图 13-5 所示的类设计。

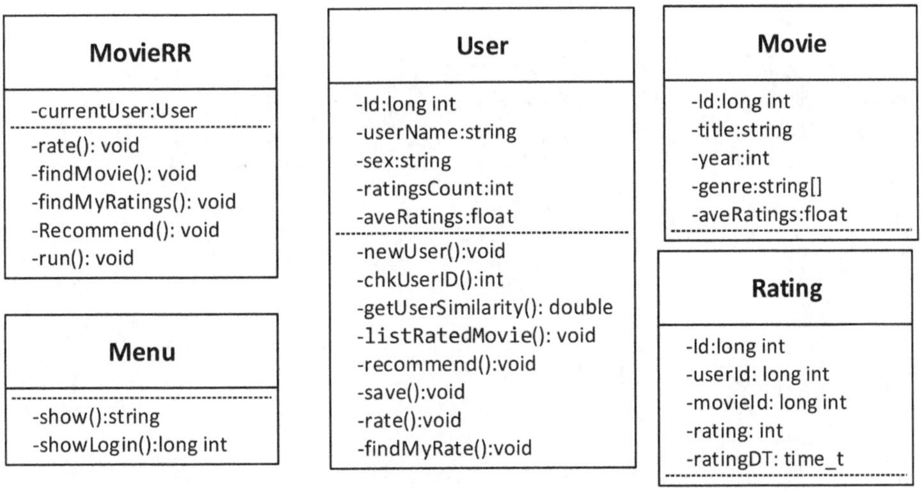

MovieRR
-currentUser:User
-rate(): void -findMovie(): void -findMyRatings(): void -Recommend(): void -run(): void

Menu
-show():string -showLogin():long int

User
-Id:long int -userName:string -sex:string -ratingsCount:int -aveRatings:float
-newUser():void -chkUserID():int -getUserSimilarity(): double -listRatedMovie(): void -recommend():void -save():void -rate():void -findMyRate():void

Movie
-Id:long int -title:string -year:int -genre:string[] -aveRatings:float

Rating
-Id:long int -userId: long int -movieId: long int -rating: int -ratingDT: time_t

图 13-5　影片评分推荐系统的类设计

利用 C++ 语言实现的详细代码参见教材电子资源(http://faculty.neu.edu.cn/cc/gkn/cbook/)。

练 习 题

1. 简述面向对象程序设计与面向过程程序设计各自的特点。

2. 简述 C++ 与 C 语言的本质区别。

3. 举例说明类与对象的概念与使用方法。

4. 举例说明 struct 和 class 定义的区别。

5. 举例说明基类和派生类的关系。

6. 简述构造函数和析构函数的作用。

7. 举例说明作用域的概念以及有哪些类型的作用域。

8. 按照要求构造类：汽车类 vehicle,类中的数据成员包括车轮个数 wheels 和车重 weight,放在保护段中;小车类 car,是 vehicle 的私有派生类,其中包含载人数 passager_load;卡车类 truck,是 vehicle 的私有派生类,其中包含载人数 passager_load 和载重量 payload。

9. 编写程序,定义一个学生类,其中有 3 个数据成员：学号、姓名、年龄,还包含构造函数、display 函数。要求在 main 函数使用这个类,实现对学生数据的赋值和输出。

10. 编写程序,定义一个点类,包括 x 坐标和 y 坐标,从它派生一个圆类,增加数据成员 r(半径),圆类成员函数包括构造函数、求面积的函数和输出显示圆心坐标及圆半径的函数。要求在 main 函数中实现显示圆心坐标、圆的半径以及面积。

第14章

高性能计算与并行程序设计

14.1 概　　述

随着计算机技术的不断发展，微机领域已经普遍采用4个内核的CPU，8个或16个内核的CPU也进入应用阶段，大型计算机领域具有数十万个计算机结点的超级计算机已经出现。例如超级计算机天河一号A(2010年排名第一)拥有14 336个CPU和7168个GPU，峰值性能达到每秒4700万亿次(4.7PFlops)、持续性能每秒2507万亿次(2.5PFlops)。

在计算机发展的早期，就已经提出研发由多个处理器组成且能高速地进行复杂问题计算的高性能并行大型计算机系统，为生命科学、材料科学、原子物理等领域的科学研究提供服务。大型计算机一般采用专门的设计与制造方案，虽然性能优越，但是成本高昂。为了降低成本，Beowulf计划主张利用一定数量的普通PC组建并行计算机系统。例如一台拥有1个2.8GHz CPU内核、1GB内存、160GB硬盘的计算机，其运算能力为6.8GFlops左右，如果100台同样的计算机并行工作，其理论计算能力可以达到680GFlops。

CPU一般分为单核和多核。单核CPU每一时刻只能执行一条指令(顺序执行指令)，而多核CPU可以同步执行多条语句(并行执行指令)，实现分工协作的并行计算。多核处理器的提出受益于大规模集成电路的发展，其基本思想是：在一个大规模集成电路上设计多个单核CPU实现并行计算，同时降低多核之间的数据交换成本。多核CPU和多CPU并行计算机的快速发展为程序设计提供了良好的硬件基础，但是没有并行程序的推动，相关硬件依然无法实现最佳效能。

14.2 并行算法

14.2.1 并行问题

科学计算中存在大量的问题可并行处理，例如求解1＋2＋…＋100，如果采用单核

CPU，只能按照串行模式顺序计算 100 次，而如果采用 2 个 CPU 进行并行计算，处理器 1 计算 1+2+…+50，同时处理器 2 计算 51+52+…+100，每个处理器只需要各计算 50 次。若不考虑网络传输，理论上单处理器的运算时间大约是 2 个处理器并行运算时间的两倍。但是要将串行求解转化为并行求解，涉及并行算法的设计方法以及实现技术等诸多问题。

14.2.2 并行算法设计

并行算法是在给定并行模型下的一种具体的、明确的计算方法和步骤。并行算法主要有 3 种设计方法：

(1) 直接转化法，即检测和开拓现有串行算法中的固有并行性，直接将现有的串行算法并行化，例如求和、遍历、排序等问题。

(2) 全新设计法，即根据问题固有的属性，重新设计一个全新的并行算法，例如字符串的查找问题。

(3) 参考设计法，即借用已有的并行算法使之可求解一类新问题。例如，有向图的传递闭包问题借用了布尔矩阵的乘法算法。

并行算法设计的核心是问题的"分解"，即将一个问题分解成若干个相对独立的子问题。"分解"方法主要有均匀划分、方根划分、对数划分、功能划分等，此外还有分治设计技术以及流水线技术等。下面主要以均匀划分方法为例说明。

均匀划分方法的主要思想是将一个问题分解为 n 个子问题，均匀划分到 p 个处理器上并行求解。例如利用 p 个处理器求解 1+2+…+n，其中每个处理器处理 n/p 个数的加法，最后在主处理器上汇总并输出结果。问题求解过程如下：①进行均匀划分，即主处理器将整个求和问题按顺序均匀分解为 p 段，并分发给各从处理器；②进行局部计算，即各个从处理器按串行算法完成计算，并向主处理器提交结果；③进行汇总计算，即主处理器完成汇总计算；④输出结果，即主计算机完成结果的输出。

并行算法的设计过程一般包括划分、通信分析、任务组合和处理器映射等。

(1) 划分。将计算任务分解成为若干子任务，其目的是为并行创造机会。划分的原则是保证任务之间的独立性、均衡性。

(2) 通信分析。虽然划分任务时应实现任务独立，但不是所有问题都可以做到完全独立，子任务之间可能会存在数据之间的某种关联或交换，从而产生通信问题。通信分析的主要目的是分析子任务求解过程中不同结点的信息交换问题。由于通信所用时间比较长，应尽可能减少结点间通信，遵循"最小通信"的基本原则。

(3) 任务组合。通过任务组合对分解后的子任务进行合并以减少任务数，目的在于提高效率和减少任务间的通信成本。

(4) 处理器映射。处理器映射负责将任务分配到每一个处理器，实现最小化的执行成本和通信成本，同时实现处理器利用率的最大化，其中涉及负载平衡和任务调度问题。

14.3 并行程序设计实现

大多数并行设计语言是从 FORTRAN 语言和 C 语言扩展而来的，例如 KAP、FORTRAN90、HPF、X3H5、PVM 和 MPI 等语言。扩展的方法包括库函数法（增加支持并行和交互操作的库函数）、新语法结构法（引入执行并行和交互操作的语法结构）以及编译制导法（设计语言不变，引入新编译指令）。

14.3.1 并行程序设计模型

并行程序设计模型包括隐式并行、数据并行、消息传递和共享变量等。例如在消息传递模型中，计算任务由分布在不同计算结点中的独立进程完成，进程之间通过网络传递消息，实现通信。消息包括指令、数据、同步信号和中断信号。计算机结点是一台独立的计算机，其拥有自己独立的处理器和存储器资源。基于消息传递的并行计算机模型如图 14-1 所示。

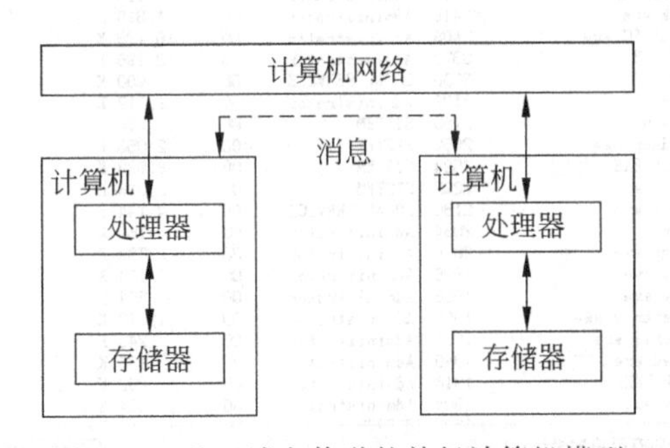

图 14-1 基于消息传递的并行计算机模型

为了实现基于消息传递的并行程序设计，可以通过 3 种方式设计并行程序设计语言。

（1）设计一种专门的并行程序设计语言。此种方式需要针对并行设计语言的专门处理器支持。例如，Occam 是专门面向消息传递处理器 Transputer 的并行程序设计语言。

（2）扩展现有的高级程序设计语言的语法和关键字，例如扩展自 C++ 的 C++ /CLI，以及扩展自 FORTRAN 的 FORTRAN M，在具体实现中需要专门的编译器。

（3）基于现有的高级程序设计语言，提供消息传递所需的函数库。该方式不需要专门的编译器，不改变现有程序设计语言的语法和关键字，通过调用库函数的方式实现并行程序设计。

由于库函数法具有较强的通用性，因此获得广泛应用。采用库函数法的并行程序设计需要明确计算任务在哪一个结点的进程中运行，同时还要明确何时将消息发送到其他结点。

14.3.2 进程

一个进程相当于一个计算机任务。一般将进程定义为“具有独立功能的程序关于某个数据集合上的一次运行活动，是系统进行资源分配和调度的独立单位”，进程的另一个定义是“程序的一次执行，即进程是在给定内存区域中的一组指令序列的执行过程”。

操作系统通过进程管理实现不同任务对计算机资源的访问与控制。例如在单核CPU系统中，任何时刻只有一个进程占用CPU，为了实现多进程的并发执行，操作系统需要完成进程的合理调度，实现多个进程对CPU资源的轮流占用。可以简单地认为一个可执行程序对应一个进程。Windows 系统中通过任务管理器可查看当前操作系统所运行的进程及其所占用资源的情况，如图 14-2 所示。

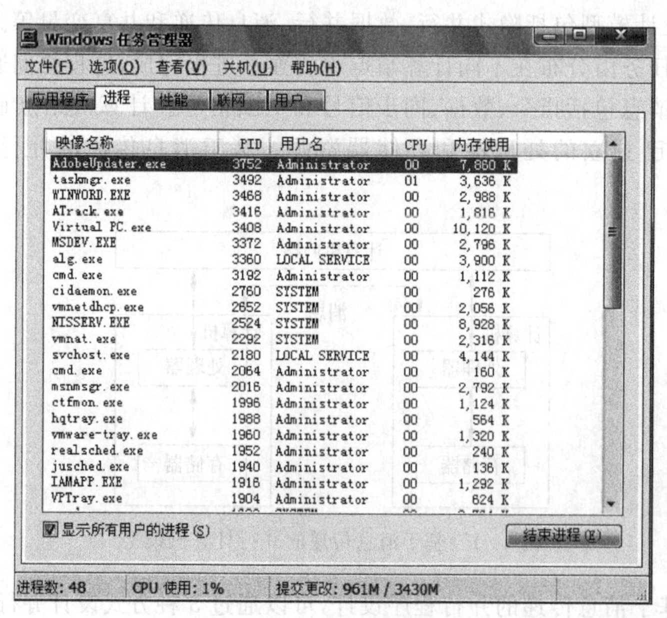

图 14-2 任务管理器

14.3.3 创建进程

为了实现程序在多台计算机上的执行，必须在不同计算结点上远程创建进程，继而将计算任务提交给该计算结点。创建进程包括静态创建和动态创建两种方式。

静态创建是指在执行程序之前创建所有进程，且系统仅仅执行固定数量的进程。大多数的应用程序一般都由一个主进程（master process）和一组从进程（slave process）构成。静态创建模式下，多个进程构成一个程序，通过程序中的控制语句实现不同进程的调度和交互。源程序经过编译成为可执行程序后，系统中的每个处理器均加载此可执行程序的一份副本，在本地内存中执行。

动态创建是指在执行其他进程的同时动态地创建、初始化和销毁进程。系统中的进程根据需要创建,且数量不确定。相对于静态创建,动态创建是一种更强大的技术,但是增加资源和时间开销。

14.3.4 消息传递

在基于消息传递的多计算机并行程序设计模型中,消息传递机制包括简单消息发送/接收、同步/异步、广播、收集、散布、归纳等。

1. 简单消息发送/接收机制

通过调用发送/接收消息函数,实现简单的消息发送/接收操作。

发送/接收函数的调用方式如下:

```
send(参数列表)
recv(参数列表)
```

在参数列表中包括准备发送/接收的数据参数和进程 ID。为了描述方便,将发送消息的进程称为源进程,将接收消息的进程称为目标进程。例如,将变量 x 的值从进程 1 发送到进程 2 的变量 y 的过程如图 14-3 所示。

在进程 1 中通过如下语句发送消息:

```
if(currentProcessID ==1)
{   /* 当前进程 ID 为 1 */
    send(&x, 2);
}
```

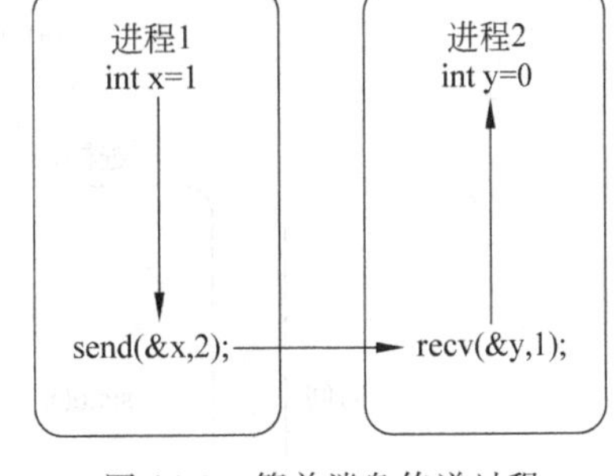

图 14-3　简单消息传递过程

在进程 2 中通过如下语句接收消息:

```
if(currentProcessID ==2)
{   /* 当前进程 ID 为 2 */
    recv (&y, 1);
}
```

上述两段代码属于同一源程序。

2. 同步/异步消息传递机制

在网络环境下,消息传递受限于网络传输速度,消息传递所花费的时间可能会很长,而处理器的运算速度很快,因此必须解决处理器与消息传递之间的速度匹配问题。假设源进程调用 send 发送消息后,还需要执行其他语句,例如:

```
if(currentProcessID ==1)
{   send (&y,1);
    y++;
}
```

那么程序是等待 send 函数将消息准确地发送到目标进程后再执行其他语句,还是不管消息是否已经发送成功，都直接处理其后的语句呢？这就涉及同步与异步问题。

同步消息传递是指消息传递函数在消息传递完成后才返回。在同步消息传递过程中涉及 send 函数与 recv 函数的匹配问题。如果源进程调用 send 函数的时间早于目标进程的 recv 函数，则 send 函数发送“发送消息请求”并进入等待状态，直到目标进程执行到 recv 函数，recv 函数将“可以接收”消息发送给源进程，这时 send 函数才将消息发送出去，如图 14-4(a)所示。如果源进程调用 send 函数的时间晚于目标进程的 recv 函数，则 recv 函数先进入等待状态。当执行到 send 函数后，通过询问/应答实现消息传递，如图 14-4(b)所示。

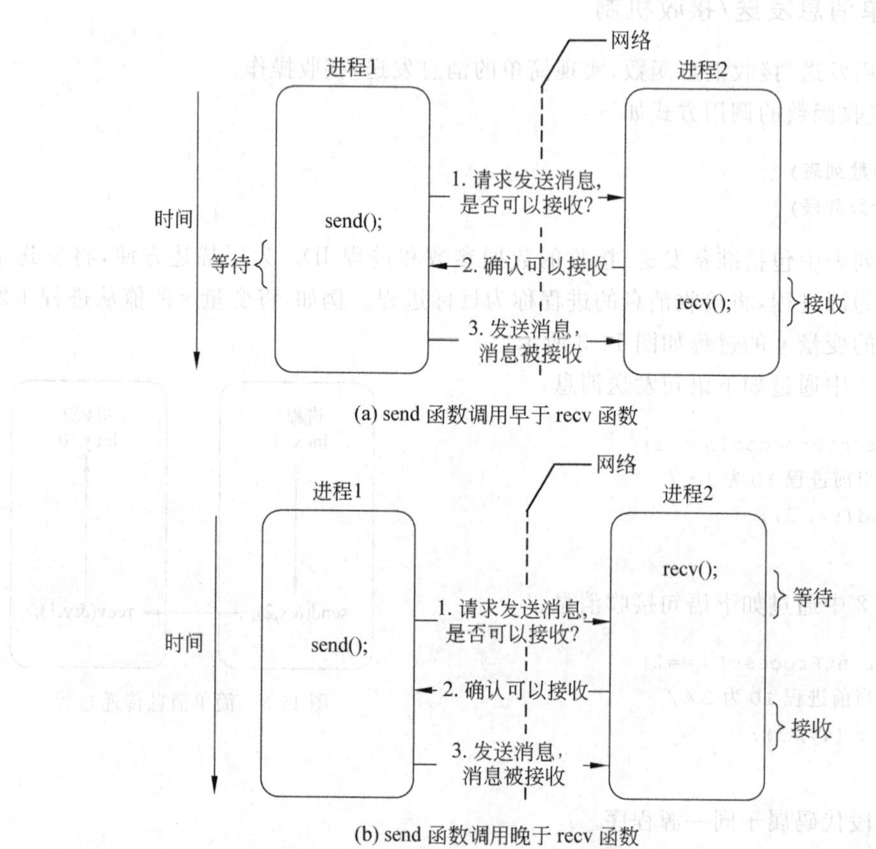

图 14-4　同步消息传递

异步消息传递则指消息函数在将消息发出后不管消息是否到达都直接返回。异步消息传递机制采用消息缓冲区的方式实现消息存储，当 send 函数将消息发送到缓冲区后，不管消息是否已经到达，即开始处理其后的语句。recv 函数则直接从缓冲区获取消息，如果缓冲区内有消息则接收消息，否则等待接收消息，如图 14-5 所示。

3. 广播机制

消息广播(broadcast)是将同一消息发送到所有的相关进程。假设进程 0 为根进程，根进程的存储区中存储需要广播的消息。当所有进程执行到 bcast 函数时，广播消息才

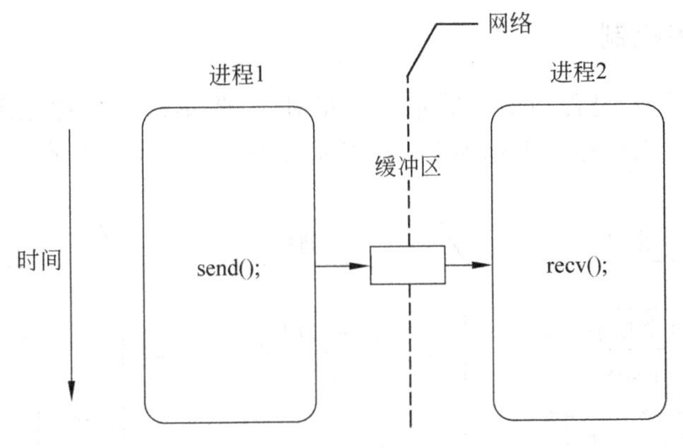

图 14-5　异步消息传递

能生效,并且每个进程均得到消息,如图 14-6 所示。

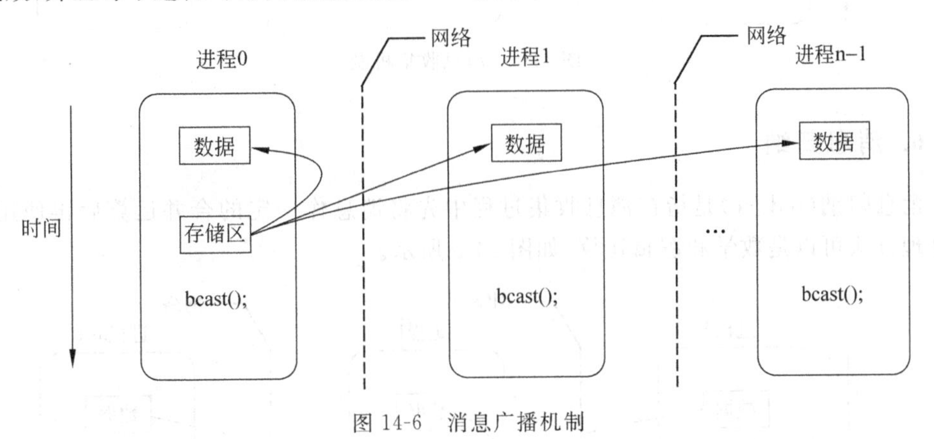

图 14-6　消息广播机制

4. 消息散布机制

消息散布(scatter)将根进程中数组的每个元素分发到每一个进程,包括根进程在内的每一个进程都能够得到一个元素值,如图 14-7 所示。

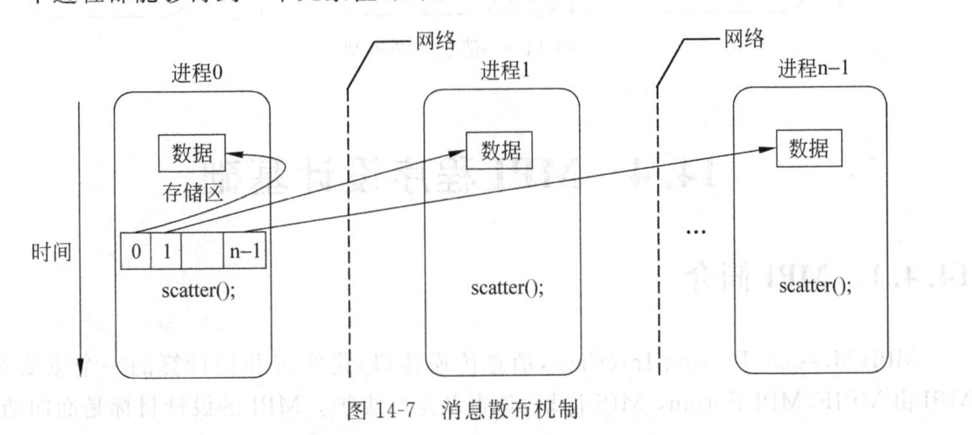

图 14-7　消息散布机制

5. 消息收集机制

消息收集(gather)过程与消息散布过程相对应，收集每个进程处理结果并保存在数组中，第 i 进程的结果保存在下标为 i 的数组元素中，如图 14-8 所示。

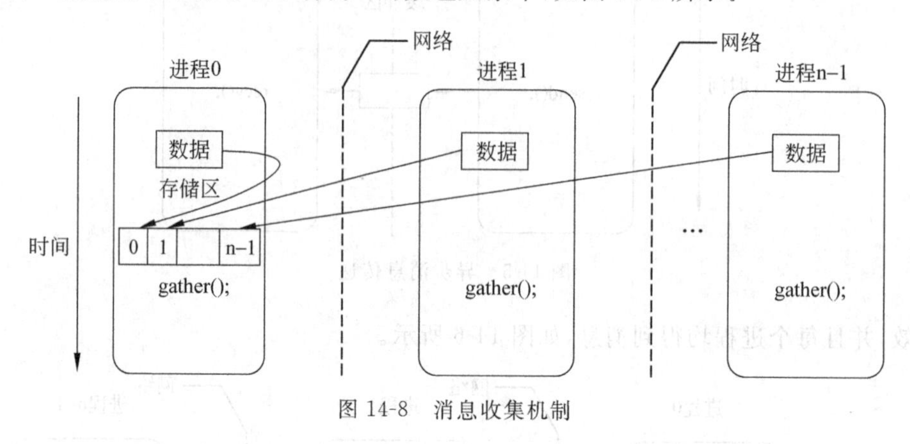

图 14-8　消息收集机制

6. 消息归纳

消息归纳(reduce)是指在消息收集过程中先将消息作一定的合并运算后再使用，合并处理方法可以是数学和逻辑运算，如图 14-9 所示。

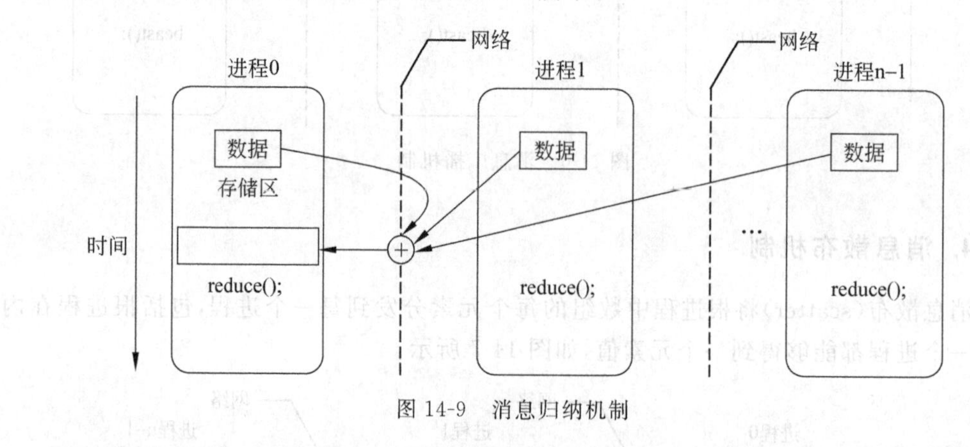

图 14-9　消息归纳机制

14.4　MPI 程序设计基础

14.4.1　MPI 简介

MPI(Message Passing Interface，消息传递接口)是实现并行计算的一个重要技术。MPI 由 MPIF(MPI Forum，MPI 论坛)负责制定与维护。MPI 的设计目标是面向消息传递程序设计提供一套广泛使用的、实用的、轻便的、高效的和灵活的消息传递接口标准。1993年,MPIF开始讨论定义参数传递接口标准,1994年6月发布1.0版本,1995年6月发布1.1版本。此后MPI分为MPI-1和MPI-2。2008年7月发布1.3版本,并作为MPI-1的最后版本。1998年5月发布1.2版本并更名为MPI-2.0,作为MPI-2的第一个版本。2008年9月发布MPI-2.1。MPI-1标准支持的程序设计语言包括FORTRAN 77和ANSI C,MPI-2标准支持的程序设计语言包括C/ C++、FORTRAN 77以及FORTRAN 90。

目前,MPI最流行的开源版本是由美国Argonne国家实验室和密西西比州立大学联合开发的MPICH,MPICH包括MPICH1和MPICH2,其中MPICH2是一种全新版本的设计与实现,支持MPI-1标准和MPI-2标准。

14.4.2 简单MPI程序设计

进行MPI程序设计时最重要的操作是调用MPI函数,源程序中需要包含头文件mpi.h。程序的链接过程需要使用mpi.lib库,以保证程序能够正确执行及访问链接MPI函数可成功。MPI程序设计的基本过程如下:

(1) 通过MPI_Init初始化MPI环境。

(2) 通过MPI_Comm_rank确定自己的进程标识符。

(3) 通过MPI_Comm_size获得注册的进程数量。

(4) 调用函数实现操作,例14-1调用标准I/O库中的printf实现输出。

(5) 通过MPI_Finalize注销MPI环境。

例14-1 利用C语言编写的一个MPI演示程序,实现屏幕输出"Hello world"消息。

```
#include <stdio.h>
#include "mpi.h"
int main( int argc, char *argv[] )
{
    int rank;
    int size;
    MPI_Init( &argc, &argv );
    MPI_Comm_rank(MPI_COMM_WORLD, &rank);
    MPI_Comm_size(MPI_COMM_WORLD, &size);
    printf( "Hello world from process %d of %d\n", rank, size );
    MPI_Finalize();
    return 0;
}
```

14.4.3 MPI初始化与关闭

MPI环境的初始化、关闭和退出需通过调用库函数实现。

1. 初始化 MPI 环境

调用 MPI_Init 函数实现 MPI 环境的初始化。

声明格式：

```
int MPI_Init(int * argc, char ***argv);
```

argc 为参数数量，argv 为字符串数组地址。所有 MPI 程序的第一条可执行语句都是这条语句。例如：

```
nRet =MPI_Init(&argc, &argv);              /* 初始化 MPI 环境 */
if(nRet!=MPI_SUCCESS)
{
    printf("调用 MPI_Init 失败!\n");
    exit(0);
}
```

2. 关闭 MPI 环境

调用 int MPI_Finalizc 函数实现关闭和退出 MPI 环境。

声明格式：

```
int MPI_Finalize(void);
```

MPI_Finalize 函数调用语句是 MPI 程序的最后一条可执行语句，用来关闭 MPI 环境，执行此语句后不能再调用任何 MPI 函数。

典型的 MPI 程序结构如下：

```
#include <stdio.h>
#include <stdlib.h>
#include "mpi.h"
int main( int argc, char * argv[] )
{
    int rank;
    int nRet;
    nRet =MPI_Init(&argc, &argv);          /* 初始化 MPI 环境 */
    if(nRet!=MPI_SUCCESS)
    {
        printf("Call MPI_Init failed !\n");
        exit(0);
    }
    /* 调用其他 MPI 函数 */
    ...
    /* 退出 MPI 环境 */
    MPI_Finalize();
    return 0;
```

}

14.4.4 MPI 函数库

实现 MPI 的本质是开发一套满足 MPI 标准的函数库，并为不同的程序设计语言提供支持。下面以 MPICH2 为例说明 MPI 程序中的基本概念。基于编译器的限制问题，MPI-2 规定 MPI 标识符的长度要小于或等于 30 个字符，其标识符命名规则与 ANSI C 一致。

MPI 函数参数分为 3 种类型：输入参数(IN)、输出参数(OUT)和输入输出参数(INOUT)。

(1) 输入参数(IN)：MPI 函数不会对此类参数值进行修改。

(2) 输出参数(OUT)：用于存储返回给函数调用者的参数，仅用于存储输出结果。

(3) 输入输出参数(INOUT)：MPI 函数首先使用此参数的值，其次将输出结果存储于此参数，并返回给函数调用者。

与 MPI 预定义数据类型相对应的 C 语言数据类型，如表 14-1 所示。

表 14-1　MPI 预定义数据类型

MPI 数据类型标识符	对应的 C 语言数据类型
MPI_CHAR	signed char
MPI_SHORT	signed short int
MPI_INT	signed int
MPI_LONG	signed long int
MPI_UNSIGNED_CHAR	unsigned char
MPI_UNSIGNED_SHORT	unsigned short int
MPI_UNSIGNED	unsigned int
MPI_UNSIGNED_LONG	unsigned long int
MPI_FLOAT	float
MPI_DOUBLE	double
MPI_LONG_DOUBLE	long double
MPI_BYTE	无对应类型
MPI_PACKED	无对应类型
MPI_LONG_LONG_INT	long long int

使用 MPI 函数库时需遵循以下约定：

(1) MPI 函数库中所有函数均以“MPI_”作为前缀。在编写 MPI 程序时，不能声明以“MPI_”作为前缀的变量和函数名，同时也不能定义以“MPI_”为前缀的函数。

(2) MPI 函数返回值为一个整数值。函数成功运行，返回 MPI_SUCCESS；否则返回错误代码。

(3) MPI 使用数组时，下标从零开始计数，与 C 语言数组使用方式一致。

(4) 所有的非零值为真，零值为假，与 C 语言的逻辑表达式相同。

14.4.5 MPI 消息传递

在 MPI 环境中，进程之间的通信通过消息传递实现，包括消息发送与消息接收。消息构成包括消息发送者/消息接收者标识、消息标识、通信域。消息发送者标识用于区分消息的来源，消息标识用于区分从同一进程发送过来的不同消息。消息标识是一个整数，取值范围为 0～32 767。例如进程 A 发送两条消息 M_1 和 M_2 到进程 B，M_1 带有整数值 10，M_2 带有整数值 10。其中，M_1 中的整数值用于计算，M_2 中的整数值用于输出。进程 B 如何正确使用两条消息中所携带的数据呢？这就需要 A 在发送消息时加以区分，给出不同的标识。通信域是一组进程的集合，为集合内的所有进程传递消息。一般情况选择 MPI_COMM_WORLD，代表所有的进程构成的通信域。

1. 获取进程标识

每个通信域内的进程均有一个唯一标识，通过此标识区分不同的进程，并作为彼此通信的依据。通过调用 MPI_Comm_rank 函数向当前通信域申请唯一标识。

声明格式：

```
int MPI_Comm_rank(MPI_Comm comm, int * rank);
```

comm 为该进程所在的通信域。该函数返回的 rank 表示调用进程在 comm 中的标识。

comm 的默认值是由系统预定义的符号常量 MPI_COMM_WORLD。例如：

```
int rank;
int nRet;
/* 调用 MPI_Comm_rank 函数获得进程标识 */
nRet=MPI_Comm_rank(MPI_COMM_WORLD,&rank);
if(nRet!=MPI_SUCCESS)
{
    printf("调用 MPI_Comm_rank 失败!\n");
    exit(0);
}
```

2. 获取通信域内的进程数量

在并行程序设计中，需要了解有多少个进程正在运行，通过调用 MPI_Comm_size 函数可以获取当前通信域内的进程数量。

声明格式：

```
int MPI_Comm_size(MPI_Comm comm, int * size);
```

comm 为通信域。该函数返回的 size 为通信域 comm 内的进程数。例如：

```
int nRet;
```

```
int nSize;
nRet=MPI_Comm_size(MPI_COMM_WORLD,&nSize);
if(nRet!=MPI_SUCCESS)
{
    printf("调用 MPI_Comm_size 失败!\n");
    exit(0);
}
```

3. 消息发送

MPI_Send 函数的功能是将从内存地址 buf 开始的 count 个 datatype 数据类型的数据发送到目标进程。

声明格式:

```
int MPI_Send(void * buf, int count, MPI_Datatype datatype, int dest, int tag,
             MPI_Comm comm);
```

buf 为发送数据存储区的起始地址,count 是发送的数据个数,datatype 是发送数据的数据类型(可以是 MPI 的预定义类型,也可以是用户自定义类型),dest 是目标进程在通信域中的标识,tag 为消息标识,comm 是通信域。例如:

```
int a=10;
/* 向 MPI_COMM_WORLD 通信域的 1 号进程发送一个整数,消息标识为 1 */
MPI_Send((void *)&a,1,MPI_INT,1,1, MPI_COMM_WORLD);
char szText[128]="Test";
/* 向 MPI_COMM_WORLD 通信域的 1 号进程发送一个长度为 4 的字符串,消息标识为 1 */
MPI_Send((void *) szText,4,MPI_CHAR,1,1, MPI_COMM_WORLD);
```

4. 消息接收

MPI_Recv 函数的功能是从指定的源进程 source 接收不超过 count 个 datatype 数据类型的数据,并保存到 buf 地址开始的内存空间中。

声明格式:

```
int MPI_Recv(void * buf, int count, MPI_Datatype datatype, int source, int tag,
             MPI_Comm comm, MPI_Status * status);
```

buf 为接收数据所用内存的起始地址;count 表示最多可接收的数据个数;datatype 表示接收数据的数据类型;source 代表接收数据的来源,即发送数据进程的标识;tag 是消息标识,要求与相应的发送操作的标识相匹配;comm 为本进程和发送进程所在的通信域;status 代表函数运行状态。

MPI_Recv 函数要求发送的消息和接收到的消息在 datatype 和 tag 上完全一致。buf 地址开始的内存要求是至少可以存放 count 个 datatype 类型数据的连续内存空间,如果实际消息长度小于或等于存储区长度,则顺利接收消息,否则将会发生溢出错误。

status 描述函数运行状态，使用前需要为 status(返回状态变量)分配空间。状态变量是由至少 3 个域(MPI_SOURCE、MPI_TAG 和 MPI_ERROR)组成的结构体变量，通过访问 status. MPI_SOURCE、status. MPI_TAG 和 status. MPI_ERROR，得到返回状态中所包含的发送数据进程的标识、发送数据使用的消息标识和本次接收操作返回的错误代码。

例 14-2 编写程序，实现所有的进程均向 0 号进程发送问候消息，由 0 号进程负责将这些问候输出到屏幕。例如，1 号进程发送的消息为“你好 0 号进程，来自 1 号进程的问候!”，2 号进程发送的消息为“你好 0 号进程，来自 2 号进程的问候!”。

问题分析：

进程间发送消息可以通过调用 MPI_Send 函数实现。发送的消息可以通过调用 sprintf 函数处理。

声明格式：

```
sprintf(char * , const char * ,…);
```

sprintf 函数的用法与 fprintf 函数相似，区别在于第一个参数不是文件指针，而是 char * 类型的地址，一般为字符数组的首地址。例如：

```
sprintf (message,"你好 0 号进程，来自%d 号进程的问候!",rank);
```

如果 rank 为 1，则 message 中存储的字符串为"你好 0 号进程，来自 1 号进程的问候!"。

根据 MPI 的基本工作原理，每个进程运行同一程序，所以在程序代码中必须严格根据当前的进程 ID 做不同处理。如果 ID=0，则接收消息并输出，否则发送消息。

数据要求：

问题中的常量：MPI_SUCCESS，MPI_COMM_WORLD。

问题的输入：无。

问题的输出：除标识号为 0 的进程外，所有进程发出问候消息。

算法描述：

Step1：初始化 MPI 环境。若失败，则退出程序。

Step2：获得当前通信域的进程数量及当前进程 ID。若失败，则退出程序。

Step3：如果进程 ID 不为 0，执行 Step4；否则，转至 Step6。

Step4：调用 sprintf 函数合成问候消息。

Step5：调用 MPI_Send 函数将问候消息发送到 0 号进程。

Step6：通过循环调用 MPI_Recv 函数接收其他进程发送的消息，并输出消息。

Step6. 1：source =1。

Step6. 2：判断 source<= nProcess 是否成立。若成立，执行 Step6. 3；否则，跳转至 Step6. 7。

Step6. 3：调用 MPI_Recv 函数接收其他进程发送的消息。

Step6. 4：调用 printf 函数输出消息。

Step6. 5：source++。

Step6.6：跳转至 Step6.2。

Step6.7：结束。

Step7：退出 MPI 环境。

Step8：结束。

```
#include <stdio.h>
#include <stdlib.h>
#include <string.h>
#include "mpi.h"
int main( int argc, char *argv[] )
{
    int rank;                                   /* 当前进程标识 */
    int nRet;                                   /* 返回值 */
    int nProcess;                               /* 进程数量 */
    int source;                                 /* 源进程标识 */
    int dest;                                   /* 目标进程标识 */
    int tag=0 ;                                 /* 消息标识 */
    char message[128];                          /* 消息存储区 */
    MPI_Status status;                          /* 消息接收状态 */
    /* 初始化 MPI 环境 */
    nRet =MPI_Init(&argc, &argv);
    if(nRet!=MPI_SUCCESS)
    {
        printf("调用 MPI_Init 失败!\n");
        exit(0);
    }
    /* 获得当前通信域的进程数量 */
    MPI_Comm_size(MPI_COMM_WORLD,&nProcess);
    /* 获得当前进程 ID */
    nRet=MPI_Comm_rank(MPI_COMM_WORLD,&rank);
    if(nRet!=MPI_SUCCESS)
    {
        printf("调用 MPI_Comm_rank 失败!\n");
        exit(0);
    }
    if(rank!=0)
    {
        sprintf(message,"你好 0 号进程,来自%d 号进程的问候!",rank);
                                                /* 当前进程不是 0 号进程 */
        dest=0;                                 /* 目标进程为 0 号 */
        /* 向 0 号进程发送消息,由于包括字符串结束标志\0,所以字符数量应当为 strlen
           (message)+1 */
        MPI_Send(message,strlen(message)+1, MPI_CHAR, dest,tag,MPI_COMM_
        WORLD);
```

```
    }
    else
    {
        for(source=1;source<nProcess;source++)
        {
            /*接收所有消息*/
             MPI_Recv(message,100,MPI_CHAR, source, tag,MPI_COMM_WORLD,
             &status);
            printf("%s\n",message);                         /*输出消息*/
        }
    }
    MPI_Finalize();                                         /*退出MPI环境/
    return 0;
}
```

例 14-3 编写程序,计算π值。

问题分析:

实现π值计算的方法很多,本例采用以下计算公式:

$$\frac{\pi^2}{6}=\frac{1}{1}+\frac{1}{2^2}+\frac{1}{3^2}+\cdots+\frac{1}{n^2}$$

(1) 串行算法。

首先,将原计算公式进行转换,得到$\pi=\sqrt{Y\times 6}$,其中,$Y=1/1^2+1/2^2+1/3^2+\cdots+1/n^2$,因此,只要求解出Y,就可以获得π的结果,而计算Y值是典型的多项式求和问题。当第n项$a_n=1/n^2$满足条件$a_n\geqslant 1.0\times 10^{-10}$ ($n\leqslant 100\,000$)时,循环执行计算过程$Y=Y+a_n$。

定义fun函数用于计算第a_n项。

```
#include <stdio.h>
#include<math.h>
double fun(double x)
{
    return 1.0 /(x*x);
}
int main()
{
    unsigned long i;
    double pi=0, y=0,an;
    for(i=1;i<100000;i++)
    {
        an=fun(i);
        Y=Y+an;
    }
    pi=sqrt(6.0*Y);
```

```
    printf("PI=%f",pi);
    return 0;
}
```

(2) 并行算法。

通过串行算法分析发现,问题的计算量主要集中于多项式求和部分 $Y=Y+a_n$,采用并行程序求解的关键在于将这 100 000 次循环计算分到 numprocs 个进程并行完成。算法如下:

首先,从 1 到 n 求和的计算过程如下:

```
for (i=1; i<=n; i++)
{
    y+=fun(i);
}
```

其次,分解为 numprocs 个段。

第 0 段,由 0 号进程完成。

```
for (i=1; i<=n; i+=numprocs)
{
    y+=fun(i);
}
```

第 1 段,由 1 号进程完成。

```
for (i=2; i<=n; i+=numprocs)
{
    y+=fun(i);
}
…
```

第 numprocs－1 段,由 numprocs－1 号进程完成,

```
for (i=numprocs; i<=n; i+=numprocs)
{
    y+=fun(i);
}
```

0 号进程在完成自身计算任务的同时,还要负责汇总各段计算结果。首先,接收从 1 到 numprocs－1 号进程发送过来的计算结果;其次,对这些结果求和。例如:

```
y=mypi;
for(i=1;i<numprocs;i++)
{
    MPI_Recv(&mypi,1,MPI_DOUBLE,i,0,MPI_COMM_WORLD,&status);
    y +=mypi;
}
```

1 到 numprocs－1 号进程负责各自段内的计算任务，并将结果通过 MPI_Send 函数发送给 0 号进程。

```
MPI_Send (&mypi,1,MPI_DOUBLE, 0, 0, MPI_COMM_WORLD);
```

数据要求：

问题中的常量：循环次数 N＝100 000。

问题的输入：无。

问题的输出：pi，double 型。

算法描述：

Step1：声明数据类型，包括：①声明 int 型变量 myid、numprocs、i，分别代表当前进程 ID、进程数量、循环变量；②声明循环次数 unsigned long n，令 n＝100000L；③声明 double 型变量 mypi、pi、y 分别代表当前进程的计算结果、最终计算结果 PI 和多项式之和；④声明 char 型数组 processor_name[MPI_MAX_PROCESSOR_NAME]存储进程名称；⑤声明 int 型变量 namelen 存储进程名称长度。

Step2：初始化 MPI 环境。

Step3：获得当前通信域的进程数量、当前进程 ID、计算机名称及长度。

Step4：输出进程数量、当前进程 ID 和当前计算机名称。

Step5：每个进程开始运行后，调用 segmenty 函数完成自己负责的计算任务。

Step6：判断当前结点 ID 是否为 0。若成立，则执行转至 Step7；否则，跳转至 Step11。

Step7：y＝mypi。

Step8：通过循环接收 1 到 numprocs－1 号进程的计算结果，并汇总。具体步骤如下。

Step8.1：i＝1。

Step8.2：判断 i＜numprocs 是否成立。若成立，执行 Step8.3；否则，跳转至 Step8.7。

Step8.3：调用 MPI_Recv 函数接收从 i 号进程发送过来的计算结果，存储于 mypi。

Step8.4：令 y ＝y＋mypi，累加求和。

Step8.5：i＋＋。

Step8.6：跳转至 Step8.2。

Step8.7：步骤 8 结束。

Step9：计算 pi，令 pi＝sqrt(6 * y)。

Step10：输出计算结果，跳转至 Step12。

Step11：将计算结果发送到 0 号进程。

Step12：退出 MPI 环境。

Step13：结束。

```
#include <stdio.h>
```

```
#include <stdlib.h>
#include <string.h>
#include "mpi.h"
/*
 * 函数名:fun
 * 功  能:计算第 n 项的值,x=n
 * 输  入:double x
 * 输  出:无
 * 返回值:第 n 项的值
 */
double fun(double x)
{
    return 1.0 / (x * x);
}
/*
 * 函数名:segmenty
 * 功  能:第 n 个进程完成的计算任务,计算[n,m]区间的结果,步长为 step
 * 输  入:unsigned long n      计算开始项索引
 *        unsigned long m      计算结束项索引
 *        unsigned long step     步长
 * 输  出:无
 * 返回值:[n,m]区间上结果
 */
double segmenty(unsigned long n, unsigned long m, unsigned long step)
{
    double y=0.0;
    unsigned long i;
    for (i=n;i<=m;i+=step)
        y=y+fun(i);
    return y;
}
int main(int argc,char * argv[])
{
    int myid, numprocs,i,namelen;
    unsigned long n=100000L;
    double mypi, pi=0, y;
    char processor_name[MPI_MAX_PROCESSOR_NAME];
    MPI_Status status;
    MPI_Init(&argc,&argv);                           /*初始化 MPI 环境*/
    MPI_Comm_size(MPI_COMM_WORLD, numprocs);         /*获得通信域的进程数量*/
    MPI_Comm_rank(MPI_COMM_WORLD, &myid);            /*获得当前进程 ID*/
    MPI_Get_processor_name(processor_name, namelen);/*获得计算机名称*/
    printf("全部进程数量%d,%d号进程运行在计算机 %s\n", numprocs,myid,processor_
    name);
```

```
    /*每个进程开始运行后计算自己负责的计算任务*/
    fflush(stdout);
    mypi =segmenty(myid +1, n, numprocs);
    if(myid==0)
    {
        /*0号进程负责从其他进程接收计算结果*/
        y=mypi;
        /*将多个进程的计算结果累加*/
        for(i=1; i<numprocs; i++)
        {
            MPI_Recv(&mypi,1,MPI_DOUBLE,i,0,MPI_COMM_WORLD, &status);
            y=y+mypi;
        }
        pi=sqrt(6*y);                                   /*计算 pi*/
        printf("pi=%.8f", pi);
        fflush(stdout);                                 /*清理输出流*/
    }
    else
    {
        /*其他进程负责将计算结果发送给0号进程*/
        MPI_Send(&mypi, 1, MPI_DOUBLE, 0, 0, MPI_COMM_WORLD);
    }
    MPI_Finalize();                                     /*退出 MPI 环境*/
    return 0;
}
```

14.5 多核 CPU 与多线程

14.5.1 多核 CPU

CPU 作为计算机系统的核心,逻辑上由算术逻辑运算器(Arithmetic Logic Unit, ALU)、控制器(Control Unit,CU)、高速缓冲存储器(Cache)及实现它们之间联系的总线(Bus)组成,其中算术逻辑运算器和控制器是其核心单元,称为“核”。早期的 CPU 只有一个核心单元,称为单核 CPU。为了提高 CPU 性能,提升核心单元的运算能力(提升主频)和超标量技术成为 CPU 发展的两个主攻方向。提升主频可以减小单条指令的运行周期,从而在单位时间内处理更多的指令。但是由于主频提升会使功耗增加,随之使散热成为一个重要技术难关。同时主频提升还受制于其他技术瓶颈。超标量技术试图通过增加额外的电路,在一个读写周期取出多条指令并行执行,通过内置多条流水线来同时执行多个处理。由于受制于指令的并行度限制,超标量技术局限性很大。从朴素的并行思想出发,n 个 CPU 同时工作,也可以实现单位时间内同时处理 n 条指令的目的,从而避开提升主频和超标量所面临的问题。

最初设想是在同一主板上安装多个单核 CPU，从而将任务分解成多份，达到并行的目的，称为多 CPU 方案，如图 14-10 所示。

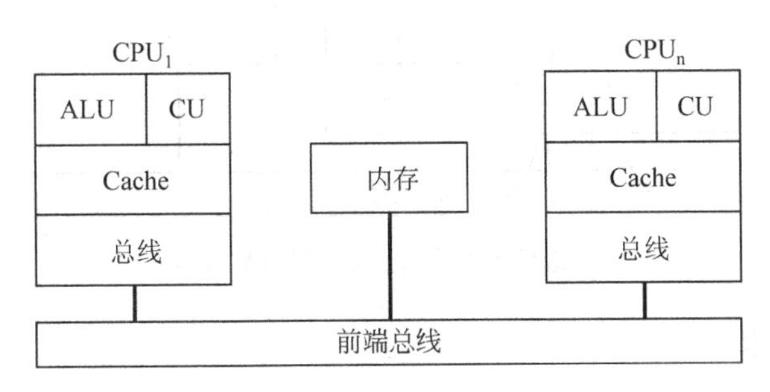

图 14-10　多 CPU 系统

多 CPU 系统与集群模式的共同点在于任务由多个单核 CPU 共同完成，不同点则是多 CPU 系统通过共享内存进行通信，可以获得更高的消息传递速度。多 CPU 方案广泛应用于工作组级别的服务器中。

并行计算中，完成具体任务的计算结点之间往往通信频繁，通信速度和效率成为制约并行计算整体效率提升的关键。如果能在同一个超大规模集成电路上实现多个单核 CPU，就可以有效解决此问题。例如，Intel 公司最初推出的 Pentium Presler CPU 就是在同一半导体芯片上构建多个单核 CPU，如图 14-11(a)所示，该多核系统将这些单核 CPU 的前端总线整合，实现共享总线和高速缓存，大幅度提高了不同核心之间的数据传输速度。另外，为提高单核 CPU 的性能，Intel 公司提出了超线程技术并推出 iTantium Montecito 系列多核 CPU，如图 14-11(b)所示，该多核系统并行执行整数和浮点数运算，从而提高了运算速度。

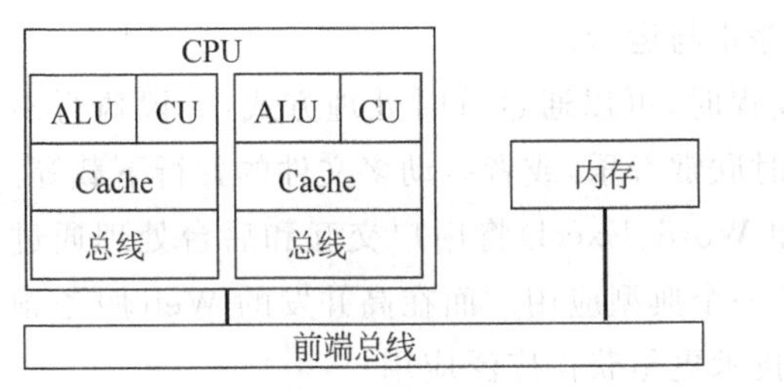

(a) Pentium Presler 多核系统

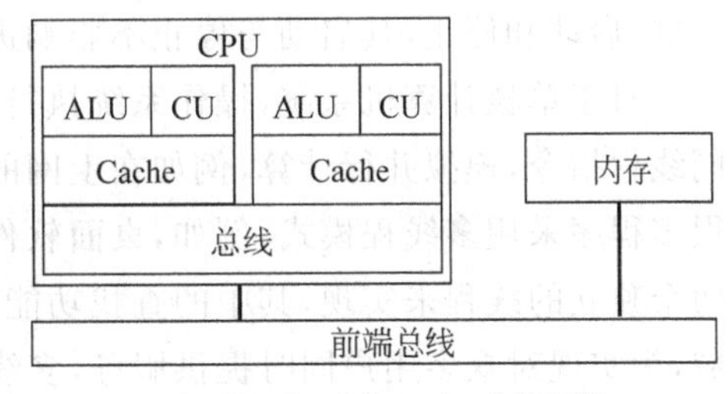

(b) iTantium Montecito 多核系统

图 14-11　多核系统(多核共享一个集成电路)

目前超线程技术已应用于多核 CPU 中。微机上常用的 Intel Core i3 系列 CPU 是一款双核心 CPU，由于其支持超线程技术，从而可以在逻辑上实现近似 4 个核心的性能，如图 14-12 所示。

多核 CPU 的快速发展为人们带来了便利。以常用的 Intel CPU 为例，在一般应用的微机领域，4 核 CPU 是主流，8 核和 10 核正在逐渐广泛应用。在服务器领域，60 核的 CPU 已经发布。要充分发挥这些 CPU 的性能，离不开并行计算技术，因此对并行程序设

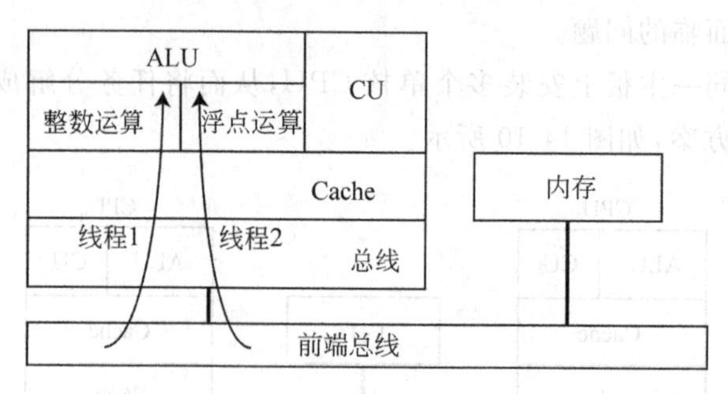

图 14-12 超线程技术(浮点运算与整数运算并行)

计也提出了更高要求。

14.5.2 线程

操作系统在某一时刻执行或停止一个可执行文件时,是将其作为进程管理的。进程是能够独立运行的程序及其资源的基本单位。例如,C 语言程序设计编译后形成的可执行文件是按照进程格式进行组织的。假设此程序名称为 demo. exe,当执行 demo. exe 时,操作系统将按照进程管理模式为其分配 CPU、内存等资源,当运行结束时,系统收回相关的资源。在某一时刻,如果运行 n 次 demo. exe,则操作系统将创建 n 个进程。利用进程可以独立执行的特点,对于具有多个 CPU 的共享内存计算机和多核计算机,就可以通过同时执行多个进程的方式实现并行计算。由于进程启动与停止所需的时间开销较大且占用资源较多,从而引入轻量化的进程,也称为线程。

线程是进程内部一组相对独立的指令序列,有独立的指令指针、寄存器和堆栈。线程伴生于进程,随进程结束而自动结束,主线程随进程自动建立和结束,一般线程需要手动建立、启动和停止,其启动与停止不影响进程停止与运行。

对于单核计算机系统,操作系统执行多线程时,可以通过分时处理方式,分段执行不同线程指令,模拟并行计算,例如在上网的同时欣赏音乐,或者启动多文件的并行下载等。很多程序采用多线程模式,例如,桌面软件(如 Word、Excel)将用户交互和后台处理通过两个独立的线程来实现,其中的查找功能就是一个典型应用。而在高并发的 Web 服务领域,为实现对众多用户同时提供服务,多线程技术更是获得广泛应用。

对于多核计算机系统,操作系统执行多线程时,可以将多个线程分配到不同的核心单元上,从而实现可以同时执行多个任务的真实的并行计算。多线程技术成为多核程序设计中的一项重要技术。为了实现线程管理,目前主要采用库函数和编译制导两种方式实现进程的启动、通信和停止。主流的操作系统(如 Windows、UNIX、Linux)均提供了线程管理的函数库,C11 标准中将线程函数库作为其标准库的一部分。编译制导方式通过一组编译指令自动实现线程管理,用户无须手动创建线程,由编译器自动完成。

14.6 OpenMP 与多核程序设计

14.6.1 OpenMP 简介

OpenMP 技术最初是为了解决矩阵运算中的有序循环并行计算问题而提出的，最早版本仅支持 FORTRAN 语言，1998 年增加了对 C/C++ 语言的支持。2002 年发布的 OpenMP 2.0 支持 FORTRAN 语言和 C/C++ 语言，是一个受到广泛支持的一个版本。例如，微软公司的 Visual Studio C++ 2010 到 2015 仅仅支持 OpenMP 2.0。OpenMP 2.0 以后，任务并行化、原子化、错误处理、线程关联、任务扩展等新特性不断被引入。OpenMP 由 AMD、IBM、Intel、Cray、HP、Fujitsu、NVIDIA、NEC、Oracle 等众多国际公司参加的 OpenMP 架构审查委员会(OpenMP Architecture Review Board)负责管理，目前 OpenMP 4.5 正式版本和 OpenMP 5.0 预览版已经发布。由于不同开发工具对于 OpenMP 的支持程度差异较大，需要在具体开发过程中特别注意。

OpenMP 技术是一种面向共享内存架构的编译制导模式的并行计算技术，适用于多核程序设计，支持 Solaris、AIX、HP-UX、Linux、MacOS、Windows 等多种操作系统，其最大特点是既不需要扩展现有的 C/C++ 和 FORTRAN 语言，也不需要程序设计者熟悉线程管理的函数库，简单易学。

14.6.2 OpenMP 并行程序结构

OpenMP 技术的核心思想是：当主线程执行到适当的时刻，开始建立多个并发执行的子线程，执行不同的子任务，所有子任务结束后，子线程销毁，将所有结果归并到主线程并继续执行主线程。创建子线程的操作称为分解(fork)。获得子线程结果并销毁子线程的操作称为归并(join)。从子线程分解到归并的过程称为节(section)，可理解为并行代码段，如图 14-13 所示。

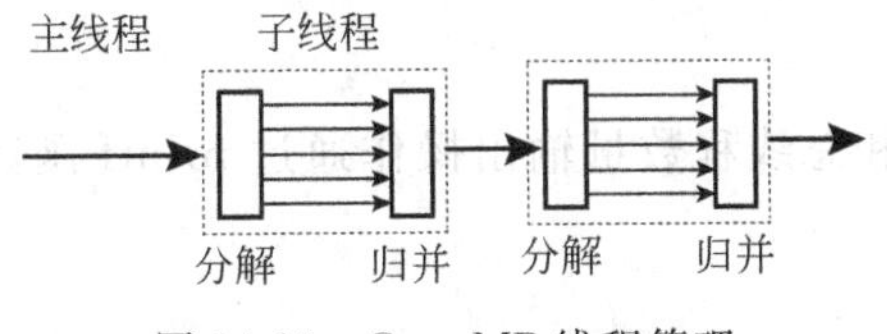

图 14-13　OpenMP 线程管理

例 14-4　编写程序，实现一个简单的 OpenMP 程序。

程序主要功能是演示如何创建节，启动创建子线程和归并子线程。要求主线程输出线程总数(包括主线程)，其他子线程均输出对主线程的问候，例如“你好主线程，来自 1 号线程的问候”。

```
#include <stdio.h>
```

```
#include <omp.h>
int main()
{
    int nts =0, tid =0;
    printf("\n 并行计算节开始(fork)");
    /* 分解(fork)线程 */
    #pragma omp parallel private(nts, tid)
    {
        tid =omp_get_thread_num();          /* 获得当前线程 ID */
        if (tid ==0)
        {
            nts =omp_get_num_threads();  /* 编译器根据当前计算机内核数量自动计算 */
            printf("\n 共有%d 个线程(包括主线程)", nts);
        }
        else
            printf("\n 你好主线程,来自 %d 号线程的问候", tid);           /* 子线程 */
    }
    /* 归并(join)线程 */
    printf("\n 并行计算节结束(join)");
    return 0;
}
```

运行结果如下：

```
并行计算节开始(fork)
共有 8 个线程(包括主线程)
你好主线程, 来自 1 号线程的问候
你好主线程, 来自 2 号线程的问候
你好主线程, 来自 3 号线程的问候
你好主线程, 来自 4 号线程的问候
你好主线程, 来自 5 号线程的问候
你好主线程, 来自 6 号线程的问候
你好主线程, 来自 7 号线程的问候
并行计算节结束(join)
```

由程序可知,问候语和总线程数量输出操作通过 printf 函数实现。在 OpenMP 程序中,节一般采用如下结构：

```
#pragma omp 编译指令
{  …                                          //块语句
}
```

编译指令是 parallel 和 private(nts, tid),前者说明其后的块语句通过多线程实现并行,后者说明 nts 和 tid 两个变量为每个线程的私有变量,即如果建立 n 个线程,将有 n 对(nts, tid)变量。

如果将代码调整为

```
{
    /* 子线程 */
    printf("\n 你好主线程,来自 %d 号线程的问候", tid);
    printf("\n 共有%d 个线程(包括主线程)", nts);      /* 此语句报错,nts 未初始化 */
}
```

则将会出现一个编译错误,提示 nts 未初始化。

当块语句执行完毕时自动归并到主线程。从输出结果来看,系统共生成 8 个线程,其中 0 号线程为主线程,其他 7 个线程为子线程。执行本程序的计算机有 8 个内核。

典型的 OpenMP 程序结构如下:

```
#include <omp.h>
int main()
{
    声明变量
    串行区域
    //并行区域(节)开始
    #pragma omp 编译指令(含制导符,如 parallel,以及子句,如 private(nts, tid))
    {
        由多个线程执行的 C/C++语句
        根据需调用 OpenMP 函数
        嵌套其他节
    }
    //并行区域(节)结束
    串行区域
    return 0;
}
```

14.6.3 parallel 节

由制导符 parallel 构成的节是通用的并行程序段。

典型形式:

```
#pragma omp parallel 子句
{
    块语句
}
```

子句可以省略,常用的结构控制子句为 if (scalar_expression)以及变量访问控制语句 private 和 shared。if (scalar_expression)子句的作用是控制 parallel 节是否创建多线程,如果 scalar_expression 值为假,则此节依然按照串行计算,否则创建多线程并启动并行计算。private 子句指明属于线程自身的变量,shared 指明所有线程共享的变量。

执行此节时,根据系统配置自动生成多个线程,其中 0 号线程为主线程,每个线程以复制模式执行此节的所有代码。当所有线程结束时,此节结束。

例 14-5 编写程序,计算 1 到 100 内的所有整数和。

```
#include <omp.h>
int main()
{
    int sum =0, i =0, nts =0, tid =0;
    int s[10] ={ 0 };
    nts =omp_get_num_threads();
    #pragma omp parallel private(tid,i)
    {
        tid =omp_get_thread_num();
        for (i =tid; i <=100; i +=nts)
        s[tid]+=i;
        /* s 为所有进程共享 */
    }
    /* 汇总结果 */
    for (i =0; i <nts; i++)
        sum +=s[i];
    printf("sum=%d", sum);
    getchar();
    return 0;
}
```

定义此节时,程序要明确各子线程要执行的任务,确定如何汇总各线程的计算结果的方式,一般通过 omp_get_num_threads()获得进程数量,通过 omp_get_thread_num()获得当前的线程 ID。private(tid,i)子句说明在 parallel 节并行的多个线程具有私有变量 tid 和 i,其他线程不能读写。

14.6.4 for 节

由制导符 for 构成的节也是通用的并行程序段。

典型形式:

```
#pragma omp for 子句
for(…;…;…)
{
    …
}
```

子句可以省略,常用结构控制子句为 SCHEDULE、ordered、nowait 以及变量访问控制子句 private 和 shared。编译器在执行此节时会自动根据循环的次数和线程数量为每个线程分配计算任务,是一种简单的并行程序段。改写例 14-5 程序如下:

```
#include <omp.h>
int main()
{
    int sum =0, i;
    #pragma omp for
    for (i =0; i <=100; i++)
    {
        sum +=i;
    }
    printf("sum=%d", sum);
    getchar();
    return 0;
}
```

使用制导符 for 时需注意如下问题：

(1) 循环变量必须为整数，对于所有的线程来说，循环条件必须相同。

(2) 程序的正确性不能依赖特定的迭代。

(3) 不建议使用 break、goto 等中断循环的操作。

14.6.5 其他节

OpenMP 还定义了 master、section、critical、barrier、atomic、flush、single 等制导符，一般用于构建嵌套子节。以 master 为例，修改例 14-5：

```
int main()
{
    int sum =0, i =0, nts =0, tid =0;
    int s[10] ={ 0 };
    nts =omp_get_num_threads();
    #pragma omp parallel private(tid,i)
    {
        tid =omp_get_thread_num();
        for (i =tid; i <=100; i +=nts)
            s[tid] +=i;                    /* s 为所有进程共享 */
        #pragma omp master
        /* 强制要求只有主线程才能完成最后求和操作 */
        {
            for (i =0; i <nts; i++)
                sum +=s[i];
        }
    }
    printf("sum=%d", sum);
    return 0;
}
```

其他制导符的使用方法与说明参考 OpenMP 相关规范(http://www.openmp.org)。

14.6.6 共享变量与信息传递

多线程程序设计中，线程之间的信息传递是一个很重要的问题。OpenMP 采用共享变量方式实现线程间的信息传递，此方法非常简单高效，但却存在“写冲突”的问题。例如：

```
int main()
{
    int x=0;
    #pragma omp parallel
    {
        x=omp_get_thread_num();
    }
    printf("x=%d", x);
    getchar();
    return 0;
}
```

程序中 x 为共享变量，所有线程均可以读写其值。每次运行时，因为无法确定最后结束写操作的线程，从而无法确定向 x 赋值的线程，因此造成 x 值的不确定。

OpenMP 中引入了 private、shared、default 等子句来控制节内的变量在多个线程之间的使用。子句 private 的作用是令此节内的所有线程均独立拥有一份变量列表中的变量副本，其中变量列表中的变量要求初始化声明。private 子句的使用方法为

```
private(变量列表)
```

例如：

```
#pragma omp parallel private(tid,i)
```

shared 子句的作用是令此节内的所有线程共享变量列表中的所有变量。该模式具有一定的风险，即多线程在写同一个变量时，会存在由于控制不当而导致数据丢失的风险。shared 子句的使用方法为

```
shared (变量列表)
```

例如：

```
#pragma omp parallel shared(sum)
```

default 子句的作用是控制当前节内出现的全部变量是否共享。default 子句的使用方法为

```
default(变量列表)
```

例如：

```
#pragma omp parallel default (shared )   /* 控制所有变量均共享 */
```

为了保证共享变量的正确读写，OpenMP 还提供了 master、section、critical、barrier、atomic、flush、single 等子节进行具体控制。

14.7 多线程技术

14.7.1 线程函数库简介

大多数的 UNIX 系统和 Linux 系统中提供了符合 ISO/IEC 标准的可移植操作系统接口(POSIX)的线程函数库，而 Windows 系列操作系统中的线程函数库一直以 SDK 函数出现。

由 ISO/IEC 在 2011 年发布的 C11 标准(ISO/IEC 9899：2011 Information technology—Programming languages—C)中，将线程函数库作为 C 语言标准库的一部分，从而要求所有 C 语言程序编译器提供标准的线程函数库。目前 Visual Studio C++ 2015 编译器仅支持 C++ 11 标准，并未支持 C11 标准。来自开源社区的 GNU GCC 4.9 以后的版本已经支持 C11 标准。由于当前发行的主流 GCC 工具包多数仅提供了 POSIX 接口的线程函数库，因此并未实现 C11 标准线程函数库。截至 2016 年底，来自 Linux 社区的 MUSL-GCC 提供了 C11 标准线程函数库。下面按照线程管理的常用需求，从常用 Windows 线程函数库和 C11 标准线程函数库的角度，分别介绍创建、挂起、恢复、休眠、锁等操作的相关函数。

14.7.2 Win32 线程函数库

Windows 线程函数库是 Windows SDK Win32 的一部分，程序设计时需要包含头文件 windows.h。

1. 线程创建

声明格式：

```
HANDLE CreateThread(
  LPSECURITY_ATTRIBUTES lpThreadAttributes,
  DWORD dwStackSize,
  LPTHREAD_START_ROUTINE lpStartAddress,
  LPVOID lpParameter,
  DWORD dwCreationFlags,
  LPDWORD lpThreadId
);
```

(1) HANDLE 为 Windows 定义的对象标识。

(2) LPSECURITY _ ATTRIBUTES 是描述线程安全属性的结构体类型。lpThreadAttributes 代表线程的安全属性指针,一般情况可以设置为 NULL。

(3) DWORD 是描述创建状态,为双字节整数类型。dwStackSize 代表线程栈大小,由系统决定,一般设置为 0。

(4) LPTHREAD _ START _ ROUTINE 是描述线程执行操作的结构体类型。lpStartAddress 为指向线程函数的指针,即新建线程中执行函数的地址。

(5) LPVOID 是 void * 指针类型的别名。lpParameter 为 void * 地址,是传递给新建线程所执行函数的参数在内存中的首地址。

(6) dwCreationFlags 为线程创建标志,其值可以为 CREATE_SUSPENDED 或 0,CREATE_SUSPENDED 代表创建一个挂起的线程,0 代表创建后立即激活。该参数一般设置为 0。

(7) LPDWORD 存储线程标识的地址,为指针类型。lpThreadId 用于保存线程创建成功后所返回的线程指针。

线程中所执行的函数一般要求定义为如下格式:

```
DWORD WINAPI ThreadProc (LPVOID pParameter)
{
    ...
}
```

pParameter 为传递给线程函数的参数。例如,下面的代码创建一个线程,并将 Parameter 类型变量通过参数传递给线程执行函数 SegmentThread。

```
unsigned long WINAPI SegmentThread(LPVOID pdata)
{
    Parameter *p = (Parameter *)pdata;
    ...                                          /*代码略*/
    return 0;
}
int main()
{
    Parameter p;
    DWORD tid
    CreateThread(NULL, 0, SegmentThread, &p, 0, &tid);
}
```

2. 线程终止

通常线程运行结束后会自动终止,但特殊情况下需要人为终止,此时需要调用终止线程的函数,如上面的 SegmentThread 中调用如下函数并传入结束状态参数:

```
VOID ExitThread(UINT uExitCode);
```

如果希望结束指定的线程,可使用 TerminateThread 函数实现。

声明格式:

```
BOOL TerminateThread (
    HANDLE hThread,                    /*线程对象标识*/
    DWORD dwExitCode                   /*退出标志位*/
);
```

hThread 为描述线程对象标识,一般由 CreateThread 返回;dwExitCode 与 ExitThread 的参数 uExitCode 意义相同。

在线程结束后,一般还需要通过 CloseHandle 函数释放相关的资源,例如:

```
CloseHandle(tid);
```

3. 线程挂起、恢复、休眠

挂起操作用于暂停线程执行,通过恢复操作可以再次运行线程。而休眠操作用于定时执行挂起操作,休眠时间结束,系统自动恢复执行。挂起操作通过 SuspendThread 函数实现。

声明格式:

```
DWORD SuspendThread(
    HANDLE hThread                     /*线程对象标识*/
);
```

线程挂起后,自身不能恢复,可以通过调用 ResumeThread 函数实现线程的恢复。

声明格式:

```
DWORD ResumeThread (
    HANDLE hThread
);
```

休眠函数可以令线程暂停一段时间,待休眠时间结束时,线程将自动恢复。

声明格式:

```
VOID Sleep(
    DWORD dwMilliseconds               /*休眠时间,单位为毫秒*/
);
```

此外还可以通过调用 SetThreadPriority 函数设置线程执行的优先顺序。

声明格式:

```
BOOL SetThreadPriority(
    HANDLE hThread,                    /*线程对象标识*/
    int nPriority                      /*优先级标志*/
);
```

nPriority 为整数值,0 表示普通线程,1 表示以高一级身份运行,−1 表示以低一级身份运行。可以通过调用 GetThreadPriority 函数获取线程的优先级。

声明格式:

```
int GetThreadPriority (
    HANDLE hThread,                                    /*线程对象标识*/
);
```

4. 线程通信

通过共享主线程中的共享变量实现线程之间的消息通信。线程创建时,将相应变量地址传给线程;线程执行时,将运算结果存储于这些变量,同时实现与主线程的通信。也可以利用多个线程使用相同的共享变量达到信息传递的目的。例如:

```
int main()
{
    Parameter p;
    DWORD tid1, tid2;
    HANDLE h1, h2;
    h1=CreateThread(NULL, 0, SegmentThead, &p, 0, &tid1);  /*线程 1*/
    h2=CreateThread(NULL, 0, SegmentThead, &p, 0, &tid2);  /*线程 2*/
    return 0;
}
```

使用共享变量存在明显缺点,即如果两个线程同时写同一变量将会造成写冲突。为规范共享变量的读写,需要引入锁机制。Windows SDK 提供了互斥量创建函数 CreateMutex 以及互斥量释放函数 ReleaseMutex。

声明格式:

```
HANDLE CreateMutex(
    LPSECURITY_ATTRIBUTES lpMutexAttributes,           /*指向安全属性的指针*/
    BOOL bInitialOwner,                                /*初始化互斥量的所有者*/
    LPCTSTR lpName                                     /*指向互斥量的指针*/
);
BOOL  ReleaseMutex(HANDLE hMutex);
```

例 14-6 编写程序,构建一个互斥量,各线程串行执行写操作。

```
#include <windows.h>
#include <stdio.h>
HANDLE ghLocker;                                       /*互斥量*/
#define THREADCOUNT 2
DWORD WINAPI dowrite( LPVOID lpParam )
{
    DWORD dwWaitResult;
    /*等待获得对互斥量的控制权*/
    dwWaitResult =WaitForSingleObject(ghLocker, INFINITE);
```

```
    switch (dwWaitResult)
    {
    case WAIT_OBJECT_0:
        printf("%d 号线程在写数据...\n", GetCurrentThreadId());
        /* 写结束释放互斥量控制权 */
        ReleaseMutex(ghLocker);
        break;
    case WAIT_ABANDONED:
        return FALSE;
    }
    return TRUE;
}
int main( void )
{
    HANDLE ths[THREADCOUNT];                              /* 线程对象数组 */
    DWORD tid;
    int i;
    /* 创建互斥量 */
    ghLocker =CreateMutex( NULL,FALSE,NULL);
    if (ghLocker ==NULL)
    {
        printf("创建锁失败,错误代码: %d\n", GetLastError());
        return 1;
    }
    for( i=0; i <THREADCOUNT; i++)
    {
        ths[i] =CreateThread(                             /* 创建线程 */
            NULL,
            0,
            (LPTHREAD_START_ROUTINE) dowrite,
            NULL,
            0,
            &tid);
        if( ths[i] ==NULL )
        {
            printf("创建线程失败,错误代码: %d\n", GetLastError());
            return 1;
        }
    }
    /* 等待所有线程结束 */
    WaitForMultipleObjects(THREADCOUNT, ths, TRUE, INFINITE);
    for( i=0; i <THREADCOUNT; i++)
        CloseHandle(ths[i]);
    CloseHandle(ghLocker);
```

```
        return 0;
    }
```

5. 线程控制

由于不同线程结束时间不同,为了保证相关线程按照程序设定结束并返回主线程,需要引入相应线程控制机制。例如:

```
HANDLE evtTerminate;
static long ThreadCompleted =0;
int MaxThreadCount =5;
unsigned long WINAPI SegmentThread(LPVOID pdata)
{
    /* 检查是否达到了最大进程数量 */
    InterlockedIncrement(&ThreadCompleted);
    /* 完成的进程数与设定值相等,则事件完成 */
    if(ThreadCompleted ==MaxThreadCount)
        SetEvent(evtTerminate);
    return 0;
}
int main(int argc, char* argv[])
{
    HANDLE hThrd[5];
    DWORD threadId[5];
    double pi=0;
    unsigned long step=1;
    Parameter p[5]={{1,1,100000000}};
    int i,n=MaxThreadCount;
    evtTerminate =CreateEvent(NULL, FALSE, FALSE, "Terminate");
    for(i=0; i<MaxThreadCount; i++)
    {
        hThrd[i] =CreateThread(NULL, 0,
        SegmentThread, &p[i], 0, &threadId[i]);
        Sleep(100);
    }
    /* 等待所有的子线程结束 */
    WaitForSingleObject(evtTerminate, INFINITE);
}
```

程序中创建了 MaxThreadCount 个线程。只有当所有线程结束后,才可以汇总最后的结果,因此需要使用线程同步技术对创建的子线程进行控制。通过引入事件机制对所有线程状态进行监控,其中 WaitForSingleObject 检查事件的状态。如果事件未触发,将阻止主线程的继续执行,等待其他线程结束。当其中某一个线程通过 SetEvent 函数触发后,WaitForSingleObject 函数将允许主线程继续执行后面的代码。

例 14-7 编写程序,应用多线程重新求解例 14-3。

```
#include <stdio.h>
#include <stdlib.h>
#include <windows.h>
HANDLE evtTerminate;
static long ThreadCompleted =0;
int MaxThreadCount =5;
struct parameter{
    int id;                                          /* 序号 */
    unsigned long start;                             /* 计算开始点 */
    unsigned long end;                               /* 计算结束点 */
    double result;                                   /* 计算结果 */
};
double SegmentComputePi(int stat,int end)
{
    unsigned  long i;
    double ret=0;
    for(i=stat;i<end;i++)
        ret+=1.0/((double)i * (double)i);
    return ret;
}
unsigned long WINAPI SegmentThread(LPVOID pdata)
{
    struct parameter *p = (struct parameter *)pdata;
    /* 计算从 start 到 end 段的多项式求和 */
    p->result=SegmentComputePi(p->start,p->end);
    Sleep(1000);                                     /* 休眠 */
    /* 调整线程计数器,增加完成的进程数量 */
    InterlockedIncrement(&ThreadCompleted);
    /* 检查是否达到了最大进程数量 */
    if(ThreadCompleted ==MaxThreadCount)
    {
        /* 设置事件完成标志 */
        SetEvent(evtTerminate);
    }
    return 0;
}
int main(int argc, char* argv[])
{
    HANDLE hThrd[5];
    DWORD threadId[5];
    double pi=0;
    unsigned long step=1;
```

```
    struct parameter p[5]={{1,1,100000000}};
    int i,n=MaxThreadCount;
    evtTerminate =CreateEvent(NULL, FALSE, FALSE, "Terminate");
    for(i=0;i<MaxThreadCount;i++)
    {
        p[i].start=step,p[i].id=i,p[i].end=(i+1) * 100000000;
        hThrd[i] =CreateThread(NULL, 0, SegmentThread, &p[i], 0, &threadId[i]);
        step =p[i].end+1;
        Sleep(100);
    }
    /* 等待所有的子线程结束 */
    WaitForSingleObject(evtTerminate, INFINITE);
    for(i=0;i<5;i++)
        pi+=p[i].result;
    printf("pi=%l.12f",sqrt(pi * 6));
    CloseHandle(evtTerminate);
    return 0;
}
```

14.7.3 C11 标准线程函数库

使用 C11 标准线程函数库时，在源程序中使用预编译指令 # include 包含头文件 threads.h。C11 标准线程函数库中定义了用于线程管理的数据类型，如表 14-2 所示，同时定义了描述线程状态的枚举常量，如表 14-3 所示。

表 14-2 用于线程管理的数据类型

类 型	用 途	类 型	用 途
cnd_t	条件变量	tss_dtor_t	线程数据空间收回函数
thrd_t	线程	thrd_start_t	描述新建线程要执行的函数
tss_t	线程数据空间	once_flag	call_once 函数所用状态参数
mtx_t	互斥量		

表 14-3 描述线程常量的枚举常量

类 型	用 途
mtx_plain	普通互斥量
mtx_recursive	支持递归锁的互斥量
mtx_timed	支持超时结束的互斥量
thrd_timedout	线程操作超时
thrd_success	线程操作成功
thrd_busy	线程忙
thrd_error	线程操作失败
thrd_nomem	由于内存空间不足造成线程操作失败

1. 线程创建

线程创建由 thrd_create 函数实现。

声明格式:

```
int thrd_create(thrd_t * thr, thrd_start_t func,void * arg);
```

参数 func 为新建线程要执行的函数;参数 arg 为传递给 func 的参数。如果创建成功,参数 thr 将存储此线程对象的地址,由函数 thrd_create 返回 thrd_success 并立即执行线程;如果由于内存不足造成创建失败,函数将返回 thrd_nomem;如果产生其他错误,函数将返回 thrd_error。

例 14-8 编写程序,调用线程库函数创建线程,在线程函数中输出线程标识。

```
#include <stdio.h>
#include <threads.h>
/* 线程执行的函数 */
int SegmentThread(void* pdata)
{
    printf("\n 调用 SegmentThread %ld",thrd_current());
    return 0;
}
int main()
{
    thrd_t tid;
    int res =NULL;
    if(thrd_create(&tid, SegmentThread, NULL)==thrd_success)
    {
        printf("\n 成功创建线程!");
        thrd_join(tid,&res);
    }
    return 0;
}
```

2. 线程终止

线程终止由 thrd_exit 函数实现,该函数无返回值。

声明格式:

```
_Noreturn void thrd_exit(int res);
```

res 为线程终止时的线程状态信息,此信息由程序员给定,其可选值包括 EXIT_SUCCESS。通常线程执行完函数后会自然结束。该函数的主要目的是在线程内部提前结束线程。

3. 线程挂起、恢复、休眠、阻塞

线程挂起、恢复、休眠操作均通过调用 thrd_sleep 函数实现。当线程休眠时，自然进入挂起状态；休眠结束后，线程会自动恢复。

声明格式：

```
int thrd_sleep(const struct timespec * duration, struct timespec * remaining);
```

参数 duration 为线程休眠时间。参数 remaining 存储剩余时间，当休眠时间用尽或出现其他操作时将终止休眠。如果是休眠时间用尽且线程恢复，函数返回 0；如果是出现其他操作终止休眠，函数返回 −1；如果出现其他错误，函数返回一个负数。struct timespec 为时间结构体类型，其成员变量 tv_sec 存储秒数，tv_nsec 存储纳秒数。例如：

```
struct timespec s,e;
s.tv_sec=1;
sleep(&s, &e);                                    /* 主线程休眠 1s */
```

为了处理当前线程和其他线程的关系，C11 线程库还提供了 thrd_join 函数用于阻塞当前线程的执行。

声明格式：

```
int thrd_join(thrd_t thr, int * res);
```

参数 thr 为准备执行的线程。thrd_join 函数将挂起当前线程，直到 thr 指定的线程结束，再继续执行当前线程。该函数常用于线程管理中，例如：

```
int main()
{
    int res;
    thrd_t tid1, tid2;
    thrd_create(&tid1,SegmentThread, NULL);          /* 线程 1 */
    thrd_create(&tid2,SegmentThread, NULL);          /* 线程 2 */
    thrd_join(tid1,&res);
    thrd_join(tid2,&res);
    return 0;
}
```

该程序段令主线程等待其他线程结束，从而归并所有线程。通过两次调用函数 thrd_create 启动两个线程，并通过两次调用函数 thrd_join 阻塞主线程执行，直到两个线程均结束后，主函数才结束。

4. 线程通信

为解决线程通信中共享变量造成的写冲突问题，C11 标准规定了一组互斥量管理函数。

声明格式：

```
int mtx_init(mtx_t *mtx, int type);                    /*互斥量初始化函数*/
int mtx_lock(mtx_t *mtx);                              /*锁定函数 */
int mtx_timedlock(mtx_t *restrict mtx,const struct timespec *restrict ts);
                                                       /*计时加锁函数*/
int mtx_trylock(mtx_t *mtx);                           /*尝试加锁函数*/
int mtx_unlock(mtx_t *mtx);                            /*互斥量解锁函数*/
void mtx_destroy(mtx_t *mtx);                          /*资源释放函数*/
```

(1) mtx_init(互斥量初始化)函数。参数 mtx 为互斥量的地址,如果函数执行成功,mtx 将保存互斥量的地址,并且返回 thrd_success,否则返回 thrd_error;type 为互斥量类型,其可选择的值分别为 mtx_plain(普通非递归互斥量)、mtx_timed(可计时普通非递归互斥量)、mtx_plain | mtx_recursive(递归互斥量)、mtx_timed | mtx_recursive(可计时递归互斥量)。

(2) mtx_lock(锁定)函数。参数 mtx 为已经创建的互斥量的地址。该函数阻塞后续操作成功后,在互斥量 mtx 上加锁。如果 mtx 为一个普通非递归互斥量,则当前线程无法为 mtx 加锁,从而阻止其他线程操作,直到 mtx 被解锁。

(3) mtx_timedlock(计时加锁)函数。互斥量 restrict mtx 为 mtx_timed 类型或 mtx_timed | mtx_recursive 类型;ts 为加锁的时刻。如果此函数成功运行,则返回 thrd_success;如果因为超时未成功,则返回 thrd_timedout;如果出现其他错误,返回 thrd_error。

(4) mtx_trylock(尝试加锁)函数。与 mtx_lock 不同,mtx_trylock 在加锁失败时不阻塞后续操作。此函数尝试对互斥量 mtx 加锁。如果成功加锁,则返回 thrd_success;如果当前互斥量已经加锁,则加锁失败,但是不阻止后续的操作,函数返回 thrd_busy;如果出现其他错误,返回 thrd_error。

(5) mtx_unlock(互斥量解锁)函数。mtx 为已经被加锁的互斥量。如果此函数成功运行,则 mtx 被解锁并返回 thrd_success,否则返回 thrd_error。

(6) mtx_destroy(资源释放)函数。互斥量使用完毕,需要通过此函数释放其资源。

例 14-9 编写程序,调用线程库函数创建互斥量,在多线程中实现串行写操作,避免写冲突。

```
#include <stdio.h>
#include <math.h>
#include <threads.h>
mtx_t gLocker;                                         /*互斥量*/
#define THREADCOUNT 3
int dowrite( void * pParam )
{
    int nResult;
    /*等待获得对互斥量的控制权*/
    nResult =mtx_lock(&gLocker);
```

```
    if(thrd_success==nResult )
    {
        thrd_t t =thrd_current();
        printf("%ld 号线程在写数据...\n", t);
        /*写结束释放互斥量控制权*/
        mtx_unlock(&gLocker);
    }
}
int main()
{
    thrd_t ths[THREADCOUNT];                              /*线程对象数组*/
    int i,res;
    /*创建互斥量*/
    if (thrd_error ==mtx_init(&gLocker,mtx_plain))
    {
        printf("创建锁失败");
        return 1;
    }
    for( i=0; i <THREADCOUNT; i++)
    {
        if( thrd_error ==thrd_create(&ths[i], dowrite, NULL))
        {
            printf("创建%d 号线程失败\n", i);
            return 1;
        }
    }
    for( i=0; i <THREADCOUNT; i++)
        thrd_join(ths[i],&res);
    printf("\n 计算结束!");
    mtx_destroy(&gLocker);
    return 0;
}
```

5. 线程控制

例 14-10 利用 C11 标准线程库中的函数重新实现例 14-3。

```
#include <stdio.h>
#include <math.h>
#include <threads.h>
/*互斥量控制主线程与子线程关系*/
mtx_t gLocker1;
/*互斥量控制全局变量写操作,避免写重复*/
mtx_t gLocker2;
/*已经完成的线程数量*/
```

```
static int ThreadCompleted =0;
int MaxThreadCount=5;
struct parameter
{
    int id;                                  /* 序号 */
    unsigned long start;                     /* 计算开始点 */
    unsigned long end;                       /* 计算结束点 */
    double result;                           /* 计算结果 */
};
double SegmentComputePi(int start,int end)
{
    unsigned long i;
    double ret=0;
    for(i=start; i<end; i++)
        ret+=1.0/((double)i * (double)i);
    return ret;
}
void InterlockedIncrement(int *pdata)
{
    if(thrd_success==mtx_lock( &gLocker2) )
    {
        ++(*pdata);
        /* 写结束,释放互斥量控制权 */
        mtx_unlock(&gLocker2);
    }
}
int SegmentThead(void* pdata)
{
    struct parameter *p =(struct parameter *)pdata;
    /* 计算从 start 到 end 段的多项式求和 */
    p->result=SegmentComputePi(p->start,p->end);
    /* 调整线程计数器,增加完成的线程数量 */
    InterlockedIncrement(&ThreadCompleted);
    /* 检查是否达到了最大线程数量 */
    if(ThreadCompleted ==MaxThreadCount)
    {
        /* 完成的线程数与设定值,标志完成事件 */
        mtx_unlock(&gLocker1);
    }
    printf("线程 %ld 结束...\n", thrd_current());
    return 0;
}
int main(int argc, char* argv[])
{
```

```
    thrd_t ths[5];
    double pi=0;
    unsigned long step=1;
    int res[5]={0};
    struct parameter p[5]={{1,1,100000000}};
    int i,n=MaxThreadCount;
    /*创建互斥量*/
    if (thrd_error==mtx_init(&gLocker1,mtx_plain)||thrd_error==mtx_init
        (&gLocker2,mtx_plain))
    {
        printf("创建锁失败");
        return 1;
    }
    mtx_lock(&gLocker1);
    for(i=0; i<MaxThreadCount; i++)
    {
        p[i].start=step,p[i].id=i,p[i].end=(i+1)*100000000;
        thrd_create(&ths[i],SegmentThread,&p);
        step =p[i].end+1;
    }
    for(i=0; i<MaxThreadCount; i++)
        thrd_join(ths[i],&res[i]);
    for(i=0; i<5; i++)
        pi+=p[i].result;
    printf("\npi=%.12lf",sqrt(pi*6));
    mtx_destroy(&gLocker1);
    mtx_destroy(&gLocker2);
    return 0;
}
```

thrd_join 函数具有阻塞当前线程并等待指定线程结束的能力,所以可以忽略 gLocker1 互斥量。又因为 gLocker1 由条件 ThreadCompleted 控制,因此 InterlockedIncrement 函数可以被省略,gLocker2 也可随之省略,因此对上述程序可以进行简化:

```
int MaxThreadCount =5;
/*struct parameter 定义参见上面的代码*/
double SegmentComputePi(int start, int end)
{
    unsigned long i;
    double ret=0;
    for(i=start; i<end; i++)
        ret+=1.0/((double)i*(double)i);
    return ret;
}
int SegmentThread(void* pdata)
```

```
{
    /* struct parameter 定义参见例 14-10 */
    struct parameter *p=(struct parameter *)pdata;
    /* 计算从 start 到 end 段的多项式求和 */
    p->result=SegmentComputePi(p->start,p->end);
    /* 检查是否达到了最大线程数量 */
    printf("线程 %ld 结束...\n", thrd_current());
    return 0;
}
int main(int argc, char* argv[])
{
    thrd_t ths[5];
    double pi=0;
    unsigned long step=1;
    int res[5]={0};
    struct parameter p[5]={{1,1,100000000}};
    int i,n=MaxThreadCount;
    for(i=0; i<MaxThreadCount; i++)
    {
        p[i].start=step;
        p[i].id=i;
        p[i].end=(i+1)*100000000;
        thrd_create(&ths[i],SegmentThread,&p);
        step =p[i].end+1;
    }
    for(i=0; i<MaxThreadCount; i++)
        thrd_join(ths[i],&res[i]);
    for(i=0; i<5; i++)
        pi+=p[i].result;
    printf("\npi=%.12lf",sqrt(pi*6));
    return 0;
}
```

练　习　题

1. 简述多核计算机系统与集群系统的区别。
2. 简述进程和线程的定义、区别与联系。
3. 简述基于消息传递的并行程序设计的主要步骤。
4. 简述同步与异步机制在消息传递中的主要异同及优缺点。
5. 举例说明多线程程序如何避免写冲突。
6. 编写程序，基于 MPI 计算 1+2+…+1024，假设有 4 个计算结点和 1 个主结点参与计算。

7．编写程序，基于 MPI 计算 1 048 576 之内的全部素数和，假设有 2 个计算结点和 1 个主结点参与计算。

8．编写程序，基于 OpenMP 计算 1＋2＋…＋1024。

9．编写程序，基于 OpenMP 计算 1 048 576 之内的全部素数和。

10．编写程序，基于 Win32 线程计算 1＋2＋…＋1 048 576，假设启动 4 个线程完成计算。

第15章

个体软件过程管理

15.1 概　述

软件开发是指在有限的人力、财力和物力条件下，在特定的时间内完成的工程项目，其目标是提供满足需求的高质量软件产品。已有的技术储备、开发人员以及财力是软件开发的基础条件，而制约因素是资源有限，开发风险较多，例如不稳定的需求、不成熟的技术、缺乏有效的管理等。有报告指出：一半以上的软件项目严重拖期且超过预算，四分之一的项目没有完成就被取消了，只有低于30%的项目是成功的。从中可以看出，软件开发项目需要有一套有效的管理方法。

由美国卡内基·梅隆大学软件研究所提出的面向软件开发组织的能力成熟度模型(Capability Maturity Model,CMM)经过二十余年的发展已经成为软件开发过程管理的标准，CMM认证现已成为软件行业最具权威的评估认证体系。CMM以过程管理视角，从项目的定义、实施、度量、控制和改进软件过程5个方面规范软件开发过程，确保软件开发的成功。软件开发由团队共同承担，其中人力资源管理是项目成功的关键因素。构建优秀的软件开发团队需要从个体和团队两个方面入手，即对个体软件过程(Personal Software Process,PSP)和团队软件过程(Team Software Process,TSP)的管理，本章重点介绍个体软件过程管理。PSP的目标是培养优秀的软件工程师，即能够做到设计过程清晰明确，按照规范编写程序，记录所有开发行为，可度量并能估算所承担的开发任务，最终在承诺时间内完成高质量程序的个体。

从程序设计到软件开发，程序设计语言是工具，程序设计思想是灵魂，高效的个体软件过程管理是保证。个体软件能力培养是从编写符合一定规范的程序开始，并随着设计任务复杂度的增加，还需要掌握从大到小、从难到易的任务分解能力。同时，要认识到代码重用是提高程序质量和开发效率的重要手段，自觉运用于软件开发之中，按照个体软件过程管理的训练，最终实现从程序设计学习者到软件设计工程师的转变。

15.2　编码规范定义

编码规范是指在软件开发过程中由开发团队共同制定并遵循的统一的代码编写规范，其目的是提高代码的可读性和重用性，方便团队内部交流，降低学习成本。此外，编码风格也是开发团队文化的重要体现，关系着团队的声誉。

编码规范涉及变量、程序结构、函数及文件等多个方面。在程序设计学习的初级阶段，重点是程序设计语法和程序设计的基本思想，程序代码的主要作用是表达程序设计者的意图，实现特定功能，一般不涉及编码规范性问题。例如，下面的3段代码在功能上完全相同，但从编码格式上区别明显。代码1程序结构清楚，循环体和函数调用一目了然。代码2和代码3都不能达到上述效果，特别是代码3，需要仔细阅读才能清楚地理解程序逻辑。

代码1：

```
h=1.0 / (double) n;
sum -0.0;
for (i =d +1; i <=n; i ++)
{
    x =h * ((double)i -0.5);
    sum +=f(x);
}
```

代码2：

```
h=1 .0 / (double) n; s=0.0;
for (i=d+1;i<=n;i++) {s+=f(h* ((double)i -0.5));}
```

代码3：

```
for (s=0.0, h=1 .0 / (double) n, i=d+1;i<=n; s+=f(h*((double)i -0.5)),i++);
```

在软件开发过程中，程序编码不再是个体行为，而是整个团队合作的结晶。程序代码不仅要实现某个功能，而且作为软件设计者之间交流设计信息的载体，还要方便交流及重用。因此，编码的规范性尤为重要，其中“清晰易懂”是编码规范遵循的核心思想。

15.3　MPI 编码规范

MPI-2.1 标准作为一个编码技术规范，为不同厂商编码的具体实现提供了需要遵循的统一技术标准与依据。

15.3.1 标识符命名规范

MPI 函数的基本命名规则：

```
Class_Action_subset
```

Class 代表分类，表明此函数属于哪种类型；Action 代表动作，通常采用简单动词表示；subset 代表动作所获取的属性值，一般为名词。

所有标识符的长度不超过 30 个字符，由字母和下画线构成。特殊情况遵循以下规则：

(1) 如果没有 subset，则采用 Class_Action 命名方式，例如 MPI_Scatter 函数。

(2) 如果没有关联类，则采用 Action_subset 命名方式，例如 MPI_Get_count 函数。

部分 Action 的标准化命名方式如表 15-1 所示。

表 15-1 部分 Action 的命名规范

Action	说　明	示　例
Create	创建一个新对象	MPI_Info_create
Get	获得一个对象属性	MPI_Get_count
Set	设置对象属性	MPI_Info_set
Delete	删除对象属性	MPI_Info_delete
Is	判断是否具有特定的属性	MPI_Issend

15.3.2 函数或过程规范

函数或过程采用与语言无关的注释说明时，参数部分通过 IN、OUT 和 INOUT 加以说明：

(1) IN(输入参数)用于存储在函数运行前需要的已知信息，函数内部不会修改其值。

(2) OUT(输出参数)用于存储返回给函数调用者的信息，仅用于存储函数运算结果。

(3) INOUT(输入输出参数)既可以存储函数运行前需要的已知信息，也可以存储函数运行后返回的结果。

例如，消息发送函数 MPI_Send 的函数声明如下：

```
int MPI_Send(void * buf, int count, MPI_Datatype datatype, int dest, int tag,
MPI_Comm comm);
```

MPI_Send 函数有 6 个参数，buf 是发送数据在内存空间的起始地址，count 是发送的数据的个数，datatype 是发送数据的数据类型，dest 是目标进程标识号，tag 是消息标识，comm 是通信域。所有参数均为输入参数。

15.4　ANSI C 程序编码规范

ANSI 对 C 程序设计标准与风格给出了建议，不同的软件开发组织可以依据自身情况，在 ANSI 规范基础上制定自己的编码规范。

15.4.1　代码结构与组织

代码结构与组织直接关系到文档的清晰程度和可读性，程序设计时需参考源程序文件、头文件、数据类型定义与声明、外部函数与外部变量、预编译处理等方面的主要设计原则。

1. 源程序文件(＊.c)

建议按如下结构组织并编写源程序：①系统提供的头文件；②自定义头文件；③数据类型定义；④常量定义；⑤全局变量声明；⑥函数定义等。例如：

```
/*系统头文件*/
#include <stdio.h>
#include <stdlib.h>
/*MPI系统头文件*/
#include "mpi.h"
/*自定义头文件*/
#include "mechanism.h"
/*符号常量*/
#define PI 3.1415926
/*自定义数据类型*/
struct student{
   int id;
   char name[12];
};
/*函数或全局变量声明*/
int g_student_count;
void hello();
/*函数定义*/
int main(int argc, char *argv[])
{
}
```

2. 头文件(＊.h)

建议采用如下结构组织并编写源程序头文件：①系统提供的头文件；②自定义头文

件；③数据类型定义；④常量定义；⑤全局变量声明；⑥外部函数声明等。例如：

```
/* Definition of a _complex struct to be used by those who use cabs
* and want type checking on their argument
*/
struct _complex {
    double x,y;                                 /* real and imaginary parts */
};
/* Constant definitions for the exception type passed in the
 * _exception struct
 */
#define _DOMAIN 1                               /* argument domain error */
#define _SING 2                                 /* argument singularity */
#define _OVERFLOW 3                             /* overflow range error */
extern int abs(int);
```

上面是 math.h 中的代码片段，为清楚起见，进行了相关内容的删减，其中的英文注释保留了原文。

3. 数据类型定义与声明

定义结构体时，建议尽可能利用 typedef 重定义结构体的类型名（别名）。例如：

```
/*结构体 struct student 定义*/
struct student{
    int id;
    char name[12];
};
```

利用 typedef 定义该结构体的类型名为 Student（别名）：

```
typedef struct student Student;
```

下面两条变量声明语句等效：

```
struct student stu1;
Student stu1;
```

4. 外部函数和外部变量

建议采用如下形式声明外部函数和外部变量。例如：

```
extern int g_foo;                               /*外部变量*/
extern int abs(int);                            /*外部函数*/
extern double acos(double);                     /*外部函数*/
```

5. 预编译处理

预编译处理一般用于符号常量、宏和条件编译。

宏的一个典型应用是进行出错处理。例如：

```
#define ferror(_stream) ((_stream)->_flag & _IOERR)   /* stdio.h 中用于文件读写
                                                        错误处理的宏 */
```

跨平台程序开发中则经常使用条件编译。例如：

```
#ifndef _MAC
typedef wchar_t WCHAR;                        /* wc, 16-bit UNICODE character */
#else
/* some Macintosh compilers don't define wchar_t in a convenient location, or
define it as a char */
typedef unsigned short WCHAR;                 /* wc,16-bit UNICODE character */
#endif
```

上面的代码是 winnt.h 中关于 UNICODE 字符类型的定义，充分考虑了不同操作系统的字符处理方式。由于在苹果操作系统 MacOS 中定义为 wchar_t，因此将 unsigned short 定义为 WCHAR。为了保证代码在 Windows 和 MacOS 均能正常编译，要求使用 WCHAR 声明宽字节变量。编译器在编译时根据条件将 WCHAR 提前翻译为对应的 C 语言基本数据类型。

15.4.2 注释

注释是对代码进行通俗易懂的解释，以方便对程序的理解。注释内容的多少、详细程度以及位置常常是困扰程序设计者的一个问题。简单说来，注释的基本原则是"够用即可"。

1. 文件说明

对一个文件的整体说明通常放在源程序文件的起始位置，主要包括文件名称、作者、创建时间、文件功能、修改记录等。例如：

```
/*********************************
 * Filename: integrator.c
 * Author:   Brader zhao
 * Date:     2017年8月1日
 *
 * Description: 本文件包含高级语言程序教材中定积分运算案例所需要的函数，包括主函数
 *
 * Modified: 2017-09-01  Brader Zhao  修改了主函数中的积分区间
 *********************************/
```

2. 结构体

注释结构体时，可以对结构体名称以及结构体成员分别进行注释，以表明结构体的组成意义。例如：

```
struct foo
{
    /* List of active foo */
    struct foo *next;
    /* Comment for mumble */
    struct mumble amumble;
    int bar;
    /* Bitfield; line up entries if desired */
    unsigned int baz:1,
                 fuz:5,
                 zap:2;
    uint8_t flag;
};
struct foo *foohead;                          /* Head of global foo list */
```

3. 全局变量或符号常量

源程序中的全局变量或符号常量通常由多个函数使用，注释的重点在于说明全局变量或符号常量的用途。例如：

```
int g_num=0;                          /* 定义全局变量 gnNum，计数 */
#define _DOMAIN 1                     /* 参数域错误 */
#define _SING 2                       /* 参数异常错误 */
#define _OVERFLOW 3                   /* 数据超范围溢出错误 */
```

4. 函数头

注释的重点在于说明函数名称、功能、输入、输出、返回值，其中的功能部分可以添加使用说明。例如：

```
/*
 * 函数名:function
 * 功   能:计算 double 型数据 x 的函数值。例如 y=function(1);
 * 输   入:double x
 * 输   出:无
 * 返回值:x 的函数值
 */
```

5. 关键代码注释

对实现特定功能操作的关键语句需要进行详细说明。例如：

```
do
{   /* 当 fabs(x-x0)>=1e-6 时，反复迭代 */
    x0=x;
```

```
    fx=function(x0);                        /* 计算函数值 */
    f=derivative(x);                        /* 计算导数值 */
    x=x0-fx/f;                              /* 计算新的 x 值 */
}while(fabs(x-x0)>=1e-6);
printf("The root is %f",x0);                /* 输出结果 */
```

目前,C、C++、Java、Python、PHP 等程序语言将注释作为生成软件开发帮助文档的主要信息源,可借助专门工具自动生成说明文档。此外,Java、Python、PHP 等语言还将注释作为一种指令,方便生成特定的模块,这已经成为代码注释的一个新用途。

15.4.3 标识符命名规范

标识符命名规范包括变量命名、常量命名、函数命名以及宏命名等。遵循的基本原则如下:

(1) 满足 C 语言的标识符命名规则,即由数字、英文字母和下画线构成,以英文字母或下画线开头,长度一般不超过 32 个字符。

(2) 由表达标识符含义的单词构成。

(3) 简洁易懂。

1. 局部变量

变量以字母开始,由小写字母和下画线构成。例如:

```
int handle_error (int error_number)
{
    int error=OsErr();
    Time time_of_error;
    ErrorProcessor error_processor;
}
```

2. 全局变量

一般在变量前加前缀"g_"来标识全局变量。例如:

```
Logger g_log;
Logger* g_plog;
```

3. 常量

常量由大写字母和下画线构成。例如:

```
const int A_GLOBAL_CONSTANT=5;
```

下面是 MPI.h 中的部分常量:

```
/* For supported thread levels */
```

```
#define MPI_THREAD_SINGLE 0
#define MPI_THREAD_FUNNELED 1
#define MPI_THREAD_SERIALIZED 2
#define MPI_THREAD_MULTIPLE 3
```

4. 函数名称

函数名通常由“动词＋名称”构成，中间通过下画线分隔。函数代表一种操作，函数名应体现操作的用意。例如：

```
/* MPI 中的部分函数 */
int MPI_Waitall(int, MPI_Request *, MPI_Status *);
int MPI_Testall(int, MPI_Request *, int *, MPI_Status *);
```

5. 宏命名

宏名通常由大写字母和下画线构成。例如：

```
#define ASSERT(f) \
    do \
    { \
        if (!(f) && AfxAssertFailedLine(THIS_FILE, __LINE__)) \
            AfxDebugBreak(); \
    } while (0) \
#define VERIFY(f) ASSERT(f)
```

15.4.4 代码风格与排版

程序代码的隐晦难懂不会影响程序的执行效率，但会影响程序员的阅读、理解和修改。代码的风格和排版如果清晰明确，自然会让人赏心悦目，而乱七八糟只能令人费解和厌烦。代码排版的一般规范如表 15-2 所示。

表 15-2 排版规范

规范	说明及实例
空格	合理使用空格和制表符。例如： int　　　　　　　error＝OsErr()； Time　　　　　　time_of_error； ErrorProcessor　error_processor；
分行	一行尽可能只有一条语句。 一行的长度最好不超过 80 个字符。如果超过，请使用跨行连接符“\”分行编写，编译器将使用连接符“\”的多行代码系统将看做一行代码。例如： if (!(f) && AfxAssertFailedLine(THIS_FILE, __LINE__))\ 　　AfxDebugBreak()；

续表

<table>
<tr><th>规范</th><th>说明及实例</th></tr>
<tr><td>代码块</td><td>尽量使用{}实现代码块的分割,合理使用缩进。例如:
do
{
    x0=x;
    …   /*其他代码省略*/
}while(fabs(x-x0)>=1e-6);</td></tr>
<tr><td>函数</td><td>函数代码数量尽量不超过一屏</td></tr>
<tr><td>变量</td><td>初始化所有变量。声明指针时,确保用 NULL 或一个有效的地址值对其初始化,例如:
int *p=null;</td></tr>
<tr><td>表达式</td><td>运算符的两端尽可能添加一个空格,以方便阅读。表达式力求简短,尽可能避免表达式嵌套。例如:
if(a==b)
{ … /*过程省略*/
}
下面的表达式属于不清晰的嵌套表达式:
(1) while (EOF !=(c=getchar())) {
    …
    }
(2) d=(a=b+c)+r;</td></tr>
<tr><td>语句</td><td>(1) 利用 break 或 return 语句结束 switch 的每个分支;为确保在默认情况下,switch 结构也能够进行有效处理,应尽可能添加 default 的处理。
(2) 尽可能简单使用 return。例如,return 7 好于 return(7)。
(3) 尽可能简洁地构建条件表达式。例如:
if (x==2 || x==3 || x==5 || x==7|| x==11 || x==13 || x==17 || x==19)
和
if (x==2 || x>10&& x<12 || x==19)
等效,但是建议采用后一种。
(4) 构建条件表达式时,尽可能将常量置于前面。例如,if (6==errorNum) 好于 if (errorNum==6)</td></tr>
</table>

15.5 代码重用技术

随着程序规模的扩大,分解开发任务成为首要问题。分解的过程是将系统分解为多个子系统,每个子系统还要进一步分解为功能模块。在规划功能模块的过程中,要求保证功能模块的独立性和可重用性。独立性是指模块之间的相关性很小,可以进行独立的开发与测试。可重用性是指代码可用于多个子系统,重点解决代码的重复利用问题,目的是减少开发成本,提高程序质量。代码重用可以通过源程序文件、静态库、动态库和组件 4 种方式实现。

15.5.1 源程序文件

文件是实现源代码级代码重用的直接手段。为减少开发工作量，最直接的代码重用手段就是将部分公用代码编制为公共函数并复制给使用者。鉴于规范代码复制行为的需要，一般将公共函数的定义保存于扩展名为.c的源程序文件中，将函数声明保存于扩展名为.h的源程序文件中。当使用公共函数时，通过#include指令将公共函数声明所在的头文件插入到当前源程序文件中，同时将包括函数定义的源程序文件一并提交给编译器进行编译。此模式下公共函数的源代码对整个开发团队均可见。基于源文件的代码重用模式如图15-1所示。

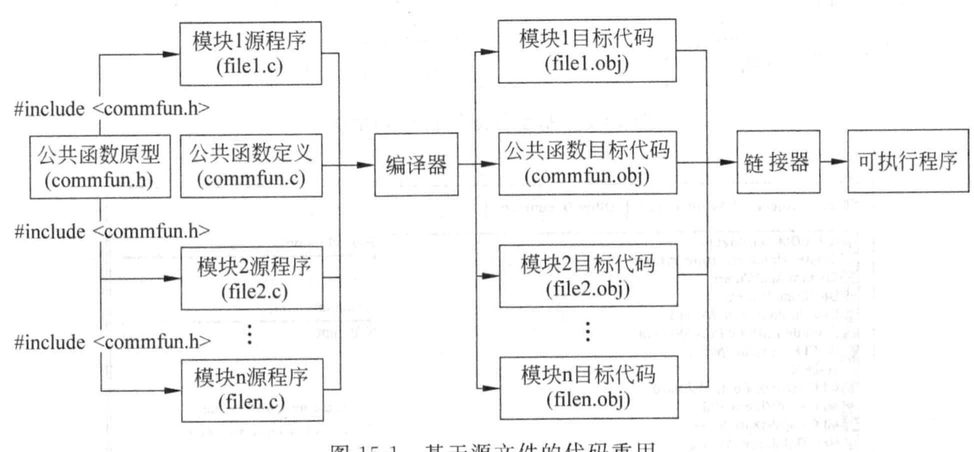

图15-1　基于源文件的代码重用

15.5.2 静态库

随着软件行业的分工细化，公共函数库一般由4类组织完成。第一类是操作系统提供商，为运行于操作系统上的应用程序开发提供函数库，例如Windows、UNIX、Linux、MacOS等操作系统均提供了公共函数库。第二类是软件工具开发商，提供用于简化应用程序开发的函数库，例如微软的Microsoft Visual Studio系列开发工具为简化Windows应用程序开发提供了大量函数库。第三类是专门的函数库（例如MPI函数库）开发商。第四类是应用软件开发商，为保证应用软件的二次开发提供函数库，例如计算机辅助设计领域的CAD、数值计算领域的MATLAB等软件所提供的函数库。

函数库的提供者为了保护自身的商业机密，并不希望其他人员了解函数的具体实现细节。因此在程序设计开发的早期阶段，一般采用静态库的方式将函数以二进制代码方式分发，实现对开发商的权利的保护。基于静态库的代码重用模式如图15-2所示。

在Windows系统中，静态库文件的扩展名为.lib，包括二进制格式的函数定义。利用Microsoft Visual Studio 6.0等开发工具所提供的静态库创建向导可以方便地构建静态库，如图15-3所示。

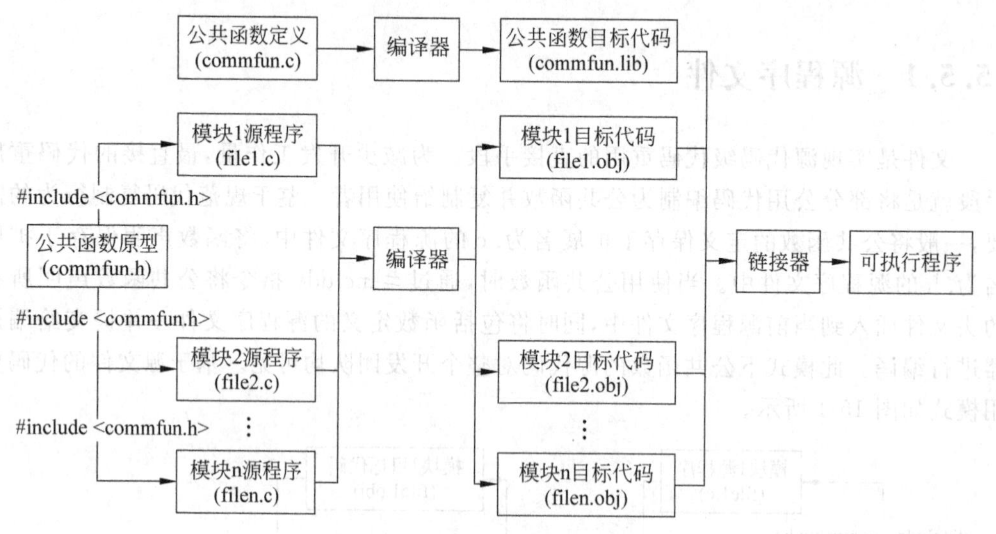

图 15-2　基于静态库的代码重用

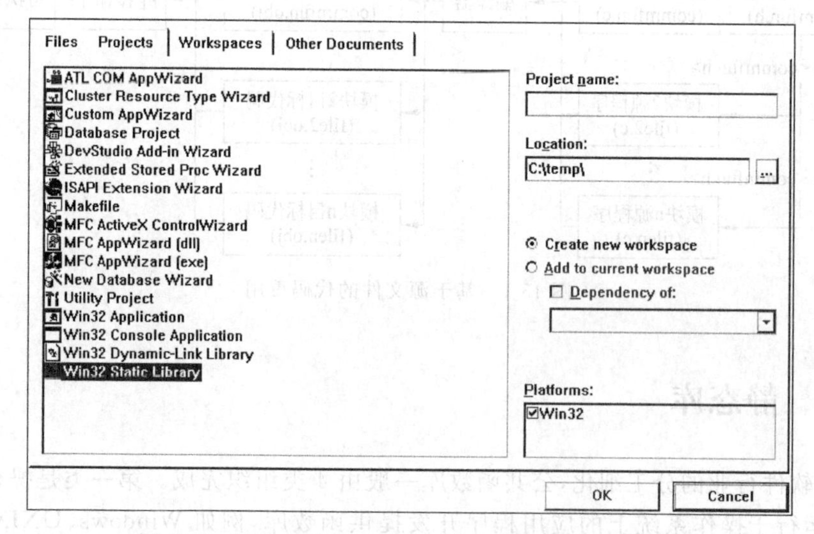

图 15-3　Microsoft Visual Studio 6.0 静态库创建向导

静态库由函数声明的头文件(扩展名.h)和相应的库文件(扩展名为.lib)构成。使用静态库时需要将这两个关键文件加入到当前工程中。例如,在基于 MPI 的并行程序设计中,需要添加名为 mpi.h 的头文件和对应的库文件 mpi.lib 到当前工程中,如图 15-4 所示,并在源程序中通过#include "mpi.h" 将 mpi.h 插入到当前文件中。

静态库模式实现了代码的封装,保护了开发者的技术秘密。不足之处在于静态库的使用有一定的限制。首先是兼容性差,不同操作系统下编译的静态库无法重用,例如 Windows 下制作的静态库无法重用于 Linux。其次是资源消耗大,编译时静态库中的二进制代码将被添加到可执行程序中,如果需要的静态库函数很多,将使可执行程序代码量过大。如果同一内存中运行同一静态库的多个程序,内存中将有多份静态库的副本,从而造成内存空间的浪费。

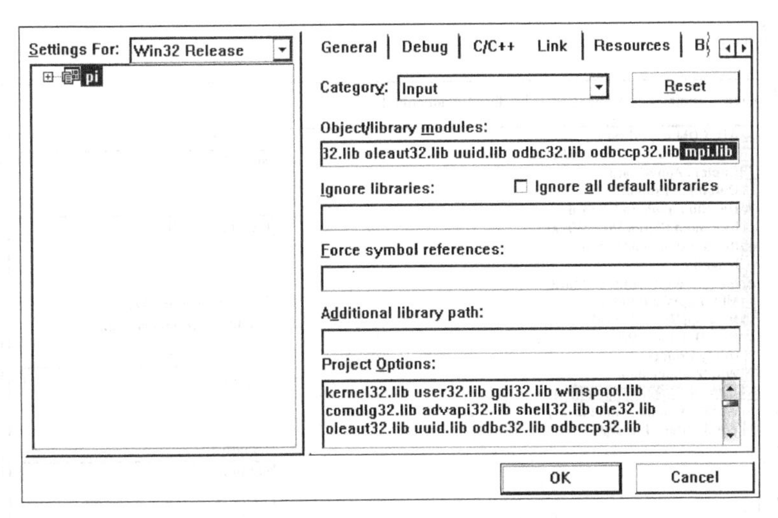

图 15-4　将静态库 mpi.lib 添加到当前工程中

15.5.3　动态链接库

动态链接库(Dynamic Link Library,DLL)实现了函数库的动态加载,即系统只在用到库内函数时才将其加载到内存。采用动态链接库的开发模式如图 15-5 所示。

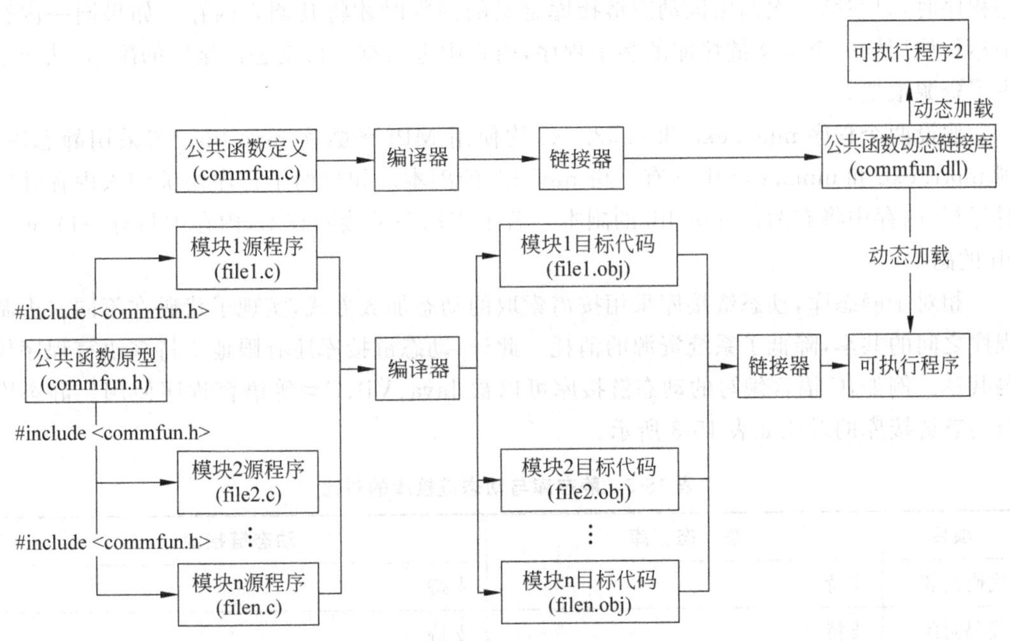

图 15-5　基于动态链接库的代码重用

在 Windows 系统中,动态链接库文件的扩展名为.dll。在 UNIX 和 Linux 系统下为.so。完整的动态链接库包括函数声明的头文件、库接口描述文件(扩展名为.lib)和动态链接库文件(扩展名为.dll)。Microsoft Visual Studio 6.0 提供的动态链接库创建向导如图 15-6 所示。

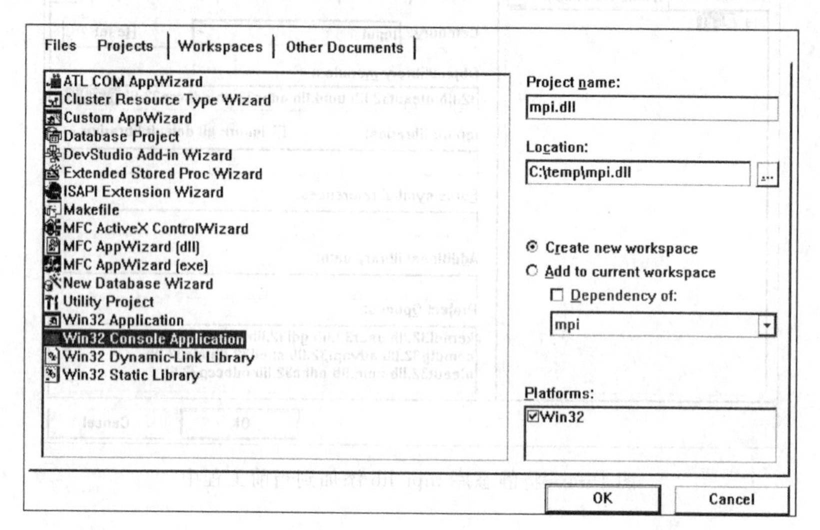

图 15-6　Microsoft Visual Studio 6.0 提供的动态链接库创建向导

当安装和部署应用程序时，需要安装其所需要的动态链接库文件。例如，Windows 系统需要将应用程序的 dll 文件复制到应用程序所在的目录，或复制到 Windows 的 system32 目录下，才能保证程序的正常工作。如果操作系统运行使用了某一动态链接库的程序时，只在第一次调用该动态链接库定义的函数时才将其调入内存。如果同一内存中运行使用同一个动态链接库的多个程序，内存中也只有一份动态链接库的副本，从而减少了资源浪费。

假设两个程序 mpi1.exe 和 mpi2.exe 均使用 MPI 函数库 mpi.lib。若采用静态库，则 mpi1.exe 和 mpi2.exe 中均有一份 mpi.lib 的副本。如果两个程序均被调入内存并同时运行，内存中将有两份 mpi.lib 的副本。若采用动态链接库技术，内存中只有一份 mpi.dll 的副本。

相对于静态库，动态链接库采用按需索取的动态加载方式，实现了代码在不同二进制程序之间的共享，降低了系统资源的消耗。此外，动态链接库还有限地支持多语言程序代码共享。例如，C 语言编写的动态链接库可以被 Java、VB、C# 等语言程序使用。静态库与动态链接库的对比如表 15-3 所示。

表 15-3　静态库与动态链接库的对比

项目	静　态　库	动态链接库
代码封装	支持	支持
代码封闭	支持	支持
加载方式	静态加载。在程序编译完成时已经成为应用程序的一部分，在应用程序运行时自动加载	动态加载。在程序编译完成时并没有成为应用程序的一部分。在应用程序运行时未立刻加载，只在需要时加载
代码拷贝	多个程序有多份副本	多个程序有一份副本

续表

项目	静　态　库	动态链接库
资源消耗	与基于源文件的重用相同	比静态库要少
部署与安装	简单	相对复杂
库更新	需要重新编译应用程序	只需更新动态链接库
多种语言	不支持	有限支持

15.5.4 组件技术

无论采用静态库还是动态链接库，公共模块都只是应用程序的附属物，不能独立运行，并且高度依赖于可执行程序。20 世纪 90 年代，软件系统的规模越来越大，系统的功能越来越复杂，对软件的重用和集成也提出了更高的要求。由于不存在标准的技术框架，不同厂商基于面向对象技术构建的对象不能在同一地址空间、线程空间或网络空间中实现交互操作。为解决这些问题，组件技术在面向对象技术的基础上发展起来。

组件技术借鉴了电子产品设计中的集成电路芯片的技术思想，目的是通过简单的组装即可完成产品的设计工作。软件组件由按照一定规范定义的接口和实现特定功能代码的独立单元构成，单元之间可以自由地相互调用。组件可以独立部署，其过程如图 15-7 所示。

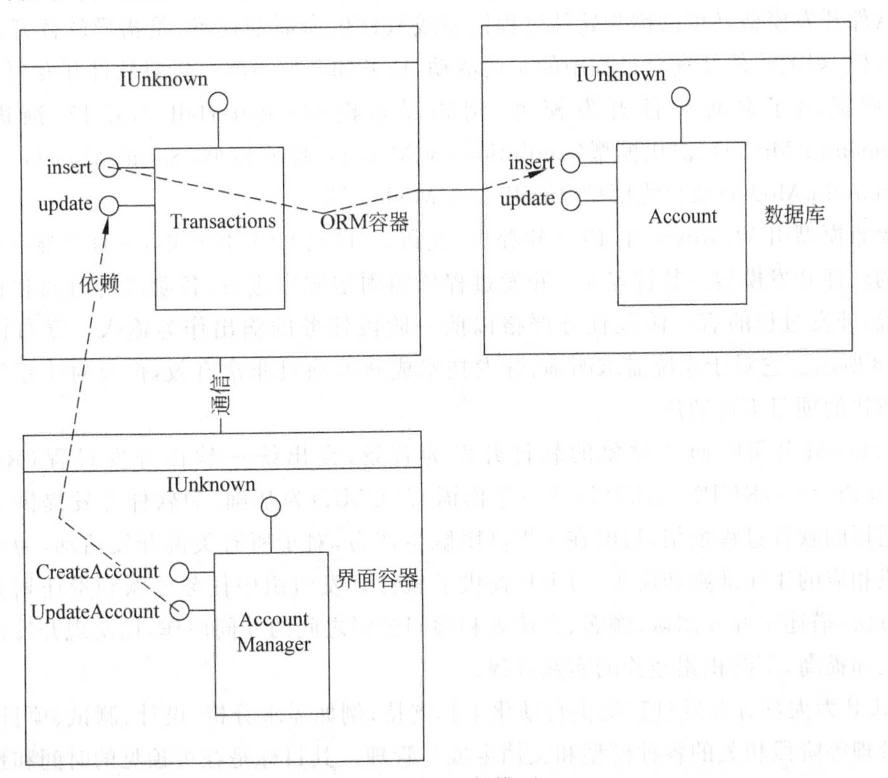

图 15-7　组件模型

组件技术的出现进一步推动了不同厂商、不同程序设计语言、不同软件产品之间二进制级别的重用,加快了软件开发速度,降低了软件开发和维护成本,提高了软件灵活度。目前,主流的组件技术包括OMG组织提出的CORBA技术、微软公司提出的COM/DCOM/.NET组件技术、Sun公司提出的Java EJB技术以及IBM等公司提出的WebService技术。其中CORBA技术可以支持多种操作系统和多种程序设计语言,主要应用于大型软件开发中。COM/DCOM组件已经升级为.NET组件,主要应用于Windows平台。随着Java技术的广泛应用,EJB技术已经支持多种操作系统开发。Web Service技术主要面向Web应用系统的集成。

15.6 软件生命周期模型简介

软件生命周期是指软件产品从前期市场调研开始,经历开发、测试、部署、应用、维护、改进直至废弃的全过程。《软件工程国家标准——计算机软件开发规范》(GB8566—1988)中将软件生命周期划分为8个阶段:可行性研究与计划、需求分析、概要设计、详细设计、实现(包括单元测试)、组装测试(集成测试)、确认测试、使用和维护。在整个软件生命周期内,前6个阶段属于软件开发阶段,同时也是软件工程领域重点关注的领域。

软件开发模型又可以称为软件过程模型或软件生命周期模型,是指导软件开发的结构性框架,规范软件开发全过程中的主要活动、任务和开发策略。针对软件开发项目的特点,人们提出了多种软件开发模型,例如瀑布模型(Waterfall Model)、渐进模型(Incremental Model)、演化模型(Evolutionary Model)、螺旋模型(Spiral Model)、喷泉模型(Fountain Model)及智能模型(Intelligent Model)等。

瀑布模型由W. Royce于1970年提出,直到20世纪80年代早期,一直是唯一被广泛采用的软件开发模型。其特点是:开发过程依照固定顺序进行,各阶段的时间和任务分解明确,开发过程的后一阶段任务严格以前一阶段任务的输出作为输入。瀑布模型如图15-8所示。它对于系统需求明确、开发技术成熟的项目非常有效,但是对于系统需求变化较快的项目不再适用。

Rational公司以面向对象的软件开发为背景,提出统一软件开发过程(Rational Unified Process,RUP)。RUP以统一建模语言(UML)为基础,为软件开发提供了一种普遍适用的软件过程框架,目的在于提高团队生产力,对于所有关键开发活动,为团队成员提供相应的工作准则和模板。RUP提供了软件开发组织中任务分派和责任划分的规范化方法,描述了开发团队、顾客、合伙人和顾问公司之间的共同协作,以实现开发过程持续发展和提高,不断积累经验的实践过程。

RUP为大部分开发过程提供自动化工具支持,例如需求分析、设计、测试、项目管理、配置管理等阶段相关的各种模型和文档生成与管理。其目标是在可预见的时间和预算前提下,确保研制出满足最终用户需求的高质量产品。RUP遵循迭代开发原则,其软件生

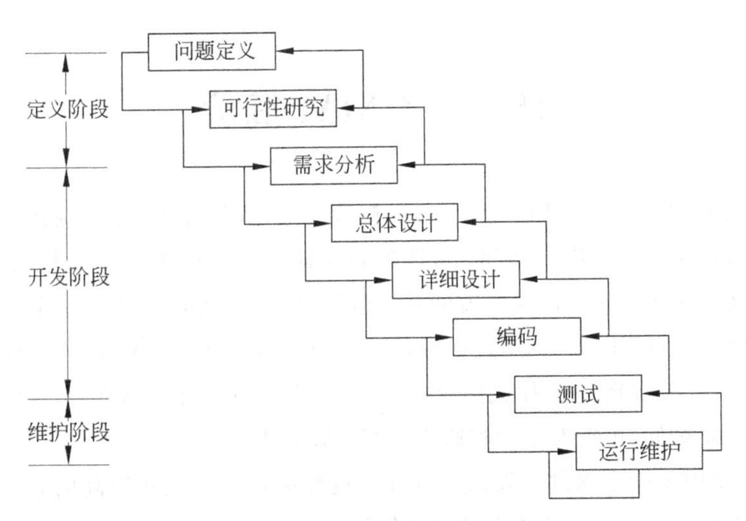

图 15-8　瀑布模型

命周期在时间上被分解为初始阶段(Inception)、细化阶段(Elaboration)、构造阶段(Construction)和交付阶段(Transition)。初始阶段的目标是为系统建立商业案例和确定项目的边界;细化阶段的目标是分析问题领域,建立健全的体系结构,编制项目计划,淘汰项目中的高风险因素;构造阶段的目标是开发组件和应用程序,并组装成产品,确保所有的功能得到严格测试;交付阶段的目标是将软件产品提交给用户使用。

RUP 每个阶段结束于一个主要的里程碑,即每个阶段实质是两个里程碑之间的跨度。每个阶段结束时进行一次评估,以保证该阶段目标已经实现,才能进行项目的下一个阶段。典型的 RUP 过程如图 15-9 所示。横轴代表软件开发过程的时间,体现了过程的动态结构,包括周期、阶段、迭代和里程碑;纵轴描述软件开发过程的静态结构,包括活动、产出物、角色和工作流。

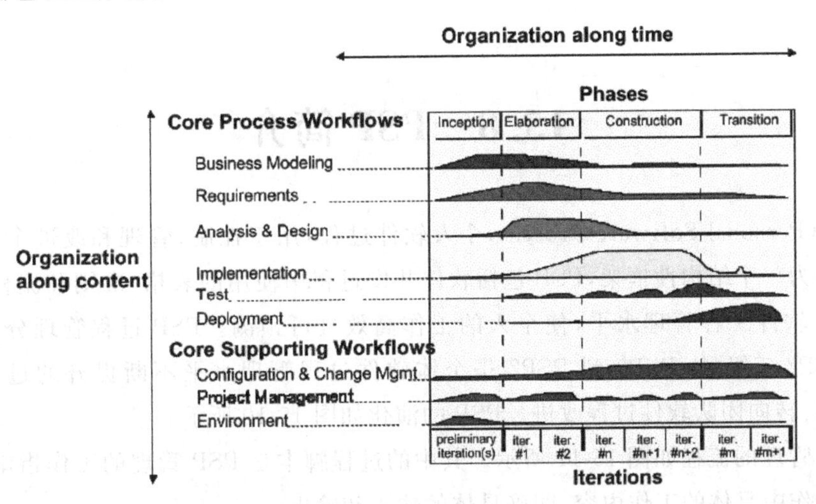

图 15-9　RUP 过程

(来源:Rational Unified Process 白皮书)

15.7 CMM简介

软件质量管理策略最早由卡内基·梅隆大学软件工程研究院的 W. Edwards Deming 和 J. M. Juran 提出。1976 年,被扩展为软件过程管理。1987 年,他们建立了一套软件能力成熟度框架及软件成熟度问卷,用以评估软件供应商的能力,这是软件过程能力成熟度模型(Capability Maturity Model for Software,SW-CMM,简称 CMM)的早期阶段,它是最早用于探索软件过程成熟度的一个工具。1991 年,CMM 1.0 版发布。1993 年,CMM 1.1 版发布,并成为流行和通用的 CMM 版本。

CMM 主要用于确定软件开发组织的开发过程成熟度。成熟度高的软件开发组织的特征是具有在可控进度和合理成本基础上提供高质量软件产品的能力。软件开发模型更多地关注"应该如何做",CMM 作为一个标准,关注"应该做到什么"。CMM 的基础是 PSP 与 TSP。PSP 与 TSP 涉及 CMM 1 级除软件子合同管理之外的全部指标、CMM 2 级的全部指标、CMM 3 级除培训之外的全部指标、CMM4 的全部指标以及 CMM5 的全部指标。

软件项目开发成本的 70%取决于软件开发人员个人的技能、经验和工作习惯,个人对团队的软件开发过程成熟度的提高具有重要意义。PSP 为计划制订、质量控制以及协作等活动提供指导,强调设计过程的管理而不是设计方法的选择。TSP 为构建和指导由受过训练的技能型人才组成的并实施有效领导的高效团队提供工作准则,强调团队合作,重点解决协同工作中的应对压力、领导、协调、合作、参与、拖延、质量、冗余和评价等问题。TSP 建议的小组协同工作准则是"明确任务,明确对项目的控制"。

15.8 PSP简介

PSP(Personal Software Process,个人软件过程)用于控制、管理和改进个人的工作方式。作为一个结构性框架,PSP 包括软件开发过程中使用的表格、准则和流程,目的是提高个人软件工程管理水平,使个人的工作高效且可预测。PSP 过程管理分为 PSP0、PSP1、PSP2 三级,从 PSP0 到 PSP2 是个体软件过程管理水平不断提升的过程。完成 PSP2 级后转向团队软件过程改进。PSP 的演化如图 15-10 所示。

PSP 管理的流程如图 15-11 所示。其中的过程脚本是 PSP 管理的工作指南,说明软件开发工作中具体的工作内容,明确具体的输入和输出。

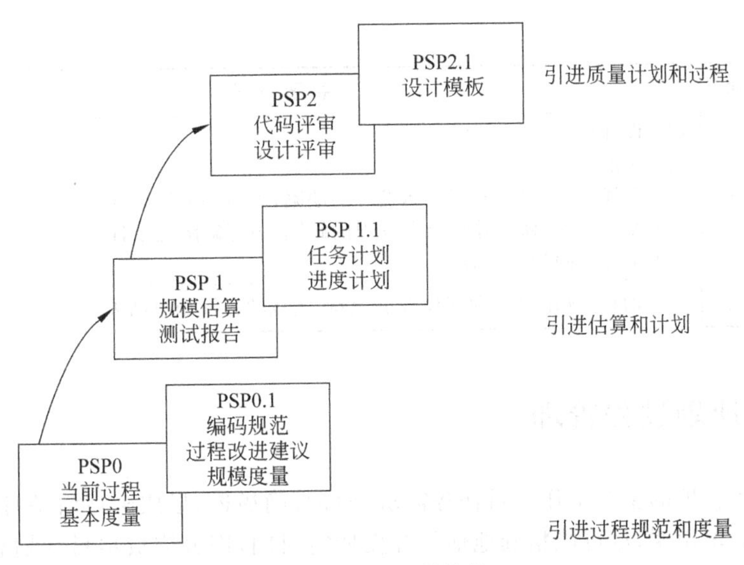

图 15-10　PSP 的演化

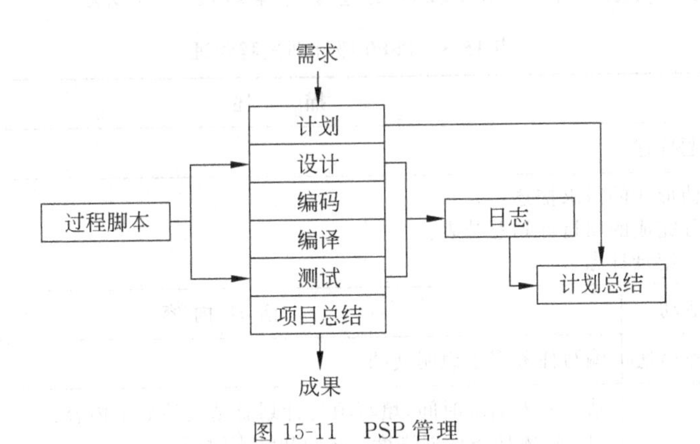

图 15-11　PSP 管理

15.9　PSP0 级

PSP0 级过程又称为基线过程，是过程改进的比较基准。PSP0 级过程管理包括计划、开发和总结 3 个阶段，如表 15-4 所示。最终提交经过完全测试的程序和项目计划总结表、时间日志记录和缺陷记录日志等。

表 15-4　PSP0 级过程管理

步骤	活动	主 要 工 作
1	计划	(1) 需求描述。 (2) 估计开发时间。 (3) 填写项目计划数据。 (4) 填写时间记录日志

续表

步骤	活动	主 要 工 作
2	开发	(1) 设计程序。 (2) 实现设计。 (3) 编译程序，修复并记录所发现的缺陷，填写缺陷记录日志。 (4) 测试程序，修复并记录所发现的缺陷，填写缺陷记录日志。 (5) 填写时间记录日志
3	总结	汇总时间、缺陷日志和规模数据填写，完成项目计划总结表

15.9.1 计划过程管理

计划过程管理的主要工作是对任务需求进行明确描述，形成陈述清楚且无二义性的文档形式的需求说明，尽可能精确地估算开发所需时间，部分完成项目计划总结表，填写计划过程管理的时间记录等。PSP0 级计划过程管理如表 15-5 所示。

表 15-5 PSP0 级计划过程管理

条 目	描 述	
输入	问题描述	
输出	文档形式的需求描述。 部分完成的项目计划总结表。 时间记录日志。	
过程活动	活动	活 动 内 容
	任务描述	编写任务需求说明文档
	进度计划	估算开发需求时间，填写项目计划总结表的如下内容： (1) 整体任务计划进度：开始和结束时间。 (2) 阶段任务计划进度：计划、设计、编译、测试和项目总结阶段的开始和结束时间

15.9.2 开发过程管理

根据任务需求说明文档及任务计划进度安排，开展程序设计，编写程序代码，开展测试，提交经过测试的程序代码，准确填写时间记录日志和缺陷记录日志。开发阶段一般包括设计、编码、编译和测试阶段，主要过程描述如表 15-6 所示。

表 15-6 PSP0 开发过程管理

条 目	描 述
输入	任务需求说明文档。 项目计划总结表(已经完成估算)

续表

条　目	描　　述	
输出	程序(经过完全测试)。 时间记录日志。 缺陷记录日志	
过程活动	活动	活动内容
	任务描述	编写任务需求说明文档
	设计	评审需求,完成符合需求的设计。 发现并改正需求描述,填写缺陷记录日志。 填写时间记录日志
	编码	实现设计。 发现并改正需求和设计缺陷,填写缺陷记录日志。 填写时间记录日志
	编译	编译程序,确保程序无编译错误。 发现并修复编码缺陷,填写缺陷记录日志。 填写时间记录日志
	测试	编译程序,确保程序无运行错误。 发现并修复设计和编码缺陷,填写缺陷记录日志。 填写时间记录日志

15.9.3　总结过程管理

总结过程管理的主要工作是对项目的实际完成时间、引入缺陷、排除缺陷以及进行记录总结,修正其中可能出现的差错,目的在于为以后的软件项目开发提供借鉴,提升程序员的计划和管理技能。主要活动如表 15-7 所示。

表 15-7　PSP0 总结过程管理

条目	描　　述
输入	任务需求说明文档。 项目计划总结表(已经填写估算数据)。 时间记录日志。 程序(经过测试并正常运行)
输出	程序(经过完全测试)。 项目计划总结表。 时间和缺陷记录日志

续表

条目	描　述	
	活动	活动内容
过程活动	任务描述	编写任务需求说明文档
	缺陷记录	评审项目计划总结表,确保所有缺陷已被记录。 发现并补充遗漏缺陷记录
	缺陷检查	确保缺陷记录日志的准确性。 发现和修正不准确的缺陷记录
	时间检查	确保时间记录日志的准确性。 发现和修正不准确的时间记录

15.9.4 PSP0 过程管理文档

PSP0 过程管理生成和使用的管理文档包括任务需求说明书、项目计划总结、时间记录日志、缺陷记录日志和缺陷类型标准等,前 4 个文档如表 15-8 所示。

表 15-8　PSP0 过程管理文档

文　档	内容要求	指　标
任务需求说明	文档形式的需求描述,需求陈述清楚且无二义性	
项目计划总结	估算程序开发所需时间,包括开始和结束时间,要求"尽可能精确"	整体计划时间 阶段计划时间
	记录程序开发各个阶段的实际完成时间,汇总整体时间。确保时间记录日志的准确性,及时发现和修正不准确的时间记录	整体完成时间 阶段完成时间
	记录所有的缺陷,及时发现并补充遗漏缺陷记录	引入缺陷数量 排除缺陷数量
时间记录日志	记录开发任务的开始和结束时间、中断时间及净时间。说明中断的原因。	项目任务 所处阶段 开始时间 结束时间 中断时间 净时间 备注(说明中断原因)
缺陷记录日志	参考缺陷标准,记录缺陷类型、引入阶段、排除阶段、修复时间等信息,描述缺陷引入的原因及阶段。 记录缺陷之间的关系。例如在修复编号为 1 的缺陷时,引入新的缺陷 10,则要求在记录缺陷 10 时,在缺陷关系中说明来自缺陷 1	项目任务 记录时间 缺陷编号 缺陷类型 引入阶段 排除阶段 修复时间 缺陷关系 缺陷描述

缺陷类型标准包括类型号、类型名称和缺陷描述,如表15-9所示。

表15-9 缺陷类型标准

类型号	类型名称	描述
1	注释	文档注释
2	语法	标识符拼写、分隔符
⋮	⋮	⋮

15.9.5 PSP0.1级

PSP0.1级增加了编码规范和规模度量。

编码规范是规模度量的前提,只有统一标准之后,才能开展度量(前面已作了介绍,不再赘述)。规模度量的目的在于准确地估算软件开发时间。软件是程序及文档的组合,进行规模度量时要包括代码度量和文档度量。采用页数度量是一种很好的文档度量方式。由于开发所使用的程序设计语言不同,代码度量的计算标准也略不相同。规模度量作为产品开发工作计算的依据,必须满足精确性、针对性及可计算性。精确性指标是指对产品规模估计必须精确,不存在歧义、模糊、猜测的成分。针对性指标是指度量必须考虑程序设计语言。可计算性是指能够提供相应的度量工具,方便度量计算,毕竟一行行地手工计算是一种低效而烦琐的工作。

1. 计算基准

实现代码度量的基础是建立代码计算标准,源代码逻辑行数(LOC)可以满足多种规模程序的度量需要。代码度量面临的挑战是逻辑行的计算标准问题。下面两段代码功能一致,但编写的代码行数不同,如表15-10所示。

表15-10 代码对比

<table>
<tr><th>代码段1</th><th>代码段2</th></tr>
<tr><td><pre>if(a>b)
{
    c=a;
}
else
{
    c=b;
}</pre></td><td><pre>c=a>b?a:b;</pre></td></tr>
<tr><td>物理行:8行,物理行包括空行及注释。
标准1:2行,以分号数量来计算。
标准2:4行,以关键字和运算符来计算</td><td>物理行:1行,物理行包括空行及注释。
标准1:1行,以分号数量来计算。
标准2:1行,以关键字和运算符来计算</td></tr>
</table>

可以采用以下代码计算准则:

(1) 由项目开发团队共同制定自己的代码准则，作为共同遵循的标准。

(2) 以逻辑行作为计算标准。例如，C程序的简单语句以语句结束符作为标准，选择和循环结构可以将选择和循环条件作为单独的一行。代码度量与编码规范密切相关。上述两种代码风格在同一项目开发团队中不可能实际存在，制定编码规范时必须二者选其一。

(3) 针对不同程序设计语言建立不同的编码规范和逻辑行计算标准。

2. 规模计算

程序设计过程中，与代码规模相关的行为包括代码复用、编写新代码、修改现有代码以及删除现有代码。使用现有基础代码和开发复用代码行为也将影响到代码估算。采用的计算规则如下：

(1) 使用现有的基础代码(简称基础)是指不做修改，而直接复制不属于当前阶段的(历史积累)代码。这些代码不纳入规模计算。

(2) 复用代码(简称复用)是指不做任何修改，而从当前项目的代码库或其他程序中直接复制的代码。

(3) 新增代码(简称添加)是指新编写的代码，这部分代码全部纳入规模计算。

(4) 修改代码(简称修改)的工作量和新增代码工作量相近，纳入规模计算。

(5) 删除代码(简称删除)是指删除现有基础代码中的代码。

(6) 开发重用代码是指公共代码的开发，例如编写公共函数库，该部分代码在规模计算时等同于编写新代码。

例 15-1 某项目开发采用迭代开发，主要经历了版本0、版本1和版本2三个阶段。其中，版本0阶段完成600LOC的代码，是版本1的基础代码。版本1阶段，增加代码200LOC，删除代码100LOC，修改代码50LOC。版本2阶段，删除代码100LOC，修改基础代码75LOC，增加代码80LOC，另外，从程序库中复用代码400LOC，请完成代码估算。

代码规模计算的具体过程如表15-11所示。

表 15-11 规模计算过程

与代码规模相关的行为	增加	减少	净值	基础
版本0				0
添加	600		600	
删除		0	0	
修改	0	0	0	
复用	0	0	0	
小计	600	0	600	
版本1				600
添加	200		200	
删除		100	−100	
修改	50	50	0	

续表

与代码规模相关的行为	增加	减少	净值	基础
复用	0	0	0	
小计	250	150	100	
版本 2				700
添加	80		80	
删除	0	100	−100	
修改	75	75	0	
复用	400		400	
小计	555	175	380	
产品规模				1080

15.10 软件开发计划

软件开发计划是软件开发者、管理者、客户三者之间的契约，是保证项目在有限的时间、资源和资金条件下完成项目开发的具体实施步骤。软件开发者根据开发计划合理组织开发过程，并按时提交开发成果。管理者根据开发计划为软件开发者配置相应的资源，包括资金、设备及场地等。客户根据开发计划，配合软件开发工作，做好部署准备。软件开发计划的制定和有效执行是项目成功完成的重要保证，按计划提交软件产品是软件开发组织成熟的标志之一。个人能够制定有效的个人工作计划，按照计划完成开发任务，同样是个体成熟的标志之一。

15.10.1 软件开发计划基本内容

项目计划是项目管理者控制评审和控制项目的基础框架。项目计划描述工作的内容及其完成工作的方法和步骤，明确定义每一个任务，并对完成任务所需时间和资源进行估算。同时计划制定者在计划和实际完成情况的对比学习中不断提高能力。

PSP 建议的个体软件开发计划涵盖了项目计划的全部要素，并针对软件开发项目特点进行细化。个体软件开发计划的使用者包括开发者、管理者和客户。需要在考虑三者对个体软件开发计划需求的基础上确定其内容，如表 15-12 所示。

表 15-12 软件开发计划需求

用 户	需 求
开发者	任务规模：评述任务的大小，预计完成任务的时间。 任务计划：如何完成任务，包括相应的方法和步骤。 任务状态：如何知道开发者处于何种状态，是否在规定的时间和有限的经费下完成。 评估计划：如何评估计划，以及具体的改进计划

续表

用 户	需 求
管理者/客户	任务目标：完成结果、完成时间和总成本。 产品质量：功能是否满足需求，是否提供相应的产品功能和质量的检查计划。 任务进度：是否提供有效的进度监控策略以及出现风险后的处理措施。 质量评估：是否提供评估项目完成情况的方法和手段，是否可以在工作中评估产品质量，能否将计划问题与管理问题分开

15.10.2 制定个体软件开发计划

制定个体工作计划分为需求描述、任务分解以及计划变更 3 个阶段。处理流程如图 15-12 所示。

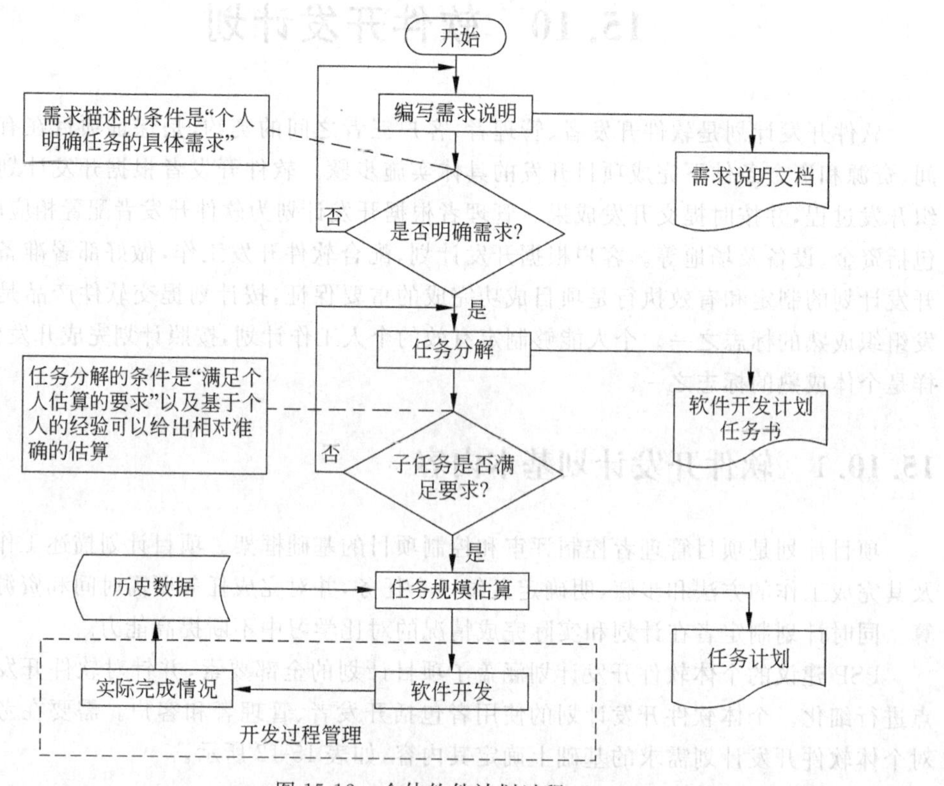

图 15-12 个体软件计划过程

(1) 需求描述阶段。需要充分沟通，明确任务需求，并编写相应的需求描述文档。

(2) 任务分解阶段。根据个人的能力水平和经验，充分分解任务，直到可以准确地完成任务估算。在任务分解过程中注重借鉴历史数据，在开发过程中不断积累历史数据，将实际的任务完成时间和估算数据写入历史数据库，作为日后改进的依据。

(3) 计划变更阶段。修订计划时需要充分与管理者和客户沟通，并就新计划达成一致。

15.10.3 PSP 软件开发计划过程管理

软件开发计划的制定建立在明确软件开发计划需求的基础上，包括定义需求、产品概念设计、规模估算、资源估算、进度计划制定。根据进度计划完成相关的开发，并将实际的规模、资源和进度情况写入历史数据，以此作为新产品估算的依据。软件开发计划过程如图 15-13 所示。

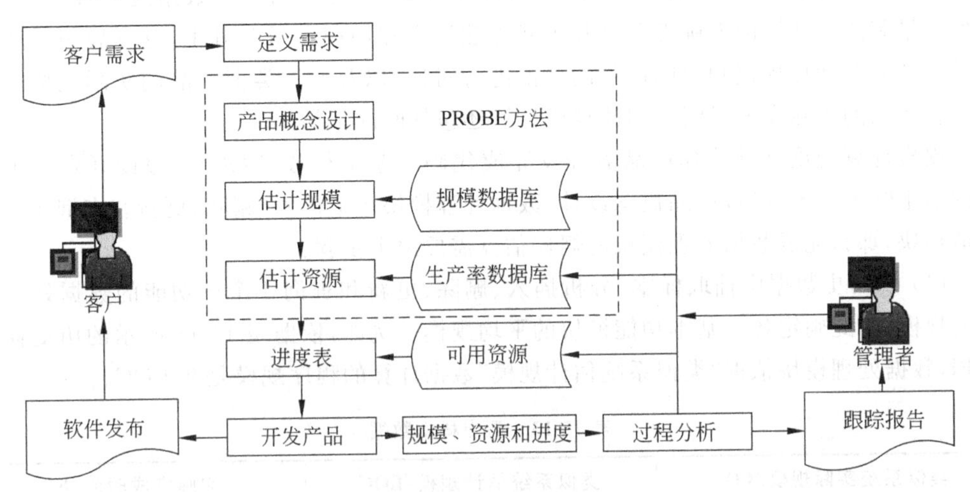

图 15-13 软件开发计划过程

(1) 定义需求。对客户需求进行整理及精确描述，完成需求定义，出具相关报告。

(2) 产品概念设计。其目的是完成计划而不是实际的设计。为准确地估算规模，需要进行功能分析、数据分析和设计方法研究，并将工作进行有效的分解。只有在功能模块足够小且与设计者的能力和经验相匹配时，才能得到准确的估算。例如，开发一个学生管理系统，如果由一位有多年类似项目开发经验的设计师进行估算，其概念设计就相对简单，估算结果也相对准确。而如果是一位新设计师，则需要非常详细的概念设计才能完成相关的估算工作。产品概念设计对于规模估算非常必要，其详细程度取决于设计师自身的能力和经验。引入 PSP 的目的之一就是减少在概念设计上所花费的时间。

(3) 规模估算。规模估算是在完成概念设计的基础上估算出产品规模和开发时间。这项工作对大多数人来说都是一种挑战。影响其准确性的因素包括不准确的分析、不完备的设计、不恰当的预测以及不合理的风险评估，容易导致估算过程中产生误差甚至错误。PSP 帮助设计者学会积累数据，并以历史数据为基础逐渐提高估算能力和水平，即"持续提升估算能力"。

15.11 PSP1 级

PSP1 级主要引入软件开发计划，包括任务计划、进度计划以及与之相关的规模计算，开始关注软件质量，引入测试报告。

15.11.1 规模计算

规模计算是基于个人能力和历史开发数据记录,依据任务需求说明文档,计算完成开发任务所需编写的逻辑行,PSP 建议遵循 PROBE 方法完成规模计算,如图 15-13 虚线框部分所示。

PROBE 方法的主要内容是"如何获得计算数据,如何使用这些数据进行计算,以及如何度量和改进计算的准确性"。PROBE 方法建立在回归分析基础上,基本思想是通过对类似产品的计算规模和实际产品的规模进行对比,以及通过类似产品的实际完成时间计算新产品的实际完成时间。因此规模计算还包括时间计算。

规模计算的重点是计算产品需开发完成代码的逻辑行数(LOC)。假设开发一个小型的学生管理系统,经过产品概念设计,数据处理模块包括插入、删除、更新和查询 4 个子功能模块,那么完成数据处理模块的规模估算需要两个步骤:

(1) 从历史数据中抽取样本,分析插入、删除、更新和查询 4 个子功能的数据处理模块的规模,以此确定各个基本功能模块的平均规模。例如,依据表 15-13 所示的历史样本数据,数据处理模块依据"类似系统估计规模"数据计算的程序规模是 96LOC。

表 15-13 历史样本数据

类似系统实际规模/LOC	类似系统估计规模/LOC	实际完成时间/h
100	100	8
120	80	9
80	90	8
90	100	9
100	110	10

(2) 在分析现有基础代码和可重用代码的基础上,累加计算整个产品的规模。

时间计算的重点是在类似系统的规模和实际完成时间回归分析基础上确定当前产品的完成时间。根据表 15-13 的实际完成时间,估算的开发时间为 8.8h。

产品规模计算完成后,开始制定项目计划和项目周期计划。项目计划是指根据产品概念设计完成的功能分解,确定各个任务的具体开始和结束时间,一般表现形式为任务计划。项目周期计划是指项目具体开展的每个周期的具体工作计划,例如周计划、月计划、年计划。

15.11.2 任务计划

任务计划明确完成任务所需的整体时间。任务计划的制定基于产品的概念设计和规模估算实现。通过规模计算得出每个具体任务的规模和完成时间。例如,上述学生管理系统的数据处理子系统规模为 96LOC,完成时间为 8.8h。

PSP 建议的任务计划中一般要记录的信息有以下几项:

(1) 阶段,即任务目前所处阶段。

(2) 名称,即任务具体名称。

(3) 计划小时数,即计划完成任务所需要的时间。

(4) 累计小时数,即从项目开始至今的累计时间。

(5) 计划周,即计划应在第几周完成。

(6) 实际小时数,指实际完成任务的时间。

(7) 实际周,即实际在第几周完成任务。

15.11.3 进度计划

在实际软件开发过程中,负责开发任务的个体并不能保证每天 8 个小时一直从事开发工作,还需要处理诸如参加会议、会见客户代表、收发电子邮件等日常工作。一般而言,一周 40 个小时的周期内,个体的有效工作时间约 12～15h;经过严格 PSP 培训的人员可以达到 15～17h;优秀人员可以达到 20h,但是他们每周的工作时间通常会超过 40h。

通常情况下,进度计划以周计划为代表,即制定每周的工作计划。制定周计划时要充分考虑任务时间和工作质量。为完成开发任务,需要提高每周的任务小时数。但是一味地提高任务小时数,又会降低个体的工作质量。因此制定周期计划的基本原则是在保证工作质量的前提下努力提高任务小时数。制定进度计划主要考虑的因素如下:

(1) 日期,即工作周的开始时间。

(2) 周,即第几个工作周。

(3) 计划小时数,即本周计划投入在任务开发上的任务小时数。

(4) 累计计划小时数,即累计计划任务小时数。

(5) 实际小时数,即本周实际投入的任务小时数。

(6) 累计实际小时数,即累计实际投入的任务小时数。

15.12 PSP2 级

PSP2 级建议的过程管理重点关注软件质量的改进,通过设计评审与代码评审的方法提高软件质量,降低改进软件缺陷所需的成本。

软件质量的定义是“符合需求”,一般指符合用户需求。质量是一个相对的概念,指在多大程度上满足用户需求,因此需要明确用户是谁,用户的对产品质量的要求是什么,以及不同质量指标之间的先后次序是什么。影响产品质量的因素很多,但软件设计师最关心的是“缺陷最少”。主要原因是一个具有很多缺陷,不能实现合理的、一致功能的产品不是一个合格的产品。由于缺陷的发现与修复关系到产品的研发进度和成本,因此缺陷管理是 PSP 软件质量管理的焦点。首先,缺陷的发现与修复需要时间;其次,缺陷发现的时机直接关系到修复工作所需投入的成本。来自 Xerox 公司的数据表明:代码评审阶段发现并修复缺陷的时间最少;设计评审阶段次之,大概是代码评审阶段的 2.5 倍;设计审查阶段与代码审查阶段相当,大概是代码评审阶段的 11 倍;单元测试阶段则是代码评审阶段的 16 倍;而系统测试阶段则是代码评审阶段的 700 多倍。设计阶段与代码编写阶段的缺陷发现与修复具有最小的成本,PSP 建议在这两个阶段通过设计评审和代码评审解决大多数的缺陷问题。

实践数据表明,基于 PSP 和 TSP,在测试之前通过设计评审和代码评审,可以发现 99%的缺陷。相对于传统方法,将减少 90%或更多的时间。

15.12.1 代码评审

评审软件产品的主要方法包括审查、走查和个人评审。审查是一种结构化的团队评审方法。走查是一种非正式的方法,主要检查表面性的问题,包括问答等活动。个人评审则是个体在将产品转交给其他人之前进行自我检查的行为。审查和走查是 TSP 的内容,而个人评审是 PSP 的内容。个人评审遵循的基本原则如下:

(1) 在进入下一阶段前,评审所有个人工作。

(2) 在产品交付其他人前,尽量修复所有缺陷。

(3) 使用个人检查单,并遵循结构化的评审过程。

(4) 遵循合理的评审实践原则,在小的增量上进行评审,并将评审过程文档化。

(5) 精确记录评审时间、被评审产品规模,以及发现、修复和遗漏缺陷的类型及数目。

在产品设计时就要考虑评审问题,根据评审数据建立有效的缺陷预防措施。代码评审检查单是产品质量管理的重要文档,主要依据编码规范逐一检查并记录评审结果。PSP 建议的代码评审过程如表 15-14 所示。

表 15-14 PSP0 评审过程管理

<table>
<tr><th>条 目</th><th colspan="2">描 述</th></tr>
<tr><td>输入</td><td colspan="2">源程序。
代码评审检查单。
编码标准。
缺陷类型。
时间和缺陷记录</td></tr>
<tr><td>输出</td><td colspan="2">源程序(经过充分评审,所有发现的缺陷已经修复)。
代码评审检查单。
时间记录(记录发现与修复缺陷的时间)。
缺陷记录日志(记录发现与修复的缺陷)</td></tr>
<tr><td rowspan="4">过程活动</td><td>活动</td><td>活 动 内 容</td></tr>
<tr><td>评审</td><td>按照类别评审整个程序,每个程序均有对应的代码评审检查单</td></tr>
<tr><td>修复</td><td>修复所有缺陷。
记录缺陷之间的相互关系,并记录对缺陷的分析与描述</td></tr>
<tr><td>检查</td><td>检查每个缺陷修复的正确性。
重新评审所有的设计变更</td></tr>
</table>

15.12.2 设计评审

设计评审是在代码评审之前必须完成的一项工作，是对程序的设计进行评审，一个包含缺陷的设计一定会导致包含缺陷的代码。设计评审的前提是设计本身可以进入评审，如果设计不完整，则评审代码没有意义。设计评审遵循的基本原则如下：

(1) 遵循明确的评审策略。

(2) 确认逻辑正确实现了需求。

(3) 注意安全和保密问题。

设计评审过程需要填写设计评审检查单，必须遵循团队制定的设计评审准则进行合理记录。

15.12.3 缺陷预防

缺陷的发现与修复是一种被动的质量控制策略。缺陷预防则可以作为一种主动的质量控制策略。缺陷预防的基础是分析缺陷产生的原因，并设计有效的方法进行防御。PSP 建议重点关注的缺陷类型包括

- 最终测试阶段或使用阶段时发现的缺陷；
- 出现频率较高的缺陷；
- 容易发现和预防的缺陷；
- 发现与修复成本最高的缺陷。

PSP 建议的有效缺陷预防策略是按照进度计划定期举行缺陷分析和预防方面的会议。

15.12.4 PSP2 级的改进

PSP2.1 级重点关注软件设计过程的管理，包括设计过程阶段的划分、设计策略以及相关的文档模板。详细内容可见参考文献[23]。PSP 是一个不断积累，持续发展的过程。最重要的方法是要持之以恒地积累数据，分析数据，及时总结经验，不断改进和提高。

练　习　题

1. 简述 CMM 认证体系的由来及其评估体系的构成。
2. 简述编码规范在程序设计中的重要作用。
3. 简述 C 程序设计编码规范的主要内容。
4. 简述代码重用的几种方式以及主要特点。
5. 简述动态链接库与静态库的异同点，动态链接库的一般构建方法及其调用方法。

6. 简述主流的组件技术并对比其主要优缺点。
7. 简述软件过程管理的定义及其与软件开发模型的区别。
8. 简述 PSP 的定义、演化过程以及基于 PSP 要求的软件开发过程的基本流程。
9. 简述 PSP0.1 级过程管理的主要内容、PSP1 和 PSP2 的主要特征。
10. 计划编写一个计算 π 的并行计算程序，估算代码规模。

附录A

ASCII码表

ASCII值	字符	ASCII值	字符	ASCII值	字符	ASCII值	字符
0	（空字符）	32	（空格）	64	@	96	`
1	☺	33	!	65	A	97	a
2	☻	34	"	66	B	98	b
3	♥	35	#	67	C	99	c
4	♦	36	$	68	D	100	d
5	♣	37	%	69	E	101	e
6	♠	38	&	70	F	102	f
7	（响铃）	39	'	71	G	103	g
8	（退格）	40	(	72	H	104	h
9	（水平制表符）	41	)	73	I	105	i
10	（换行键）	42	*	74	J	106	j
11	（垂直制表符）	43	+	75	K	107	k
12	（换页键）	44	,	76	L	108	l
13	（回车键）	45	—	77	M	109	m
14	♫	46	.	78	N	110	n
15	☼	47	/	79	O	111	o
16	►	48	0	80	P	112	p
17	◄	49	1	81	Q	113	q
18	↕	50	2	82	R	114	r
19	‼	51	3	83	S	115	s
20	¶	52	4	84	T	116	t
21	§	53	5	85	U	117	u
22	▬	54	6	86	V	118	v
23	↨	55	7	87	W	119	w
24	↑	56	8	88	X	120	x
25	↓	57	9	89	Y	121	y
26	→	58	:	90	Z	122	z
27	←	59	;	91	[	123	{
28	∟	60	<	92	\	124	|
29	↔	61	=	93	]	125	}
30	▲	62	>	94	^	126	~
31	▼	63	?	95	_	127	⌂

附录B

运算符和结合方向

优先级别 （级别1最高）	运算符	含　义	要求运算 对象的个数	结合方向
1	() [] -> .	小括号 数组下标运算符 结构体成员选择运算符（指针变量） 结构体成员运算符（普通变量）		自左至右
2	! ~ ++ -- - （类型） * & sizeof	逻辑非运算符 按位取反运算符 自增运算符 自减运算符 负号运算符 强制类型转换运算符 指针运算符 地址运算符 长度运算符	1 （单目运算符）	自右至左
3	* / %	乘法运算符 除法运算符 取余（取模）运算符	2 （双目运算符）	自左至右
4	+ -	加法运算符 减法运算符	2 （双目运算符）	自左至右
5	<< >>	左移运算符 右移运算符	2 （双目运算符）	自左至右
6	< <= > >=	关系运算符	2 （双目运算符）	自左至右
7	== !=	等于运算符 不等于运算符	2 （双目运算符）	自左至右
8	&	按位与运算符	2 （双目运算符）	自左至右
9	^	按位异或运算符	2 （双目运算符）	自左至右

续表

<table>
<tr><th>优先级别
（级别 1 最高）</th><th>运算符</th><th>含　义</th><th>要求运算
对象的个数</th><th>结合方向</th></tr>
<tr><td>10</td><td>|</td><td>按位或运算符</td><td>2
（双目运算符）</td><td>自左至右</td></tr>
<tr><td>11</td><td>&&</td><td>逻辑与运算符</td><td>2
（双目运算符）</td><td>自左至右</td></tr>
<tr><td>12</td><td>||</td><td>逻辑或运算符</td><td>2
（双目运算符）</td><td>自左至右</td></tr>
<tr><td>13</td><td>?:</td><td>条件运算符</td><td>3
（三目运算符）</td><td>自右至左</td></tr>
<tr><td>14</td><td>=
+=
-=
*=
/=
%=
>>=
<<=
&=
^=
|=</td><td>复合赋值运算符</td><td>2
（双目运算符）</td><td>自右至左</td></tr>
<tr><td>15</td><td>,</td><td>逗号运算符</td><td>（多目运算符）</td><td>自左至右</td></tr>
</table>

参考文献

[1] ISO/IEC 9899：2011．Information Technology—Programming Languages—C．2011.

[2] ISO/IEC 9899：1999．Programming Languages-C．1999.

[3] Horton I．C语言入门经典．5版．北京：清华大学出版社，2013.

[4] 谭浩强．C程序设计．4版．北京：清华大学出版社，2010.

[5] Stevanovic M．高级C/C++编译技术．北京：机械工业出版社，2015.

[6] 吉星．C高级编程：基于模块化设计思想的C语言开发．北京：机械工业出版社，2016.

[7] Toppo N，Dewan H．C指针：基本概念、核心技术及最佳实践．王贵财，译．北京：机械工业出版社，2016.

[8] Schild H．ANSI C标准详解．王曦若，等译．北京：学苑出版社，1994.

[9] Schild H．C语言大全．2版．戴健鹏，译．北京：电子工业出版社，1994.

[10] 周之英．现代软件工程：第1册．北京：科学出版社，1999.

[11] 周之英．现代软件工程：第2册．北京：科学出版社，1999.

[12] Deitel H M，Deitel P J．C程序设计教程．薛万鹏，译．北京：机械工业出版社，2000.

[13] Kernighan B W，Ritchie D M．C程序设计语言．2版．徐宝文，译．北京：机械工业出版社，2001.

[14] Wilkinson B．并行程序设计：技术与应用．北京：高等教育出版社，2002.

[15] Brookshear J C．计算机科学概论．7版．王保江，周嘉，朱皞罡，等译．北京：人民邮电出版社，2003.

[16] 郑莉，董渊，张瑞丰．C++语言程序设计．3版．北京：清华大学出版社，2003.

[17] 吴文虎．程序设计基础．北京：清华大学出版社，2004.

[18] 王行言．计算机程序设计基础．北京：高等教育出版社，2004.

[19] Priestley M．面向对象设计UML实践．2版．龚晓庆，卞雷，译．北京：清华大学出版社，2005.

[20] 郑宇军．C# 2.0程序设计教程．北京：清华大学出版社，2005.

[21] 宋振会．C++语言编程实用教程．北京：清华大学出版社，2005.

[22] Hanly J R，Koffman E B．工程专业C程序设计．2版．崔立新，朱惠娥，柴志刚，等译．北京：科学出版社，2005.

[23] Humohery W S．PSP软件工程师的自我改进过程．吴超英，译．北京：人民邮电出版社，2006.

[24] 何炎祥，石莹，王娜．程序设计基础．北京：清华大学出版社，2006.

[25] 王岳斌，杨克昌，李毅，等．C程序设计案例教程．北京：清华大学出版社，2006.

[26] 瞿中，熊安萍，杨德刚，等．计算机科学导论．2版．北京：清华大学出版社，2007.

[27] King K N．C语言程序设计现代方法．吕秀峰，译．北京：人民邮电出版社，2007.

[28] 吴炜煜．面向对象分析设计与编程OOA/OOD/OOP/AOP．2版．北京：清华大学出版社，2007.

[29] 辛运帏，饶一梅．Java程序设计教程．北京：机械工业出版社，2007.

[30] Angel E．OpenGL编程基础．段菲，译．北京：清华大学出版社，2008.

[31] MPI：A Message-Passing Interface Standard Version 2.1．http：//www.mpi-forum.org.

[32] C Coding Standard．http：//www.ece.cmu.edu/~eno/coding/CCodingStandard.html.

[33] C++ Coding Standard．http：//www.possibility.com/Cpp/CppCodingStandard.html.

[34] C++ Programming Style Guidelines. http://geosoft.no/development/cppstyle.html.

[35] Programming in C++, Rules and Recommendations. http://www.doc.ic.ac.uk/lab/cplus/c%2b%2b.rules/

[36] C++ Coding Standard. http://www.cs.northwestern.edu/academics/courses/311/html/coding-std.html.

[37] GNU Coding Standards. http://www.gnu.org/prep/standards/standards.html.

[38] Tom's Hardware's 2007 CPU Charts. http://www.tomshardware.com/reviews/cpu-charts-2007,1644-36.html.

[39] MPI Documents. http://www.mpi-forum.org/docs/docs.html.

[40] Message Passing Interface (MPI) Standard. http://www.mpich.org.

[41] MPI: A Message-Passing Interface Standard. http://www-unix.mcs.anl.gov/mpi/mpi-standard/mpi-report-1.1/mpi-report.html.